国家科学技术学术著作出版基金资助出版

遥感数据质量提升理论与方法

（第二版）

王力哲　刘　鹏　程　青
李小燕　陈　佳　吴春明　编著

科学出版社
北　京

内 容 简 介

本书针对遥感数据中出现的各种质量问题，例如噪声、模糊、阴影、薄云、厚云、死像元、时空谱分辨率粗糙等，全面系统地阐明遥感数据质量提升理论基础、方法体系和技术路线。本书分为四篇进行分层论述，第一篇系统阐述对地观测传感器平台特点及成像系统与降质模型，第二篇主要从数学理论与信息处理模型方面阐述遥感数据质量提升理论基础与遥感图像模型，第三篇针对遥感数据出现的具体降质问题，全面阐述遥感数据质量提升方法，第四篇阐述遥感图像质量提升应用，主要包括定量遥感数据产品质量提升及战场环境信息应用。

本书可作为具有地球科学、信息科学背景的本科生、硕士生和博士生的参考教材，也可作为遥感科学和信息科学工作者的参考书。

图书在版编目（CIP）数据

遥感数据质量提升理论与方法/王力哲等编著. —2版. —北京：科学出版社，2022.9

ISBN 978-7-03-073241-5

Ⅰ.① 遥…　Ⅱ.① 王…　Ⅲ. ① 遥感数据-数据处理　Ⅳ. ① TP751.1

中国版本图书馆 CIP 数据核字（2022）第 176906 号

责任编辑：杨光华/责任校对：高　嵘
责任印制：彭　超/封面设计：苏　波

科学出版社 出版
北京东黄城根北街 16 号
邮政编码：100717
http://www.sciencep.com
武汉市首壹印务有限公司印刷
科学出版社发行　各地新华书店经销
*
开本：787×1092　1/16
2022 年 9 月第　一　版　　印张：19 1/2
2022 年 9 月第一次印刷　　字数：458 000
定价：158.00 元
（如有印装质量问题，我社负责调换）

前　　言

遥感技术是获取空间信息与地学知识的重要手段，遥感数据质量直接影响遥感应用的广度与深度。然而，遥感成像过程极其复杂，受到传感器、光照、大气、地表等多种因素的影响，遥感数据经常出现辐射畸变和信息损失等问题。此外，由于卫星轨道、载荷及传感器硬件性能的限制，遥感数据的空间分辨率、时间分辨率、光谱分辨率等指标相互制约，在面对高异质性地表或快速变化的地物时，遥感观测尚不足以捕捉地理目标要素的时空谱连续变化特征，因此难以实现对复杂地理现象的精准刻画。在我国，遥感成像元器件技术和发达国家仍有较大差距，国产卫星数据质量更易受制于传感器硬件性能和各种成像环境因素的干扰，这极大制约了我国在遥感领域的国际影响与军民应用水平。因此，研究遥感数据质量提升技术，消除降质因素的影响、弥补观测能力的不足，提升遥感数据的应用能力，不仅具有重要的理论意义与应用价值，也体现了重要的国家需求。

遥感数据降质因素多种多样，而目前大多数研究工作通常只针对其中一种或几种降质问题，并且较少有研究从传感器成像机理和过程对遥感数据多种降质问题进行系统描述，这导致目前对该问题进行全面系统论述的书籍还不多见。鉴于此，作者基于遥感数据质量提升的基础理论、方法体系和应用需求，整理出版这本系统介绍遥感数据质量提升的书籍。本书力图解决遥感数据中出现的多种辐射降质问题，包括噪声、模糊、阴影、薄云、厚云、死像元等，以及解决遥感数据的时间分辨率、空间分辨率、光谱分辨率相互制约的问题，全面提升遥感数据的辐射质量和分辨率。除此之外，本书还根据多种遥感参量产品特点，以及军事遥感数据特点，针对性地研究遥感应用中的质量提升方法。

全书共 16 章，分为四篇：第一篇包括第 1～2 章，系统阐述遥感传感器平台特点、成像系统、成像原理及降质模型；第二篇包括第 3～7 章，重点从数学理论与信息处理模型方面来阐述质量提升理论基础与遥感图像模型；第三篇包括第 8～14 章，重点针对遥感数据出现的具体问题，全面阐述遥感数据质量提升方法；第四篇包括第 15～16 章，重点根据遥感数据应用特点来阐述数据质量提升方法的应用，主要包括定量遥感数据产品质量提升及战场环境信息应用。

本书的研究与出版得到了多个项目资助，主要包括国家自然科学基金项目“基于地学大数据的城市地质灾害智能监测、模拟、管控、预警”（U1711266）和国家杰出青年科学基金项目“遥感数据处理的理论与方法”（41925007）等。

本书是作者多年研究工作的系统归纳、修订与完善。全书由王力哲主笔与统稿，与刘鹏、程青、李小燕、陈佳、吴春明合作完成。

由于作者水平有限，书中不足之处在所难免，请读者批评指正。

作　者

2021 年 6 月

目　　录

第一篇　对地观测传感器成像系统与模型

第三篇　遥感数据质量提升方法

第四篇　遥感图像质量提升应用

第一篇

对地观测传感器成像系统与模型

第 1 章　遥感平台与成像系统

遥感平台（remote sensing platform）作为搭载传感器的工具，在遥感技术系统中占有重要地位。此外，遥感传感器是获取遥感信息并记录观测数据的重要系统。本章将重点介绍遥感平台和传感器成像系统，主要包括遥感平台种类及轨道特点、传感器结构、摄影成像类传感器、扫描成像类传感器、合成孔径雷达等内容。通过这些内容，使读者对获取遥感数据的技术过程有一个基本的了解，从而更好地理解各种类型的遥感数据的特征。

1.1　遥感平台的种类及轨道特点

遥感平台是用于安置各种遥感仪器，使其从一定高度或距离对地面目标进行探测，并为其提供技术保障和工作条件的运载工具。

遥感平台通常由遥感传感器、数据记录装置、姿态控制仪、通信系统、电源系统、热控制系统等组成（孙家抦，2013）。遥感平台的功能为记录准确的传感器位置，获取可靠的数据及将获取的数据传送到地面站。

1.1.1　遥感平台的种类

遥感平台可以按照不同的方式分类，比如按照平台运行高度、用途、对象进行分类。按照平台运行高度的不同，可以分为地面遥感平台、航空遥感平台、航天遥感平台、星系（月球）遥感平台等。不同类型的遥感平台见表 1.1。

表 1.1　遥感平台类型

遥感平台	运行高度	目的/用途
星球探测	远离地球	月球探测，火星探测
静止卫星	36 000 km	定点地球观测，如气象卫星、通信卫星
圆轨道卫星（地球观测卫星）	500～1 000 km	定期地球观测，如陆地卫星系列
小卫星	400 km 左右	各种调查
航天飞机	240～350 km	不定期的地球观测空间试验
高高度喷气机	10 000～12 000 m	大范围调查
中低高度飞机	500～800 m	各种调查
飞艇	500～3 000 m	各种调查

续表

遥感平台	运行高度	目的/用途
直升机	100～2 000 m	各种调查
无线遥感飞机	500 m 以下	各种调查
吊车	5～50 m	近距离摄影测量
地面测量车	0～30 m	地面实况调查，地物光谱特性测定

根据遥感目的、对象和技术特点（如观测的高度或距离、范围、周期，寿命和运行方式等），可将遥感平台大体分为以下几类（周军其 等，2014）。

（1）地面遥感平台，如固定的遥感塔、可移动的遥感车、舰船等。

（2）航空遥感平台（空中平台），如各种固定翼和旋翼式飞机、系留气球、自由气球、探空火箭等。

（3）航天遥感平台（空间平台），如各种不同高度的人造地球卫星、载人或不载人的宇宙飞船、航天站和航天飞机等。这些具有不同技术性能、工作方式和技术经济效益的遥感平台，组成一个多层、立体化的现代化遥感信息获取系统，为完成专题的或综合的、区域的或全球的、静态的或动态的各种遥感活动提供了技术保证。

遥感平台按不同的用途可以分为以下几类。

（1）科学卫星。科学卫星是用于科学探测和研究的卫星，主要包括空间物理探测卫星和天文卫星，用来研究高层大气、地球辐射带、地球磁场、宇宙射线、太阳辐射等，并可以观测其他星体。

（2）技术卫星。技术卫星是进行新材料试验或为应用卫星进行试验的卫星。航天技术中有很多新原理、新材料、新仪器，其能否使用，必须在太空进行试验；一种新卫星的性能如何，也只有把它发射到太空去实际“锻炼”，试验成功后才能应用。

（3）应用卫星。针对不同的应用采用不同的遥感平台。应用卫星是直接为人类服务的卫星，它的种类最多、数量最大，包括地球资源卫星、气象卫星、海洋卫星、环境卫星、通信卫星、测绘卫星、高光谱卫星、高空间分辨率卫星、导航卫星、侦察卫星、截击卫星、小卫星、雷达卫星等。

对于航天遥感平台，按照其运行轨道高度和寿命的不同可以分为三种类型。

（1）低高度、短寿命的卫星。其高度一般为 150～200 km，寿命只有 1～3 周，可以获得分辨率较高的影像，这类卫星多为军事服务。

（2）中高度、长寿命的卫星。其高度一般为 300～1 500 km，寿命可达 1 年以上，如陆地卫星、气象卫星和海洋卫星等。

（3）高高度、长寿命的卫星。这类卫星即地球同步卫星或静止卫星，其高度约为 35 800 km，一般通信卫星、静止气象卫星均属于此类。

此外，目前遥感卫星监测的对象已经不只限于人类居住的地球，还开始关注地球以外的星球，比如月球、水星、火星等。

1.1.2 遥感平台的轨道特点

遥感平台的姿态是指平台坐标系相对于地面坐标系的倾斜程度，用三轴的旋转角度来表示。若定义卫星质心为坐标原点，沿轨道前进的切线方向为 x 轴，垂直轨道面的方向为 y 轴，垂直 zy 平面的为 z 轴，则卫星的三轴倾斜为：绕 x 轴的旋转角称滚动或侧滚，绕 y 轴的旋转角称俯仰，绕 z 轴旋转的姿态角称偏航，如图 1.1（卢小平 等，2014；彭望琭 等，2002）所示。由于搭载传感器的卫星或飞机的姿态总是变化的，遥感图像产生几何变形，严重影响图像的定位精度，必须在获取图像的同时测量、记录遥感平台的姿态数据，以修正其影响。目前，用于平台姿态测量的设备主要有红外姿态测量仪、星相机、陀螺仪等。

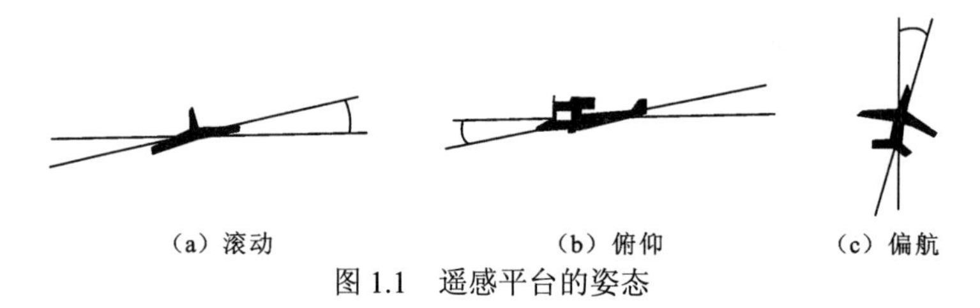

图 1.1 遥感平台的姿态

卫星轨道的计算主要参考开普勒三大定律。

（1）行星绕太阳运动的轨道为椭圆，太阳位于椭圆的一个焦点上。

（2）行星向径在相等的时间内扫过相等的面积。

（3）行星绕太阳公转周期的平方与轨道长半轴的立方呈正比：

$$\frac{T^2}{(R+H)^3}=C \tag{1.1}$$

式中：T 为卫星运行周期；R 为地球平均半径；H 为卫星运行高度；C 为开普勒常数，$C=2.757\,3\times10^{-8}\,\text{min}^2/\text{km}^3$。

应用第三定律确定卫星运行周期和卫星运行高度：

$$\begin{cases} T=\sqrt{C(R+H)^3} \\ H=\sqrt[3]{\dfrac{T^2}{C}}-R \end{cases} \tag{1.2}$$

卫星轨道参数如下。

（1）长半轴 a：决定卫星离地面的最大高度。

（2）偏心率 e：决定卫星轨道的形状。

$$e=\frac{\sqrt{a^2-b^2}}{a}=\frac{c}{a} \tag{1.3}$$

（3）轨道面倾角 i。

（4）升交点赤经 Ω。

（5）近地点角距 ω。

轨道倾角 i 为卫星轨道面与赤道面的夹角，如图 1.2（张安定，2016）所示。

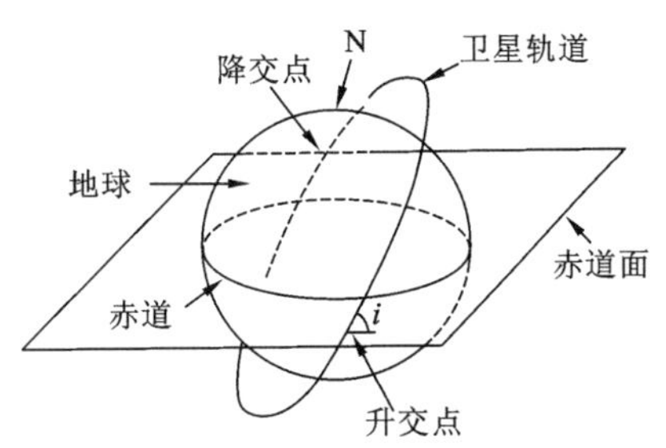

图 1.2　卫星轨道面与赤道面夹角示意图

$i=0$ 表示卫星轨道面与地球赤道面重合，且卫星绕地球公转方向与地球自转方向一致，如地球同步卫星。

$i=90°$ 表示卫星南北向绕地球公转，称为极轨卫星。注意：轨道倾角越大，覆盖地球表面的面积越大，资源卫星多为近极轨卫星。

升交点赤经 Ω 为卫星轨道的升交点与春分点之间的角距，如图 1.3（张安定，2016）所示。

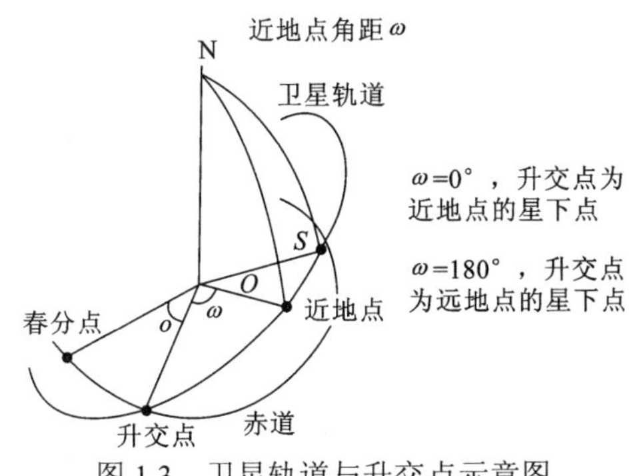

图 1.3　卫星轨道与升交点示意图

春分线：春分线是春分时刻（约在 3 月 21 日）地心与太阳质心的连线，春分时太阳直射地球赤道。因地球自转和绕太阳公转，地心与赤道上任意一点的连线在宇宙空间中的方向时刻在发生着变化，为了在宇宙空间中固定一个方向，特引入春分线的概念。

春分点：春分点是春分线与赤道的交点。

近地点角距 ω：$\omega=0°$ 升交点为近地点的星下点；$\omega=180°$ 升交点为远地点的星下点。

卫星坐标的确定方法：①GPS 测定法；②卫星星历表解算法。将卫星轨道参数代入推算卫星坐标的公式，可编制卫星星历表。以卫星的运行时刻为参数，就可以在卫星星历表上查取卫星的地理坐标。

典型轨道主要有以下几类。

（1）同步轨道：卫星运行周期与地球自转周期（23 小时 56 分 4 秒）相同的轨道。

$$H=\sqrt[3]{\frac{T^2}{C}}H\approx 35\,800\ \text{km} \tag{1.4}$$

（2）静止轨道：$i=0°$ 的同步轨道。

（3）极地轨道：$i=90°$ 的轨道。

（4）太阳同步轨道：指轨道面与太阳地球连线之间的夹角不随地球绕太阳的公转而改变的轨道。

1.2 传 感 器

光电成像类型传感器与光学摄影类型传感器有很大区别。光电成像类型传感器是将收集到的电磁波能量，通过仪器内的光敏或热敏元件（探测器）转变成电能后再记录下来。

光电成像传感器较光学摄影类型传感器的优点在于：一是扩大了探测的波段范围；二是便于数据的存储与传输。光电成像传感器主要包括摄影机、扫描仪、电荷耦合器件（charge coupled device，CCD）。其中后两种应用最广泛，特别是长线阵大面阵电荷耦合器件已经问世，其地面分辨率最高可达 1 m，为遥感图像定量研究提供了保证。

1.2.1 传感器的结构

传感器是遥感技术系统的核心部分，其性能制约整个遥感技术的能力，即传感器对电磁波段的响应能力、传感器的空间分辨率及图像的几何特征、传感器获取地物信息量的大小和可靠程度。

传感器的种类很多，但从结构上看，基本都是由收集器、探测器、处理器、输出器等器件组成（图 1.4）（彭望琭 等，2002）。

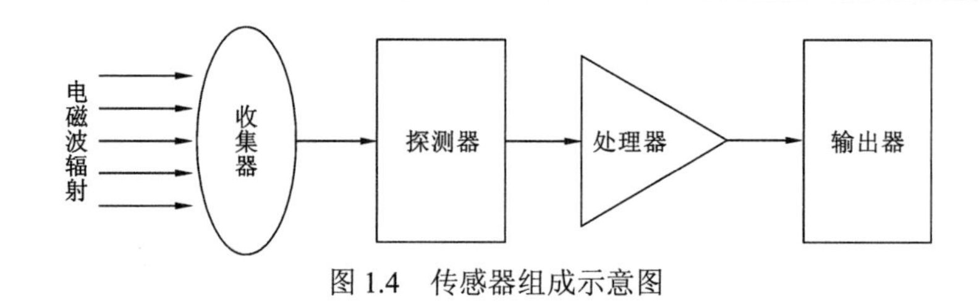

图 1.4　传感器组成示意图

1. 收集器

收集器负责收集或接收目标物发射或反射的电磁辐射能量，并把它们进行聚焦，然后送往探测系统。传感器的类型不同，收集器的设备元件不一样，最基本的是透镜（组）、反射镜（组）或天线。摄影机的元件是凸透镜；扫描仪的元件是反射镜；雷达的元件是天线。

2. 探测器

探测器是传感器中最重要的部分，探测元件是真正接收地物电磁辐射的器件，它的功能是负责将收集的辐射能转变成化学能或电能。测量和记录接收到的电磁辐射能。常用的探测元件有感光胶片、光电管、光电二极管等光敏探测元件，以及热敏电阻等热敏探测元件等。

1）感光胶片

感光胶片通过光化学作用探测近紫外至近红外的电磁辐射，它的响应波段约为 0.3～

1.4 μm，这一波段的电磁辐射能使感光胶片上的卤化银分解，析出银粒子颗粒的多少反映了光照的强弱并构成地面物象的潜影，胶片经过显影、定影处理，就得到稳定的可见影像。

2）光电敏感元件

光电敏感元件是利用某些特殊材料的光电效应把电磁波信息转换为电信号来探测电磁辐射的，其工作波段涵盖紫外至红外波段。光电敏感元件按其探测电磁辐射机理的不同，又分为光电子发射器件、光电导器件和光伏器件等。

3. 处理器

处理器的主要功能是负责将探测到的化学能或电能信息进行加工处理，即进行信号的放大、增强或调制，如胶片的显影及定影、电信号的放大处理、滤波、调制、变换等。

4. 输出器

传感器的最终目的是要把接收到的各种电磁波信息，用适当方式输出图像、数据，即提供原始的资料、数据。输出器有摄影胶片、磁带记录仪、阴极射线管、电视显像管、彩色喷墨记录仪等。

1.2.2 传感器的分类

随着空间技术、航天技术、无线电电子技术、光学技术、计算机技术及其他相关科学的迅速发展，遥感传感器从第一代的航空摄影机，第二代的多光谱摄影机、扫描仪，很快发展到第三代的电荷耦合器件。进入 21 世纪以后，高分辨率电荷耦合器件的出现，使遥感图像的空间分辨率提高至 2～3 m，甚至 1 m。

遥感技术中常用的传感器有：①航空摄影机（航摄仪）；②全景摄影机；③多光谱摄影机；④多光谱扫描仪（multi-spectrum scanner，MSS）；⑤专题制图仪（thematic mapper，TM）；⑥反束光导摄像管（return beam vidicon，RBV）；⑦高分辨率可见光扫描仪（high resolution visible light scanner，HRV）；⑧合成孔径侧视雷达（synthetic aperture side-looking radar，SASR）。成像传感器分类见图 1.5。

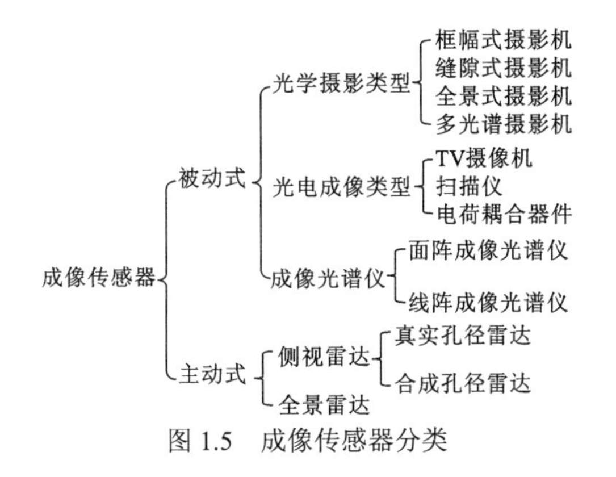

图 1.5　成像传感器分类

1.3 摄影成像类传感器

摄影成像类传感器主要包括框幅式摄影机、缝隙式摄影机、全景式摄影机及多光谱摄影机。这些传感器的共同特点是由物镜收集电磁波，并聚焦到感光胶片上，通过感光材料的探测与记录，在感光胶片上留下目标的潜像，然后经过摄影处理，得到可见的影像。同时，其工作波段主要在可见光波段，而且较多地用于航空遥感探测。

1.3.1 框幅式摄影机

框幅式摄影机传感器成像原理是在某一个摄影瞬间获得一张完整的像片（18 cm×18 cm 或 23 cm×23 cm 幅面）。一张像片上的所有像点共用同一个摄影中心和同一个像片面，即共用一组外方位元素。因此，像点和物点之间可以用航测像片解析的共线方程来描述（图 1.6）（彭望琭 等，2002）。

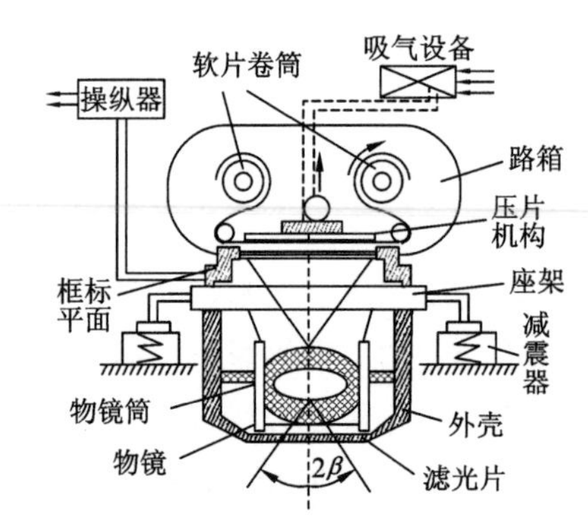

（a）框幅式摄影机内部结构

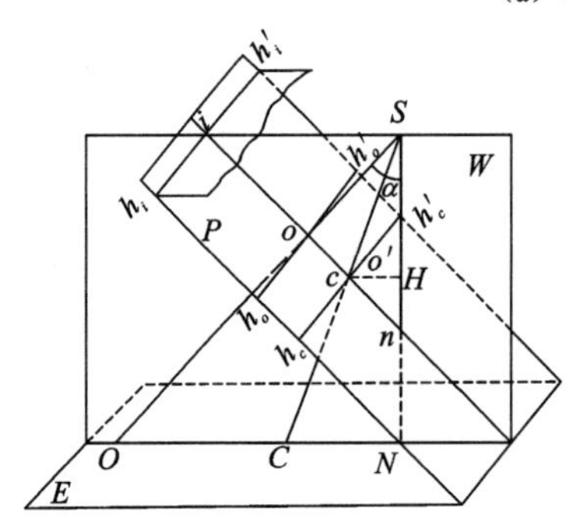

（b）航空像片上的特殊点

地平面E，像平面P，主垂面W，主合点i，主像点o，地面主点O，镜头中心S，像底点n，地底点N，像片倾角α，像片上的等角点c，地面上的等角点C，像水平线hh'，主横线$h_o h_o'$，等比线$h_c h_c'$，真水平线$h_i h_i'$

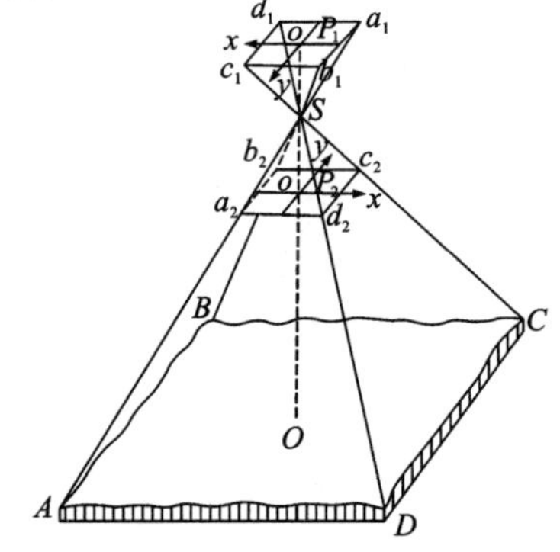

（c）框幅式摄影机摄影测量原理

投影中心S，a_1、b_1、c_1、d_1是地面点A、B、C、D的负像，a_2、b_2、c_2、d_2是地面点A、B、C、D的正像，P_1和P_2都是像平面，地面主点O，主像点o，x和y都是像平面上的坐标轴

图 1.6 框幅式摄影机内部结构及其摄影测量原理

1.3.2 缝隙式摄影机

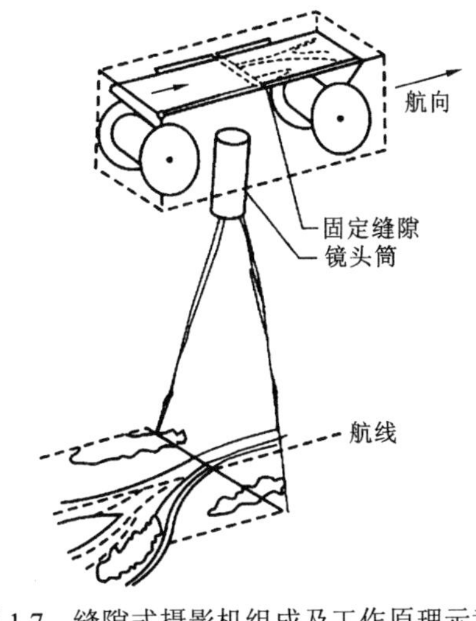

图 1.7 缝隙式摄影机组成及工作原理示意图

缝隙式摄影机，或称推扫式摄影机、航带式摄影机。在飞机或卫星上，摄影瞬间所获取的影像是与航线方向垂直且缝隙等宽的一条线影像（图 1.7）（彭望琭 等，2002）。

当飞机或卫星向前飞行时，摄影机焦平面上与飞行方向垂直的狭缝中的影像也连续变化。如果摄影机内的胶片不断地卷动，且其速度与地面在缝隙中的影像移动相同，则能得到连续的航带摄影像片。

1.3.3 全景式摄影机

全景式摄影机又称摇头摄影机，或称扫描摄影机。它是在物镜焦面上平行于飞行方向设置一狭缝，并随物镜作垂直航线方向扫描，得到一幅扫描后的图像，因此称为扫描摄影机。又由于物镜摆动的幅面很大，能将航线两边的地平线内的影像都摄入底片，又称为全景式摄影机。

全景式摄影机的特点：焦距长，有的达 600 mm 以上，可在长约 23 cm、宽达 128 cm 的胶片上成像；它的精密透镜既小又轻，扫描视场很大，有时能达 180°。

但由于全景式摄影机的像距保持不变，而物距随扫描角增大而增大，出现两边比例尺逐渐缩小的现象。再加上扫描的同时，飞机向前运动，以及扫描摆动的非线性等因素，整个影像产生全景畸变（图 1.8）（彭望琭 等，2002）。

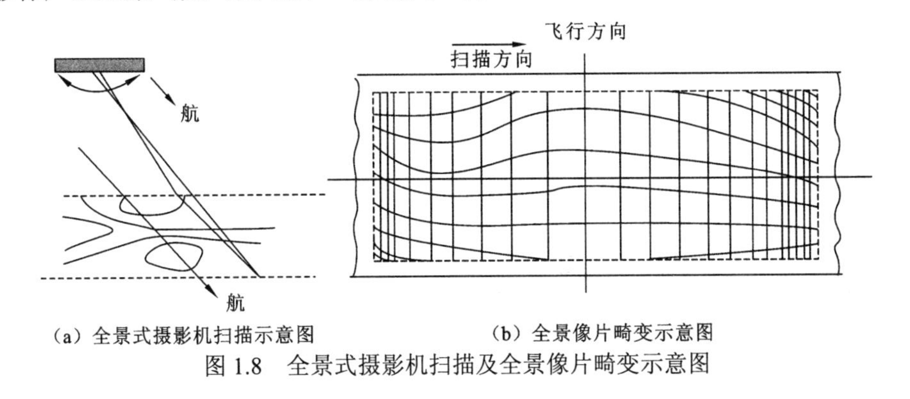

（a）全景式摄影机扫描示意图　（b）全景像片畸变示意图

图 1.8 全景式摄影机扫描及全景像片畸变示意图

1.3.4 多光谱摄影机

对同一地区，在同一瞬间摄取多个波段影像的摄影机称为多光谱摄影机。采用多光谱摄影的目的，是充分利用地物在不同光谱区有不同的反射特征，来提高获取目标的信息量，以便提高影像的判读和识别能力（张安定，2016）。

在一般摄影方法基础上，对摄影机和胶片加以改进，再选用合适的滤光片，即可实现多光谱摄影。根据其结构特点，可以分为三种基本类型：多摄影机型、多镜头型和光束分离型（图 1.9）（彭望琭 等，2002）。

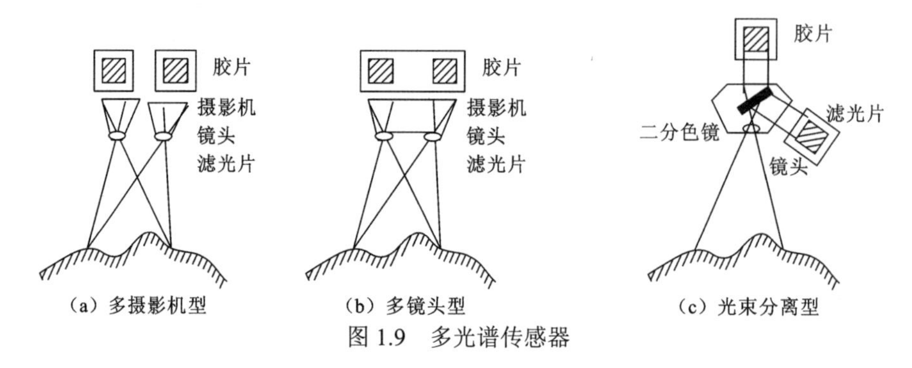

图 1.9　多光谱传感器

1. 多摄影机型多光谱摄影机

多摄影机型多光谱摄影机是由几架普通的航空摄影机组装而成的，对各摄影机分别配以不同的滤光片和胶片的组合，采用同时曝光控制，以进行同时摄影，如图 1.9（a）所示。

2. 多镜头型多光谱摄影机

多镜头型多光谱摄影机是由普通航空摄影机改制而成的，在一架摄影机上配置多个镜头（如三镜头、六镜头和九镜头），暗盒部分用几种胶片记录从不同镜头拍摄得到的影像。这种摄影机同样需要选配相应的滤光片与不同光谱感光特性的胶片组合，以实现多光谱摄影，如图 1.9（b）所示。

3. 光束分离型多光谱摄影机

在摄影时，光束通过一个镜头后，经分光装置分成几个光束，然后分别透过不同的滤光片，分成不同波段，在相应的感光胶片上成像，实现多光谱摄影，如图 1.9（c）所示。

1.4　扫描成像类传感器

1.4.1　垂直航迹扫描相机

根据光敏元阵列与飞行方向平行或垂直，垂直航迹扫描相机可以分为摆扫式（也称扫帚式）航空相机和推扫式（也称推帚式）航空相机。时间延迟积分（time delayed integration，TDI）器件一般用于长线阵推扫，但高空成像时为了获得较大的物方视场，也采用摆扫式成像方式。摆扫式成像方式是光敏元线列方向与航空相机的运载平台飞行方向平行，TDI 方向即为扫描方向与飞行方向垂直，如图 1.10（李刚 等，2015）所示。随着光学系统的扫描，探测器阵列依次扫过地物所对应的像平面。图 1.10 给出了摆扫式 TDI-CCD 航空相机一种典型折反式光学系统的扫描成像过程，地面景物通过扫描反射镜、镜头和焦平面反射镜成像在 TDI-CCD 成像面上。相机镜筒的转轴与飞行方向平行，镜筒电机带动镜筒绕转轴转动的过程称为摆扫，摆扫的方向与飞行方向垂直，安装在镜筒中的扫描反射镜、镜头、焦平面反射镜和 TDI-CCD 焦平面组件随镜筒一起转动，从而实现 TDI-CCD 对地面景物的扫描成像。

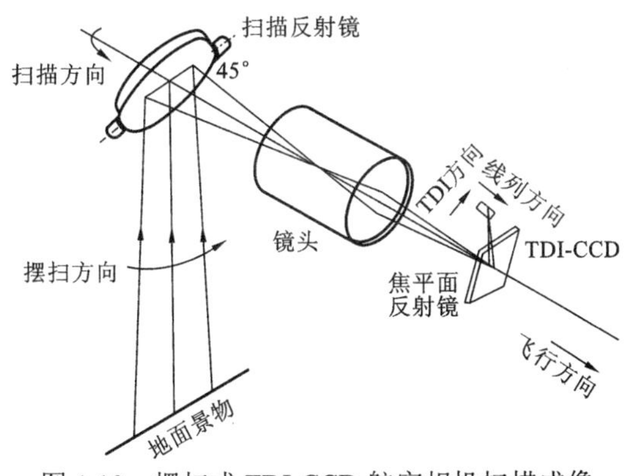

图 1.10 摆扫式 TDI-CCD 航空相机扫描成像

1.4.2 沿航迹扫描相机

推扫式扫描（push-broom scanning）系统，又称“像面”（along-track）扫描系统，用广角光学系统在整个视场内成像，它所记录的多光谱图像数据是沿着飞行方向的条幅。与光机扫描系统相似的是，它也是利用飞行器向前运动，借助与飞行方向垂直的“扫描”线记录而构成二维图像。也就是说，它通过飞行器与探测器呈正交方向的移动获得目标的二维信息。但是推扫式扫描系统与光机扫描系统对每行数据记录的方式有明显差异。后者是利用旋转式扫描镜，一个像元一个像元地轮流采光，即沿扫描线逐点扫描成像；推扫式扫描系统不用扫描镜，而是把探测器按扫描方向（垂直于飞行方向）阵列式排列来感应地面响应，以代替机械的真扫描。具体地说，就是通过仪器中的广角光学系统——平面反射镜采集地面辐射能，并将之反射到反射镜组，再通过聚焦投射到焦平面的阵列探测元件上。这些光电转换元件同时感应地面响应，同时采光，同时转换为电信号，同时成像。若探测器按线性阵列排列，则可以同时得到整行数据；若按面式阵列排列，则同时得到的是整幅图像。一般线性阵列由很多电荷耦合器件组成。电荷耦合器件为一种固态光电转换元件。每个探测器元件感应相应“扫描”行上唯一的地面分辨单元的能量。图像上每行数据是由沿线性阵列的每个探测器元件采样得到的。探测器的大小决定了每个地面分辨单元的大小。因此，电荷耦合器件被设计得很小，一个线性阵列可以包含上千、上万个分离的探测器。每个光谱波段或通道均有它自己的线性阵列。一般阵列位于遥感器的焦平面上，以确保所有阵列同时观测所有的“扫描”线。线性阵列的推扫式扫描系统较镜扫描的光机扫描系统有许多优点。

（1）线性阵列系统可以为每个探测器提供较长的停留时间，以便更充分地测量每个地面分辨单元的能量。因此，它能够有更强的记录信号和更大的感应范围（动态范围），增加了相对信噪比，从而得到更高的空间分辨率和辐射分辨率。

（2）由于记录每行数据的探测器元件间有固定的关系，且它消除了因扫描过程中扫描镜速度变化所引起的几何误差，具有更大的稳定性。所以，线性阵列系统的几何完整性更好、几何精度更高。

（3）电荷耦合器件是固态微电子装置，一般它们体积小、重量轻、能耗低。

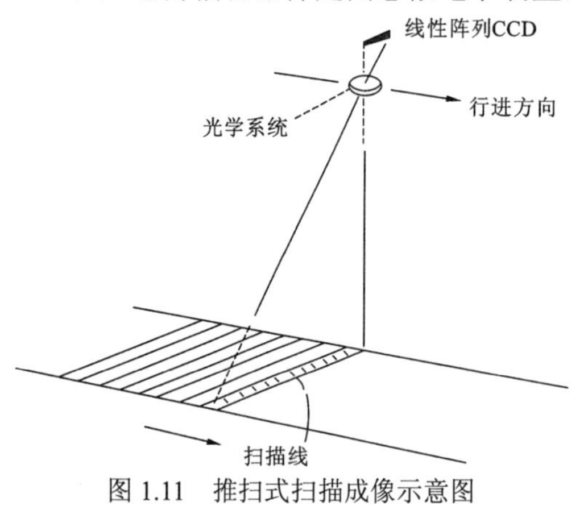

图 1.11　推扫式扫描成像示意图

（4）由于没有光机扫描仪的机械运动部件，线性系统稳定性更好，且结构的可靠性高，使用寿命更长。

推扫式扫描系统也有它固有的问题，如：大量探测器之间灵敏度的差异往往会产生带状噪声，需要进行校准；目前长于近红外波段的电荷耦合器件探测器的光谱灵敏度尚受到限制；推扫式扫描仪的总视场一般不如光机扫描仪（图 1.11）（周军其 等，2014；赵英时，2003）。

1.4.3　成像光谱仪

目前正在迅速发展的一种新型传感器称为高光谱成像光谱仪，它是以多路、连续并具有高光谱分辨率方式获取图像信息的仪器。通过将传统的空间成像技术与地物光谱技术有机地结合在一起，可以实现对同一地区同时获取几十到几百个波段的地物反射光谱图像。

成像光谱仪为每个像元提供数十至数百个窄波段（通常波段宽度<10 nm）光谱信息，能产生一条完整而连续的光谱曲线。如：航空可见光/红外成像光谱仪（airborne visible/infrared imaging spectrometer，AVIRIS）（美国）（图 1.12）（Liao，2012），共有 224 个波段，光谱范围为 0.38～2.50 μm，波段宽度为 10 nm，整个扫描视场为 30°。其工作原理是扫描式，这种成像光谱仪的航高为 20 km，地面分辨率为 20 m，每幅宽为 11 km。

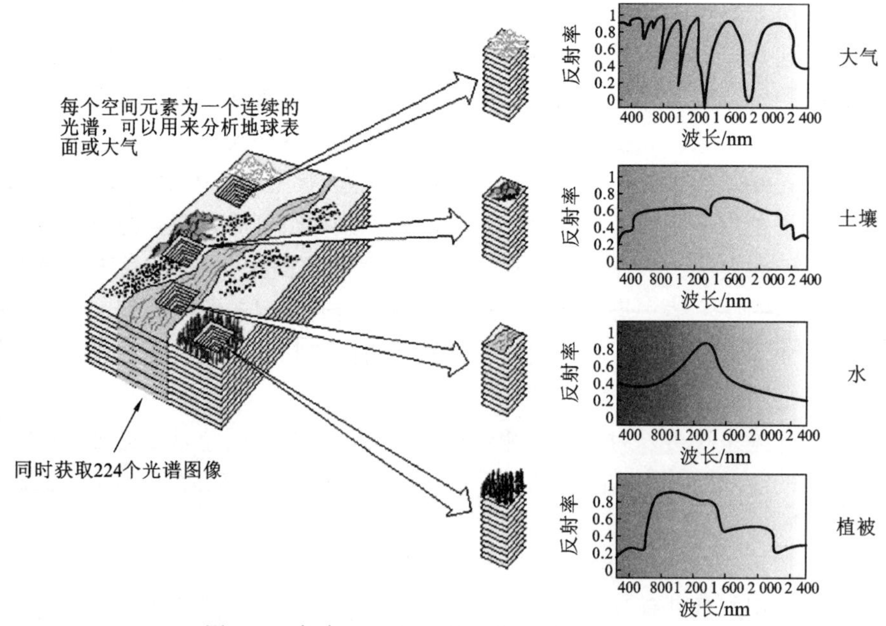

图 1.12　航空可见光/红外成像光谱仪数据特征

成像光谱仪基本上属于多光谱扫描仪，其构造与电荷耦合器件线阵推扫式扫描仪和多光谱扫描仪相同，区别仅在于通道数多，各通道的波段宽度很窄。

高光谱数据能以足够多的光谱分辨率区分出具有诊断性光谱特征的地表物质，而传统宽波段遥感数据不能做到，由此可见，高光谱数据在遥感地物定量分析上具有极大的应用前景。

成像光谱仪按其结构的不同，可分为两种类型：面阵探测器加推扫式扫描仪的成像光谱仪（推扫式成像，push-broom imaging）和线阵列探测器加光机扫描仪的成像光谱仪（掸扫式成像，whisk-broom imaging）。

面阵探测器加推扫式扫描仪的成像光谱仪（图 1.13）（孙家抦 等，2003）：利用线阵列扫描器进行扫描，利用色散元件将收集到的光谱信息分散成若干个波段后，分别成像于面阵的不同行。这种仪器利用色散元件和面阵探测器完成光谱扫描，利用线阵列扫描器及其沿轨道方向的运动完成空间扫描，它具有空间分辨率高（不低于 10～30 m）等特点，主要用于航天遥感。

线阵列探测器加光机扫描仪的成像光谱仪（图 1.14）：利用点探测器收集光谱信息，经分散元件后分成不同的波段，分别成像于线阵列探测器的不同元件上，通过点扫描镜在垂直于轨道方向的面内摆动及沿轨道方向的运动完成空间扫描，而利用线陈列探测器完成光谱扫描（彭望球 等，2002）。

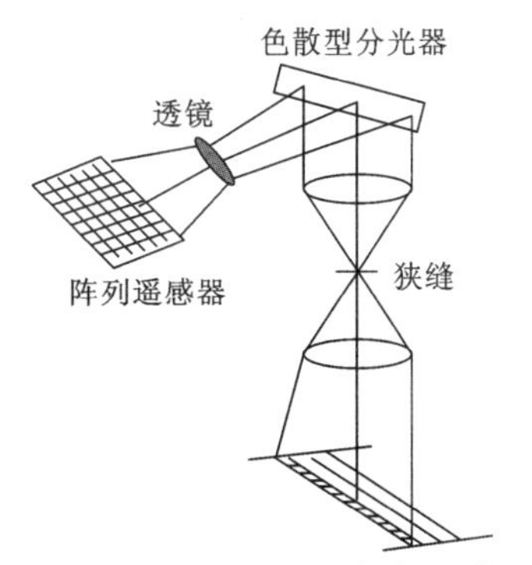

图 1.13　面阵探测器加推扫式扫描仪的成像光谱仪

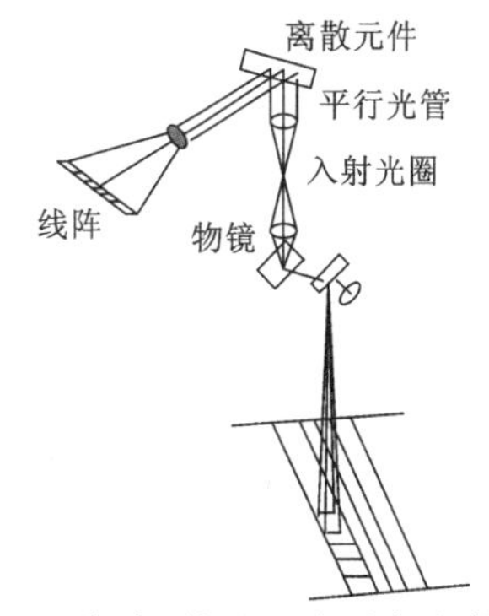

图 1.14　线阵列探测器加光机扫描仪的成像光谱仪

成像光谱仪数据具有光谱分辨率极高的优点，同时也带来了海量数据不便于进行存储、检索和分析的缺点。为了克服这一缺点，必须对数据进行压缩处理，而且不能沿用常规少量波段遥感图像的二维结构表达方式。

图像数据立方体（data cube）就是适应于成像光谱数据的表达而发展起来的一种新型的数据格式，它是类似扑克牌式的各光谱段图像的叠合，如图 1.15 所示。

图像数据立方体正面的图像是一幅表示空间信息的二维图像，在其下面则是单波段图像叠合；位于立方体边缘的信息表达了各单波段图像最边缘各像元的地物辐射亮度的编码值或反射率。

图 1.15　高光谱数据立方体

1.5 合成孔径雷达

微波遥感（microwave remote sensing）因其具有全天候、全天时的工作能力，能够实现实时动态监测，对一些物体及地表层具有一定的穿透能力，这些优点使它在军用和民用上都发挥了重要作用。所以，微波遥感已成为当今世界上遥感界研究开发应用的重点。雷达（radar）就是一种主动式的微波遥感传感器，它有侧视雷达和全景雷达两种形式，其中在地学领域主要使用侧视雷达。侧视雷达是向遥感平台行进的垂直方向的一侧或两侧发射微波，再接收由目标反射后散射回来的微波的雷达，侧视雷达成像模式如图 1.16（Morena et al.，2004）所示。通过观测这些微波信号的振幅、相位、极化及往返时间，就可以测定目标的距离和特性。按照天线结构的不同，侧视雷达又分为真实孔径侧视雷达（real aperture side-looking radar，RASR）和合成孔径侧视雷达（synthetic aperture side-looking radar，SASR）。

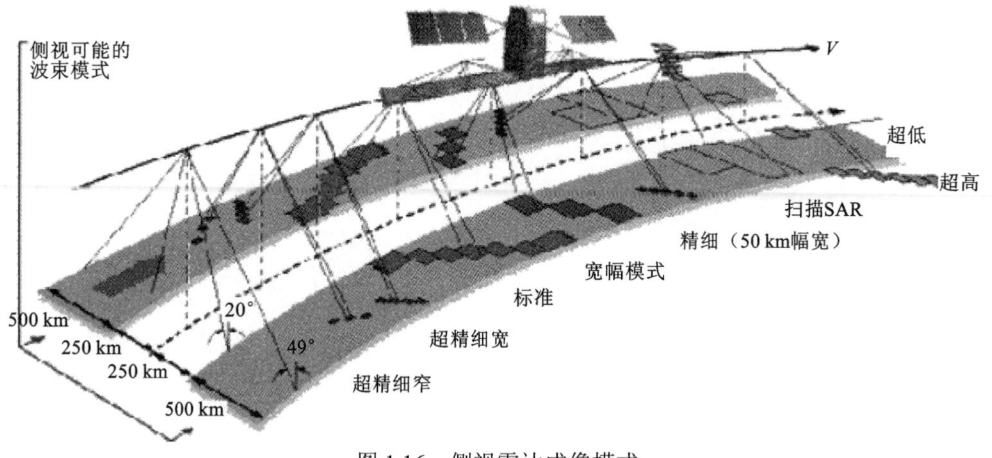

图 1.16　侧视雷达成像模式

真实孔径侧视雷达的工作原理：它是向平台行进方向（称为方位向）的侧方（称为距离向）发射宽度很窄的脉冲电波波束，然后接收从目标返回的后向散射波。按照反射脉冲返回的时间排列可以进行距离向扫描，而通过平台的前进，扫描面在地表上移动，可以进行方位向的扫描，如图 1.17（Warner et al.，2009；彭望琭 等，2002）所示。

真实孔径侧视雷达的雷达图像的空间分辨率包括两个方向：距离分辨率和方位分辨率，如图 1.18（Woodhouse，2014）所示。

（1）距离分辨率是指雷达所能识别的同一方位角上的两个目标之间的最小距离，它由脉冲宽度 τ 和光速 c 来计算，即为：$c\tau/2$（斜距分辨率）。

（2）方位分辨率为波束宽度 β 与到达目标的距离 R 之积，即 βR，而波束宽度与波长 λ 呈正比，与天线孔径 D 呈反比，所以方位分辨率为 $\lambda R/D$。

因此，要提高真实孔径侧视雷达的距离分辨率，必须降低脉冲宽度 τ。然而脉冲宽度过小则反射功率下降，反射脉冲的信噪比降低。为了解决这一矛盾，实际采用脉冲压缩的方法，以达到既不降低功率又减少脉冲宽度的目标，从而提高距离分辨率。

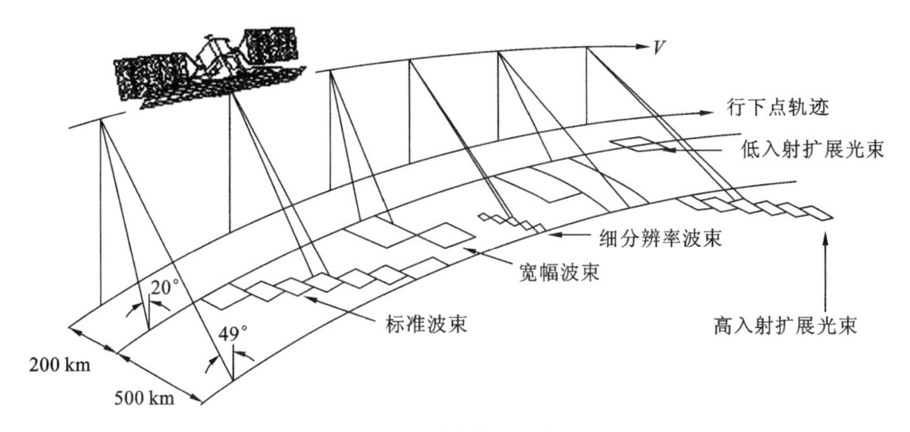

（a）雷达成像模式示意图

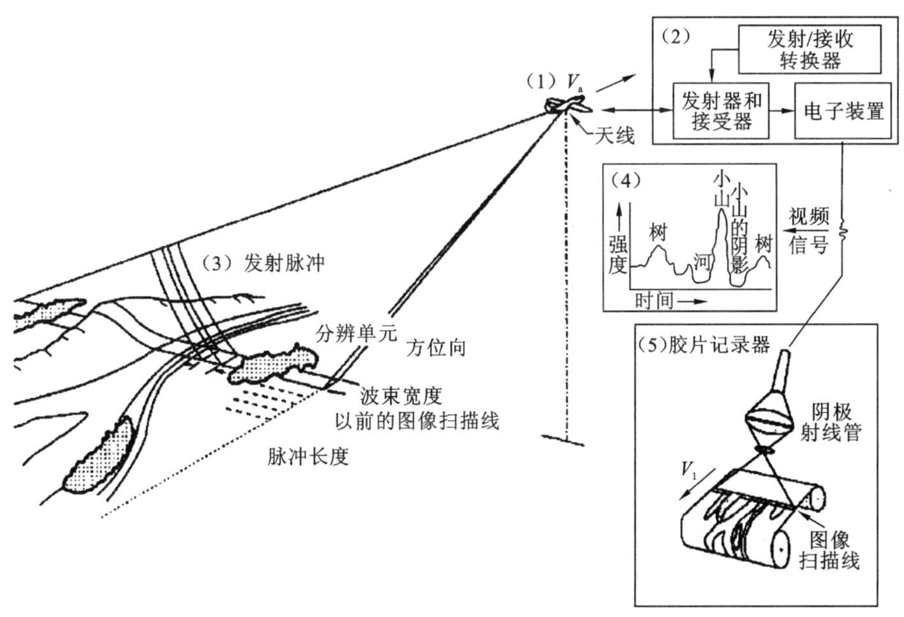

（b）雷达成像过程示意图

图 1.17　真实孔径侧视雷达成像示意图

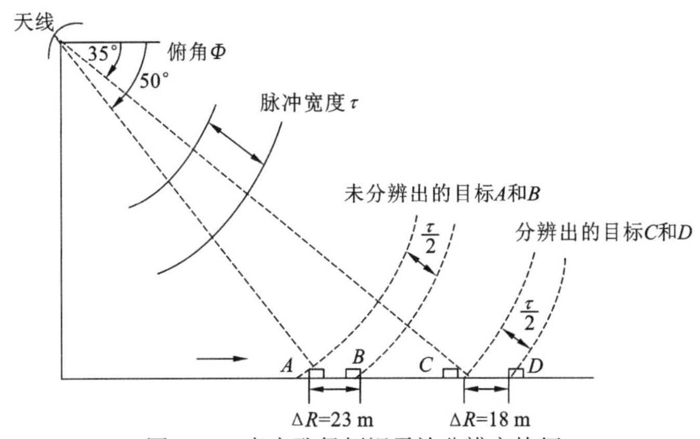

图 1.18　真实孔径侧视雷达分辨率特征

要提高方位分辨率，就必须增大天线的孔径 D。然而在飞机或卫星上搭载的天线尺寸是有限的。因此，要通过增大天线孔径来提高方位分辨率很难实现。为此，实际常采用合成孔径雷达的方法。

合成孔径雷达（synthetic aperture radar，SAR）的特点是在距离向上与真实孔径雷达相同，采用脉冲压缩来实现高分辨率，在方位向上则通过合成孔径原理来实现高分辨率。

合成孔径侧视雷达工作原理如图 1.19 所示，其基本思想是：用一个小天线作为单个辐射单元，孔径为 D。将此单元沿一直线不断移动，在移动中选择若干个位置，在每个位置上发射一个信号，接收相应发射位置的回波信号，并将回波信号的幅度连同相位一起储存下来。当辐射单元移动一段距离后，把所有不同时刻接收到的回波信号消除因时间和距离不同引起的相位差，修正到同时接收的情况，就可以得到与天线阵列相同的效果。

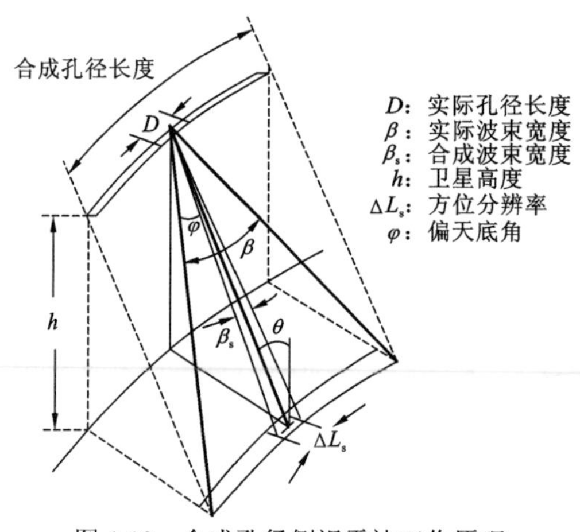

图 1.19　合成孔径侧视雷达工作原理

合成孔径侧视雷达的方位分辨率是 $\Delta L_s=D/2$，这表明其方位分辨率与距离和波长无关，而且实际天线的孔径越小，方位分辨率越高。利用合成孔径技术，合成后的天线长度为 L_s，则方位分辨率 $\Delta L_s=\beta_s R$，其中 $\beta_s=\lambda/(2L_s)$为合成波束宽度，而 $L_s=\beta R$。合成孔径侧视雷达的距离分辨率则与真实孔径侧视雷达相同。

此外，合成孔径侧视雷达的距离分辨率与方位分辨率都只取决于雷达本身，而与遥感平台无关。

第 2 章　对地观测成像模型与降质模型

任何地物都具有独特的电磁波特性，电磁波辐射是遥感技术的理论基础。遥感成像过程复杂，从电磁波辐射到遥感数字图像的产生，各个环节都有可能带来图像退化分辨力下降。本章将主要介绍遥感图像成像的物理基础和模型、遥感图像分辨率、遥感图像降质模式，以及观测模型的数学表达等内容。通过这些内容，分析遥感图像的含义和特点，介绍遥感图像降质因素和降质模型。

2.1　遥感图像成像模型

2.1.1　遥感与电磁波理论

遥感技术是以电磁波辐射理论为基础的，不同的物体对不同的电磁波的散射与辐射特性均是不同的。通过这个性质，可以应用遥感技术探测和研究远距离的物体。电磁波的发射、反射、散射特性及电磁波的传播特性是解释遥感理论的基础。

首先电磁波是由同向且互相垂直的电场与磁场在空间中衍生发射的震荡粒子波，是以波动的形式传播的电磁场，具有波粒二象性。电磁波的波长是电磁波的重要特性，电磁波由长波长到短波长主要分为无线电波、微波、红外光、可见光、紫外线、X 射线和 γ 射线。目前遥感成像系统，主要集中在微波、红外光、可见光部分的电磁波段（图 2.1）。

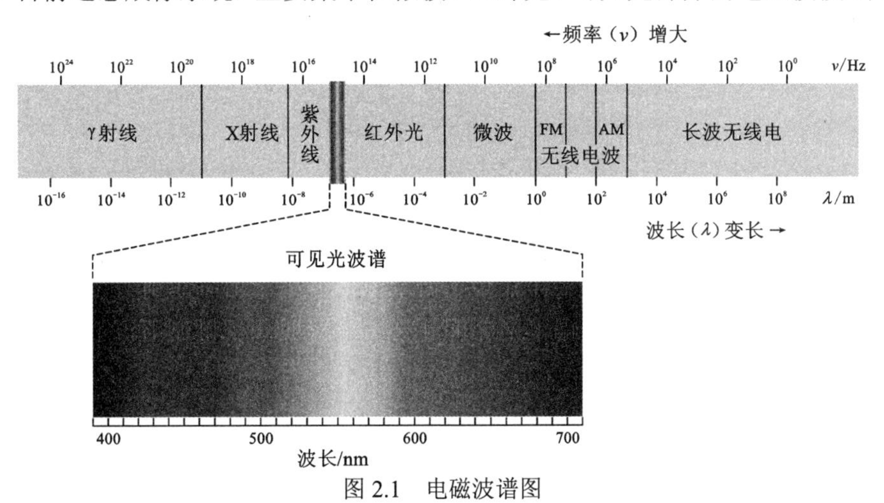

图 2.1　电磁波谱图

遥感平台上的传感器通过记录特定波长范围内的电磁辐射的能量来记录相应的物理信号。通常电磁波进入遥感平台前，需要经过一系列的复杂成像过程。从发射或反射电磁波的地物出发，经过大气到达遥感平台，进入传感器光学系统，再到电子系统，从而转换为数字信号记录下来。以下简要介绍成像过程中电磁波主要受到的影响。

任何对地观测的遥感平台成像时都要接收经过大气的电磁波才能成像。大气对遥感的影响主要是大气本身对地物电磁波的反射、吸收、散射、衰减，以及其自身辐射、反射的电磁波。这些因素导致电磁波传播过程中的失真。

电磁波通过大气后，将到达遥感平台，遥感平台主要包括气球、飞机、卫星、无人机、航天空间站等。一方面，遥感平台的高度、速度、轨道偏航、滚动等对遥感图像的几何成像情况有着非常大的影响；另一方面，遥感平台搭载的成像系统也非常的重要。

2.1.2 地物波谱特性及其变化规律

地物波谱特性，指的是各种地物所具有的电磁波特性（发射辐射或反射辐射）。通常来说，各种地物发射辐射电磁波的特性可以通过间接测试各种地物反射辐射电磁波的特性得到。因此，地物波谱特征通常是用地物反射辐射电磁波来描述的。

地物波谱特征与地物组成成分及物体内部的结构关系密切。地物本身的改变会影响地物的波谱特征，如植物的病虫害会使植物的反射率发生较大的变化，如图 2.2 所示；土壤中的含水量也会影响土壤波谱的反射率，含水量越高，土壤对红色波段的吸收越强；不同的岩石成分也会影响地物的光谱特征。随着时间的推移，地物的组成成分发生相关的改变，地物的波谱特性也会改变。如植被在夏季的绿色波段反射较强，而到了秋季反射减弱。

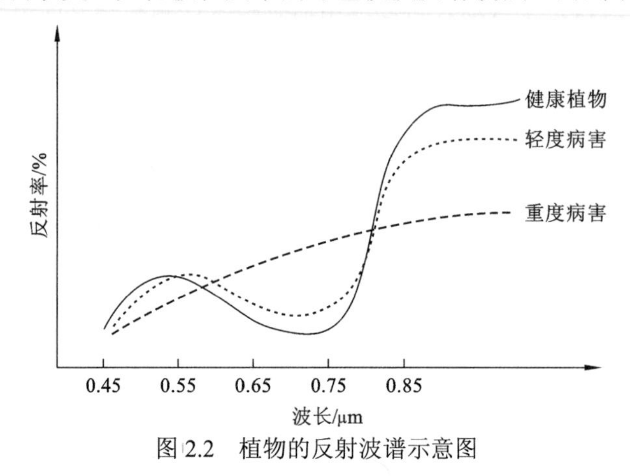

图 2.2 植物的反射波谱示意图

对于非朗伯体而言，它对短波辐射的反射、散射能力不仅受到波长的影响，同时空间方向的改变也会影响其反射、散射能力。几乎所有的地物目标均是朗伯体，因此能够引起空间方向改变的因素会造成地物波谱特性变化。如太阳的位置会影响对地物的照射方向等，从而影响地物的光谱特性。太阳位置主要包括太阳高度角和方位角，进而影响地面物体的入照度。另外，传感器的位置、地形的变化、地表的地理景观、大气的透明度等会对空间方向改变的物体，均会影响地物的波谱特性。

2.1.3 遥感图像成像数学模型

成像系统经历了多个阶段才产生数字图像，是一个很复杂的过程，各个环节都有可能让图像退化、分辨能力下降。当然，针对各个环节提高图像分辨能力的算法是有很大差别的。真实场景反射或发射的电磁波要经过大气，到达遥感平台，进入传感器的光学系统，然后经过传感器的电子系统，最后形成图像。要建立完整的成像模型就必须对各个环节进行合理的抽象与描述。

显然，改善遥感图像的质量和提高图像分辨能力时，经常会涉及各种成像模型，实际上可以面对不同的应用从多个角度构建成像模型。在改善图像质量领域用到较多的有如下几种模型。

（1）描述图像噪声、模糊、缺损和降采样等环节的总的线性模型（Shen et al.，2009；Elad et al.，1997）：

$$z_i = k_i * u + n \tag{2.1}$$

式中：z_i 为像元的观测值；u 为真实的地物光谱数值；n 为加性噪声；$k_i = h_{\text{motion}} * h_{\text{atmosphere}} * h_{\text{optical}} * h_{\text{electronic}} * h_{\text{downsamples}}$ 包含了各种影响图像质量的因素（h_{motion}、$h_{\text{atmosphere}}$、h_{optical}、$h_{\text{electronic}}$、$h_{\text{downsamples}}$ 分别代表运动、大气、光学系统、电子系统、降采样等因素对遥感数据的影响）。遥感图像中噪声是普遍存在的，尽管现在技术越来越先进，但是需求也越来越高。最常见的，高光谱和合成孔径雷达一般总是存在一些噪声。高光谱的水汽吸收波段一般易受噪声污染，SAR 的斑点噪声是典型的乘性噪声，与成像机理有关，很难绝对避免。模糊是非常普遍的遥感图像降晰方式，平台运动、大气湍流、光学散焦和设备老化等影响都能使遥感图像产生模糊。遥感图像缺损指的是坏点、坏线或者条带缺失等图像中孤立或连续像素值缺失的现象。坏线一般是推扫传感器某个电荷耦合器件像元失效导致的。条带缺失有的是推扫传感器连续像元失效的结果，有的是如 Landsat 卫星摆扫过程故障导致的结果。这里的降采样是指对连续的现实场景，基于传感器像元阵列，进行离散的有限点数的采样。从连续到离散一般会有信息的丢失，类似于离散信号处理方面的降采样。

（2）描述图像光电效应或光谱的模型。如果已经知道电荷耦合器件某个像元接收光线的光谱密度 $\varphi_{\text{pan}}^{i,j}(u)$，而且知道电荷耦合器件的光谱响应函数 $\text{pan}(u)$，这里 u 为光的频率。那么像元(i,j)在输出端输出的电压（邵晓鹏 等，2015）为

$$P^{i,j} = a_{\text{pan}} \int_0^{+\infty} \text{pan}(u) \varphi_{\text{pan}}^{i,j}(u) \mathrm{d}u + b_{\text{pan}} \tag{2.2}$$

式中：a_{pan} 和 b_{pan} 分别为对应的偏置和增益。本书描述的这个参数是最简单的形式，实际上对不同的电子数量，b_{pan} 和 a_{pan} 一般不是常数。在图像中看到的灰度级别其实是跟电压 $P^{i,j}$ 相对应的。此模型在讨论遥感图像融合时使用。

（3）图像的几何成像模型为（王敏，2011）

$$\begin{pmatrix} f & 0 & 0 & 0 \\ 0 & f & 0 & 0 \\ 0 & 0 & 1 & 0 \end{pmatrix} \begin{pmatrix} x \\ y \\ z \\ 1 \end{pmatrix} = \begin{pmatrix} fx \\ fy \\ z \end{pmatrix} \to \begin{pmatrix} u \\ v \end{pmatrix} \tag{2.3}$$

式中：x、y、z 为空间坐标；u、v 为像平面坐标；f 为传感器焦距的倒数。此模型是图像的几何成像模型，因为本书主要针对时-空-谱分辨率能力的提高，所以几何成像模型并没有在后续章节涉及。列出这个模型主要是希望跟前面所提到的成像模型有所区别，以及界定本书成像模型概念的范围。

2.2 遥感图像分辨率

2.2.1 空间分辨率

空间分辨率，指像元所代表的地面范围的大小，即地面物体能分辨的最小单元。空间分辨率主要由两个因素决定：单位尺寸上电荷耦合器件像元的密度和卫星视场所对应的面积。当然，光学透镜的加工精度、焦距、成像时的大气条件等也对空间分辨率有影响。如果卫星处于很高的轨道，那么视场内包含了很大的面积，此时一个电荷耦合器件像元对应了场景内较大的面积，对于相同的电荷耦合器件像元密度情况下，其比小视场成像的空间分辨率会低一些。一般来说，尽管遥感领域很多研究对象都有最佳观测尺度，但是仍然会有很多情况下希望能够获取较高的空间分辨率。图 2.3 展示的图像即为 5 m 分辨率影像和 10 m 分辨率影像，明显可以看出 10 m 分辨率影像较为模糊。

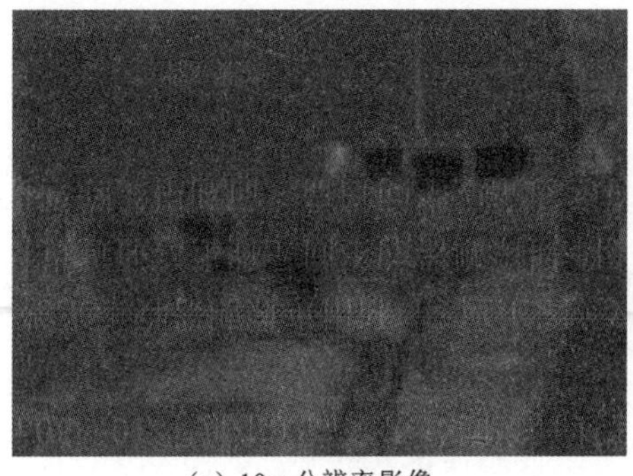

（a）10 m分辨率影像　　（b）5 m分辨率影像

图 2.3　不同空间分辨率影像示意图

2.2.2 光谱分辨率

光谱分辨率，指传感器接收目标辐射的波谱时能分辨的最小波长间隔。间隔越小，分辨率越高，常说的多光谱数据、高光谱数据就是指的光谱分辨率较高的数据。一般来说，由于传感器对能量的响应能力不同，光谱分辨率和空间分辨率之间相互制约，空间分辨率高的图像，往往光谱分辨率较低，所以会有一系列的空谱遥感数据融合算法来解决这方面的相关问题。图 2.4 展示的是 4 种不同光谱分辨率的图像，从左向右光谱分辨率依次增大。其中多光谱影像和高光谱影像的示例影像是假彩色合成影像。

（a）全色影像　　（b）彩色影像　　（c）多光谱影像　　（d）高光谱影像

图 2.4　全色、彩色、多光谱、高光谱影像示例图

2.2.3 时相分辨率

时相分辨率，又称为时间分辨率，指对同一地点进行的相邻两次遥感采样的时间间隔，即重访周期。重访一地的时间越长，时间分辨率越低，反之时间分辨率越高。时间分辨率是在多时相遥感分析应用中的重要指标，同样由于技术的限制，空间分辨率和时相分辨率也是相互制约的，同样也有时空遥感数据融合的相关研究来解决这方面的问题。图 2.5 展示了不同时间分辨率影像的区别，在相同的时间间隔内，时间分辨率高的卫星影像可以在同一个地点同时多幅成像，而时间分辨率低的影像只能得到更少的一部分图像，并且高时间分辨率往往伴随着低空间分辨率，而低时间分辨率往往伴随着高空间分辨率。

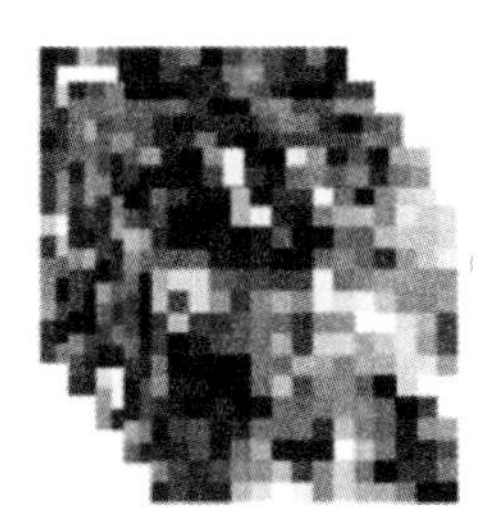

（a）高时间分辨率影像　　（b）低时间分辨率影像

图 2.5　不同时间分辨率影像示意图

2.2.4 辐射分辨率

辐射分辨率，是指传感器接收波谱信号时能分辨的最小辐射度差，也就是传感器的灵敏度。传感器能检测到越小的辐射变化，则传感器的辐射分辨率越强。在遥感图像上，这一性质表现为每一个像元的量化等级。图 2.6 展示了不同辐射分辨率的影像，图 2.6（a）分辨能力较弱，只能分辨高低两种信号，呈现出一种二值图像。图 2.6（b）辐射分辨率较高，细节在图像上呈现得更加清晰。

（a）低辐射分辨率影像　　（b）高辐射分辨率影像

图 2.6　不同辐射分辨率影像示意图

2.2.5 角分辨率

角分辨率主要应用在合成孔径雷达上，实际上指的是雷达的指向精度。雷达中角分辨率与雷达波长呈反比，与天线的孔径呈正比。合成孔径雷达就是增大了天线的孔径，从而使得主动微波遥感的分辨率大大提高。

表 2.1 列出了常见的卫星光谱带宽、重访周期和空间分辨率等参数。

表 2.1　常见的卫星参数列表

项目	传感器	带宽/km	空间分辨率/m	重访周期
机载	多种	多种	> 0.1	
	紧凑型机载光谱成像仪	多种	1～2	
	Hymap	100～225	2～10	
WorldView	全色	16.4	0.46	1.1 天
	多光谱	16.4	1.85	
WorldView	全色	16.5	0.46	1.1 天
	多光谱	16.5	1.85	
QuickBird	全色	16.5	0.6	1.5～3 天
	多光谱	16.5	2.4	
IKONOS	全色	11	1	1.5～3 天
	多光谱	11	4	
RapidEye	多光谱	77×1 500	6.5	1 天
EO-1	先进陆地成像仪	60	30	16 天
	Hyperion	7.5	30	
Terra	先进星载热发射和散射辐射仪	60	15，30，90	4～16 天
Terra / Aqua	中分辨率成像光谱仪	2 300	250，500，1 000	0.5 天
GOES	多种	1，4，8		15 分钟
ALOS	全色立体测图遥感仪	35	4	1～2 天
SPOT-4	全色	60～80	10	2～3 天
	多光谱	60～80	20	
SPOT-5	全色	60～80	5	2～3 天
	多光谱	60～80	10	
KOMPSAT	全色	15	1	2～3 天
	多光谱	15	15	
Landsat-5	TM 多光谱	185	30	16 天
	TM 热红外	185	120	
Landsat-7	ETM+全色	185	15	16 天
	ETM+多光谱	185	30	
	ETM+热红外	185	60	

续表

项目	传感器	带宽/km	空间分辨率/m	重访周期
NOAA	高级超高分辨率辐射计	2 399	1 100	0.5 天
Envisat	中分辨率成像光谱仪	575	300	2～3 天
Radarsat-2	超精细模式	20	3	多天
Radarsat-1/-2	精细模式	50	8	
Radarsat-2	四极化精细模式	25	8	
Radarsat-1/-2	标准模式	100	25	
Radarsat-2	四极化标准模式	25	25	
Radarsat-1	宽模式	150	30	
Radarsat-1/-2	窄幅扫描模式	300	50	
Radarsat-1/-2	宽幅扫描模式	500	100	
Radarsat-1/-2	高入射角模式	75	25	
Radarsat-1	低入射角模式	170	35	
ERS-2	SAR	100	30	35 天
Envisat	标准高级合成孔径雷达	100	30	36 天
	宽扫高级合成孔径雷达	405	1 000	
TerraSAR-X	聚束模式	10	1	11 天 2.5 天
	条带模式	30	3	
	宽扫模式	100	18	
Cosmo-Skymed^	聚束模式	10	<1	37 小时
	条带模式	40	3～15	
	宽扫模式	100～200	30～100	

2.3 遥感图像降质因素

2.3.1 传感器降晰因素

传感器因素导致的遥感图像降晰现象主要有缺损、降采样，传感器老化等一些因素也会导致图像模糊、噪声等降晰问题。

本书所指的遥感图像缺损指的是坏点、坏线或者条带缺失等图像中孤立或连续像素值缺失的现象。坏线一般是由推扫传感器某个 CCD 像元失效导致。条带缺失有的是推扫传感器连续像元失效的结果，有的是如 Landsat 卫星摆扫过程故障导致的结果，图 2.7 为模拟 Landsat 卫星摆扫成像产生条带缺失。

采样在本书中主要指的是降采样。现实场景是连续的无限可分的，但是传感器像元基本上都是离散的有限个数的。那么采集图像的过程，大体上可以看作对连续场景的采样。显然，现实场景是无限带宽的，而有限分辨率的传感器是有限带宽的，因此根据采样定理，信息的丢失是必然的，无论多高的空间、光谱或时间分辨率均是如此。

（a）原始图像

（b）条带缺失

图 2.7 模拟缺损的 Landsat 图像

另外，在卫星相机成像过程中，受离焦、光学系统像差、光电转换噪声、外界环境参数的剧烈变化、震动或冲击等因素的影响，各式各样的影像成像质量偏差，主要表现为噪声和模糊。

2.3.2 地物目标影响因素

地物目标的阴影是影响遥感图像质量的重要因素，如城市中的树木、建筑物等。阴影的信息直接影响了图像的信息、目标识别、图像融合等，给图像处理带来了极大的困难。在城市遥感中，阴影的存在会给诸多应用带来困扰。阴影区相较于非阴影区亮度低。

2.3.3 图像获取过程的外部干扰因素

图像获取过程中，最为主要的外部干扰因素就是大气传输。光辐射在大气传输过程中，大气吸收和散射作用占主导作用，从而引起成像质量下降。大气吸收主要对地物辐射的能力产生衰减，引起图像对比度、饱和度下降。大气散射过程较为复杂，对辐射传输过程有一系列的削弱作用，并会引起能量在空间上分布的变化，图像对比度、色彩信息下降、模糊。

另外，遥感图像在成像过程中极易受到天气状况的影响，多数遥感图像不可避免地出现云层覆盖的情况，不经处理获取一张纯粹无云的遥感图像是十分困难的。云层的覆盖不仅影响其进一步处理，还会降低其利用率与准确度。在遥感图像中，根据云的特点，分为薄云与厚云。薄云会引起图像中的部分信息质量大幅下降，而厚云直接抹去了图像位置处的信息。

2.4 观测模型及数学描述

2.4.1 观测模型

大气、光学、电子和机械等环节的不理想是导致图像质量下降的基本因素，从表象上看，遥感图像会出现信息缺损、模糊、降采样和阴影等具体的问题。图像修补、图像复原、图像重建、图像融合和图像去阴影等算法都是对某些特定环节的改善（沈焕锋 等，2018a，2018b，2018c），所以某一类算法的成像模型与完整的成像模型会有些区别。可以将它们理解为局部和整体或概括和具体的关系。为了更好地与实际问题对应，可以把成像和降晰过程描述为线性卷积模型，其思路如图 2.8 所示。

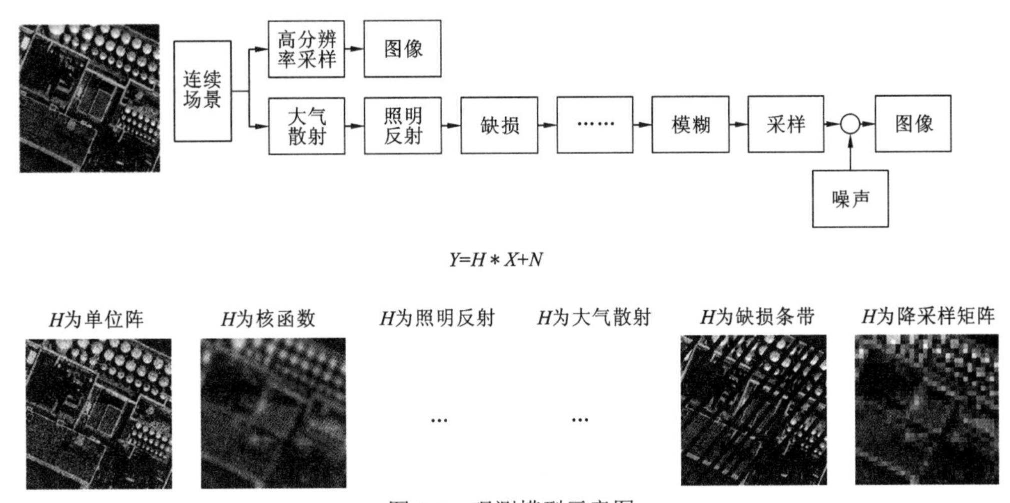

图 2.8　观测模型示意图

图 2.8 中显示的是阴影、薄云、缺损、模糊、降采样和噪声这些具体的图像降晰现象。实际中，经常面临其中的一种或多种类型的降晰，而在研究过程中一般只针对一种降晰进行算法的研究。

在讨论图像降晰的时候，一般都要简要地提到成像过程。如果能够直接对连续场景按要求的分辨率直接采样，这样获得的图像是没有任何问题的，但这也是不可能做到的。实际情况是，在得到离散的数字图像之前，信号经过了光学电子系统，一般会引起地物场景位置变化、光学扭曲、缺损、模糊、降采样和噪声等问题。所以，对成像过程的抽象和概括，图 2.8 仅仅为示意图而不可能全面精确，比如谁先谁后、谁包含谁等，不同领域也有不同侧重。如位置变化和光学扭曲主要在几何校正领域考虑，而模糊和像素的辐射精度等问题通常在辐射校正领域考虑。

噪声可能加性也可能乘性。模糊也有很多种方式，电子、光学、运动等都可能会产生模糊。总之，辐射能量从连续场景到数字图像过程中经历了复杂变化，而最终成像结果往往不能满足要求。为此，衍生出很多补救的方法。在遥感图像处理领域一般可以把图像降晰的过程简单地表达为

$$y = h * x + n \tag{2.4}$$

或者

$$Y = H * X + N \tag{2.5}$$

式（2.4）中：h 为卷积核函数；x 为原始图像；y 为观测图像；n 为噪声。如果写成矩阵的形式［式（2.5）］，H 为卷积矩阵，X 为原始图像，Y 为观测图像，N 为噪声。

在很多计算模型中，Y 作为观测图像也就是受到了各种影响的图像数据；X 为原始

图像，但是实际一般指未受干扰的高分辨率的数字图像；N 为加性噪声。如果对图像降晰考虑更多细节，可以有

$$Y = H_1 \cdots H_n * X + N \tag{2.6}$$

这里 $H_1 \cdots H_n$ 代表各种降晰阶段的影响。下面简单解释噪声、模糊、缺损和采样等几种情形。

2.4.2 数学描述

1. 针对噪声的数学描述

遥感图像中噪声是普遍存在的，尽管现在技术越来越先进，但是需求也越来越高。最常见的，高光谱和 SAR 一般总是存在一些噪声。高光谱的水汽吸收波段一般易受噪声污染，SAR 的斑点噪声是典型的乘性噪声，与成像机理有关，很难绝对避免。当考虑噪声的时候，图 2.8 的降晰环节和式（2.6）中的 $H_1 \cdots H_n$ 可以看作单位矩阵 I，那么就有

$$Y = I * X + N \tag{2.7}$$

除噪声的研究非常多，Wavelet（Chambolle et al.，1998）、偏微分方程（Rudin et al.，1992）、马尔可夫随机场（Hua et al.，2002）、Dictionary（Dong et al.，2011）和 nonlocal（Buades et al.，2005）等层出不穷。关于噪声的基本理论和研究现状将在遥感图像噪声去除（第 8 章）中较为详细地进行论述。这里只简单强调两点：第一，噪声抑制的本质是对数据建模，而什么是数据、什么是噪声仍然是很难准确定义的开放性问题；第二，噪声抑制的方法实际上贯穿了整个遥感图像质量提升的研究，具体来说就是模糊、阴影、降采样、薄云等方面的研究都跟噪声抑制算法有直接或间接的联系，因为几乎所有改善图像质量的研究都或多或少涉及对数据假设或建模。

2. 针对模糊的数学描述

模糊是非常普遍的遥感图像降晰方式，平台运动、大气湍流、光学散焦和设备老化等影响都能导致遥感图像产生模糊。模糊模型在一般数字图像处理领域早有定义，而且也很好理解。模糊的过程相当于一个核函数 H_1 与原始图像做卷积（Molina et al.，2006），一般表示为

$$Y = H_1 * X + N \tag{2.8}$$

显然，并不是随便一个 H_1 矩阵，都可以产生模糊，至少完全随机的 H_1 矩阵就不会让 Y 看起来成为模糊图像。H_1 矩阵在空域的形状以类高斯函数最为普遍，还有一些模糊是由频率域的环形函数构成。关于模糊的基本理论和研究现状将在遥感图像薄云去除（第 9 章）中较为详细地进行论述。关于模糊，有几点需要注意。第一，模糊是典型的病态问题，这导致去模糊的求解较为困难，其困难程度往往与模糊核函数的形态有关，当然也与噪声大小有关。如果模糊核函数为单位矩阵，去模糊问题就退化成了除噪声的问题。如果模糊核函数完全未知，此时升级为盲复原问题。盲复原问题是严重病态的，非常难于求解，至今并没有彻底解决盲复原问题。第二，去模糊的过程属于求解病态的逆问题，这类问题有个明显的特征，就是细节增强作用的反降晰和保持解稳定的平滑策

略总是同时存在，就像矛盾的两个方面，它们之间的关系是对立统一的，如何更好地还原图像而同时能不受噪声干扰是这个领域研究的关键问题。

3. 针对缺损的数学描述

如果把缺损的过程写成矩阵形式，有（沈焕锋 等，2018a；Cheng et al.，2013）

$$Y = H_2 * X + N \tag{2.9}$$

这里的 H_2 代表缺损过程的矩阵。显然，图像缺损的特性与模糊或一般的噪声非常不一样。直接的数据缺损，导致一般很难仅仅基于当前观测数据直接求解式（2.9）的原始图像 X。只有坏点或很细的坏线可能直接通过邻域像素的空间或光谱关系直接修复。大面积的缺损是很难直接修复的。类似的问题也出现在阴影或云检测后的修复。所以对缺损图像修复方面的研究一般会引入历史数据，基于数据融合和先进的数据建模或规整化技术联合起来进行图像修复是目前较为流行的修补缺损的方式。

4. 针对降采样的数学描述

如果打算获取更高的分辨率，最直接的方法仍然是加工制造更精密的传感器，但是对已经获取的图像，如果希望改善或提高分辨率，在成像模型中考虑降采样环节是必不可少的，降采样其实也是类似的形式（Elad et al.，1997）：

$$Y = H_3 * X + N \tag{2.10}$$

这里的 H_3 为采样矩阵。关于降采样这种图像降晰形式，概括来说有几点值得注意：第一，降采样与模糊和噪声不同，降采样过程中信息丢失非常多，而且降采样方程更加病态，甚至超过盲复原的难度，直接求解更加困难；第二，降采样对图像质量的影响非常重要，可以认为模糊和噪声是较轻微的图像质量下降，但是大面积缺损和降采样可以看作非常严重的图像质量下降；第三，针对降采样的图像质量改善或分辨率提升，无论是针对空间、时间还是光谱降采样，一般需要引入更多的数据或更多的先验信息，利用多源数据进行质量改善一般称为融合，利用单一数据源多次采样或单幅图像改善质量一般称为超分辨率。粗略地讲，如果是不同传感器或不同时间或空间或光谱等采样联合求解，那么就是

$$\begin{cases} Y_1 = H_{3,1} * X + N_1 \\ \qquad \cdots \\ Y_n = H_{3,n} * X + N_n \end{cases} \tag{2.11}$$

这里，求解方程组（2.11）就是融合的过程，当然也可以认为是超分辨率重建。遥感图像融合和遥感图像超分辨率将分别在第 13 章和第 14 中进行详细阐述。可以认为，不同的观测数据 $Y_1 \cdots Y_n$ 是原始数据 X 的不同侧面或特性。

超分辨率概念是从遥感领域兴起的，但是对消费电子领域的图像处理却有更广泛的研究和应用。图像处理领域的超分辨率一般认为是同一传感器对同一地点多次采样进行重建，如图 2.9 所示。现在遥感图像融合也经常提到超分辨率这个概念。遥感领域提出的概念却在另一个领域应用很广，主要是消费电子领域的廉价便宜的视频图像给了超分

辨率算法更多的展示机会，尤其是视频图像本身就是连续采样，促进了这个领域的发展，而早期获得遥感卫星图像远非现在这么容易。

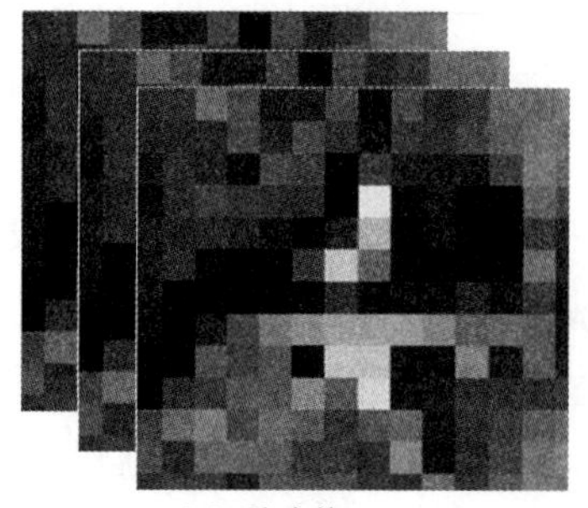

（a）重建前

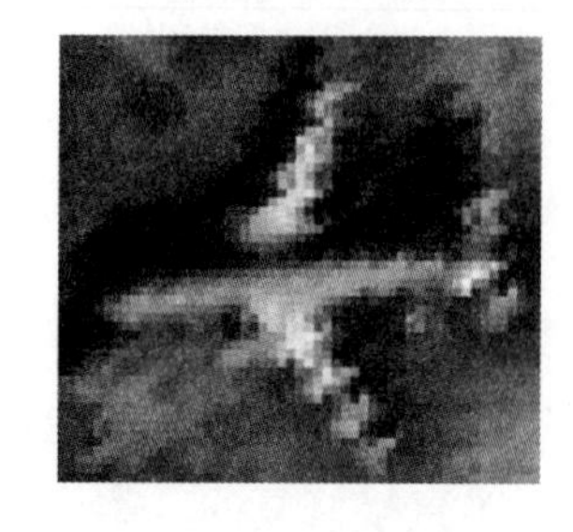

（b）重建后

图 2.9　序列图像超分辨率重建

第二篇

质量提升理论基础与遥感图像模型

第 3 章　稀疏表征与压缩感知

稀疏表征和压缩感知理论是近年来信号处理领域的研究热点，其具有良好的数据特征表示能力和对数据主要特征的自动提取能力。由于遥感数据在空间、时间、光谱维度上存在相关性，稀疏表征在遥感图像处理领域也受到了广泛关注和应用。本章将重点介绍压缩感知理论、小波与滤波器组、稀疏字典等稀疏表征与重构方面的理论与数学模型。

3.1　压缩感知理论

现代信号处理的一个关键基础是奈奎斯特采样定理（张贤达，2002）：一个信号可以无失真重建所要求的离散样本数由其带宽决定。根据奈奎斯特采样定理，当采样频率达到模拟信号的最高频率两倍时，才能精确地重构出信号。对于奈奎斯特采样定理：采样频率必须大于信号最高频率的 2 倍。其中，采样频率意味着采样时必须保证等间距采样，而等间距采样则会造成变换域上的周期延拓。如果采样频率过小则意味着周期延拓过程上出现混叠，不利于频率的获取。因此奈奎斯特采样定理是一个信号重建的充分非必要条件。然而，为了便于传输、存储，在实践中人们通常会对采样的信号进行压缩，再以较少的比特数去记录信号，这有可能会损失一些信息。

压缩感知理论基础最早源于 Kashin 在 1977 年创立的泛函分析和逼近论，直到 2006 年，由 Candès、Romberg、Tao、Donoho 等人将泛函分析和逼近论的具体算法实现出来。为了解决因采样频率造成的重建信号难的问题，Candès 等（2008）提出了使用随机采样的压缩感知理论。压缩感知理论指出：若一个信号在某个变换域内是稀疏的，则可通过与该变换基不相关的测量矩阵将高维信号投影到低维空间上，进而通过求解优化问题来从少量的投影信号中高概率精确地恢复得到原始信号。

压缩感知突破了奈奎斯特采样定理，作为一个新的采样理论，它可以在远小于奈奎斯特采样频率的条件下获取信号的离散样本，可以实现信号的无失真重建。相较于传统的信号失真重建，压缩感知实现新突破的关键就在于其采样方式。通常当人们提到“采样频率”时，在数字信号领域里通常都是做等间距采样，这服从奈奎斯特采样定理。而压缩感知是使用随机的亚采样方式。这克服了等间距采样带来的在变换域上的周期延拓现象。压缩感知理论一经提出，就引起学术界和工业界的广泛关注。

对于线性系统，可以用线性方程组来模拟信号采集过程。式（3.1）是用数学语言来描述的整个信号采集过程，式中 $x \in \mathbf{R}^N$ 是 N 维空间下的原始信号的真实值，$y \in \mathbf{R}^M$ 是对原始信号的测量值，M 的值可能大于或者等于 N。矩阵 $\Phi \in \mathbf{R}^{M \times N}$ 表示 N 维空间下获得 M 维测量结果的线性测量矩阵。

$$y = \Phi x \tag{3.1}$$

测量值的维度 M 与数据量有关，在传统数字信号处理领域它的大小必须至少与原始信号真值的维度相等，才能得到准确解。但如果 $M \ll N$ 意味着线性观测系统是欠定的，符合约束条件的解可能有无穷多个。所以在这种情况下是不可能恢复得到原始信号的真值。这也和奈奎斯特采样定理相印证：为了完整恢复出原始信号，采样的频率必须大于或者等于原始信号频率的 2 倍。但这一规律随着压缩感知的诞生而被打破，利用信号的稀疏性在测量次数 M 远小于信号维度 N 的情况下是可以完成重构的（闫敬文 等，2015）。

稀疏信号是指它的大部分分量为零。由于这样的特性，稀疏信号需要占用很多存储空间去保存大部分为零的分量，增加其可压缩的特性。压缩感知是建立在经验与近似的基础上，即许多类型的信号（包括图像）可以用稀疏基的近似展开，从而获得更少量的非零系数。

$$y = \Phi x = \Phi \psi \alpha = \theta \alpha \tag{3.2}$$

式中：$y \in \mathbf{R}^M$ 是对原始信号 x 的压缩采样信号，而 $x \in \mathbf{R}^N$ 的信号维度大于测量值 y 的维度，即 $M \ll N$。而原始信号 x 在稀疏基 ψ 的变化域下可以由 K 稀疏（即 $K \ll N$ 个系数是非零的）的系数向量 α 来表示。Φ 则是压缩采样矩阵，它是一个 $M \times N$ 的矩阵。而稀疏变换矩阵 ψ 是 $N \times N$ 的矩阵，用 $\theta = \Phi \psi$ 来表示测量矩阵和稀疏变换矩阵的乘积，它也是一个 $N \times N$ 维的矩阵。由于 y 的维数小于 x 的维数，因此式（3.2）是一个欠定方程，采样示意图参考图 3.1（Candès，2008）。在压缩感知中，增加了稀疏性的约束条件，才能求解出这个欠定方程。这样的压缩感知框架可以恢复出拥有唯一稀疏解的线性方程组。

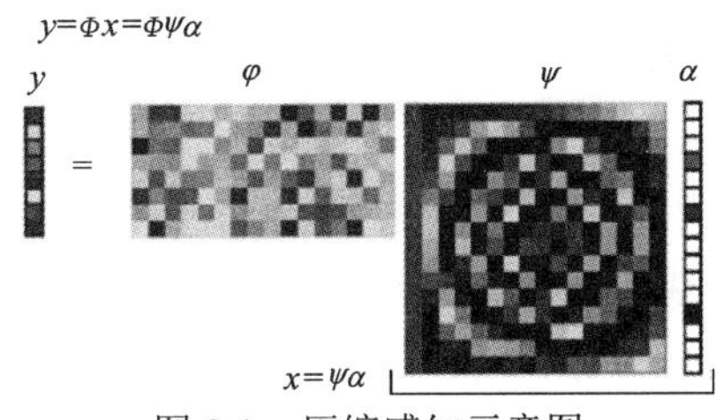

图 3.1　压缩感知示意图

重建出原始信号 x 的最简单的一个方法就是按照式（3.3）

$$\operatorname{argmin} \|\alpha\|_0, \quad \text{s.t.} \, y = \Phi \psi \alpha \tag{3.3}$$

如果考虑测量值存在噪声的情况，则通过式（3.4）来进行求解。

$$\operatorname{argmin} \|\alpha\|_0, \quad \text{s.t.} \|y - \Phi \psi \alpha\|_2 \leqslant \epsilon \tag{3.4}$$

这里 $\|\alpha\|_0$ 表示求 s 的 l_0 范数，也就是目标向量中非零元素的个数；ϵ 为一个值很小的常数。求解式（3.4）是一个组合优化的问题，也是一个非确定性多项式（non-deterministic polynomial，NP）问题。在实际情况中，当信号的维数大时是无法求解这个问题的。为解决这个问题，经过证明凸的 l_1 范数可以替代非凸的 l_0 范数，如此便可用相对简单的凸优化问题替代复杂的非确定性多项式难问题。因此新的求解过程可以用式（3.5）来描述：

$$\operatorname{argmin} \|\alpha\|_1, \quad \text{s.t.} \|y - \Phi \psi \alpha\|_2 \leqslant \epsilon \tag{3.5}$$

纵观整个压缩感知理论架构，最为重要的问题有两个：第一，怎样设计一个尽可能保存足够有效信息的采样矩阵 Φ；第二，重建算法应该怎样设计和选择，其中还应该考虑重建算法和稀疏基的搭配问题。

在数字信号处理中，有一个很重要的概念：变换域，即某个由一组基函数支撑起来的线性空间。一般而言，信号都是在时域或空域中来表示，其实可以在其他变换域中通过某些正交基函数的线性组合来表示信号（张贤达，2002），如下所示。

$$x(t)=\sum_i \alpha_i \psi_i(t) \tag{3.6}$$

式中：$\psi_i(t)$是第 i 个正交基函数；α_i 是对应的第 i 个系数。

对于某个变换域或空间，其基函数是确定的，只要得到系数α的这一组值，即可通过该系数向量来表示信号。很明显，系数向量α的维数远小于原始信号，即具有稀疏性。这一个压缩和降维的过程，有利于存储、传输和处理。

稀疏基作为压缩感知理论中的重要一环，同样对最终重建效果有决定性作用。对于信号常用的稀疏变换有小波变换、离散余弦变换、曲波变换等。后来兴起了稀疏字典（Rubinstein et al.，2010），给信号稀疏变换提供了一种新的思路。在稀疏字典中信号可以被表示为多个基本元素的线性组合，这些元素被叫作原子，众多原子组成系数字典ψ。由于字典中的原子不一定是正交的，组成的字典可能是一个过完备的生成集。同时稀疏字典还允许所表示的信号的维数高于所观察到的一个信号的维数。上述两个特性导致了看似冗余的原子，这些原子允许对同一信号进行多种表示，但也提高了信号近似表示的稀疏性和灵活性。

3.2 小波与滤波器组

小波变换是一种时域或空域上的信号转化为频域信号的方法（Bayram et al.，2009），不同于傅里叶变换，小波变换使用的基函数是小波基而非正弦波，在时域和频域都具有很好的局部化性质，较好地解决了时域和频域的分辨率矛盾，对于信号的低频成分采用宽时窗，高频采用窄时窗，因而适合处理非平稳的时变信号，在语音与图像处理中都有着广泛的应用。同时，它继承和发展了短时傅里叶变换局部化的思想，同时又克服了窗口大小不随频率变化等缺点，能够提供一个随频率改变的“时间-频率”窗口，是进行信号时频分析和处理的理想工具。它的主要特点是通过变换能够充分突出问题某些方面的特征，能对时间（空间）频率进行局部化分析，通过伸缩平移运算对信号（函数）逐步进行多尺度细化，最终达到高频处时间细分、低频处频率细分，能自动适应时频信号分析的要求，从而可聚焦到信号的任意细节，解决了傅里叶变换的困难问题，成为继傅里叶变换以来在科学方法上的重大突破（胡广书，2004）。

小波变换具有多分辨率分析特点，在时间域、频率域都具有局部性分析的能力。图像经多层小波变换，得到最高层的低频近似系数和每一层的高频细节。变换后所得的系数有特殊性质。近似系数代表图片的背景，即低频信息，细节系数代表了图像的高频信息，层数大的细节系数频率较高。在不同尺度的高频子带图像之间存在同构特性，且 3 个方向上不同尺度下的小波系数能量大小不同，各方向的侧重不同。在同一方向上，有更强的同构性和相似性，且各方向不同尺度下对应频带的相关性是最强的。

小波变换通常分为连续小波变换和离散小波变换，但是对于处理图像这种离散信号来说，需要使用离散小波变换，本书针对遥感图像处理，故此处重点介绍离散小波变换。

对于一个二维图像$x[m,n]$，对其做离散小波变换如式（3.7a）和式（3.7b）所示（Hanna et al.，2001）。

$$v_{1,\mathrm{L}}[m,n]=\sum_{q=0}^{Q-1}x[m,2n-q]g[q] \tag{3.7a}$$

$$v_{1,\mathrm{H}}[m,n]=\sum_{q=0}^{Q-1}x[m,2n-q]h[q] \tag{3.7b}$$

式中：$g[q]$为低通滤波器；$h[q]$为高通滤波器；$v_{1,\mathrm{L}}[m,n]$和$v_{1,\mathrm{H}}[m,n]$分别为经过一次小波变换后的低频信息和高频信息。低通滤波器可以将输入信号的高频部分滤掉而输出低频部分；高通滤波器与低通滤波器相反，滤掉低频部分而输出高频部分。式（3.8）表示在低频信息$v_{1,\mathrm{L}}[m,n]$和高频信息$v_{1,\mathrm{H}}[m,n]$的基础上，继续对图像进行多次小波分解的操作。

$$x_{1,\mathrm{L}}[m,n]=\sum_{q=0}^{Q-1}v_{1,L}[2m-q,n]g[q] \tag{3.8a}$$

$$x_{1,\mathrm{H1}}[m,n]=\sum_{q=0}^{Q-1}v_{1,\mathrm{L}}[2m-q,n]h[q] \tag{3.8b}$$

$$x_{1,\mathrm{H2}}[m,n]=\sum_{q=0}^{Q-1}v_{1,H}[2m-q,n]g[q] \tag{3.8c}$$

$$x_{1,\mathrm{H3}}[m,n]=\sum_{q=0}^{Q-1}v_{1,\mathrm{H}}[2m-q,n]h[q] \tag{3.8d}$$

图3.2表示对图像进行两次小波变换后分解的结果，其中↓2是2倍下采样操作。分别采用一维低通滤波器$g[n]$和一维高通滤波器$h[n]$沿着n的方向对输入的二维图像$x[m,n]$进行滤波和2倍下采样操作，即可得到n方向上的低频信息$v_{1,\mathrm{L}}[m,n]$和高频信息$v_{1,\mathrm{H}}[m,n]$。同样操作，采用一维低通滤波器$g[m]$和一维高通滤波器$h[m]$沿着m的方向对中间变量$v_{1,\mathrm{L}}[m,n]$和$v_{1,\mathrm{H}}[m,n]$进行滤波和2倍下采样操作，就可以得到4个滤波后的图像，即m方向低频/n方向低频图像、m方向高频/n方向低频图像、m方向低频/n方向高频图像，以及m方向高频/n方向高频图像。由此可见，滤波器能对图像进行有效的滤波，但是，不同的滤波器在图像分解过程中保留的信息是不同的。

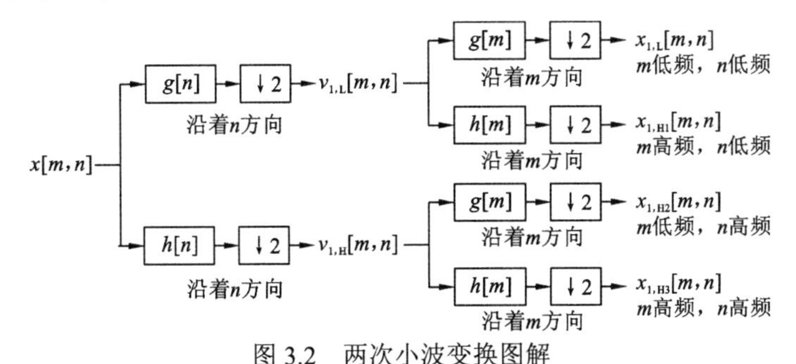

图3.2　两次小波变换图解

3.3　稀 疏 字 典

稀疏表示理论是近年来的研究热点问题之一，因其优秀的数据特征表示能力和对数据主要特征的自动提取能力，在很多领域彰显出卓越的应用效果，近年来吸引越来越多的学者投入稀疏表示理论的研究中。稀疏表示理论中最为重要的角色——稀疏字典，它的好坏直接影响稀疏编码的效力和性能，所以稀疏字典的学习是稀疏表示理论中不可或缺的组成部分（郭金库 等，2013）。

获取字典现有的策略基本分为两种。第一种是选择经典的字典，这些字典对分块平滑且边界平滑的图像较为实用，泛化能力好，但是对专一处理的信号可能不足够合理。为了获得更加稀疏的表征，第二种是构建字典，字典学习的目标是学习一个过完备字典，从字典中选择少数的字典原子，通过对所选择的字典原子的线性组合来近似表示给定的原始信号。现有的经典算法是最优方向算法（method of optimal directions，MOD）和 K 值奇异值分解（K-singular value decomposition，K-SVD）算法。

（1）最优方向算法（MOD）。MOD 是 Engan 等（1999）提出的，MOD 同时学习一个字典并找到训练数据的稀疏表示矩阵，使得原始信号与重构数据的误差最小化，其优化模型为

$$\arg\min\|x-\varphi\alpha\|_2^2,\quad \text{s.t.}\ \forall i,\|\partial_i\|_0\leqslant\epsilon \tag{3.9}$$

式中：x 为训练数据集；φ 为字典；α 为对应训练数据集的稀疏编码；∂_i 为第 i 个训练样本所对应的稀疏编码；ϵ 为一个值很小的常数。

MOD 是一个迭代的求解过程，其迭代操作主要由两个步骤来完成：第一步，稀疏编码阶段，实现过程是固定字典，求解重构原始数据的最优稀疏表示；第二步，字典更新阶段，固定当前的稀疏编码矩阵，求解满足当前稀疏编码矩阵条件的最优表示的字典。其中第二步使用二次规划方法求解，通过对式（3.9）求导，可以得到字典表示的解析解：

$$\varphi=x\alpha^{\mathrm{T}}(\alpha\alpha^{\mathrm{T}})^{-1} \tag{3.10}$$

由 MOD 的第二步求解可以看出，该算法需要对矩阵求逆运算，求逆运算的计算量非常大，计算复杂性比较高，特别是在大数据量的计算中对性能影响更为明显。

（2）K 值奇异值分解（K-SVD）算法。与 MOD 的一次性更新整个字典不同，Aharon 等（2006）提出了 K-SVD 算法。该算法在满足稀疏性等条件的情况下，对字典的所有原子逐个进行更新。其主要思路是使用贪婪思想，力求找到每个原子“最优”的形式，再将所有“最优”的原子进行组装构成一个字典，以局部最优去逼近整体最优，即最大化发挥每个原子的作用来共同减小整体的重构误差。

针对式（3.9）的稀疏表示的字典更新：固定参数矩阵 X 和字典 A，对字典 A 逐列（逐原子）进行更新：

$$\|x-\varphi\alpha\|_2^2=\left\|x-\sum_{j=1}^{K}\varphi_j\alpha_j\right\|_2^2=\left\|x-\sum_{j\neq k}\varphi_j\alpha_j-\varphi_k\alpha_j\right\|_2^2=\|E_k-\varphi_k\alpha_j\|_2^2 \tag{3.11}$$

式中：K 为字典原子个数，即字典的长度；k 为当前屏蔽的原子的索引；E_k 为屏蔽第 k 个原子后的误差，突出第 k 个原子在总误差中的贡献。

由式（3.11）可以看出，最小化 $\|E_k-\varphi_k\alpha_j\|_2^2$ 即可达到最小化 $\|x-\varphi\alpha\|_2^2$ 的效果。通过调整 φ_k 和 α_j 使两者的乘积与 E_k 的差尽可能小，可找到最合适的原子和对应的稀疏编码。

使用 K-SVD 算法可以找到最接近 E_k 表示的 φ_k 和 α_j，并且这两个值可以最小化误差。即

$$E_k = \varphi_k \alpha_j \tag{3.12}$$

如果直接对式（3.12）进行 K-SVD 分解，更新原子 φ_k 和稀疏编码 α_j，会使权值参数 α_j 不稀疏，不满足编码的稀疏性要求。为使经 K-SVD 算法得到的权值参数 α_j 保持稀疏性，需要对 E_k 做些调整。原子 φ_k 对分解稀疏性没有直接影响，所以假设当 φ_k 固定时，对 E_k 保留 φ_k 与 α_j 乘积非零位置的数据，其他位置置零，调整后的 E_k 用 E_k^R 表示。再对 E_k^R 进行 K-SVD 分解，就会使得稀疏编码 α_j 保持稀疏性：

$$E_k^R = U \varDelta V^{\mathrm{T}} \tag{3.13}$$

将矩阵 U 的第一个列向量当作字典原子 φ_k，矩阵 $V\varDelta(1,1)$ 的第一列作为稀疏编码 α_j。

更新完字典后，再使用 K-SVD 算法更新稀疏编码矩阵 α，循环迭代直至达到优化字典的目标。

由 K-SVD 算法的迭代步骤可以看出，该迭代算法不能保证得到全局最优的结果，但该算法计算量小并且能刻画数据最重要的特征，在实际应用中取得非常好的效果，所以实际应用非常广泛，并且取得了非常好的效果（Guo et al.，2016；Winck et al.，2015；Kim et al.，2014）。

第 4 章　随机场理论

随机场理论可以研究随机变量之间并非相互独立的随机现象，即研究事物随时间和空间变化的动态的随机现象，在科学界有着广泛的研究和应用。本章将首先详细介绍随机过程理论和数学模型，然后重点介绍高斯随机过程、马尔可夫随机过程等图像处理领域中常用的随机场理论和模型。

4.1　随 机 过 程

随机过程论是随机数学的一个重要分支，其研究的对象与概率论一样是随机现象。在概率论中，一般讨论的是一个或有限多个随机变量的情况。而对于自然界与科学技术发展中实际存在的大量随机现象，往往需要用一族无穷多个相互有关的随机变量来描述，这就导致了随机过程论的产生。相较于概率论而言，随机过程论可以研究随机变量之间并非相互独立的随机现象，即研究的是随时间变化的动态的随机现象（李占柄，2008）。

4.1.1　随机过程的基本概念

随机过程定义（龚光鲁，2013）：设 E 为随机试验，S 为其样本空间，如果对每个参数 $t \in T$，$X(e,t)$ 为建立在 S 上的随机变量，且对每一个 $e \in S$，$X(e,t)$ 为 t 的函数，那么称随机变量族 $\{X(e,t), t \in T, e \in S\}$ 为一个随机过程，简记为 $X(t)$。

样本函数：对于一个特定的试验结果 e_0，$X(e_0,t)$ 就是 t 的函数，称 $X(e_0,t)$ 为对应于样本点 e_0 的样本函数，简记为 $X_0(t) = x(t)$。样本函数对应的图形就是一条样本曲线，是随机过程的一次实现。

状态与状态空间：对于一个固定的参数 t_0，$X(e,t_0)$ 是一个定义在 S 上的随机变量；$X(e_0,t_0) = x_0$ 称为过程在 $t = t_0$ 时刻的状态，简记为 $X(t_0) = x_0$。对一切 $t \in T$，$e \in S$，$X(e,t)$ 的全部可能取值的集合 $\{x | X(e,t) = x, e \in S\}$ 称为 $X(e,t)$ 的状态集或状态空间，简记为 E。

参数集：随机过程 $X(e,t)$ 的参数 t 的变化范围 T 称为参数集，它可以是离散集，也可以是连续集。

4.1.2　随机过程的有限维分布函数族

设一个随机过程为 $X(t)$，对任意固定的 t 及实数 x，称 $F_1(x,t) = P\{X(t) \leqslant x\}$ 为随机过程 $X(t)$ 的一维分布函数，而 $\{F_1(x,t) = P\{X(t) \leqslant x\}, x \in \mathbf{R}, t \in T\}$ 为此随机过程的一维分布函数族。

对任意固定的 t_1，t_2 及实数 x_1，x_2，称

$$F_2(x_1,x_2,t_1,t_2)=P\{X(t)\leqslant x_1,X(t_2)\leqslant x_2\} \tag{4.1}$$

为随机过程 $X(t)$ 的二维分布函数。而

$$\left\{F_2(x_1,x_2,t_1,t_2)=P\{X(t_1)\leqslant x_1,X(t_2)\leqslant x_2\},x_1,x_2\in\mathbf{R},t_1,t_2\in T\right\} \tag{4.2}$$

为此随机过程的二维分布函数族。

同理地，对任意的 $t_1,t_2,\cdots,t_n\in T$ 及实数 $x_1,\cdots,x_n\in\mathbf{R}$，称

$$F_n(x_1,x_2,\cdots,x_n,t_1,\cdots,t_n)=P\{X(t_1)\leqslant x_1,X(t_2)\leqslant x_2,\cdots,X(t_n)\leqslant x_n\} \tag{4.3}$$

为随机过程 $\{X(t),t\in T\}$ 的 n 维分布函数，$\{X(t),t\in T\}$ 的全部有限维分布函数的集合：

$$\left\{F_n(x_1,x_2,\cdots,x_n,t_1,t_2,\cdots,t_n)=P\{X(t_1)\leqslant x_1,x_2,\cdots,X(t_n)\leqslant x_n\},x_1,x_2,\cdots,x_n\in R,t_1,t_2,\cdots,t_n\in T,n\geqslant 1\right\} \tag{4.4}$$

称为此随机过程的有限维分布函数族（龚光鲁，2013）。

4.1.3 随机过程的数字特征

若对于任意给定的 t，$EX(t)$ 存在，则称它为随机过程的均值函数，记为 $m_X(t)=EX(t)$。

若对于任意给定的 t，$EX^2(t)$ 存在，则称它为随机过程的均方值函数，记为 $\psi_X^2(t)=EX^2(t)$。

若对于任意给定的 t，$E[(X(t)-m_X(t))^2]$ 存在，则称它为随机过程的方差函数，记为

$$D_X(t)=\mathrm{Var}(X(t))=E[(X(t)-m_X(t)^2)] \tag{4.5}$$

而 $\sigma_X(t)=\sqrt{D_X(t)}$ 称为随机过程的均方差函数或标准差函数（龚光鲁，2013）。

若对于任意给定的 t_1, t_2，随机过程的自相关函数为 $R_X(t_1,t_2)=E[X(t_1)X(t_2)]$。

若对于任意给定的 t_1, t_2，则随机过程的自协方差函数为

$$C_X(t_1,t_2)=E[(X(t_1)-m_X(t_1))(X(t_2)-m_X(t_2))] \tag{4.6}$$

这些数字特征之间的关系如下。

（1）$\psi_X^2(t)=EX^2(t)=R_X(t,t)$。

（2）$C_X(t_1,t_2)=R_X(t_1,t_2)-m_X(t_1)m_X(t_2)$。

（3）$D_X(t)=C_X(t,t)=R_X(t,t)-m_X^2(t)=\psi_X^2(t)-m_X^2(t)$。

4.1.4 随机过程的特征函数

设 $\{X(t),t\in T\}$ 为一随机过程，对任意给定的 $t\in T$，称

$$\varphi_X(t,v)=\varphi_{X(t)}(v)=E[\mathrm{e}^{\mathrm{i}vX(t)}] \tag{4.7}$$

为 $X(t)$ 的一维特征函数，$\{\varphi_X(t,v),t\in T\}$ 为 $X(t)$ 的一维特征函数族。

$$\varphi_X(t_1,\cdots,t_n,v_1,\cdots,v_n)=E[\mathrm{e}^{\mathrm{i}(v_1X(t_1)+\cdots+v_nX(t_n))}] \tag{4.8}$$

为 $X(t)$ 的 n 维特征函数。$\{\varphi_X(t_1,t_2,\cdots,t_n,v_1,v_2,\cdots,v_n),t_1,t_2,\cdots,t_n\in T,n\geqslant 1\}$ 为 $X(t)$ 的有限维特征函数族（龚光鲁，2013）。

如果 $X(t_1),X(t_2),\cdots,X(t_n)$ 相互独立，则其 n 维联合特征函数为

$$\varphi_X(t_1,t_2,\cdots,t_n,v_1,v_2,\cdots,v_n)=\prod_{k=1}^{n}E[\mathrm{e}^{\mathrm{i}v_kX(t_k)}]=\prod_{k=1}^{n}\varphi_X(t_k,v_k) \tag{4.9}$$

设 $a_k(1\leqslant k\leqslant n)$ 是非零常数，则 $Y=\sum_{k=1}^{n}a_kX(t_k)$ 的特征函数为

$$\varphi_Y(t_1,t_2,\cdots,t_n,v)=E\left[\exp\left(\mathrm{i}v\sum_{k=1}^{n}a_kX(t_k)\right)\right]=\varphi_X(t_1,t_2,\cdots,t_n,a_1v,a_2v,\cdots,a_nv) \tag{4.10}$$

设 $a_k,b_k\left(1\leqslant k\leqslant n\right)$ 是非零常数，则 $Y_1=a_1X(t_1)+b_1$，$Y_2=a_2X(t_2)+b_2,\cdots$，$Y_n=a_nX(t_n)+b_n$ 的 n 维联合特征函数为

$$\varphi_Y(t_1,t_2,\cdots,t_n,v_1,v_2,\cdots,v_n)=\varphi_X(t_1,t_2,\cdots,t_n,a_1v_1,a_2v_2,\cdots,a_nv_n)\exp\left(\mathrm{i}\sum_{k=1}^{n}b_kv_k\right) \tag{4.11}$$

4.2 高 斯 过 程

高斯过程是概率论和随机过程论的一种，是一系列服从正态分布的随机变量在一指数集内的组合。

若一指数集 T 的随机过程 $\{X(t),t\in T\}$，其子集 $\{X(t_1),X(t_2),\cdots,X(t_n)\}$ 对任意 $t_1,t_2,\cdots,t_n\in T,n\geqslant 1$ 都是高斯随机向量时，则此随机过程 $X(t)$ 被称为高斯过程（Chou et al.，2016）。对指数集 T 指定的高斯过程 $X(t)$，其数学期望（即均值函数）与协方差函数表示为

$$\mu(t)=m_X(t)=EX(t),\quad t\in T \tag{4.12}$$

$$\sigma^2(t_1,t_2)=\kappa(X(t_1),X(t_2)),\quad t_1,t_2\in T \tag{4.13}$$

式中：$\kappa(\cdot)$ 为核函数。

4.2.1 平稳高斯过程概述

平稳高斯过程是高斯过程的重要成员之一。设一高斯过程 $\{X(t),t\in T\}$ 的指数集为 T，对任意 $\{S,t_1,t_2,\cdots,t_k\}\in T$，随机向量 $\{X(t_1),X(t_2),\cdots,X(t_k)\}$ 和 $\{X(t_1+s),X(t_2+s),\cdots,X(t_k+s)\}$ 具有相同的对应关系，则此高斯过程称为平稳高斯过程，其数学期望和协方差函数表述为

$$\begin{cases}\mu(t_1)=\mu(t_1+s),\\ \sigma^2(t_1,t_2)=\sigma^2(t_1+s,t_2+s),\end{cases}\quad s,t_1,t_2\in T \tag{4.14}$$

由此可见，平稳高斯过程的均值和变化幅度稳定，为高斯过程的建模带来了便利，它在高斯过程回归和分类问题中被广泛使用（Han et al.，2016）。

4.2.2 平稳高斯过程的核函数

构建平稳高斯过程时，常用的核函数如下。

（1）径向基函数核

$$\kappa(r)=\exp\left(-\frac{r^2}{2l^2}\right) \tag{4.15}$$

式中：$r=X(t_1)-X(t_2)$；l 为核函数的特征尺度的超参数。

（2）马顿核

$$\kappa(r)=\frac{2^{1-v}}{\Gamma(v)}\left(\frac{\sqrt{2v}r}{l}\right)^v K_v\left(\frac{\sqrt{2v}r}{l}\right),\quad v,l>0 \tag{4.16}$$

式中：$K_v(\cdot)$ 为修正贝塞尔函数。

（3）指数函数核

$$\kappa(r)=\exp\left(-\frac{r}{l}\right) \tag{4.17}$$

指数函数核是马顿核在 $v=0.5$ 时的特殊形式。

（4）二次有理函数核

$$\kappa(r)=\left(1+\frac{r^2}{2vl^2}\right)^{-\alpha},\quad v,l>0 \tag{4.18}$$

当 $v\to\infty$ 时，马顿核和二次有理函数核等价于以 l 为特征尺度的径向基函数核。

以上常用的 4 个核函数均是单调递减函数，因此样本间的相关性与样本间距离呈反比，特征尺度 l 越小，样本间的相关性越高（Molnar-Saska et al.，2010）。

4.2.3 各向同性与各向异性核函数

若高斯过程为高斯随机场，对应的指数集表示空间时，其核函数的选择有各向同性与各向异性之分。各向同性表示样本的协方差与其向量的方向无关，即仅与距离有关，各向异性反之。

若 $r=\|X(t_1)-X(t_2)\|$，则该平稳核函数为各向同性核函数。若

$$r^2=(X(t_1)-X(t_2))^{\mathrm{T}}M(X(t_1)-X(t_2)) \tag{4.19}$$

式中：M 为各向异性的矩阵函数，其对角元素表示不同维度下所取的尺度。

4.2.4 非平稳核函数

最常见的非平稳核函数有周期核和多项式函数核（Tan et al.，2020）。非平稳核函数可以用于构建周期核，如

$$\kappa\left(\sin\left(\frac{\pi}{p}r\right)\right) \tag{4.20}$$

式中：p 为该核函数具有的周期。由径向基函数核得到的周期核形式为

$$\kappa(r)=\exp\left(-\frac{\sin\left(\frac{\pi}{p}r\right)^2}{2l^2}\right) \tag{4.21}$$

多项式函数核也被称为内积核，当多项式函数为一阶时，多项式函数核退化成线性核。当在二阶及以上时，内积核函数的取值呈非线性增长，但其对以原点为中心的旋转变换是保持不变的。

4.3 马尔可夫过程

马尔可夫过程是一类重要的随机过程，它是具有马尔可夫性的一类特殊的随机过程。这种马尔可夫性意味着：当过程在某时刻 t_k 所处的状态已知的条件下，过程在时刻 t, $t>t_k$ 处的状态只会与过程在 t_k 时刻的状态有关，而与过程在 t_k 以前所处的状态无关，这种特性也称为无后效性。无后效性现象在实际生活中是普遍存在的（Ephraim et al.，2009）。

4.3.1 马尔可夫过程的概念

设 $\{X(t),t\in T\}$ 为一随机过程，E 是其状态空间，若对任意的 $t_1<t_2\cdots<t_n<t$，任意的 $x_1,x_2,\cdots,x_n,x\in E$，随机变量 $X(t)$ 在已知变量 $X(t_1)=x_1,X(t_2)=x_2,\cdots,X(t_n)=x_n$ 之下的条件分布函数只与 $X(t_n)=x_n$ 有关，而与 $X(t_1)=x_1,\cdots,X(t_{n-1})=x_{n-1}$ 无关，即条件分布函数满足以下等式：

$$F(x,t|x_n,x_{n-1},\cdots,x_2,x_1,t_n,t_{n-1},\cdots,t_2,t_1)=F(x,t|x_n,t_n) \tag{4.22}$$

即概率满足

$$P\{X(t)\leqslant x|X(t_n)=x_n,\cdots,X(t_1)=x_1\}=P\{X(t_n)\leqslant x|X(t_n)=x_n\} \tag{4.23}$$

此性质即为马尔可夫性，也称为无后效性或无记忆性（盛骤 等，2001）。

若随机过程 $\{X(t),t\in T\}$ 满足马尔可夫性，则此随机过程称为马尔可夫过程（苏春，2014）。

常见的马尔可夫过程有独立随机过程、独立增量过程、泊松过程（Zhang et al.，2008）、维纳过程质点随机游动过程（Chen et al.，2006）。

4.3.2 马尔可夫过程的有限维分布族

设 $0\leqslant t_1<t_2<\cdots<t_n$，$n$ 个随机变量 $X(t_1),X(t_2),\cdots,X(t_n)$ 的联合分布函数为

$$F_n(x_1,x_2,\cdots,x_n,t_1,t_2\cdots,t_n)=F(x_1,t_1)F(x_2,t_2|x_1,t_1)\cdots F(x_n,t_n|x_{n-1},t_{n-1}) \tag{4.24}$$

由式（4.24）可知，马尔可夫过程的 n 维分布是由初始时刻的分布与一些条件分布函数的乘积所得。因此，计算马尔可夫过程的有限维分布族时，只需知道初始时刻的分布和条件分布函数即可。

若 $X(t)$ 为连续型随机变量时，马尔可夫过程的有限维密度函数为（李裕奇 等，2014）

$$f_n(x_1,x_2,\cdots,x_n,t_1,t_2,\cdots,t_n)=f(x_1,t_1)f(x_2,t_2|x_1,t_1)\cdots f(x_n,t_n|x_{n-1},t_{n-1}) \tag{4.25}$$

此时，马尔可夫过程 $\{X(t),t\in T\}$ 的有限维概率密度函数等于条件概率密度与初始时刻 t_1 对应的随机变量 $X(t_1)$ 的概率密度函数 $f(x_1,t_1)$ 的乘积，式中的条件概率密度也称为转移概率密度。

若 $X(t)$ 为离散型随机变量时，马尔可夫过程的有限维概率分布为

$$\begin{aligned}&P\{X(t_1)=x_1,\cdots,X(t_n)=x_n\}\\&=P\{X(t_1)=x_1\}P\{X(t_2)=x_2\,|\,X(t_1)=x_1\}\cdots P\{X(t_n)=x_n\,|\,X(t_{n-1})=x_{n-1}\}\end{aligned}\tag{4.26}$$

此时，马尔可夫过程 $\{X(t),t\in T\}$ 的有限维概率分布可表示为条件概率与初始时刻 t_1 对应的随机变量 $X(t_1)$ 的概率分布 $P\{X(t_1)=x_1\}$ 的乘积，式中的条件概率被称为转移概率。

第5章　变分与偏微分方程

变分法是研究泛函极大值与极小值问题的一种经典数学方法，变分与偏微分方程是数学领域的一门分支，在图像处理领域也有着独特的优势。本章将主要介绍图像处理中的变分和偏微分方法，包括各向异性扩散理论和算子、正则化先验方法、Mumford-Shah泛函及张量与多维数据等方面的内容。

5.1　变分原理

变分原理是自然界静止（相对稳定状态）事务中的一个普遍适应的数学定律，也称最小作用定理，它是物理学的一个基本定理，用变分法来表达（钱令希 等，1964）。

把一个力学问题（或其他学科的问题）用变分法转化为求泛函极值（或驻值）的问题，就称为该物理问题 （或其他学科的问题）的变分原理。

变分法是讨论泛函极值的工具，所谓泛函，是指函数的定义域是一个无限维的空间，即曲线空间。在欧氏平面中，曲线长的函数是泛函的一个重要的例子。一般来说，泛函就是曲面空间到实数集的任意一个映射。

5.2　各向异性扩散

各向异性扩散一般是利用对称或非对称高斯核对图像在不同方向上实施不同平滑强度的过程。设一个二维图像为$u(x)$，其能量泛函为（Wu et al.，2008）

$$E(u(x))=\frac{1}{2}\int_{\Omega}\rho(\|\nabla u(x)\|^2)\mathrm{d}x \tag{5.1}$$

式中：x为二维坐标矢量；$\nabla u(x)$为二维图像$u(x)$的一阶变分（即类似于一阶导数）；$\|\cdot\|$为范数；$\int_{\Omega}$为在Ω范围内的积分；$\rho(u(x))$为一个关于$u(x)$的泛函（俗称为函数的函数）。此能量泛函的导数为

$$\frac{\delta E(u)}{\delta u}=-\mathrm{div}(\rho'(\|\nabla u\|^2)\nabla u) \tag{5.2}$$

式中：div为散度，是在某点处的单位体积内散发出来的通量，$\mathrm{div}(\cdot)$描述了通量源的密度；$\rho'(\cdot)$为关于函数$\rho(\cdot)$的一阶导数。散度是向量场的一种强度性质，如同密度、浓度和温度等，其对应的广延性质是一个封闭区域表面的通量。

令$g(x)=\rho'(x)$，则有

$$\frac{\delta E(u)}{\delta u} = -\mathrm{div}(g \| \nabla u \|^2) \nabla u \tag{5.3}$$

5.2.1 加权梯度散度

各向异性扩散问题方程中的加权梯度散度为

$$\begin{aligned}\mathrm{div}(g(\| \nabla u \|^2)\nabla u) &= g(\| \nabla u \|^2)\mathrm{div}(\nabla u) + \nabla^{\mathrm{T}} g(\| \nabla u \|^2)\nabla u \\ &= g(\| \nabla u \|^2)\Delta u + 2\| \nabla u \|^2\, g'(\| \nabla u \|^2) u_{\eta\eta}\end{aligned} \tag{5.4}$$

式中：$\Delta u = \mathrm{div}(\nabla u) = \mathrm{tr}(H(u)) = u_{xx} + u_{yy} = u_{\eta\eta} + u_{\xi\xi}$，$H(u)$ 是 u 的 Hesse 矩阵。因为当 $u(x)$ 是二维图像时，有

$$u_{\eta\eta} = \frac{1}{\| \nabla u \|^2}(u_{xx}u_x^2 + 2u_{xy}u_x u_y + u_{yy}u_y^2) \tag{5.5a}$$

$$u_{\xi\xi} = \frac{1}{\| \nabla u \|^2}(u_{xx}u_y^2 - 2u_{xy}u_x u_y + u_{yy}u_x^2) \tag{5.5b}$$

式中：u_x 和 u_y 分别为图像 u 沿着 x 和 y 方向做一阶微分；u_{xx} 和 u_{yy} 分别为图像 u 沿着 x 和 y 方向做二阶微分；u_{xy} 为图像 u 先沿着 x 方向做一阶微分，再沿着 y 方向做一阶微分。

故式（5.4）可以改写为

$$\mathrm{div}(g(\| \nabla u \|^2)\nabla u) = g(\| \nabla u \|^2)u_{\xi\xi} + [g(\| \nabla u \|^2) + 2\| \nabla u \|^2\, g'(\| \nabla u \|^2)]u_{\eta\eta} \tag{5.6}$$

由式（5.6）可见，通常情况下，边缘方向和梯度方向的扩散系数是不同的，这也是各向异性扩散的命名由来。

5.2.2 常见的权重函数

$g(\| \nabla u \|^2)$ 本质上是健壮估计中的权重函数。设 $u(x)$ 是二维图像，则有以下 5 种权重函数（李裕奇 等，2014）。

（1）当 $g(\| \nabla u \|^2) = 1$ 时，$\mathrm{div}(\nabla u) = u_{\eta\eta} + u_{\xi\xi}$。

（2）当 $g(\| \nabla u \|^2) = 1/(1 + \| \nabla u \|^2/K^2)$ 时，K 为一个常数，

$$\begin{aligned}&\mathrm{div}\left(\frac{\nabla u}{1 + \| \nabla u \|^2/K^2}\right) \\ &= \frac{1}{1 + \| \nabla u \|^2/K^2}u_{\xi\xi} + \left(\frac{1}{1 + \| \nabla u \|^2/K^2} - \frac{2\| \nabla u \|^2/K^2}{(1 + \| \nabla u \|^2/K^2)^2}\right)u_{\eta\eta} \\ &= \frac{1}{1 + \| \nabla u \|^2/K^2}u_{\xi\xi} + \frac{1 - \| \nabla u \|^2/K^2}{(1 + \| \nabla u \|^2/K^2)^2}u_{\eta\eta}\end{aligned}$$

（3）$g(\| \nabla u \|^2) = 1/\sqrt{1 + \| \nabla u \|^2/K^2}$。

（4）$g(\| \nabla u \|^2) = \exp(-\| \nabla u \|^2/K^2)$。

（5）$g(\| \nabla u \|^2) = 1 - \exp(-CK^8/\| \nabla u \|^8)$，其中 $C = 3.31488$。

5.3 Mumford-Shah 泛函

1985 年，Mumford 等提出一个图像分割的目标函数，并通过函数优化的方法进行图像分割。1989 年，他们再一次提出通过分片光滑函数的最佳逼近解决边缘检测问题。之后，数学家指出计算机视觉领域的图像分割、边缘检测、图像重建等问题可以通过现代数学中的自由不连续问题来建立数学物理模型（Foare et al.，2020）。记 $\Omega \in \mathbf{R}^2$ 的开集，$u_0(x,y)$ 为定义在 Ω 上的给定图像：S_{u} 为 $u_0(x,y)$ 在 Ω 上的不连续集，则变量函数 $u(x,y)$ 为定义于 $\Omega \setminus S_{\mathrm{u}}$ 上的图像，其中 $\Omega \setminus S_{\mathrm{u}}$ 表示 Ω 与 S_{u} 的差集，即元素属于 Ω 且不属于 S_{u} 的集合。Mumford-Shah 泛函（Mumford et al.，1985）可以定义为

$$\min\{G(u,S_{\mathrm{u}}): S_{\mathrm{u}} \subseteq \mathbf{R}^2 \text{的闭集，} u \in C^1(\Omega \setminus S_{\mathrm{u}})\} \tag{5.7}$$

其中

$$G(u,S_{\mathrm{u}}) = \beta \int_{\Omega} \left|u(x,y) - u_0(x,y)\right|^p \mathrm{d}x\mathrm{d}y + \alpha \int_{\Omega} \left|\nabla u(x,y)\right|^q \mathrm{d}x\mathrm{d}y + \gamma H^1(S_{\mathrm{u}}) \tag{5.8}$$

式中：$1 \leqslant p \leqslant +\infty$；$q = 1,2$；$u_0 \in L^p(\Omega) \cap L^\infty(\Omega)$；$H^1$ 为一维的 Hausdauff 测度；$\alpha,\beta,\gamma > 0$。

由此可见，Mumford-Shah 泛函通过引入图像的保真项来控制分割后图像的相似性条件，而通过图像的正则项来保障分割图像一定的光滑性，长度项控制图像边界的分数维粗糙度。

5.4 张量与多维数据

张量（tensor）理论是数学的一个分支学科，张量这一术语起源于力学，它最初是用来表示弹性介质中各点应力状态的，后来张量理论发展成为力学和物理学的一个有力的数学工具。张量之所以重要，在于它可以满足一切物理定律必须与坐标系的选择无关的特性。张量概念是矢量概念的推广，矢量是一阶张量。张量是一个可用来表示在一些矢量、标量和其他张量之间的线性关系的多线性函数（郭仲衡，1998）。

5.4.1 张量概念

张量是机器学习和深度学习的基础。多数情况下，它是一个数据容器，有多种形式。研究张量的目的是为几何性质和物理规律的表达，寻求一种在坐标变换下不变的形式。在近代数学理论中，张量是一个定义在一些向量空间和一些对偶空间的笛卡儿积上的多重线性映射，其坐标是 $|n|$ 维空间内、有 $|n|$ 个分量的一种量，其中每个分量都是坐标的函数，而在坐标变换时，这些分量也依照某些规则作线性变换（陈维恒，2002）。

张量是多重线性函数，设一个输入 r 个向量、输出 1 个数的多重线性函数为 $T(v_1, v_2, \ldots, v_r)$，其中 r 为该张量的阶数。多重线性对每个参数都是线性的，若对单个参数，有

$$T(u + cv) = T(u) + cT(v) \tag{5.9}$$

式中：u 和 v 为任意向量；c 为任意数。

多重线性是张量的核心性质。张量的分量是张量作用在相应的一组基矢上的值。比如，$r=2$ 的二阶张量 T 的一个分量：$T_{xx}=T(x_1, x_1)$，其中 x_1 为 x 方向的基矢量。张量本身是不依赖于任何基矢，但是张量的分量是直接依赖于基矢的选择。若给定向量空间的一组基，如$\{x_1, y_1, z_1\}$，一个张量 T 是完全由张量的分量，也即张量作用在这组基上的值来决定的。将该张量的所有分量写成矩阵形式（Jeevanjee，2015）：

$$[T]=\begin{bmatrix} T_{xx} & T_{xy} & T_{xz} \\ T_{yx} & T_{yy} & T_{yz} \\ T_{zx} & T_{zy} & T_{zz} \end{bmatrix} \tag{5.10}$$

而张量作用在任意矢量上的运算可以用以下的矩阵形式来表示：

$$T(u,v)=(u_x \quad u_y \quad u_z)\begin{bmatrix} T_{xx} & T_{xy} & T_{xz} \\ T_{yx} & T_{yy} & T_{yz} \\ T_{zx} & T_{zy} & T_{zz} \end{bmatrix}\begin{bmatrix} v_x \\ v_y \\ v_z \end{bmatrix} \tag{5.11}$$

张量的矩阵表示大大方便了张量的运算。需要强调的是，张量 T 的矩阵表示是依赖于所选择的基矢量，而张量 T 作为一个多重线性函数，它本身是一个抽象的实体，不依赖于基矢量的选择。

5.4.2 多维数据

日常的物理研究告诉人们，同一物理量的值，在不同坐标系下的坐标往往是不同的，如果去除坐标系的变换所带来的影响，这个物理量应该是同一个。于是，物理学家把这些符合某种坐标变换法则的物理量称为张量。下面以大家日常熟知的物理量来对张量进行阐述。

1. 标量（0 阶张量）

假设 $f(x)$是在 n 维欧氏坐标空间上 x 点的某个物理量，经过坐标变换，点 x 变成了 x'，此时，新坐标系上物理量的值为 $f'(x')$。因为 x 和 x'代表的是空间中的同一个点，而 f 和 f'测量的是同一个物理量，则有 $f(x)=f'(x')$。

那么，$f(x)$称为 0 阶张量，其变换法则是 $f(x)=f'(x')$。

2. 微分（1 阶张量）

假设一质点在很短时间内发生了位移，在两个不同的坐标系中，该质点所在的位置可以描述为

$$\mathrm{d}x=[\mathrm{d}x_1,\mathrm{d}x_2,\cdots,\mathrm{d}x_n]^{\mathrm{T}} \tag{5.12}$$

$$\mathrm{d}x'=[\mathrm{d}x_1',\mathrm{d}x_2',\cdots,\mathrm{d}x_n']^{\mathrm{T}} \tag{5.13}$$

若把 x 看作 x'的函数，根据微分的链式法则，那么有

$$\mathrm{d}x_i=\sum_{j=1}^{n}\frac{\partial x_i}{\partial x_j'}\mathrm{d}x_j' \tag{5.14}$$

将上式中$\sum_{j=1}^{n}\frac{\partial x_i}{\partial x'_j}$简写成$S_j^i$，由于只关注$x_i$和$x'_j$，那么式（5.14）可以改写成

$$\mathrm{d}x_i = S_j^i \mathrm{d}x'_j \tag{5.15}$$

上式的矩阵形式表示为

$$\mathrm{d}x = S\mathrm{d}x' \tag{5.16}$$

式中：$\mathrm{d}x$和$\mathrm{d}x'$都为n维列向量；S为一个n维方阵。$\mathrm{d}x$和$\mathrm{d}x'$之间的变换关系是线性的，那么具有这样的线性变换关系的物理量$\mathrm{d}x$就是一阶张量。

3. 度规（2 阶张量）

在直角坐标系里，两点x和$x+\mathrm{d}x$之间的距离$\mathrm{d}s$的平方可以用勾股定理来进行计算：

$$\mathrm{d}s^2 = \sum_{i=1}^{n}(\mathrm{d}x_i)^2 = \mathrm{d}x^{\mathrm{T}} I_{n\times n}\mathrm{d}x = \sum_{i=1}^{n}\sum_{j=1}^{n}\delta_{ij}\mathrm{d}x_i\mathrm{d}x_j = \delta_{ij}\mathrm{d}x_i\mathrm{d}x_j \tag{5.17}$$

式中：δ_{ij}为单位矩阵的分量，当$i=j$时，其值为 1，否则为 0。

定义在某个坐标系中，长度的平方为

$$\mathrm{d}s^2 = g_{ij}\mathrm{d}x_i\mathrm{d}x_j \tag{5.18}$$

矩阵$G = g_{ij}$刻画了在一个坐标系中某个点的长度和角度等几何度量，称为度规。为了看出度规是个张量，在另一个坐标系中可以得到以下公式：

$$\mathrm{d}s'^2 = g'_{kl}\mathrm{d}x'_k\mathrm{d}x'_l \tag{5.19}$$

由于长度是物理标量，是不变的，这样就有

$$g_{ij}\mathrm{d}x_i\mathrm{d}x_j = \mathrm{d}s^2 = \mathrm{d}s'^2 = g'_{kl}\mathrm{d}x'_k\mathrm{d}x'_l \tag{5.20}$$

由微分变换公式可以得到

$$\mathrm{d}x'_k = (S^{-1})_i^k\mathrm{d}x_i$$

那么式（5.20）可以改写成

$$\begin{aligned} g_{ij}\mathrm{d}x_i\mathrm{d}x_j &= g'_{kl}[(S^{-1})_i^k\mathrm{d}x_i][(S^{-1})_j^l\mathrm{d}x_j] \\ &= g'_{kl}(S^{-1})_i^k(S^{-1})_j^l\mathrm{d}x_i\mathrm{d}x_j \end{aligned} \tag{5.21}$$

即

$$g_{ij} = g'_{kl}(S^{-1})_i^k(S^{-1})_j^l \tag{5.22}$$

这样的变换法则就说明g_{ij}是一个二阶张量。若写成矩阵的形式就是

$$G = S^{-\mathrm{T}}G'S^{-1} \tag{5.23}$$

距离的平方$\mathrm{d}s^2$写成矩阵形式为

$$\mathrm{d}s^2 = \mathrm{d}x^{\mathrm{T}}G\mathrm{d}x \tag{5.24}$$

结合式（5.16）和式（5.23），式（5.24）可以改写成

$$\mathrm{d}s^2 = (S\mathrm{d}x')^{\mathrm{T}}(S^{-\mathrm{T}}G'S^{-1})(S\mathrm{d}x') = \mathrm{d}x'^{\mathrm{T}}G'\mathrm{d}x' = \mathrm{d}s'^2 \tag{5.25}$$

这就说明了在不同坐标系下，长度是一个值不变的标量。

综合式（5.23）和式（5.25），度规G是二阶张量，长度$\mathrm{d}s$是 0 阶张量。

由于变换方式的不同，张量还可以分成协变张量、逆变张量、混合张量三类（Jeevanjee，2015）。在这里就不再一一展开阐述。

以遥感领域为例，通常采集到的遥感数据具有多源性，即多平台、多波段、多视场、多时相、多角度、多极化等，从这个意义上讲，遥感数据是“多维的”。这种多维性可以通过不同的分辨率和特性来度量和描述，有空间分辨率、光谱分辨率、辐射分辨率、时间分辨率等。

第 6 章　卷积神经网络与深度学习模型

随着硬件计算能力的不断提升，基于神经网络的深度学习方法受到人们的广泛关注，近几年来深度学习获得了突飞猛进的发展，其在图像处理领域也取得了优异的应用效果。本章将主要介绍图像处理领域的深度学习方法，包括卷积神经网络、循环和递归神经网络、自编码器、深度生成模型等方面的知识。

6.1　卷积神经网络

卷积神经网络（convolutional neural network，CNN）是第一个被成功训练的多层神经网络结构，具有较强的容错、自学习及并行处理能力。最初是为识别二维图像形状而设计的多层感知器，局部连接和权值共享网络结构类似于生物神经网络，降低神经网络模型的复杂度，减少权值数量，使网络对输入具备一定的不变性。

6.1.1　基础操作与基础单元

卷积神经网络的基础模块为卷积、激活函数、池化和批量归一化这 4 种操作（焦李成 等，2017）。

1. 卷积

卷积是利用卷积核对输入的图像进行处理，将鲁棒性较高的特征学习出来。在数字信号处理中，常用的卷积核类型有 Full 卷积核、Same 卷积核和 Valid 卷积核。一般情况下，CNN 模型中采用的是 Valid 卷积，以一维信号为例，其数学描述如下：

$$y = \text{conv}(x, w', \text{valid}') = [y(1), y(2), \cdots, y(t), \cdots, y(n-m+1)] \in \mathbf{R}^{n-m+1} \tag{6.1}$$

$$y(t) = \sum_{i=1}^{m} x(t+i-1) w(i) \tag{6.2}$$

式中：$x = [x(1), \cdots, x(n)] \in \mathbf{R}^n$ 为输入的一维张量；$w = [w(1), w(2), \cdots, w(m)] \in \mathbf{R}^m$ 为一个长度为 m 的一维滤波器，类型为 Valid 卷积核函数；$t = 1, 2, \cdots, n-m+1$，$n > m$；y 为卷积后得到的一维张量结果。为了更为直观地说明 Valid 卷积，下面以一个长度为 6 的一维张量 x 和长度为 3 的一维卷积核 w 为例（图 6.1），介绍 Valid 卷积的计算过程。

Valid 卷积核只考虑 x 能完全覆盖 w 的情况，即卷积核函数 w 在一维张量 x 内部移动的情况，具体数值计算过程如图 6.2 所示。

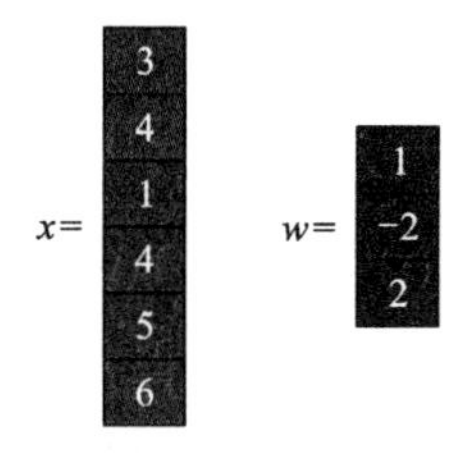

图 6.1 长度为 6 的一维张量 x 和长度为 3 的一维卷积核 w

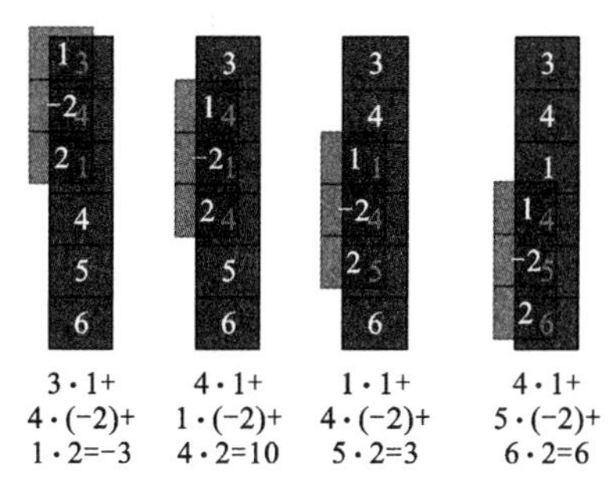

图 6.2 Valid 卷积的具体计算过程

图中 6.2 中，▪符号表示两个数值的相乘操作。w 沿着 x 顺序移动，每移动到一个固定位置，对应位置的两个值相乘再求和，得到一个结果值，依次存入一个一维张量 y 中，该张量 y 就是输入的一维张量 x 与卷积核 w 进行 Valid 卷积操作后的结果（图 6.3），卷积符号一般用符号*来表示，记为 $y = x * w$。

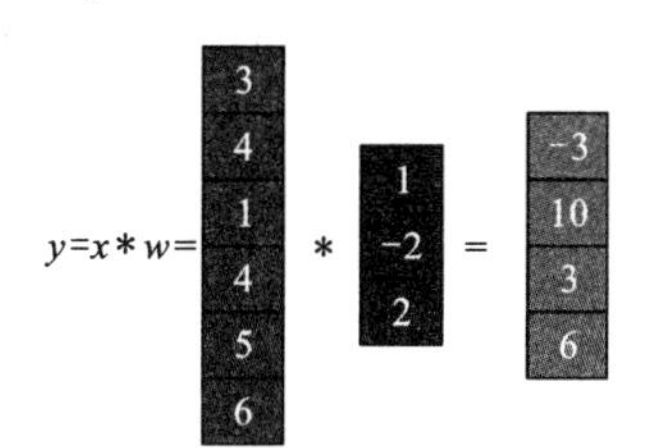

图 6.3 Valid 卷积后的结果

卷积操作可以带来权值共享，即在网络中相邻神经元的活性相似时，共享相同的权值参数。权值共享策略可以大大地减少网络的参数量，从而提升能承载的数据量，进而避免过拟合现象的出现。卷积操作具有平移不变性，通过训练网络学习到的特征具有较强的鲁棒性。

2. 激活函数

激活函数的核心是通过层级非线性映射函数的复合，来提升整个网络的非线性刻画能力。若网络中没有用到非线性操作，即使采用更多的层级组合方法，其学习结果仍是真实值的线性逼近，网络能表征或挖掘数据中高层语义特性的能力就非常有限。在卷积神经网络的训练中，经常用到的激活函数有归一化指数函数 softmax、sigmoid 函数、修正线性单元（rectified linear unit，ReLU）、参数化修正线性单元（parameteric rectified linear unit，PReLU）、指数线性单元（exponential linear unit，ELU）、softplus 函数。

1）归一化指数函数 softmax

softmax 函数只会在网络的最后一层中被使用到，计算概率响应，它通常用于解决多

分类问题。softmax 函数的数学形式为

$$f_{\text{softmax}}(x_i)=\frac{e^{x_i}}{\sum_{j=1}^{n}e^{x_j}} \tag{6.3}$$

式中：$x=[x_1,\cdots,x_n]$为长度为 n 的输入数组。由上式可以看到，softmax 函数可以保证所有输出结果之和一定为 1，且每个输出结果值都在区间[0，1]内，选取输出概率最大对应的类别作为网络的最终预测。softmax 函数使用了 e 的指数，可以使大的值更大，同时小的值更小，从而增加了数据的区分对比度，网络的学习效率也会更高。另外，softmax 函数是连续可导的，有效地消除了拐点，求解目标函数时可以直接使用梯度下降法，提高了算法的可执行性。

2）sigmoid 函数

sigmoid 函数是常用的非线性激活函数，它的数学描述为

$$f_{\text{sigmoid}}(x)=\frac{1}{1+e^{-x}} \tag{6.4}$$

sigmoid 函数的值域在(0, 1)，如果输入值是一个非常小的负数，那么输出结果就接近于 0；反之，输入值是一个非常大的正数，输出结果逼近于 1。也就是说，当网络神经元的激活函数值在接近 0 或 1 时就会出现饱和现象，在这些区域的函数梯度几乎为 0，就会导致没有反馈信号通过神经网络传回到上一层。

3）修正线性单元（ReLU）

ReLU 是目前卷积神经网络使用最为流行的一个激活函数，其具体数学公式为

$$f_{\text{ReLU}}(x)=\max(0,x)=\begin{cases}0, & x\leqslant 0\\ x, & x>0\end{cases} \tag{6.5}$$

从 ReLU 函数表达式来看，当输入为正数时，ReLU 激活函数的一阶导数不为 0，在该区域的函数求解可以采用梯度下降法来对网络进行学习，加快模型的收敛速度。可是，当输入为负数时，其函数一阶导数为 0，使得网络的学习速度变得很慢，从而使网络的权值没有办法得到更新。

4）参数化修正线性单元（PReLU）

PReLU 是针对 ReLU 提出的一个改进型函数，其函数公式为

$$f_{\text{PReLU}}(x)=\begin{cases}\alpha x, & x\leqslant 0\\ x, & x>0\end{cases} \tag{6.6}$$

式中：α 为一个很小的负数梯度值，一般取 $\alpha=0.01$。这个改进型的设计目的是保留负轴信息，在 $x<0$ 和 $x\geqslant 0$ 区域上，PReLU 函数的一阶导数均不为 0，都可以用梯度下降法来对激活函数进行求解。

5）指数线性单元（ELU）

ELU 也是一个 ReLU 的改进型，其函数公式为

$$f_{\text{ELU}}(x)=\begin{cases}\beta(e^x-1), & x\leqslant 0\\ x, & x>0\end{cases} \tag{6.7}$$

式中：β 为一个值较小的正数。与 PReLU 类似，针对负值输入，设计非零的输出。然而，有一个最大不同之处，函数中含有一个负指数项，这部分的输出结果具有一定的抗

干扰能力，从而提高了网络的学习效率。

6）softplus 函数

softplus 函数是代替 ReLU 的一个不错选择，其数学公式为

$$f_{\text{softplus}}(x)=\ln(1+\mathrm{e}^{x}) \tag{6.8}$$

从上式来看，softplus 函数能够返回值大于 0 的输出结果。与 ReLU 不同之处在于 softplus 函数的一阶导数是非零的且连续的，网络中的神经元均有反馈到上一层。然而，softplus 函数是不关于 0 中心对称的，这就可能导致权值更新的学习效果不佳。

图 6.4 显示了 sigmoid、PReLU、ELU 和 softplus 这 4 种激活函数在输入值 $x\in[-5,5]$ 情况下对应的函数值，其中 ELU 中的 β 取 0.7。从图中可以看到，sigmoid 函数对处于中央区的输入信号增益较大，而对处于两侧的输入信号增益较小，这样在输入信号的特征映射上有着较好的效果。PReLU 和 ELU 都是 ReLU 修正类的激活函数，PReLU 具有收敛速度快和低错误率特性，可以自适应地从输入数据中学习到网络所需的参数，而 ELU 函数在负值输入时具有更强的鲁棒性。softplus 函数具有生物脑神经元激活函数的单侧抑制和相对宽阔的兴奋边界特性。

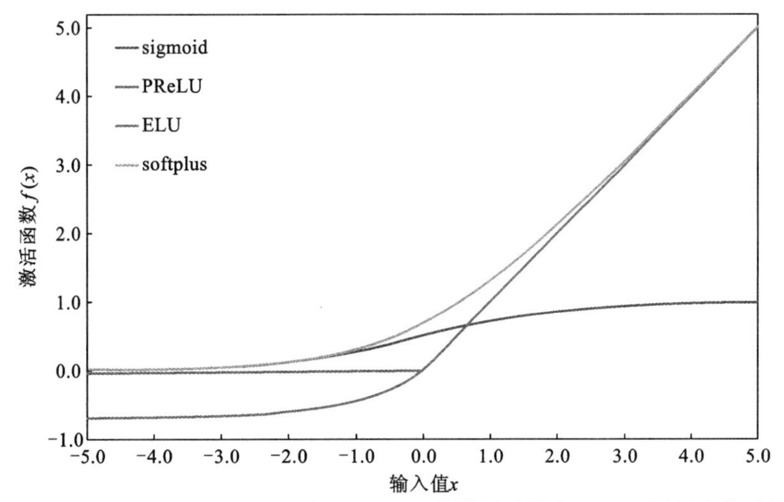

图 6.4 sigmoid、PReLU、ELU 和 softplus 4 种激活函数在[−5，5]区间上的函数值

3. 池化

池化是一个下采样操作，本质上是降低特征空间的维度，减少计算量，约减网络下一层的输入维度，有效控制过拟合现象的出现。池化操作方式有多种，如最大池化、平均池化、范数池化和对数概率池化等。常用的池化操作方式是采用最大池化，图 6.5 显示了一个无重叠且池化半径为 2 的最大池化例子。假设输入图像大小为 $m\times n$，池化半径为 r，划分的每个图像块大小为 $(m/r)\times(n/r)$。注意：划分图像块时，可以通过矩形候选框的 4 个角点计算公式来获取对应的图像块区域。

除此之外，还有一种空域金字塔池化方式，它可以获取输入的多尺度信息，还可以把任意尺寸图像的卷积后特征映射图转化成相同维度。图 6.6 给出了一个空域金字塔例子，当输入一个任意尺寸的图像，网络中进行卷积操作后得到 M 个特征映射图，然后分别以池化半径为 4、2 和 1 对这 M 个特征映射图进行池化操作。这样最大池化操作后，

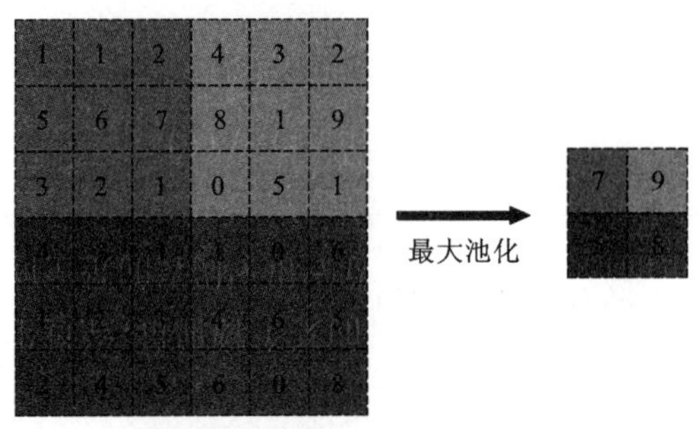

图 6.5　无重叠且池化半径为 2 的最大池化例子

可以得到一个$16\times M$、一个$4\times M$和一个$1\times M$维特征，再将其依次组合成一个$21\times M$维特征。不同尺寸大小的输入图像，经过这样的空域金字塔池化方式后，都是得到一个$21\times M$维特征。这不仅可以让卷积神经网络处理任意尺度的图像，还可以避免裁剪和变形操作所导致的一些信息丢失，对实际应用具有重要的意义。

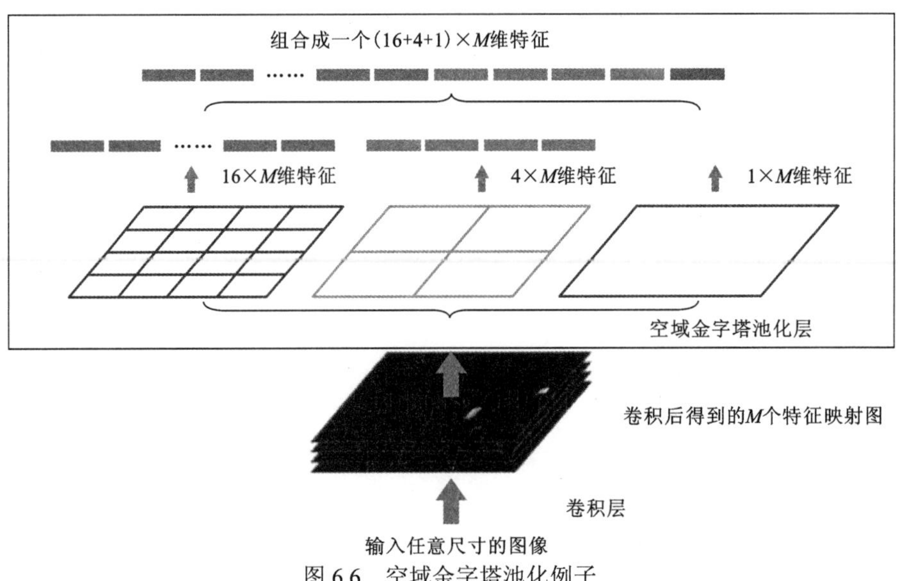

图 6.6　空域金字塔池化例子

4. 批量归一化

随着网络层级的加深，信息传递会呈现出逐层衰减的趋势。取值范围大的输入数据在模式分类中的作用可能偏大，同样，取值范围小的输入数据作用可能偏小，这就会导致深度神经网络收敛速度慢、训练时间长等情况出现。为了避免这一情况的出现，需要对数据进行批量归一化，常用的批量归一化操作有 2-范数归一化、sigmoid 函数归一化等。

6.1.2　高效卷积运算

虽然卷积神经网络是第一个被成功训练出来的深度网络，但由于其训练过程收敛非常慢，而且 CNN 中的卷积运算是非常耗时的，下面主要有 5 种方法来提高 CNN 运算效率。

1. 设计新的 CNN 训练策略

目前 CNN 的训练主要是利用误差反向传播（error back propagation，EBP）算法，通过采用监督式或无监督式的预训练，并以全局监督方式来学习的，可以为 CNN 提供一个较好的初始值，从而大大提高其整体上使用 EBP 算法进行训练的收敛速度。

2. 使用 GPU 加速卷积运算过程

基于图形处理器（graphics processing unit，GPU）运算，通过编写高效 C++、Pytorch 等高级语言代码实现 CNN 中的卷积操作，可以将卷积操作速度提高 3～10 倍，加速 CNN 的生成。

3. 使用并行计算提高网络训练和测试速度

将一个大的 CNN 划分成几个小的子神经网络，再并行处理每个子网络中的运算过程，可以有效加快整个大 CNN 的运算过程。

4. 采用分布式计算提高网络训练和测试速度

采用分布式计算来提高网络训练和测试的速度，该加速方式使用的是成千上万个运算节点，每个运算节点值完成整个网络计算中的很小一部分计算，并通过调度节点为每个运算节点分配相应的计算任务，每个运算节点分别完成各自的计算任务，所有计算节点的计算任务都完成之后，调度节点再将每个计算节点的计算结果汇总融合。

这种加速方式的速度提高非常明显，可以完成一些以前几乎不能完成的网络训练任务，但主要问题是相关程序代码编写较为复杂，需要额外消耗较多的计算资源。

5. 硬件化 CNN

CNN 成功应用于越来越多领域的实际问题之中，如果能将 CNN 中的卷积层和下采样层进行硬件化，将会再次提高 CNN 的运行效率。

6.1.3 随机或无监督特征

CNN 训练中最重要且最有价值的部分是学习特征，当使用梯度下降法来学习特征时，每步梯度计算需要完整地执行整个 CNN 的前向和反向传播。减少卷积网络计算成本的一种方式是使用无监督方式训练得到的特征，即卷积核的获取，一般有三种基本策略：简单地随机初始化、手动设计、无监督的标准来学习卷积核函数。

6.1.4 卷积神经网络的神经科学基础

卷积神经网络是生物学启发人工智能的最成功的案例。1962 年，神经生理学家 Hubel 和 Wiesel 对猫的观察发现：处于视觉系统较为前面的神经元，对非常特定的光模式（例如精确定向的条纹）反映最强烈，但对其他模式几乎没反应。

从深度学习的角度来看，Hubel 和 Wiesel 的工作可帮助人们专注于简化的大脑功能视图，重点关注人类大脑中的初级视觉皮层和中级视觉皮层，可细分为简单单元和复杂单元。简单单元只对一定方位和一定宽度的边缘或条形产生强烈的响应，可以概括为在一个小的空间上感受区域内图像的线性函数，如 CNN 中的探测器单元。而复杂单元不仅对有方向的边缘或条形有反应，而且对该边缘或条形在感受区域中的位置无严格的要求，具有一定的空间不变性，如 CNN 中的池化单元。

1980 年，Fukushima 在 Hubel 和 Wiesel 提出的感受区域基础上提出了一个神经认知机模型，神经认知机模型将一个视觉系统模式分解成多个子模式，可以认为是特征，并以分层递阶方式对这些子特征进行有效处理，形成一个视觉系统模型，该模型在目标物体对象存在位移或轻微形变的情况下，也能有效地实现对目标的识别。

6.1.5 卷积神经网络与深度学习历史

1989 年，LeCun 等在神经认知机模型的基础上给出了一种基于反向传播（back propagation，BP）算法的高效训练方法，用于训练卷积神经网络，在手写字体识别等问题上取得了重大成功。理论上，一个由输入层、中间层和输出层组成的简单网络可以表示成一个任意的函数。卷积神经网络实际上是一种多层前馈网络，每层由多个二维平面组成，而每个平面又由多个神经元组成。在实际应用中，BP 算法在训练多层神经网络时，收敛速度非常缓慢，需要很多调试技巧。支持向量机（support vector machine，SVM）和 Boosting 等高效学习模型是不错的选择，它们不仅理论完备，而且应用性能好。

2006 年，Hinton 等提出了有效训练多层神经网络的方法，实际应用中大大提高了处理精度，迅速引发了学者们对深度学习的研究热潮。百度、微软、谷歌等大型企业和国内外著名高校投入大量资金和科研人力从事深度学习的研发。

6.2 循环和递归神经网络

从人类大脑的生物学功能角度来看，传统的深度前馈神经网络的“仿生”计算模型的应用范围比较受限，目前只在分类和目标识别等任务上能取得较为出色的效果，而其对输入序列之间的整体逻辑特性的学习能力非常有限。本节将介绍循环神经网络和递归神经网络。

6.2.1 循环神经网络

循环神经网络（recurrent neural network，RNN）是一类具有短期记忆力的神经网络。在循环神经网络中，神经元不但可以接收其他神经元的信息，也可以接收自身的反馈信息，形成一个闭环的网络结构。与前馈型卷积神经网络相比，循环神经网络更能反映生物学上的神经网络结构。循环神经网络在语音识别、语言模型构建及自然语言生成与处理等应用上取得较好的效果。循环神经网络的参数学习是使用随时间反向传播算法，即按照时间的逆序将错误信息一步步地往前反馈，从而来更新神经网络的模型参数。如果存在较长的输入序列数据时，训练和学习的过程中会存在梯度爆炸和消失的问题，也即长程依赖问题。

具体地，循环神经网络是使用带有自反馈的神经元，能够处理任意长度的数据序列，可以是存在时间关联性的输入数据；与传统的深度前馈神经网络相比，循环神经网络更能反映生物神经元的连接方式。循环神经网络的网络结构示意图如图 6.7 所示。

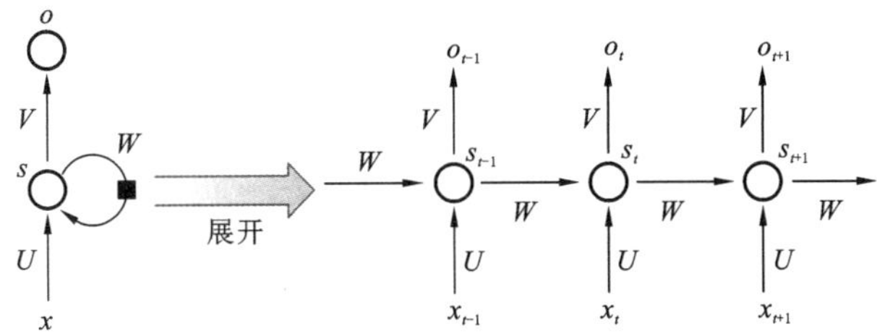

图 6.7 循环神经网络的网络结构示意图

在图 6.1 中，x 为一个向量，它表示输入层的值；s 为一个向量，它表示隐藏层的值；U 为输入层到隐藏层的权重矩阵；o 为一个向量，它表示输出层的值；V 为隐藏层到输出层的权重矩阵。因此可见，权重矩阵 W 是隐藏层上一次的值作为这一次的输入的权重。因为循环神经网络的隐藏层的值 s 不仅仅取决于当前这次的输入 x，还取决于上一次隐藏层的值 s。

6.2.2 双向循环神经网络

1997 年，Schuster 等发明了双向循环神经网络（bidirectional recurrent neural networks，BRNN）。2005~2013 年，BRNN 在手写体识别、语音识别和生物信息等应用领域上取得了巨大的成功。

BRNN 结合了正向 RNN 和反向 RNN。正向 RNN 是从数据序列的起点随时间移动至终点，而反向 RNN 则是从数据序列的终点随时间移动至起点。图 6.8 是一个二维数据输入的双向循环神经网络结构图，用 4 个 RNN 可扩展至二维输入，每个 RNN 沿 1 个方向（上，下，左或右）移动，其中，正反向 RNN 的状态分别为 $h^{(t)}$ 和 $g^{(t)}$。BRNN 的输出是由两个单向网络输出的简单拼接，BRNN 中的过去状态和将来状态都会影响输出单元 $o^{(t)}$，但输出单元对时间步 t 周围的输入最为敏感，且不必指定时间步 t 的大小。

当每个 RNN 的输入序列足够长时，输出 $o^{(t)}$ 能捕获到大部分的局部信息。与传统的卷积神经网络相比，单向 RNN 用于图像的计算耗时，但它可以得到同一特征间远程的相互作用。BRNN 获取到的信息更多，效果相对更好。

6.2.3 深度循环神经网络

循环神经网络是随着“时间”深度的递进来对超参数实现共享计算的，但由于数据序列存在时间依赖特性，这会导致网络的记忆能力受限。深度循环神经网络（deep recurrent neural networks，DRNN）可以看作带有时间和空间特性的循环神经网络，通过增加网络中的隐藏层数量，来提升网络的学习能力。

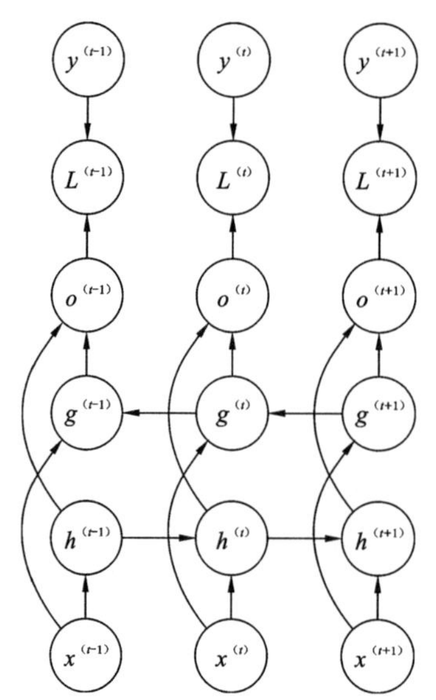

图 6.8　二维输入的双向循环神经网络

与传统的深度神经网络不同，深度循环神经网络中的“深度”是指时间和空间特性上的深度，其设计模式包括以下三种。

（1）每个时刻都有输出，并且在隐藏层中引入定向循环。

（2）每个时刻都有输出，且当前时刻的输出单元与下一时刻的隐藏层之间有着循环的连接。

（3）每个隐藏层之间存在循环的连接，且经过若干个时刻后才出现一个输出单元，不再是每个时刻都有输出单元。

深度循环神经网络经常被应用在自然语言处理领域上，以挖掘输入序列中的逻辑特性和潜在的映射关系，DRNN 一般被构建成具有多个隐藏层的循环神经网络。

6.2.4　递归神经网络

递归神经网络是循环神经网络的另一种泛化方式，但计算图的结构是一个具有树形相似状态的神经网络结构，而不是一般的链式结构。

1990 年 Pollack 提出递归神经网络（recursive neural network，RNN），后续常被用于处理数据序列存在结构关系的机器学习任务，特别是在自然语言处理领域上得到研究学者们的持续关注。

对序列长度为 τ 的循环网络，递归神经网络的深度可以从 τ 大幅减少至 $O(\lg\tau)$，有助于解决长期依赖问题。然而，最好的树结构的设计问题尚未解决，目前一般选用能独立于数据的树状结构（如平衡二叉树）。在自然语言处理领域中，递归神经网络的树状结构可以是由自然语言分析器提供的语句分析树。

递归神经网络的变种有很多，例如，1998 年 Frasconi 等采用数据关联树结构，并且用输入序列和输出序列作为关联树的节点；2011 年 Socher 等发现向量间的关系采用张量操作和双线性公式对构造网络结构很有帮助。

递归神经网络的训练方式有两种：监督学习和非监督学习。递归神经网络在使用监督学习方式来训练网络时，一般选用反向传播算法来更新网络的权重参数。而基于非监督学习的递归神经网络一般被用于表征输入序列的结构信息。

6.2.5 长期依赖挑战

在训练循环神经网络中，长期依赖的问题实质上是梯度爆炸或消失问题。即使参数稳定（可保存记忆，且梯度不爆炸），与短期作用相比，长期作用的权重参数仍会衰减，依然难以解决其长期依赖的问题。将含多个时间步的函数组合起来构建层数更深的循环神经网络，该网络具有更强的非线性特点。

循环神经网络的组成函数类似矩阵乘法，其循环关系可表示为一个去掉非线性激活函数和输入 x 的简单循环网络：

$$h^{(t)} = W^{\mathrm{T}} h^{(t-1)} \tag{6.9}$$

循环关系本质上可以用次方来描述，式（6.9）简化为

$$h^{(t)} = (W^{t})^{\mathrm{T}} h^{(0)} \tag{6.10}$$

若 W 用正交矩阵 Q 分解成

$$W = Q\Lambda Q^{\mathrm{T}} \tag{6.11}$$

则循环关系简化为

$$h^{(t)} = Q^{\mathrm{T}} \Lambda^{t} Q h^{(0)} \tag{6.12}$$

由式（6.12）可知，当特征值提高为它的 t 次方后，导致小于 1 的特征值衰减至 0，大于 0 的特征值爆炸。任何 $h^{(0)}$ 中的非最大特征值部分都会被丢弃。

6.2.6 渗透单元与其他多时间尺度策略

处理长期依赖的一种方式为设计多时间尺度上操作的模型。细粒度时间尺度上操作可处理更多细节，粗粒度时间尺度上操作可更有效地将遥远的历史信息转换为当前信息。所以针对既细又粗的时间尺度来设计策略：其中包含跨时间步跳过连接，“渗透单元”累积不同时间常数的信号，删除某些连接来建立细粒度时间尺度。

1. 跨时间步跳过连接

为获取粗粒度，将过去的变量与当前的变量直接相连。1989 年，Waibel 等在前向神经网络中插入延时；Lin 等（1996）在其基础上提出采用直连的方法。

为了解决梯度爆炸或消失的问题，Lin 等（1996）引入 d 个延时进循环连接，此时梯度的消失函数可以看作一个关于 τ/d 的函数。但由于存在延时和单步连接，梯度依然是会按 τ 指数倍地爆炸，所以该方法只能获取到相对更长的长期依赖，还不能很好地表示所有的长期依赖。

2. 渗透单元和 1 个不同时间尺度谱

为使路径上的导数乘积接近 1，线性自连接单元和连接权重接近 1。线性自连接的隐含单元类似于移动平均，被称为渗透单元。跳过 d 个时间步的连接可确保单元总能学习到 d 个时间步前的影响。另一种方式为用一个接近 1 的权重来线性自连接。线性自连

接方法通过调整实数值α（而非调整整型跳过的长度），效果更平滑和灵活。

用渗透单元设置时间常数有两种基本策略：一种为手动固定值，比如，初始时刻从某分布中采样一次值；另一种为将时间常数设置为自由参数，然后学习它。不同时间尺度上的泄露单元有助于长期依赖。

3. 删除连接

解决长期依赖的另一种方式为多时间尺度上组织循环神经网络的状态，让信息更容易在缓慢时间尺度上长距离地流动。

与前面跳过时间步的连接不同，删除连接涉及删除时间步长度为 1 的连接，且替换成更长的连接。修改后的单元只能在更长时间尺度上操作，但也可选择聚焦到短项连接上。

使循环单元在不同的时间尺度上操作的方法很多。一种为令循环单元泄露，但不同组的单元关联不同的固定时间尺度。另一种为对不同组的单元用不同的更新频率，在不同的时间步上显式离散地更新。

6.2.7 长短时记忆与其他门控循环神经网络

已知循环神经网络的核心问题是随着时间间隔的增加，容易出现梯度爆炸或梯度弥散，为了有效地解决这一问题通常引入门限机制来控制信息的累积速度，并可以选择遗忘之前的累积信息。这种门限机制下的循环神经网络，包括长短时记忆（long short-tcrm memory, LSTM）和基于门控循环单元（gated recurrent units，GRUs）的网络。

1. 长短时记忆

1997 年 Hochreiter 等最早提出的长短时记忆的主要贡献是引入自循环来创建使信息长期流动的路径。使自循环取决于上下文，而非固定不变。通过使自循环的权重可门控，累积的时间尺度能动态变化。此时，即使长短时记忆固定参数，累积的时间尺度也可随着输入序列而改变，因为时间常数为模型的输出。长短时记忆在很多应用中极为成功，如无约束手写体识别、语音识别、手写体生成、机器翻译等。

长短时记忆循环网络单元间彼此循环连接，来替换普通循环网络的隐含单元。用一个常规人工神经单元计算输入特征。如果 sigmoid 门允许，输入的特征值会累加给状态。状态单元有一个由遗忘门控制的线性自循环。输出门可关闭长短时记忆循环网络的输出。所有的门单元都用 sigmoid 非线性，而输入单元可用压扁的非线性（如 tanh）。状态单元可用作门单元的额外输入。

2. 其他门控循环神经网络

门控循环单元，与长短时记忆的主要区别在于，单个门控单元同时控制遗忘因子和更新状态单元的决定。更新门和复位门能独立地忽略状态向量的一部分。更新门是可线性门控任意维度的条件渗透积分器，因此选择复制状态值或替换成新的目标状态值。复位门控制哪一部分状态用来计算下一目标状态，引入过去状态和未来状态关系的一个额外的非线性影响。围绕这一主题可以设计更多的变种。例如复位门的输出可以在多个隐藏单元间共享，或者全局门的乘积和一个局部门可用于结合全局控制和局部控制。

6.3 自编码器

自编码器（autoencoder，AE）是一类在半监督学习和非监督学习中使用的人工神经网络（artificial neural networks，ANNs），其功能是通过将输入信息作为学习目标，对输入信息进行表征学习（representation learning）。

自编码器具有一般意义上表征学习算法的功能，被应用于降维（dimensionality reduction）和异常检测（anomaly detection）。包含卷积层构筑的自编码器可被应用于计算机视觉问题，包括图像降噪（image denoising）、神经风格迁移（neural style transfer）等。

6.3.1 欠完备自编码器

当隐层单元数大于或等于输入维度时，网络会发生完全记忆的情况，为了避免这种情况，限制隐层的维度一定要比输入维度小，这就是欠完备自编码器，如图 6.9 所示。

学习欠完备的表示将强制自编码器捕捉训练数据中最显著的特征，其特点有：①防止过拟合，并且因为隐层编码维数小于输入维数，可以学习数据分布中最显著的特征；②若中间隐层单元数特别少，则其表达信息有限，会导致重构过程比较困难。

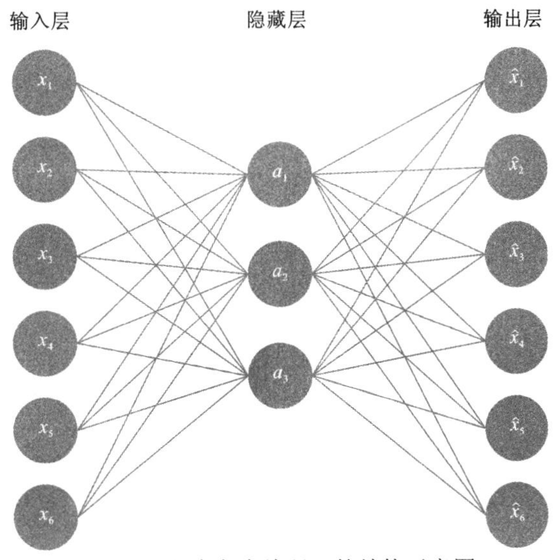

图 6.9　欠完备自编码器的结构示意图

6.3.2 正则自编码器

正则自编码器使用的损失函数可以鼓励模型学习其他特性（除了将输入复制到输出），而不必限制使用浅层的编码器和解码器极小的编码维数来限制模型的容量。正则自编码器具有稀疏性，当函数存在小导数，以及输入等列含噪声或缺失部分信息的情况下，该编码器具有一定的鲁棒性。即使模型容量大到足以学习一个无意义的恒等函数，非线性且过完备的正则自编码器仍然能够从数据中学到一些关于数据分布的有用信息。

在实际应用中，常用到两种正则自编码器，分别是稀疏自编码器和降噪自编码器。而收缩自编码器也属于正则自编码器。

6.3.3 表征能力、层的大小和深度

万能近似定理保证至少有一层隐藏层且隐藏单元足够多的前馈神经网络能以任意精度近似任意函数（在很大范围里），这是非平凡深度（至少有一层隐藏层）的一个主要优点。这意味着具有单隐藏层的自编码器在数据域内能表示任意近似数据的恒等函数。但是，从输入到编码的映射是浅层的。这意味着不能任意添加约束，比如约束编码稀疏。深度自编码器（编码器至少包含一层额外隐藏层）在给定足够多的隐藏单元的情况下，能以任意精度近似任何从输入到编码的映射。

深度可以指数地降低表示某些函数的计算成本。深度也能指数地减少学习一些函数所需的训练数据量。实际上，深度自编码器能比相应的浅层或线性自编码器产生更好的压缩效率。

训练深度自编码器的普遍策略是训练一堆浅层的自编码器来预训练相应的深度架构。所以即使最终目标是训练深度自编码器，也经常会遇到浅层自编码器。

6.4 深度生成模型

深度生成模型基本都是以某种方式寻找并表达（多变量）数据的概率分布。有基于无向图模型（马尔可夫模型）的联合概率分布模型，另外就是基于有向图模型（贝叶斯模型）的条件概率分布。基于无向图模型是构建隐含层和显示层的联合概率，然后去采样。基于有向图模型则是寻找隐含层和显示层之间的条件概率分布，也就是给定一个随机采样的隐含层，模型可以生成数据。

生成模型的训练是一个非监督过程，输入只需要无标签的数据。除了可以生成数据，还可以用于半监督的学习。比如，先利用大量无标签数据训练好模型，然后利用模型去提取数据特征（即从数据层到隐含层的编码过程），之后用数据特征结合标签去训练最终的网络模型。另一种方法是利用生成模型网络中的参数去初始化监督训练中的网络模型，当然，两个模型需要结构一致。

6.4.1 玻尔兹曼机与受限玻尔兹曼机

玻尔兹曼机/受限玻尔兹曼机是一种基于能量的模型，即能量最小化时网络模型达到理想状态。网络结构上分两层：显示层 $\boldsymbol{v} \in \{0,1\}^n$ 用于数据的输入与输出，隐含层 $\boldsymbol{h} \in \{0,1\}^m$ 则被理解为数据的内在表达。可见玻尔兹曼机的神经元状态都由 0、1 组成。

在实际应用中，使用最多的是受限玻尔兹曼机（restricted Boltzmann machine，RBM）。受限玻尔兹曼机是一个随机神经网络（即当网络的神经元节点被激活时会有随机行为，

随机取值）。它包含一层可视层和一层隐含层。在同一层的神经元之间是相互独立的，而在不同的网络层之间的神经元是相互连接的（双向连接）。在网络进行训练及使用时信息会在两个方向上流动，而且两个方向上的权值是相同的。但是偏置值是不同的（偏置值的个数和神经元的个数相同），受限玻尔兹曼机的结构如图 6.10 所示。

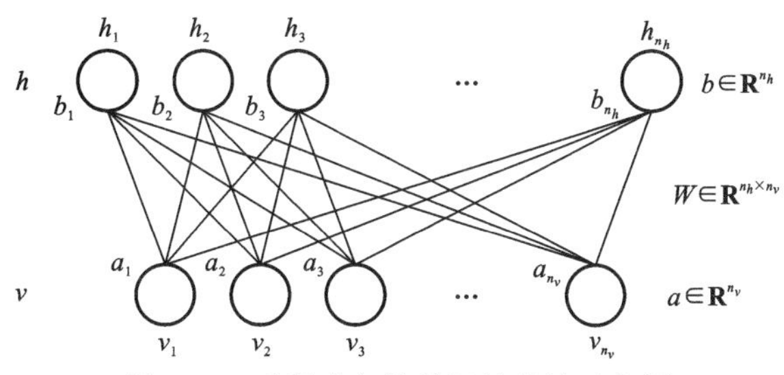

图 6.10　受限玻尔兹曼机的结构示意图

上面一层神经元组成隐藏层，用 h 表示向量隐藏层神经元的值。下面一层的神经元组成显示层，用 v 表示向量可见层神经元的值。连接权重可以用矩阵 W 表示。与深度神经网络的区别是，受限玻尔兹曼机不区分前向和反向，显示层的状态可以作用于隐藏层，而隐藏层的状态也可以作用于显示层。隐藏层的偏倚系数是向量 b，而显示层的偏倚系数是向量 a。

常用的受限玻尔兹曼机一般是二值的，即不管是隐藏层还是显示层，它们的神经元的取值只为 0 或者 1。

受限玻尔兹曼机模型的结构：主要是权重矩阵 W，偏倚系数向量 a 和 b，隐藏层神经元状态向量 h 和可见层神经元状态向量 v。

6.4.2　深度置信网络

深度置信网络（deep belief networks，DBN）算法是机器学习中的神经网络的一种，既可以用于非监督学习，也可以用于监督学习。深度置信网络是一个概率生成模型，与传统的判别模型的神经网络相对，生成模型是建立在一个观察数据和标签之间的联合分布。通过训练其神经元间的权重，可以让整个神经网络按照最大概率来生成训练数据。

在实际情况中，不仅可以使用深度置信网络来识别特征、分类数据，还可以用它来生成数据。深度置信网络算法是一种非常实用的学习算法，应用范围较广，扩展性也强，可应用于机器学习中的手写字识别、语音识别和图像处理等领域。

深度置信网络由多层神经元构成，这些神经元又分为显性神经元和隐性神经元（以下简称显元和隐元）。显元用于接收输入，隐元用于提取特征。因此隐元也有个别名，叫特征检测器（feature detectors）。最顶上的两层间的连接是无向的，组成联合内存（associative memory）。较低的其他层之间有连接上下的有向连接。最底层代表了数据向量（data vectors），每一个神经元代表数据向量的一维。

6.4.3 深度玻尔兹曼机

深度玻尔兹曼机是一种以受限玻尔兹曼机为基础的深度学习模型，其本质是一种特殊构造的神经网络。深度玻尔兹曼机由多层受限玻尔兹曼机叠加而成，不同于深度置信网络，深度玻尔兹曼机的中间层与相邻层是双向连接的。接下来举例说明深度玻尔兹曼机的基本结构和特征。

图 6.11 显示一个包含两个隐藏层的深度玻尔兹曼机。h^1 和 h^2 表示隐藏层各节点的状态，W^1 和 W^2 表示神经网络层间链接的权值(weights)，v 表示显示层各节点的状态。每个节点的状态都在 0 和 1 二选一，也就是说 $v, h \in \{0,1\}$。为方便显示，这里忽略了模型中各单元的偏置(bias)。

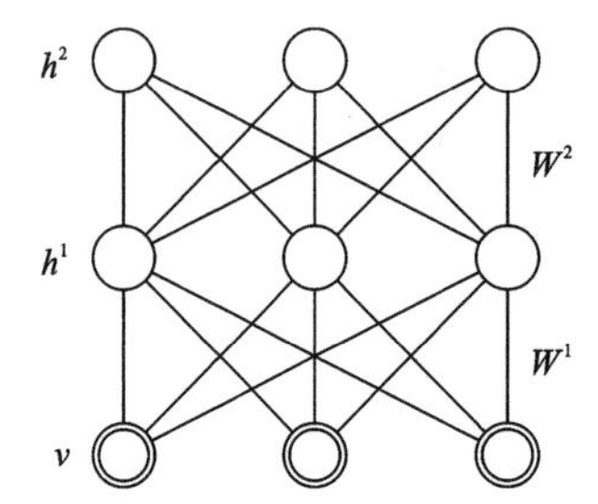

图 6.11　一个包含两个隐藏层的深度玻尔兹曼机的结构示意图

由此可见，若将其中最底层的可见层替换为受限玻尔兹曼机中的可见层，就可以层层堆叠下去，这就构成了基于多个受限玻尔兹曼机的深度玻尔兹曼机模型。

6.4.4 有向生成网络

最常用的深度完全有向的模型是 sigmoid 置信网络，它是一种具有特定条件概率分布的有向图模型的简单形式。可以将 sigmoid 置信网络视为具有二值向量的状态，其中每个元素都受其过去的状态值影响：

$$p(s_i) = \sigma\left(\sum_{j<i} W_{j,i} s_j + b_i\right) \tag{6.13}$$

式中：$W_{j,i}$ 为 W 矩阵中第 j 行第 i 列上的系数；s_i 和 s_j 分别为第 i 个和第 j 个元素；b_i 为第 i 个常数。

sigmoid 置信网络最常见的结构是被分为许多层的结构，其中原始采样通过一系列多个隐藏层进行，然后最终生成可见层。该结构是可见单元上概率分布的通用近似，即在足够深的情况下，可以任意良好地近似二值变量的任何概率分布（即使各个层的宽度受限于可见层的维度）。

第 7 章　边缘保持型滤波

图像在经过滤波等算法处理后，经常容易出现边缘平滑的问题，导致后续对地物的识别能力下降。对此，需要研究边缘保持型图像处理算法，在去除图像噪声的同时有效地保持图像边缘结构。本章将主要介绍几种常见的边缘保持型滤波器，包括双边滤波、引导滤波、mean shift 及加权最小二乘滤波。

7.1　双 边 滤 波

双边滤波是一种非线性滤波器，它可以达到保持边缘、降噪平滑的效果。与其他滤波原理一样，双边滤波也是采用加权平均的方法，用周边像素亮度值的加权平均值代替目标像素的亮度值，所用的加权平均基于高斯分布。最重要的是，双边滤波的权重不仅考虑了像素的欧氏距离（如普通的高斯低通滤波，只考虑了位置对中心像素的影响），还考虑了像素范围域中的辐射差异（如卷积核中像素与中心像素之间相似程度、颜色强度、深度距离等），在计算中心像素的时候同时考虑这两个权重。

双边滤波的核函数是空间域核与像素范围域核的综合结果：在图像的平坦区域，像素值变化很小，对应的像素范围域权重接近于 1，此时空间域权重起主要作用，相当于进行高斯模糊；在图像的边缘区域，像素值变化很大，像素范围域权重变大，从而保持了边缘的信息。

7.2　引 导 滤 波

引导滤波即需要引导图的滤波器，引导图可以是单独的图像或者是输入的目标图像，当引导图为输入图像时，引导滤波就成为一个保持边缘的滤波操作，可以用于图像重建的滤波。

引导滤波（导向滤波）的目的是保持双边滤波的优势（有效保持边缘，非迭代计算）而克服双边滤波的缺点（设计一种时间复杂度为 $O(1)$的快速滤波器，而且在主要边缘附近没有梯度的变形），它不仅能实现双边滤波的边缘平滑，而且在检测到边缘附近有很好的表现时可应用于图像增强、高动态范围（high dynamic range）图像压缩、图像抠图及图像去雾等场景。

引导滤波是由 He 等于 2013 年提出的，并将其快速实现出来。它与双边滤波最大的相似之处，就是同样具有保持边缘特性。在引导滤波的定义中，用到了局部线性模型，该模型认为，某函数上一点与其邻近部分的点呈线性关系，一个复杂的函数就可以用很多局部的线性函数来表示，当需要求该函数上某一点的值时，只需计算所有包含该点的线性函数的值并做平均即可。这种模型，在表示非解析函数上，非常有用。

7.3 均 值 漂 移

均值漂移（mean shift）是一种聚类算法，在数据挖掘、图像提取、视频对象跟踪中都有应用。

均值漂移算法的输入参数一般有三个：①矩阵半径 r，表明矩阵的大小；②像素距离，常见为欧几里得距离或者曼哈顿距离；③像素差值 value。

图像平滑的主要目的就是减少图像中的噪声点，去除少数的“尖锐点”，提高图像质量。

彩色图像每个像素点由一个三维的颜色空间向量（L,U,V）或（R,G,B）描述，同时有一个二维的空间坐标向量(x,y)，因此每个像素可用一个五维向量描述。像素的有规律分布，整体构成了图像。

对于图像中每个像素点施用均值漂移算法。对于一般正常的像素点，不会有太大的变化。而对于少数的“尖锐噪声点”，由于其值必然与周围像素点的值相差甚远，而均值漂移算法会使该点移动到“像素点概率密度函数梯度的方向”进行迭代，每次迭代后都使其接近“正常的像素点值”。而均值漂移算法是收敛的，也即该“噪声点”在经过有限次的迭代算法后，必然收敛到某一个“正常的像素值”。如此，对每个像素点都进行迭代后，图像必然被平滑，噪声点被抑制。

7.4 加权最小二乘滤波

加权最小二乘（weighted least squares，WLS）滤波、双边滤波、引导滤波是三种较为经典的边缘保持性滤波算法。

加权最小二乘滤波目的是使结果图像 u 与原始图像 p 经过平滑后尽量相似，但是在边缘部分尽量保持原状，数学表达式为

$$\min_u \sum_p \left((u_p - g_p)^2 + \lambda \left(a_{x,p}(g) \left(\frac{\partial u}{\partial x} \right)_p^2 + a_{y,p} \left(\frac{\partial u}{\partial y} \right)_p^2 \right) \right) \tag{7.1}$$

式中：p 为像素的位置；a_x 和 a_y 控制着水平方向和垂直方向位置上的平滑程度；$\frac{\partial u}{\partial x}$ 和 $\frac{\partial u}{\partial y}$ 分别为 u 对 x 和 y 的一阶导数。

第 三 篇

遥感数据质量提升方法

第 8 章 遥感图像噪声去除

通常情况下遥感图像或多或少都会有一些噪声。而且，遥感图像中存在噪声是不能绝对避免的。最常见的噪声为光学图像的加性噪声和微波成像过程中存在的乘性斑点噪声，还有 CCD 像元加工工艺不能保证其绝对一致而导致的条带噪声带等。条带噪声在高光谱传感器或其他推扫成像模式下所采集的数据里较为常见。本章将主要针对光学加性噪声的一些去除方法进行分类介绍。

8.1 高光谱图像条带噪声去除

高光谱图像中不只是含有点状噪声，还有条带噪声，如图 8.1 所示。条带噪声的存在极大程度地降低图像的利用率，因此必须消除条带噪声。条带噪声的主要特点有：沿成像光谱仪扫描方向分布、以条带状出现及具有一定的宽度、明暗度。目前为止，已有很多有关条带噪声去除方法的研究，有关条带去除方法的研究取得了一定的进展。

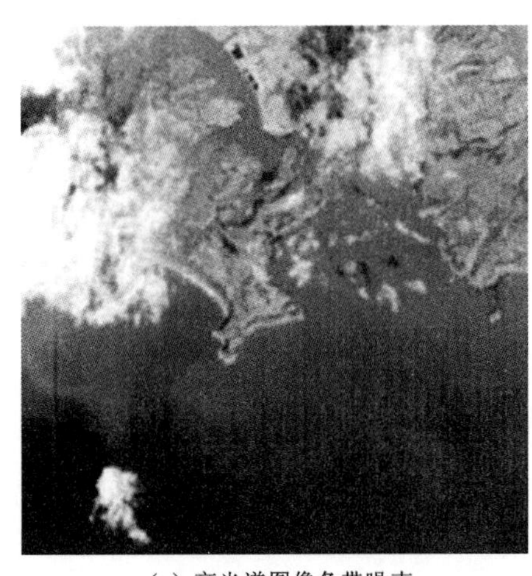

(a) 高光谱图像条带噪声

(b) 单波段图像条带噪声

图 8.1 遥感图像的条带噪声

国内外学者提出了不少关于条带噪声去除的方法，其中比较典型的有直方图匹配法、矩匹配方法、小波变换法和傅里叶变换法等。但这些方法往往要求图像中地物类型单一。条带噪声具有周期性。不少学者对高光谱图像中条带噪声进行了研究，并提出了改进算法。下面将介绍矩匹配方法和改进的矩匹配方法。

8.1.1 矩匹配方法

矩匹配方法经过学者们验证，是行之有效的条带噪声去除方法之一（Gadallah et al.，2000）。条带噪声的出现，主要是因为 CCD 在光谱响应区内的响应函数不一致，如图 8.2 所示。

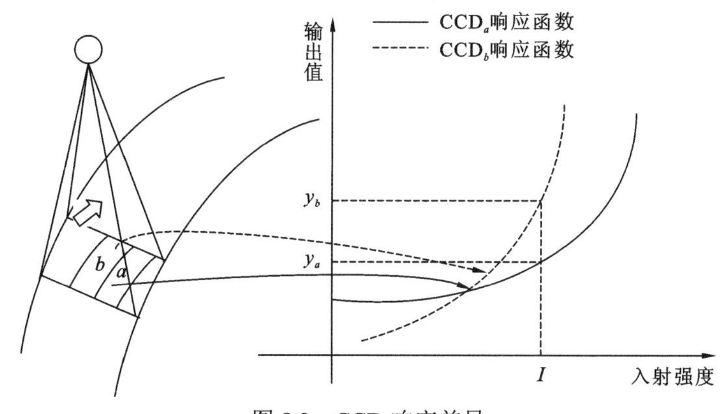

图 8.2 CCD 响应差异

y_a为像元轨迹 a 在入射强度为 I 时的输出值；y_b为像元轨迹 b 在入射强度为 I 时的输出值；

矩匹配方法假设在理想状况下，各 CCD 像元的响应函数为具有移不变性质的线性函数。若设 C_i 为第 i 个像元，则 C_i 的光谱响应函数可以表示为

$$Y_i = k_i X + b_i + \varepsilon_i(X) \tag{8.1}$$

式中：Y_i 为输出值，也就是图像中像素的灰度值；X 为该 CCD 记录的辐射量；k_i 为函数增益；b_i 为偏移值；ε_i 为随机噪声。若信噪比较高，则可以忽略随机噪声的影响，即式（8.1）可写为

$$Y_i = k_i X + b_i \tag{8.2}$$

由式（8.2）可以看出，对同一辐射强度 X，若增益 k_i 和偏移 b_i 的取值不同，则得到的灰度值不同，从而产生了条带噪声。因此，如果可以将 Y_i 归一化到相同值，则能有效地去除条带噪声。

矩匹配方法是在假设地物均一的情况下，选取一参考 CCD 行，并利用公式将其他各 CCD 行校正到该参考 CCD 的辐射率上。矩匹配采用的公式为

$$Y_i = \frac{\sigma_r}{\sigma_i} X + \mu_r - \mu_i \frac{\sigma_r}{\sigma_i} \tag{8.3}$$

式中：X、Y_i 分别为图像第 i 行像素进行校正前后的灰度值；μ_r、σ_r 分别为参考 CCD 行的均值和标准差；μ_i、σ_i 分别为第 i 行的均值和标准差。其思想基础是在地物均一的条件下，各 CCD 行辐射分量的均值和方差近似相等。

一般情况下，矩匹配方法要好于直方图匹配方法。但其对图像灰度分布的均匀性要求很高，否则在地物较复杂导致灰度分布不均匀的情况下，使用矩匹配方法通常会产生“带状效应”，即图像沿列的方向假设条带沿行方向分布产生一种时暗时明的不连续、不符合自然地理要素分布特征的现象。其根本原因是经过矩匹配后，图像所有的行均值都相等，行均值分布曲线为一条直线，但一般图像中很少只包含一种地物，灰度分布很难

达到这种理想均匀状况，从而导致了图像反映的地表光谱信息的分布发生畸变。

8.1.2 改进的矩匹配方法

高光谱遥感数据具有很高的光谱分辨率，其相邻波段间的图像数据具有较高的相关性。而这种相关性反映在直方图上，就是具有相似的灰度分布，若两幅图像是同一场景且经过配准的，则这种相似的灰度分布也就反映为相似的行均值分布了。因此，有学者提出了利用两幅图像进行矩匹配来去除条带噪声的改进的矩匹配方法。这种方法首先要选择与含有条带噪声的图像相关性很高的未被条带噪声污染的另一波段的图像，并将其作为参考图像。若图像未经配准，还要进行配准处理，使两幅图像对应的 CCD 扫描行所记录的是同一地物。然后，按矩匹配方法进行行均值的匹配，最后再适当乘以一个常数因子（陈劲松 等，2003），以弥补两幅图像原始灰度均值的差别，保持图像去噪前后的灰度均值不变。应用此种方法，可以完全不必考虑原来矩匹配方法强约束的前提条件，对于复杂地物分布具有很强的适应性，且也不必事先对高光谱成像仪有必要的了解，是一种效果较好、算法的普遍适应性也很好的方法。但这种方法也存在一些缺点：一是需要计算高光谱多个波段间的相关系数，增加了计算量；二是需要两幅图像 CCD 对应扫描行记录的必须是同一地物，而有些高光谱图像数据并不满足这一条件，则需要先对图像进行配准，实现较为复杂。

传统的矩匹配方法改变了图像在成像行或列方向的均值分布，使图像灰度在空间分布上产生一定的畸变。改进的矩匹配方法比传统的矩匹配方法有较大的优势，既有效地去除了条带噪声，又能恢复和保持地物真实反射率空间分布情况，较好地保持了原始图像信息，使得原始图像中因条带噪声而不能被利用的图像信息，在去除条带噪声后可以被进一步利用。

8.2 SAR 图像斑点噪声去除

图像的斑点噪声主要出现在 SAR 图像上，对后续工作如边缘检测、图像分割、地物分类、目标检测与识别等造成一定的影响，如图 8.3 所示。近年来，人们提出了许多去除斑点噪声的方法，这些方法基本上能被分为两大类。第一类是多视处理，即平均同一区域的几个视（look）。多视处理相当于图像的低通滤波。这个方法简单有效，能够有效地抑制斑点噪声，但降低了图像的空间分辨率、模糊了图像的边缘。第二类是在图像生成之后平滑斑点噪声，此类方法都是基于数字图像处理技术，而这些技术基本上又可以分为两大类：一类是基于合成孔径雷达图像斑点噪声统计特性的滤波算法，如 Frost 滤波、Kuan 滤波、Lee 滤波、Gamma Map 滤波等；另一类不是基于 SAR 图像局域统计特性的滤波算法，如均值滤波和基于小波技术的滤波。这些方法的主要目的是在减少斑点噪声的同时又不破坏图像的空间分辨率及纹理、边缘等信息。但测试表明这些方法总是在去除斑点噪声和保持有用信息之间折衷。本节将主要介绍基于统计模型的斑点噪声滤波。

图 8.3　图像的斑点噪声

8.2.1　Forst 滤波

SAR 图像的简单模型可表示为

$$I(t)=[R(t)\cdot u(t)]*h(t) \tag{8.4}$$

式中：$t=(x,y)$ 为空间坐标；$R(t)$ 为一个描述同质区域地物后向散射强度的平稳随机变量；$u(t)$ 为由于衰弱（fading）而产生的非高斯分布的随机噪声；$h(t)$ 为 SAR 系统的脉冲响应。假设图像数据是平稳的，利用最小均方差原理来估计图像真实值 $R(t)$。在有限带宽的情况下，系统脉冲响应 $h(t)$ 假定为常量。这样可推导出非相关乘性噪声模型：

$$R_R(\tau)=\sigma_R^2\exp(-a|\tau|)+\overline{R^2} \tag{8.5}$$

式中：$\overline{R}$ 为信号的局部均值；σ_R 为局部均方差；a 为自相关的参数。不同地物的这三个参数不同。这个模型也不必适合不同纹理特征的地物，所以也可以用其他模型。由最小均方差原理可得出脉冲响应，并简化为

$$m(t)=k_1\exp(-kC_I^2(t)|t|) \tag{8.6}$$

式中：$C_I=\sigma_I/\overline{I}$；$C_I(t)$ 从以 t 为中心的窗口计算得到；k_1 为归一化参数。

8.2.2　Kuan 滤波

首先提出一个加性噪声滤波器。SAR 图像的灰度值 $I(t)$ 包含图像真实灰度 $R(t)$ 和零均值的非相关噪声：

$$I(t)=R(t)+N(t) \tag{8.7}$$

假设图像的模型是非平稳均值和非平稳方差。那么图像的协方差矩阵可以认为是对角型。对于给定 SAR 图像 $I(t)$，图像真实灰度 $R(t)$ 可以通过最小均方差原理来估计。真实图像 $R(t)$ 和噪声是相互独立的，真实图像的统计量可以由观测图像来估计。SAR 图像乘性噪声情况为

$$R(t)=I(t)\cdot w(t)+\overline{I}(t)\cdot(1-w(t)) \tag{8.8}$$

式中：$w(t)$ 为权重参数，$w(t)=[1-C_u^2/C_I^2]/[1+C_u^2]$，这里的 $C_u=\sigma_u/\overline{u}$。

8.2.3 Lee 滤波

Lee 等（1981）提出的 Lee 滤波器是一种局部统计滤波器，针对 SAR 图像的空域乘性相干斑模型，对反射特性进行线性估计，并满足均方误差最小。通过利用图像的局部统计特性控制滤波器的输出，使滤波器自适应于图像变化。

Lee 滤波的算法原理是基于乘性的斑点噪声模型，并且假定该模型是完全发育的斑点噪声乘性模型（表现在图像上，斑点处于均匀区域或弱纹理区域，且斑点噪声与图像信号不相关）。

空域乘性相干斑模型可写为 $I = xv$，其中，I 表示受噪声污染的图像，x 表示地物反射特性，即理想的不受噪声污染的图像，v 表示相干斑噪声。

求得 $\mathrm{var}(x) = \dfrac{\mathrm{var}(I) - \sigma_v^2 \overline{I^2}}{1+\sigma_v^2}$，其中 σ_v 是噪声的方差系数，取 $\sigma_v = \dfrac{1}{\sqrt{L}}$，$L$ 是图像的视数。$\mathrm{var}(x)$ 计算方差。

经过对 x 均值估计、线性估计的操作后，x 最后的线性估计公式为

$$\hat{x} = \overline{I} + \frac{\mathrm{var}(x)}{\mathrm{var}(I)}(I - \overline{I}) \tag{8.9}$$

式中：$\overline{I}$ 为 I 的均值，在同质均匀区域，$\mathrm{var}(x) \approx 0$，则 $\hat{x} \approx \overline{I}$，即 Lee 滤波器的输出近似于区域内像素的平均值；在边缘、异质区域等高反差区域，$\mathrm{var}(x) \gg \sigma_v^2 \overline{I^2}$，$\mathrm{var}(x) \approx \mathrm{var}(I)$，则 $\hat{x} \approx \overline{I} + (I - \overline{I}) = I$，即 Lee 滤波器的输出近似于像素本身的值。因此，Lee 滤波器能够在同质均匀区域内消除斑点，同时有效保持边缘。

8.2.4 Gamma Map 滤波

对于功率图像，简单 Gamma Map 滤波器的公式可表示为

$$R = \begin{cases} R = I, & C_i \leqslant C_u \\ (B \times I\sqrt{D})/(2a), & C_a \leqslant C_i < C_{\max} \\ R = CP, & C_i \geqslant C_{\max} \end{cases} \tag{8.10}$$

式中：R 为滤波后中心像元灰度值；I 为滤波窗口内的均值。$C_u = 1/\sqrt{\mathrm{NLOOK}}$，$C_i = \sqrt{\mathrm{VAR}/I}$，$C_{\max} = \sqrt{2} \times C_u$，$\alpha = (1+C_u^2)/(C_I^2 - C_u^2)$，$B = \alpha - \mathrm{NLOOK} - 1$，$D = I^2 \times B^2 + 4 \times \alpha \times \mathrm{NLOOK} \times I \times CP$，NLOOK 为视数；VAR 滤波窗口内的方差。对于幅度图像，滤波窗口内每一像元灰度值取平方，滤波后的结果取平方根。

8.3 常见加性去噪方法

8.3.1 全变分

在信号处理中，全变分去噪也称为全变分正则化，是数字图像处理中最常用的一种

处理方法，应用于噪声去除。它是基于信号过多和可能虚假的细节具有高全变分的原理，即信号的绝对梯度的积分是高的。根据这个原理，减少与原始信号紧密匹配的信号的全变分，去除不需要的细节，同时保留诸如边缘的重要细节。这个概念在 1992 年由 Rudin、Osher 和 Fatemi 开创，所以今天被称为 ROF 模型。

这种噪声去除技术比线性平滑或中值滤波的简单技术具有优势，这些技术可以降低噪声，但同时也可以使边缘平滑维持在较少的程度。相比之下，在低信噪比的情况下，全变分去噪在保持边缘，同时平滑平坦区域的噪声，即使在低信噪比下也非常有效。

1. 1D 信号系列

对于数字信号 y_n，可以定义全变分为

$$V(y)=\sum_n |y_{n+1}-y_n| \tag{8.11}$$

给定一个输入信号 x_n，全变分去噪的目标是找到一个近似值，称之为 y_n，总体变化小于 x_n，但与 x_n“接近”。接近度的一个度量是平方误差的总和：

$$E(x,y)=\frac{1}{2}\sum_n (x_n-y_n)^2 \tag{8.12}$$

所以全变分去噪问题就等于在信号 y_n 上最小化下面的离散函数：

$$E(x,y)+\lambda V(y) \tag{8.13}$$

通过将这个函数与 y_n 进行区分，可以得到一个相应的欧拉-拉格朗日方程，它可以将初始信号 x_n 作为初始条件进行数值积分，这是原来的方法。或者，由于这是一个凸函数，可以使用来自凸优化的技术来使其最小化并找到解 y_n。

正则化属性：正则化参数 λ 在去噪过程中起着至关重要的作用。当 $\lambda=0$ 时，没有平滑，结果与最小化平方和相同。然而，在 $\lambda\to\infty$ 的情况下，全变分项的作用越来越强，这使得结果的总变差越来越小，就越不像输入信号（噪声）。因此，正则化参数的选择对实现恰当的噪声去除是至关重要的。

2. 2D 信号图像

现在考虑 2D 信号 y，例如图像，Rudin 等（1992）提出的全变分规范

$$V(y)=\sum_{i,j}\sqrt{|y_{i+1,j}-y_{i,j}|^2+|y_{i,j+1}-y_{i,j}|^2} \tag{8.14}$$

是各向同性的并且不可微的。有时也使用各向异性的全变分，其表达式为

$$V_{\text{aniso}}(y)=\sum_{i,j}\sqrt{|y_{i+1,j}-y_{i,j}|^2}+\sqrt{|y_{i,j+1}-y_{i,j}|^2}=\sum_{i,j}|y_{i+1,j}-y_{i,j}|+|y_{i,j+1}-y_{i,j}| \tag{8.15}$$

标准全变分去噪问题仍然为

$$\min_y E(x,y)+\lambda V(y) \tag{8.16}$$

式中：E 为 2D 信号图像 L2 规范。

8.3.2 小波

小波域高斯尺度混合的图像去噪方法基于过度积分尺度定向基础的系数统计模型。相邻位置和尺度的系数邻域被建模为两个独立随机变量的乘积：一个高斯向量和一个隐式标量乘法器。后者调制邻域系数的局部方差，从而能够说明系数幅度之间的经验观测的相关性。在这个模型中，每个系数的贝叶斯最小二乘估计减少到隐藏乘子变量的所有可能值的局部线性估计的加权平均值。此方法的性能超过之前提出的方法的性能。

多尺度表示为图像结构的建模提供了有用的先验信息。但是广泛使用的正交或双正交小波表示对许多应用（包括去噪）是有问题的。具体地说，它们是临界采样的（系数的数量等于图像像素的数量），并且这个约束导致不好的视觉混叠。一个被广泛接受的解决方案是使用为正交或正交系统设计的基函数，但是减少或消除子带的抽取。然而，一旦临界采样的约束被降低，就没有必要局限于这些基本功能。显著的改进来自使用冗余度较高的表示，以及增加的方向。使用可操纵金字塔框架表示的特定变体，这种多尺度线性分解的基函数在空间上是局部的、定向的，并且在带宽上大致跨越一个单位。它们在傅里叶域是极性可分的，并且通过平移、扩张和旋转而相关。

1. 高斯尺度混合

考虑将图像分解成多个尺度的定向子带。用 $x_C^{s,o}(n,m)$ 表示系数对应于尺度为 s、方向为 o 的线性基函数，以空间位置 $(2^s n,2^s m)$ 为中心。用 $x^{s,o}(n,m)$ 表示这个参考系数平方附近的系数邻域。通常，邻域可以包括来自其他子带的系数（即：对应于在附近尺度和方位处的基本函数）及来自相同子带的系数。在这个例子中，使用邻近尺度上两个子带的系数邻域，从而在利用多尺度表示中，通过尺度观察到统计耦合。假设在一个金字塔子带的参考系数周围的每个局部邻域内的系数由高斯尺度混合（Gaussian scale mixtures，GSM）模型表征。形式上，随机向量 x 是高斯尺度混合当且仅当它可以表示为零均值高斯向量 u 和独立正标量随机变量 $\sqrt{z}$ 的乘积：

$$X\overset{=}{d}\sqrt{z}u \tag{8.17}$$

式中：$\overset{=}{d}$ 为平等分配；变量 z 为乘数；X 为高斯矢量的无限混合，其密度由 u 的协方差矩阵 C_u 和混合密度 $p_z(z)$ 决定，即

$$p_x(X)=\int\frac{\exp\left(\dfrac{-x^{\mathrm{T}}(zC_u)^{-1}x}{2}\right)}{(2\pi)^{N/2}\left|zC_u\right|^{1/2}}p_z(z)\mathrm{d}z \tag{8.18}$$

式中：N 为 x 和 u 的维数（在本例中是邻域的大小）。不失一般性，可以假设 $E\{z\}=1$，这意味着 $C_x=C_u$。

2. 用于小波系数的 GSM 模型

一个 GSM 模型可以解释小波系数的形状和相邻系数幅度之间的强相关性。为了从这个局部描述中构建图像的全局模型，必须指定系数的邻域结构和乘子的分布。通过将系数划分为不重叠的邻域，可以大大简化全局模型的定义。一个可以指定乘数的边际模

型（将其作为独立变量处理），或指定整个集合的联合密度乘数。但是，使用不相交的邻域导致邻域边界引入不连续处明显的去噪效应。另一种方法是使用 GSM 作为以金字塔中的每个系数为中心的系数簇的行为的局部描述。由于邻域重叠，每个系数将成为许多邻域的成员。局部模型隐式定义了一个全局（马尔可夫）模型，假设条件独立于系数的其余部分，则由该模型的集合中系数的条件密度描述。但是由此产生的模型以精确的方式进行统计推断（即计算贝叶斯估计）是相当具有挑战性的。这里简单地解决了每个邻域中心的参数系数的估计问题。

图像去噪过程首先将图像分解成不同尺度和方向的金字塔子带，然后将每个子带去除（除了低通量带宽），最后将金字塔变换倒置，得到去噪图像。假设图像受已知方差的独立加性高斯白噪声的干扰（注意该方法也可以处理已知协方差的非白噪声高斯噪声）。对应于金字塔表示的 N 个观测系数邻域的向量 y 可以表示为

$$y = x + w = \sqrt{z}u + w \tag{8.19}$$

注意，GSM 结构假设，加上独立加性高斯噪声的假设，意味着右边的三个随机变量是独立的。u 和 w 是零均值高斯向量，具有相关的协方差矩阵 C_u 和 C_w。在 z 上观察到的邻域向量的密度是零均值高斯，具有协方差 $C_{y|z} = zC_u + C_w$：

$$p(y \mid z) = \frac{\exp\left(\dfrac{-y^{\mathrm{T}}(zC_u + C_w)^{-1}y}{2}\right)}{\sqrt{(2\pi)^N \mid zC_u + C_w \mid}} \tag{8.20}$$

邻域噪声协方差 C_w 通过将 delta 函数 $\sigma\sqrt{N_y N_x}\delta(n,m)$ 分解成金字塔子带来获得，其中 (N_y, N_x) 是图像维度。该信号具有与噪声相同的功率谱，但不受随机波动的影响。C_w 的元素可以直接用样本协方差来计算（即通过对子带的所有邻域上的系数对的乘积进行平均）。对于非白噪声，通过用平方根的傅里叶逆变换代替 delta 函数的噪声功率谱密度。请注意，整个程序可能会脱机执行，因为它是独立于信号的。

给定 C_w，可以从观测协方差矩阵 C_u 计算信号协方差 C_y。通过对 C_y 的期望来计算来自 $C_{y|z}$ 的 z：

$$C_y = E\{z\}C_u + C_w \tag{8.21}$$

不失一般性，设定 $E\{z\} = 1$，结果为

$$C_u = C_y - C_w \tag{8.22}$$

通过执行特征向量分解并将任何可能的负特征值（在大多数情况下不存在或可忽略）设置为零来使 C_u 为正半定。

3. 贝叶斯最小二乘估计

对于每个邻域，希望估计邻域中心的参考系数 x_c，其中 y 是观察到的（噪声）系数集合。贝叶斯最小二乘（Bayesian least squares，BLS）估计就是条件均值：

$$E\{x_c \mid y\} = \int_0^{\infty} p(z \mid y)E\{x_c \mid y, z\}\mathrm{d}z \tag{8.23}$$

为了交换积分的顺序，假定了统一的收敛。因此，解决方案是贝叶斯最小二乘估计的时间平方 z，由后验密度 $p(z \mid y)$ 加权。

GSM 模型的关键优点是在 z 上，条件系数邻域矢量 x 是高斯的。这个事实，加上加性高斯噪声的假设，意味着积分内部的期望值仅仅是局部线性估计。完整的邻域向量写作

$$E\{x \mid y,z\} = zC_u(zC_u + C_w)^{-1} y \tag{8.24}$$

可以通过对矩阵 $zC_u + C_w$ 进行非对角化来简化这个表达式 z 的依赖关系。具体来说，设 S 是正定矩阵 C_w 的对称平方根，令 $\{Q,\Lambda\}$ 是矩阵 $S^{-1}C_uS^{-\mathrm{T}}$ 的特征向量/特征值扩张。有

$$zC_u + C_w = SQ(z\Lambda + I)Q^{\mathrm{T}}S^{\mathrm{T}} \tag{8.25}$$

Scheunders 和 Backer（2007）提出了一种基于局部高斯混合模型的超完备面向金字塔表示的去噪方法。这个统计模型在许多重要方面与以前的模型有所不同。第一，许多以前的模型基于可分离的正交小波或者这种小波的冗余版本。相比之下，此模型是基于一个完整的紧框架，没有混叠，并且包括对倾斜方向有选择性的基函数。表征的冗余度越高，辨别方位的能力越高，表现就越好。第二，此模型明确地包含了相邻系数（对于信号和噪声）之间的协方差，而不是仅考虑边际响应或局部方差。因此，该模型可以捕获过度完备表示所引起的相关关系及基础图像所固有的相关性，并且可以处理任意功率谱密度的高斯噪声。第三，此模型包含了一个来自相同方向和相邻空间位置的邻域，而不是只考虑每个子带内的空间邻域。这种模型选择与自然图像中跨越尺度的强大统计依赖的实证结果是一致的。这里的去噪方法和之前的基于连续隐变量模型的方法不同。首先，计算全局最优局部贝叶斯最小二乘解，而不是首先估计局部方差，然后用它来估计系数。经验表明，这种方法在结果中产生了一个重要的改进。此外，这里使用线性最小二乘解的矢量形式，充分利用信号和噪声的协方差建模提供的信息。这些增强和先验隐藏乘法器（一个非信息先验，独立于观测信号）的选择使去噪图像的质量显著改善，同时保持合理的计算成本。

8.3.3 双边滤波

滤波是图像处理和计算机视觉的基本操作。在广义情况下，给定位置处滤波图像的值是输入图像在相同位置小邻域中值的函数。特别地，高斯低通滤波计算邻域中像素值的平均值。其中，权重随着距邻域中心距离的减小而减小。对于典型图像的缓慢变化，其近似像素可能具有相似的值，因此平均是合适的。像素周围的噪声值与信号的相关性较差，因此在保留信号的同时对噪声进行平均。在低频滤波的情况下，边缘处空间变化缓慢的假设不成立。怎样才能防止边缘平均，并使平滑区域仍然平滑？各向异性扩散是一个很好的方式，局部图像的变化是在每一个点上测量的，像素值取决于局部变化的平均值。

双边滤波的基本思想是在图像的范围内让传统滤波器起作用。两个像素可以彼此靠近，即在空间位置占据，或者它们可以相互类似，可以是一种感知意义上的相似性。传统的过滤是域过滤，通过权重的像素值与距离下降的系数来实现紧密度。类似地，定义了范围过滤，其平均具有不相似性衰减的权重的图像值。范围过滤器是非线性的，因为它们的重量取决于图像强度或颜色。在计算上，它们不比标准的不可分离滤波器复杂。双边过滤通过附近图像值的非线性组合使图像平滑。该方法是非迭代的、局部的、简单

的。它结合灰度级或颜色，与分别在彩色图像的三个频带上操作的滤波器相比，双边滤波器可以强化 CIE-Lab 色彩空间下的感知度量，平滑色彩并以调整到人类感知的方式保留边缘。在 CIE-Lab 色彩空间中执行的双边滤波是彩色图像最自然的滤波类型，只有感知类似的颜色被平均在一起，并且只保留重要的边缘。

双边过滤器定义为

$$I^{\text{filtered}}(x)=\frac{1}{W_P}\sum_{x_i\in\Omega}f_r(\|I(x_i)-I(x)\|)g_r(\|x_i-x\|) \tag{8.26}$$

正则化项为

$$W_p=\sum_{x_i\in\Omega}f_r(\|I(x_i)-I(x)\|)g_r(\|x_i-x\|) \tag{8.27}$$

确保过滤器保留图像能量，I^{filtered} 是滤波后的图像，I 是原始输入图像，x 是当前要过滤的像素的坐标，Ω 是以 x 为中心的窗口，f_r 是用于平滑强度差异的范围内核（该函数可以是高斯函数），g_r 是平滑坐标差的空间核（这个函数可以是高斯函数）。

如上所述，使用空间接近度和强度差来分配权重 W_p。考虑位于 (i,j) 处的像素需要使用其相邻像素在图像中去噪，并且其相邻像素之一位于 (k,l) 处。然后，分配给像素 (k,l) 去除像素 (i,j) 的权重由下式给出：

$$w(i,j,k,l)=\exp\left(-\frac{(i-k)^2+(j-l)^2}{2\sigma_d^2}-\frac{\|I(i,j)-I(k,l)\|^2}{2\sigma_r^2}\right) \tag{8.28}$$

式中：σ_d 和 σ_r 均为平滑参数；$I(i,j)$ 和 $I(k,l)$ 分别为 (i,j) 、(k,l) 的像素强度。

计算权重后，将其归一化：

$$I_D(i,j)=\frac{\sum_{k,l}I(k,l)w(i,j,k,l)}{\sum_{k,l}w(i,j,k,l)} \tag{8.29}$$

式中：I_D 是像素 (i,j) 的去噪强度。

双边滤波器的属性：随着距离参数 σ_r 的增加，双边滤波器逐渐接近高斯卷积，因为距离高斯变宽和变平，这意味着它在图像的强度区间内几乎是恒定的。随着空间参数 σ_d 的增加，较大的特征得到平滑。

双边滤波器的限制：双边滤波器由于核函数会随空间不同而变化，它是非线性滤波器，在实际中无法使用傅里叶变换来帮助运算。如果使用常规算法需要很多的时间来进行运算，在不同应用上有近似的快速算法可以大幅加快运算速度。

双边滤波器的应用：双边滤波器可以应用在影像降噪、色调映射、图像重建。这里可以用它对遥感图像去噪。

8.3.4 三维块匹配滤波

三维块匹配滤波（block-matching and 3D filtering，BM3D）可以说是当前去噪效果最好的算法之一。它首先把图像分成一定大小的块，根据图像块之间的相似性，把具有相似结构的二维图像块组合在一起形成三维数组，然后用联合滤波的方法对这些三维数组进行处理，最后通过逆变换，把处理后的结果返回到原图像中，从而得到去噪后的图像。BM3D

算法总共有两大步骤：基础估计（步骤一）和最终估计（步骤二）。在这两大步中，分别又有三小步：相似块分组、协同滤波和聚合。通过将类似的二维图像片段（例如块）分组成三维数据阵列（称之为组）来实现稀疏性增强，这是相似块分组。协同过滤是为了处理这些三维数组而开发的特殊程序。使用三个连续的步骤来实现它：三维数组的三维变换、变换谱的收缩及逆三维变换，结果是由联合滤波的分组图像块组成的三维估计。通过减少噪声，协同过滤甚至可以揭示组合块共享的最好的细节，同时保留每个块的基本独特特征。过滤的块然后返回到它们的原始位置。由于这些块是重叠的，对于每个像素可以得到许多不同的估计，这些估计需要进行组合。通过专门开发的协同维纳滤波可以获得显著的改进。该方法确实有效，它不仅有一个较高的信噪比，而且视觉效果也很好。因此研究者提出了很多基于 BM3D 的去噪方法，如基于小波变换的 BM3D 去噪、基于 Anscombe 变换域的 BM3D 滤波等。

这个算法的大概实现过程（Dabov et al.，2007）如下。

步骤一：基础估计。

（1）相似块分组：首先在噪声图像中选择一些 $k \times k$ 大小的参照块（考虑算法复杂度，不用每个像素点都选参照块，通常隔 3 个像素为一个步长选取，复杂度降到 1/9），在参照块的周围适当大小 $(n \times n)$ 的区域内进行搜索，寻找若干个差异度较小的块，并把这些块整合成一个三维的矩阵，整合的顺序对结果影响不大。同时，参照块自身也要整合进三维矩阵，且差异度为 0。寻找相似块这一过程可以表示为

$$G(P)=\{Q:d(P,Q)\leqslant \tau\} \tag{8.30}$$

式中：$d(P,Q)$ 为两个块之间的欧氏距离。图 8.4 是相似块分组，最终整合相似块获得的矩阵如图 8.5 所示。

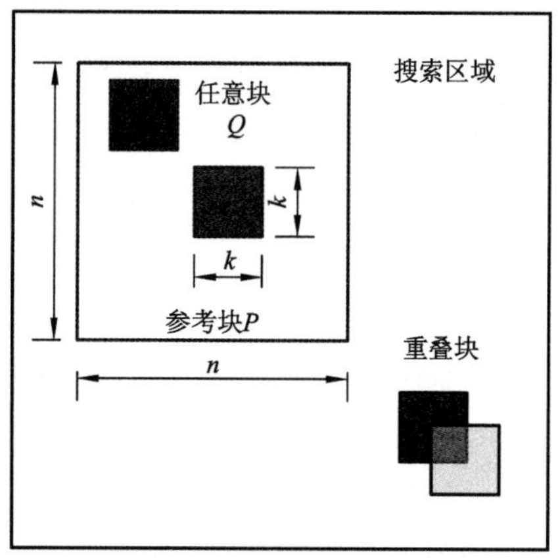

图 8.4　相似块分组

（2）协同滤波：形成若干个三维的矩阵之后，首先将每个三维矩阵中的二维的块（即噪声图中的某个块）进行二维变换，可采用小波变换或离散余弦变换（discrete cosine transform，DCT）等，通常采用小波 BIOR1.5。二维变换结束后，在矩阵的第三个维度进行一维变换，通常为阿达马变换（Hadamard transformation）。变换完成后对三维矩阵进行硬阈值处理，将小于阈值的系数置 0，然后通过在第三维的一维反变换和二维反变换得到处理后的图像块。这一过程同样可以用一个公式来表达：

$$Q(P)=T_{\text{3Dhard}}^{-1}(Y(T_{\text{3Dhard}}(Q(P)))) \tag{8.31}$$

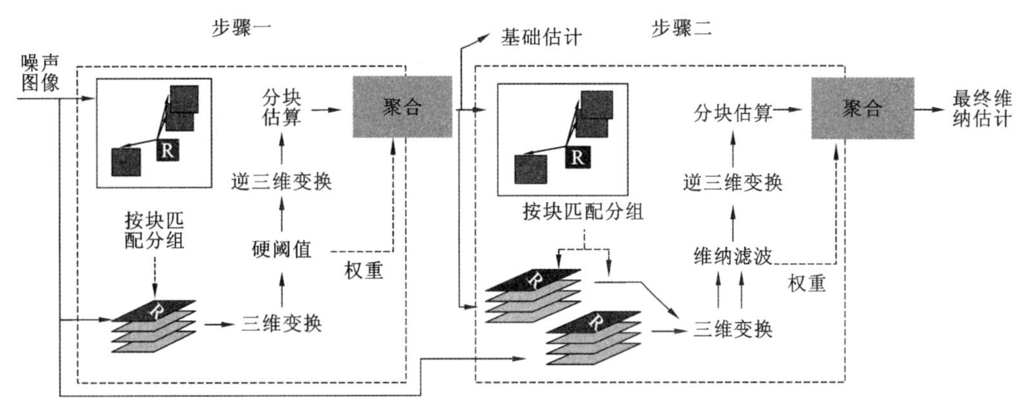

图 8.5　BM3D 算法流程图

在这个公式中，二维变换和一维变换用一个 $T_{3\mathrm{Dhard}}$ 来表示。Y 是一个阈值操作：

$$Y(x)=\begin{cases}0, & |x|\leqslant\lambda_{3\mathrm{D}^{\sigma}}\\ x, & \text{其他}\end{cases} \tag{8.32}$$

式中：σ 为噪声的标准差，代表噪声的强度。

（3）聚合：对得到的有重叠的块估计，对它们进行加权平均得到真实图像的基础估计。这一步分别将这些块融合到原来的位置，权重取决于置 0 的个数和噪声强度。

步骤二：最终估计。

（1）相似块分组：第二步中的聚合过程与第一步类似，不同的是，这次将会得到两个三维数组：噪声图形成的三维矩阵 $Q^{\mathrm{basic}}(P)$ 和基础估计结果的三维矩阵 $Q(P)$。

（2）协同滤波：两个三维矩阵都进行二维变换和一维变换，这里的二维变换通常采用离散余弦变换以得到更好的效果。用维纳滤波将噪声图形成的三维矩阵进行系数放缩，该系数通过基础估计的三维矩阵的值及噪声强度得出。这一过程同样可以用一个公式来表达：

$$Q(P)=T_{3\mathrm{Dhard}}^{-1}(w_p\cdot T_{3\mathrm{Dwein}}(Q(P))) \tag{8.33}$$

在这个公式中，二维变换和一维变换用一个 $T_{3\mathrm{Dwein}}$ 来表示。w_p 是一个维纳滤波的系数：

$$w_p(\xi)=\frac{\left|\tau_{3\mathrm{D}}^{\mathrm{wein}}(Q^{\mathrm{basic}}(P))(\xi)\right|^2}{\left|\tau_{3\mathrm{D}}^{\mathrm{wein}}(Q^{\mathrm{basic}}(P))(\xi)\right|^2+\sigma^2} \tag{8.34}$$

式中：σ 为噪声的标准差，代表噪声的强度。

（3）聚合：与第一步中一样，这里也是将这些块融合到原来的位置，只是此时加权的权重取决于维纳滤波的系数和噪声强度。

8.3.5　低秩

图像去噪必须遵循的规则是在去除噪声的同时也能够尽量保护图像的一些边缘细节信息。以往的去噪手段往往在抑制图像噪声的同时，也丢失了图像的一些重要信息，这会使去噪后的图像变得模糊。近些年来，低秩（low rank，LR）理论在去噪方面显示出它强大的能力，有着强鲁棒性。高维数据中利用低维结构在图像、音频及视频处理、网络搜索和生物信息学中变得越来越重要。低秩矩阵恢复算法是 Wright 等（2009）提出来的，指当矩阵的某些元素被严重破坏后，自动识别出被破坏的元素，恢复出原矩阵的方法。该算法的前提为原矩阵是低秩的或者近似低秩的。Ji 等（2010）基于低秩矩阵恢复算法提出了一种视频图像去噪算法，该方法的基本思路是根据纯净图像在相似块理论上是低秩的，通过相似块匹配，对相似块进行矩阵低秩恢复以达到去噪的目的。薛倩等（2013）引入稀疏与低秩矩阵分解模型描述图像去噪问题，基于该模型，采用交替方向法（alternating direction method，ADM）得到复原图像。基于压缩传感理论，将椒盐噪声污染的图像视作低秩的原始图像矩阵与稀疏的椒盐噪声矩阵的组合，通过交替最小化求解凸优化问题，分解低秩矩阵与稀疏矩阵。刘新艳等（2014）提出了联合矩阵 F 范数的低秩图像去噪，低秩矩阵恢复是通过最小化矩阵核范数来获得低秩解，然而待恢复低秩矩阵相关性低的要求往往会导致求解不稳定的情况，针对该问题研究一种基于变量分裂的低秩图像恢复去噪算法引入待恢复矩阵的 F 范数作为新正则项与原有低秩矩阵的核范数组成联合正则化项，对问题进行凸松弛后采用变量分裂的增广拉格朗日乘子法求解。此法对相关性强的低秩图像恢复结果稳定性好，获得了更高的信噪比。对于高光谱图像来讲，其在空间维和光谱维中存在大量的冗余关联（redundancy and correlation，RAC）（Zhao et al.，2015）。如果在去噪过程中 RAC 被有效利用，则可以大大提高去噪性能。因此，可以利用空间域中的全局 RAC 和频谱域中的局部 RAC 来稀疏编码。噪声可以通过学习字典稀疏的近似数据去除。在这个阶段，只有频谱域的局部 RAC 被使用。它将引起频谱失真。为弥补局部频谱 RAC 的缺点，采用低秩约束处理谱域中的全局 RAC。不同的高光谱数据集被用来测试所提出的方法的性能。该方法的去噪效果优于其他先进的高光谱去噪方法。

1. 低秩矩阵恢复算法

假设矩阵 D 是由一个低秩矩阵 L 受到噪声矩阵 S 的破坏所得，并且 S 是一个稀疏矩阵，这样就可以运用低秩矩阵恢复算法来进行问题的求解，于是低秩矩阵恢复可用如下优化问题来描述，即

$$\min \operatorname{rank}(L)+\lambda\|S\|_0, \quad \text{s.t. } L+S=D \tag{8.35}$$

式中：$\|S\|_0$ 为稀疏矩阵的 L_0 范数，即矩阵中非零元素的个数，虽然理论上式（8.35）可以实现，但是实际上不可行，这是一个 NP 问题，计算量非常大，所以需要寻找合适的范数近似求解上述最优化问题，Candès（2008）从理论上证明了 L_1 范数最小化求得的解非常接近 L_0 范数最小化的解，这样就可以将 L_0 范数最小化问题松弛到 L_1 范数最小化问题。并且式（8.35）中涉及矩阵的函数的秩，rank 函数是奇异值的 L_0 范数，是非凸的不连续的函数，而核范数是奇异值的 L_1 范数，根据上述理论，可以用核范数来近似矩阵的 rank 函数，即

$$\min\|L\|_* +\lambda\|S\|_1, \quad \text{s.t. } L+S=D \tag{8.36}$$

式中：函数 $\|L\|_*=\sum_{k=1}^{n}\sigma_k(L)$ 为矩阵的核函数，$\sigma_k(L)$ 为矩阵的第 k 个奇异值；λ 为权重函数，设定为 $\lambda=\dfrac{1}{\sqrt{\max(m,n)}}$，$m$ 和 n 是矩阵 L 的维数。

2. 低秩去噪原理

相似图像块应该具有相似的图像结构，在无污染和无缺损情况下，这些相似块应处于低维子空间，由这些相似块按照相同的规律组合成的矩阵具有较低的秩。当图像受到污染或出现部分缺损时，组合后的矩阵也将受到影响，这些影响可通过低秩矩阵恢复处理来消除。带噪图像经相似块匹配后构造的矩阵 P 可以表示为

$$D = L + S \tag{8.37}$$

式中：L 为需要恢复的纯净相似块矩阵，是低秩的；S 为噪声矩阵，是稀疏的。图像去噪转化为低秩矩阵恢复问题。带噪的相似块矩阵 D 经低秩矩阵恢复之后，得到去噪的相似块矩阵 L，将 L 对应地放回相似块的位置，这样就得到了去噪图像。

3. 改进的低秩矩阵恢复模型

研究发现，低秩矩阵恢复模型具有一定的局限性，对于稀疏矩阵有特别的要求，去除噪声的效果不稳定，这样就缩小了该算法的实际应用范围。Elastic-net 是一类具有代表性的模型，它将 L_1 范数与 L_2 范数相结合作为惩罚函数，与最小二乘回归联合组成新的线性组合，解决了稀疏性和稳定性间的平衡关系。根据 Elastic-net 的基本思想，研究一种改进的低秩去噪恢复模型，惩罚项中将待恢复矩阵的核范数和 F 范数相结合，利用 F 范数控制待恢复矩阵的稳定性。核范数控制待恢复矩阵的唯一性和稀疏性，达到有效去除噪声的目的，并且能够使相关性强的图像恢复结果更加稳定，改进的求解模型为

$$\min \|L\|_* + \lambda \|S\|_1 + Y\|L\|_F^2,\ \text{s.t.}\ L + S = D \tag{8.38}$$

8.3.6 图像块似然对数期望

学习良好的图像先验对计算机视觉和图像处理应用的研究是至关重要的。学习先验和优化整幅图像会带来很大的计算量。相比之下，当使用小图像块时，可以非常有效地学习先验和块修复。这就提出了三个问题。先验数据是否有可能提高数据的重构性能？可以使用这种基于小图像块的先验来恢复完整的图像吗？可以学习更好的块先验吗？受此结果的启发，研究者提出一个通用框架，允许使用任何基于块的先验图像进行整个图像重构，从而计算出最大后验估计（maximum a posteriori estimation，MAP）（或近似 MAP）值。下面介绍如何导出适当的代价函数，如何优化它及如何使用它来恢复整个图像。然后，从一组自然图像中学习一般的、简单的高斯混合。当与所提出的框架一起使用时，该高斯混合模型比其他先前的通用方法更胜一筹。

图像块似然对数（expected patch log likelihood，EPLL）：给定一个图像 x（矢量化形式），定义在以前的 p 下的 EPLL 为

$$\text{EPLL}_p(x) = \sum_i \log_p(P_i X) \tag{8.39}$$

式中：P_i 为从所有重叠块中的图像（矢量化形式）中提取第 i 个块的矩阵，而 $\log_p(P_i X)$ 为在第 p 个块之下的第 i 个块的可能性。假设图像中的块位置是随机选择的，EPLL 是图像中块的期望对数似然值。现在，假设给出了降质的图像 y 和图像降质的模型 $\|Ax - y\|^2$，这里提出的图像降质模型是相当普遍的，因为去噪、图像修复和去模糊等都是它的特例。考虑最小化的代价，以便在使用 p 块之前找到重建的图像：

$$f_p(x \mid y) = \frac{\lambda}{2} \| Ax - y \|^2 - \text{EPLL}_p(x) \tag{8.40}$$

式中：第一项表示图像的对数似然性。为了解决这个函数的直接优化问题，Zoran等（2011）提出通过为每个块 $P_i x$ 定义辅助块 $\{z^i\}$ 来使用一次方程式因式分解，然后最小化：

$$c_{p,\beta}(x, \{z^i\} \mid y) = \frac{\lambda}{2} \| Ax - y \|^2 + \sum_i \frac{\beta}{2} \| P_i x - z^i \|^2 - \log p(z^i) \tag{8.41}$$

作为 $\beta \to \infty$，限制 $P_i x$ 等于辅助变量 $\{z^i\}$ 与式（8.41）和式（8.40）的解收敛。对于 β 的固定值，优化式（8.41）可以迭代的方式进行，首先求解 x，同时保持 $\{z^i\}$ 不变，然后给定新找到的 x 并保持不变，求解 $\{z^i\}$。

优化 β 的值需要两个步骤。

（1）给定 $\{z^i\}$ 可以解决封闭的形式。式（8.41）的导数取为 0 并求解得

$$x = \left(\lambda A^{\mathrm{T}} A + \beta \sum_j P_j^{\mathrm{T}} P_j \right)^{-1} \left(\lambda A^{\mathrm{T}} y + \beta \sum_j P_j^{\mathrm{T}} z^j \right) \tag{8.42}$$

式中：j 之和是针对图像中所有重叠的块及所有相应的辅助变量 $\{z^i\}$。

（2）求解 $\{z^i\}$ 取决于先前的 p，但是对于任何先验而言，它意味着求解在先验下的最可能的 MAP 的问题。

这两个步骤可以从式（8.41）中提高 $c_{p,\beta}$，也可以从式（8.40）中改进原始函数 f_p。因此，没有必要找到上述每个步骤的最优化，任何改进每个子问题的近似方法（例如近似 MAP 估计过程）仍将优化原始损失函数。

总之，算法首先可以使用任何基于块的先行和后继，其运行时间仅为简单块平均（取决于迭代次数）恢复运行时间的 4～5 倍；其次这个框架不需要学习模型 P_x，其中 x 是一个自然图像。

8.3.7 稀疏表征

稀疏字典学习是一种表示学习方法，其目的在于以基本元素的线性组合及这些基本元素本身的形式找到输入数据的稀疏表示（也称为稀疏编码）。这些元素被称为原子，它们组成一个字典。字典中的原子不需要是正交的，它们可能是一个超完备的集合。这个问题的设置也使得被表示的信号的维度比观察到的信号的维度更高。上述性质导致冗余的原子允许表示相同的信号，也提供了稀疏性和灵活性。稀疏字典学习的最重要的应用之一是压缩感知或信号恢复。在压缩感知中，如果信号稀疏或接近稀疏，则只需几次线性测量即可恢复高维信号。不是所有的信号都满足这个稀疏性条件，因此找到该信号的稀疏表示。一旦矩阵或高维向量被变换到一个稀疏的空间，不同的恢复算法，如基础追踪、CoSaMP（Needell et al.，2009）或快速迭代算法可以用来恢复信号。字典学习的关键是字典必须从输入数据中推断出来。稀疏字典学习方法的出现受到以下事实的启发：在信号处理中，人们通常希望使用尽可能少的组件来表示输入数据。在这种方法之前，一般的做法是使用预定义的字典（如傅里叶变换或小波变换）。然而，在某些情况下，经

过训练以适应输入数据的字典可以显著提高稀疏性，在数据分解、压缩和分析方面具有应用前景，并已被用于图像去噪、分类、视频和音频处理等领域。稀疏性和超完备词典在图像压缩、图像融合和修补中有着广泛的应用。

1. 问题陈述

给定输入数据集 $X=[x_1,x_2,\cdots,x_k],x_i\in\mathbf{R}^d$，希望找到一个字典 $D\in\mathbf{R}^{d\times n}:D=[d_1,d_2,\cdots,d_n]$ 和一个表示 $R=[r_1,r_2,\cdots,r_k],r_i\in\mathbf{R}^n$ 使得 $\|X-DR\|_F^2$ 都被最小化并且表示 r_i 是稀疏的，这可以被表述为以下优化问题：

$$\arg\min_{D\in C,r_i\in\mathbf{R}^n}\sum_{i=1}^{K}\|x_i-Dr_i\|_2^2+\lambda\|r_i\|_0 \tag{8.43}$$

当 $C\equiv\{D\in\mathbf{R}^{d\times n}:\|d_i\|_2\leqslant 1\forall i=1,2,\cdots,n\}$，$C$ 是需要约束 D，以使其原子不会达到任意高的值，从而允许 r_i 的任意低（但非零）。

由于 L_0 “范数”不是凸的，解决这个问题是非确定性的（Tillmann，2014）。在一些情况下，已知 L_F 范数确保稀疏性（David，2006），因此当另一个固定时，上述变量对变量 D 和 R 变成凸优化问题，但是在 (D,R) 不共凸。

2. 字典的属性

如果 $n<d$，上面定义的字典 D 可以是“不完备”，在 $n>d$ 的情况下是“过完备”，后者是稀疏字典学习问题的典型假设。一个完备的字典的情况没有从代表性的角度提供任何改进，因此不考虑。不完备的字典表示实际输入数据位于较低维空间中的设置。这种情况与降维及主成分分析等需要原子 $d_1,d_2,\cdots,d_n$ 正交的技术密切相关。这些子空间的选择对高效降维至关重要，并且可以扩展基于字典表示的维度降低来处理诸如数据分析或分类的特定任务。然而，它们的主要缺点是限制了原子的选择。然而，超完备的字典并不需要原子是正交的，因此允许更灵活的字典和更丰富的数据表示。一个超完备的字典允许稀疏信号表示为变换矩阵（小波变换、傅里叶变换等），与预定义的变换矩阵相比，学习的字典能够提供更稀疏的解决方案。

3. 算法

上述优化问题可以解决关于字典或稀疏编码的凸问题，因此大多数算法设定两者之中有一个是固定的，然后交互迭代进行更新。用给定的字典 D 找到最优稀疏编码 R 的问题被称为稀疏近似（或者有时候只是稀疏编码问题）。已经有了许多算法来解决它［例如套索算法（least absolute shrinkage and selection operator，LASSO）］，这些算法被结合到下面描述的算法中。

4. 最佳方向方法

最佳方向方法（method of optimal direction，MOD）是最早应用于稀疏字典学习问题的方法之一（Engan et al.，1999）。其核心思想是解决表示向量中非零分量数量有限的最小化问题：

$$\min_{D,R}\{\| X-DR \|_F^2\}\text{，s.t. }\forall i \| r_i \|_0 \leqslant T \tag{8.44}$$

式中：F 为 Frobenius 范数。最佳方向方法交替使用匹配追踪和更新字典的方法获得稀疏编码，通过计算由 $D=XR^{+}$ 给出的问题的解析解，其中 R^{+} 是 Moore-Penrose 伪逆。在更新之后，D 被重新归一化以适应约束，并且再次获得新的稀疏编码。重复这个过程直到收敛（或者直到一个足够小的残差）为止。最佳方向方法已经被证明是一个非常有效的低维数据 X 的方法，只需要几次迭代就可以收敛。但是，由于矩阵求逆操作的复杂度高，在高维情况下计算伪逆是难以处理的。这个缺点促进了其他字典学习方法的发展。

5. K-SVD

K-SVD 是一种经典的字典训练算法，依据误差最小原则，对误差项进行 SVD 分解，选择使误差最小的分解项作为更新的字典原子和对应的原子系数，经过不断的迭代从而得到优化的解。它强制输入数据 x_i 中的每个元素都以与最佳方向方法相同的方式由不超过 T_0 元素的线性组合编码：

$$\min_{D,R}\{\| X-DR \|_F^2\}\text{，s.t.}\forall i \| r_i \|_0 \leqslant T_0 \tag{8.45}$$

该算法的实质是首先修正字典，在上述约束条件下（使用正交匹配追踪）找到最佳可能的 R，然后按照以下公式迭代更新字典 D 的原子：

$$\| X-DR \|_F^2=\left| X-\sum_{i=1}^{K} d_i x_T^i \right|_F^2 =\| E_k-d_k x_T^k \|_F^2 \tag{8.46}$$

该算法的后续步骤包括残差矩阵 E 的秩-1 近似，更新 d_k 并在更新之后实施 x_k 的稀疏性。该算法被认为是字典学习的经典方法，并被用于各种应用中。然而，它与最佳方向方法共享弱点，只对维度相对较低的信号有效，并有可能陷入局部最小值。

6. 随机梯度下降

也可以应用随机梯度下降法和迭代投影来解决字典学习的问题。该方法的思想是使用一阶随机梯度更新字典，并将其投影到约束集 C 上。在第 i 次迭代中出现的步骤由以下表达式描述：

$$D_i=\operatorname{proj}_c\left\{D_{i-1}-\delta_i \nabla_D \sum_{i\in S}\| x_i-Dr_i \|_2^2+\lambda \| r_i \|_1\right\} \tag{8.47}$$

式中：S 为 $\{1,2,\cdots,k\}$ 的随机子集；δ_i 为一个梯度步长。

7. 拉格朗日对偶法

基于求解双拉格朗日问题的算法提供了一种有效的方法来解决由稀疏函数引起的字典学习问题（Lee et al.，2006）。考虑以下拉格朗日乘子

$$L(D,\Lambda)=\min_D L(D,\Lambda)=\operatorname{tr}(X^{\mathrm{T}}X-XR^{\mathrm{T}}(RR^{\mathrm{T}}+\Lambda)^{-1}(XR^{\mathrm{T}})^{\mathrm{T}}-c\Lambda) \tag{8.48}$$

式中：X 为输入数据矩阵；D 为字典矩阵；R 为字典对应的系数矩阵；Λ 为拉格朗日对偶变量的对角阵；c 为常数。在将其中一种优化方法应用到对偶的值（如牛顿法或共轭梯度法）之后，可以得到 D 的值，即

$$D^{\mathrm{T}} = (RR^{\mathrm{T}} + \Lambda)^{-1}(XR^{\mathrm{T}})^{\mathrm{T}} \tag{8.49}$$

解决这个问题的计算量很小，因为双变量的数量比原始问题中变量的数量少很多倍。

8. 参数训练方法

参数训练方法的目的是结合两全其美的领域——分析构建的词典领域和学习领域。这允许构建更强大的广义字典，可能适用于任意大小的信号的情况。值得注意的方法包括：翻译不变字典。这些字典是由源自字典的有限尺寸信号补丁构成的。这允许得到的字典为任意大小的信号提供表示。多尺度字典这种方法的重点是构建一个由不同比例的字典组成的字典，以提高稀疏性。分析字典方法（Rubinstein et al.，2010）不仅提供了稀疏表示，而且还构造了一个由表达式 $D = BA$ 执行的稀疏字典，其中 B 是一些预定义的分析字典，具有诸如快速计算和 A 为稀疏矩阵等所需的特性。这样的表述可以直接将分析字典的快速实现与稀疏方法的灵活性结合起来。

9. 在线字典学习

稀疏字典学习的许多常见方法依赖于整个输入数据 X（或者至少足够大的训练数据集）可用于该算法的事实。但是，实际情况可能并非如此，因为输入数据的大小可能太大而不能适应内存。另一种情况下，即输入数据是以流的形式出现的。这种情况在于在线学习的研究领域，其基本上建议在新数据点 x 变得可用时迭代地更新模型。

字典可以通过以下方式在线学习：

（1）设 $t = 1, 2, \cdots, T$ ；

（2）画一个新的样本 x_t；

（3）使用 LARS 查找稀疏编码：$D_t = \arg\min\limits_{r \in \mathbf{R}^n}\left(\frac{1}{2}\| x_t - D_{t-1}r \| + \lambda \| r \|_1\right)$；

（4）使用块坐标方法更新字典：$D_t = \arg\min\limits_{D \in C}\frac{1}{t}\left(\frac{1}{2}\| x_i - Dr_i \|_2^2 + \lambda \| r \|_1\right)$。

这种方法允许逐渐更新字典，因为新数据可用于稀疏表示学习，并帮助大幅减少存储数据集所需的内存量。

10. 应用

字典学习框架，即使用从数据本身学习的几个基本元素对输入信号进行线性分解，导致了各种图像和视频处理任务中的最新结果。这种技术可以应用于分类问题，如果为每个类建立了特定的字典，输入信号可以通过查找对应于最稀疏表示的字典来分类。它也对信号去噪有效，因为通常人们可以学习一个字典来以稀疏的方式表示输入信号的有意义的部分，但是输入中的噪声将更难于稀疏表示（Aharon et al.，2008）。稀疏字典学习已经成功应用于各种图像、视频和音频处理任务及纹理合成（Peyré，2009）和无监督聚类（Ramirez et al.，2010）。在词袋模型的评估中，Koniusz 等（2016，2013）研究发现，稀疏编码在经验上优于其他的对象类别识别任务的编码方法。

8.4 同步噪声理论

前文介绍了不少先进的去除噪声方法，比如全变分、小波、非局部平均等。这些方法都与传统的各向同性高斯平滑有较大的区别，在利用图像特征、抑制噪声和保存更多细节方面融入了更多的先进理念也更加精细。但是这些方法也引入了另外一方面非常值得重视的问题：噪声衰减的过程变得很难准确量化。大部分先进的去噪方法都需要多次迭代，但第一次迭代后，噪声的统计特性就发生了较大的变化。在极尽所能利用和保持图像特征的同时，也使得噪声的分布不再满足最初的零均值高斯噪声的假设。这导致两个明显的后果：①迭代过程中的超参数不易自动确定；②迭代的停止条件难于设定。本节将提出同步噪声理论来量化噪声的衰减，进而给解决上述两个难题提供较为可行的方案。

8.4.1 基于同步噪声选择非线性扩散的停止时间

当想要利用非线性滤波器除去图像中的噪声时，选择一个合适的停止时间是必然要面对的问题。停止时间 T 会强烈影响图像去噪的结果。过小的 T 会遗留过多的噪声，而过大的 T 会导致图像过平滑。本小节使用如下模型：

$$I_{\text{noisy}} = I + n \tag{8.50}$$

式中：I_{noisy} 为观测图像；I 为原始图像；n 为加性噪声。这里假设已经知道噪声 n 的统计特性。而且在初始状态下，n 与 I 不相关。如果让 $u = I_{\text{noisy}}$ ，则可以将去噪的过程看作非线性扩散过程，有

$$\frac{\partial u}{\partial v} = \operatorname{div}\left(\phi'(|\nabla u|)\frac{\nabla u}{|\nabla u|}\right) \tag{8.51}$$

式中：$\operatorname{div}(\cdot)$ 为散度；∇u 为图像的梯度。实际上函数 $\phi'(|\nabla u|)$ 可以有多种形式，本小节不过多地讨论 $\phi'(|\nabla u|)$ 对去噪性能的影响而只针对最简明的形式讨论其最优停止时间。为了方便，这里令 $\phi'(|\nabla u|)=1$，所以去噪过程可以表示为迭代偏微分方程：

$$\begin{cases} u^t = u^{t-1} + \mathrm{d}t \cdot \operatorname{div}\left(\dfrac{\nabla u^{t-1}}{|\nabla u^{t-1}|}\right) \\ u^0 = I_{\text{noisy}} \end{cases} \tag{8.52}$$

关于式（8.52）的最优停止时间，早在 1999 年 Weickert 就基于相对方差方法对其进行了研究。对于扩散滤波，u^t 的方差 $\operatorname{var}(u^t)$ 是随着 $t \to \infty$ 而单调递减的，最后趋近于零。所以有相对方差：

$$\frac{\operatorname{var}(u^t)}{\operatorname{var}(u^0)} \tag{8.53}$$

式（8.53）可以衡量 $\operatorname{var}(u^t)$ 到 $\operatorname{var}(u^0)$ 的距离。Weickert 认为这个标准容易让图像过平滑。实际上这个标准用来选择停止时间并不成功，因为在迭代的过程中式（8.53）经常是单调的，难以利用求极值的方法确定最优停止时间。

Mrázek 等（2003）针对片微分方程去噪提出了新的标准：

$$T = \arg\min_{t}\{\mathrm{corr}(u^t, v^t)\} \tag{8.54}$$

$$\mathrm{corr}(u^t, v^t) = \mathrm{cov}\ (u^t, v^t) / \sqrt{V(u^t)V(v^t)} \tag{8.55}$$

Mrázek 等（2003）认为，在非线性扩散滤波过程中，估计图像中剩余噪声整体的统计特性是选择最优停止时间的关键。为此，本书提出利用噪声与图像同步迭代来选择非线性扩散滤波最优停止时间的方法。

在去噪的迭代过程中，平滑掉的噪声比图像多时迭代应该继续，反之，平滑掉的噪声比平滑掉的图像少时迭代则应该停止。利用方差来衡量噪声多少，则估计每次剩余噪声的方差和平滑掉的噪声的方差是面临的主要问题。

在式（8.50）中，n 是图像包含的加性噪声，假设噪声服从方差 σ^2 已知的高斯分布，所以表示为 $n \sim N(0,\sigma^2)$。为了准确地估计迭代过程中 u^t 所包含噪声 n^t 的统计特性，Mrázek 等（2003）提出构造一个完全是噪声的图像 $\overline{n}^t$ 同步迭代辅助计算。$\overline{n}^t$ 的大小跟图像 u^t 完全相同，开始的时候让 $\overline{n}^0$ 和图像中的噪声 n^0 服从相同分布，已经假设 $n^0 \sim N(0,\sigma^2)$，所以有 $\overline{n}^0 \sim N(0,\sigma^2)$。

在迭代中维持 $\overline{n}^t$ 和 n^t 统计特性相同的困难在于规整化的非线性。这里在同步迭代公式（8.56）中构造新的规整化算子 $\mathrm{DIV}(\nabla\overline{n}^{t-1}, \nabla u^{t-1})$。所以为了保持 $\overline{n}^t$ 和 n^t 统计特性相同，构造 $\mathrm{DIV}(\nabla\overline{n}^{t-1}, \nabla u^{t-1})$ 并有同步迭代：

$$\begin{cases} \overline{n}^t = \overline{n}^{t-1} + \mathrm{d}t \cdot \mathrm{DIV}\ (\nabla\overline{n}^{t-1}, \nabla u^{t-1}) \\ u^t = u^{t-1} + t \cdot \mathrm{div}\left(\dfrac{\nabla u^{t-1}}{|\nabla u^{t-1}|}\right) \\ \overline{n}^0 \sim N(0,\sigma^2) \\ u^0 = I_{\text{noisy}} \end{cases} \tag{8.56}$$

定义函数 $\mathrm{DIV}\ (\nabla\overline{n}, \nabla u)$ 为

$$\mathrm{DIV}(\nabla\overline{n}, \nabla u) = \frac{1}{|\nabla u|}\overline{n}_{\xi_u\xi_u} = \frac{1}{|\nabla u|}\xi_u^{\mathrm{T}} H_{\overline{n}} \xi_u \tag{8.57}$$

式（8.57）的形式和作用都非常特殊，代表边缘切向信息的 $\xi_u = \dfrac{1}{\sqrt{\beta + u_x^2 + u_y^2}} * \begin{bmatrix} -u_y \\ u_x \end{bmatrix}$ 和边缘强度信息 $\dfrac{1}{|\nabla u|}$ 都来自图像 u，而起到平滑作用的海森矩阵 $H_{\overline{n}} = \begin{bmatrix} \overline{n}_{xx} & \overline{n}_{xy} \\ \overline{n}_{yx} & \overline{n}_{yy} \end{bmatrix}$ 来自噪声 $\overline{n}$。这样 $\mathrm{DIV}\ (\nabla\overline{n}, \nabla u)$ 对纯粹的噪声图像 $\overline{n}$ 进行平滑时：一方面，平滑的方向总是沿着图像 u 的局部边缘的切向 ξ_u 进行，而不是沿着噪声 $\overline{n}$ 本身散乱的 $\xi_{\overline{n}}$ 进行；另一方面，当处于图像 u 的强边缘或 $|\nabla u|$ 大的地方时，规整化对噪声 $|\nabla u|$ 对应位置的平滑作用减弱。很明显，$\mathrm{DIV}\ (\nabla\overline{n}, \nabla u)$ 对纯噪声 $\overline{n}$ 的作用与 $\mathrm{DIV}\ (\nabla u / |\nabla u|)$ 对图像中噪声 n 的作用效果应该是十分相似的，因此 $\overline{n}$ 和 n 可以一直保持相似的统计特性。

从局部看是不可能知道图像中噪声 n^t 在每一点的大小的，但是因为在同步迭代过程中 $\overline{n}^t$ 的分布规律一直与 n^t 的分布规律非常接近，可以随时知道噪声 n^t 整体上的分布规律。这里重申一下：实际上在迭代的过程中是同步计算 $\overline{n}^t$ 和 u^t，其中 u^t 是要被恢复的图

像，$\overline{n}^t$ 是纯噪声图像。噪声图像 $\overline{n}^t$ 的存在是为了辅助估计当前噪声 u^t 统计特性。

到现在为止已经解释清楚在同步迭代式（8.56）中 $\overline{n}^t$ 和 n^t 可以一直保持相似的统计特性。Mrázek 等（2003）所提出的标准就是希望在每次 $\operatorname{div}\left(\frac{\nabla u^{t-1}}{|\nabla u^{t-1}|}\right)$ 的平滑过程中，平滑掉的图像的方差大于平滑掉的噪声的方差时，图像就会趋于过平滑，此时去噪过程应该停止。

$$\operatorname{var}\left(\operatorname{div}\left(\frac{\nabla u^{t-1}}{|\nabla u^{t-1}|}\right)\right) - \operatorname{var}\left(\operatorname{DIV}\left(\nabla \overline{n}^{t-1}, \nabla u^{t-1}\right)\right) > \operatorname{var}\left(\operatorname{DIV}\left(\nabla \overline{n}^{t-1}, \nabla u^{t-1}\right)\right) \qquad (8.58)$$

按照所提出的标准，当式（8.58）满足时非线性扩散应该停止迭代。更多与其他方法比较的结果可以参看文献（刘鹏 等，2009a；Gilboa et al.，2006；Tschumperlé，2005；Charbonnier et al.，1997）。

8.4.2 基于同步噪声优化的非局部平均去噪

近年来，非局部平均（non-local means，NLM）去噪的方法在图像处理领域受到了广泛的关注。非局部平均的方法利用图像自身的冗余特性和邻域相似特性极大地提高了去噪算法的性能。目前，针对非局部平均算法的特点，陆续提出了很多方法改善算法的计算效率，如缩小搜索范围的方法（Buades et al.，2005）、基于均值和梯度选择邻域的方法（Mahmoudi et al.，2005）、高阶统计矩的方法（Goossens et al.，2008）、奇异值分解的方法（Brox et al.，2008）、傅里叶变换的方法（Orchard et al.，2008）等。更重要的是对去噪效果的改善，如自适应邻域的方法（Wang et al.，2007）、迭代计算的方法（Kervrann et al.，2006）、谱分析的方法（Peyré，2008）、主成分分析的方法（Azzabou et al.，2007）和旋转不变性的方法（Zimmer et al.，2008）等。

上述对非局部平均去噪算法的各种改进从不同方面提高了算法的性能，但是仍有一些问题需要进一步研究，比如非局部平均模型中的一些参数极大地影响着去噪的效果。非局部平均涉及多个参数，比如平滑核参数、相似邻域的尺寸和搜索区域的大小等。其中最重要的是平滑核参数 h，所以下文主要讨论平滑核参数对去噪效果的影响，并提出利用同步噪声（刘鹏 等，2009）的方法来自适应地选择非局部平均模型中最优的平滑核参数。

为了方便叙述，这里给出噪声图像的模型：

$$I(i) = u(i) + n(i) \qquad (8.59)$$

式中：I 为观测图像；$I(i)$ 为观测图像在位置 i 的像素值；u 为原始图像；$u(i)$ 为原始图像在位置 i 的像素值；$n(i)$ 为噪声 n 在位置 i 的值，n 服从高斯分布，表示为 $n \sim N(0,\sigma^2)$。假设，S_i 为一定大小的方形区域，是像素 i 的邻域，也是平滑过程的搜索范围。Ω 为搜索窗，Ω_i 为像素 i 的邻域，Ω_i 邻域内的像素一般排列成向量的形式进行计算，此向量描述为 $U(i)$。h 为控制平滑核形状的重要参数。$\|\cdot\|^2$ 为欧氏距离。如果 $\hat{u}$ 为估计图像，估计图像在位置 i 的像素值表示为 $\hat{u}(i)$，那么非局部平均除噪声的模型表示为

$$\hat{u}(i)=\sum_{j\ni S_i}\frac{1}{Z(i)}\mathrm{e}^{-\frac{\|U(i)-U(j)\|^2}{h^2}}I(j) \tag{8.60}$$

$Z(i)$起到归一化的作用，在式（8.60）中$Z(i)$的定义为

$$Z(i)=\sum_{j\ni S_i}\mathrm{e}^{-\frac{\|U(i)-U(j)\|^2}{h^2}} \tag{8.61}$$

联合式（8.60）和式（8.61）是标准的非局部平均去噪模型（Buades et al.，2005）。近年来诸多改进收到了良好效果，但是这些改进也都需要选择参数h，而不同的h对去噪的效果有非常重要的影响。为此本节将重点讨论模型中参数h优化问题。

希望平滑过后图像的信噪比最大，显然h应该与图像的初始噪声有关，而且与图像特征也有关。只有估计出平滑图像的剩余噪声才能计算出最后的信噪比。但是非局部平均利用了图像邻域的冗余特性，平滑的过程与图像特征有关，所以要直接估计去噪后图像中的剩余噪声并非易事。为了估计平滑过后图像的剩余噪声，这里借鉴同步噪声（刘鹏 等，2009）的方法。同步噪声的方法是一种新提出的针对各向异性扩散去噪优化停止时间的算法。从广义上来说非局部平均也是各向异性的，只是与传统的各向异性扩散中核函数的构造机制有明显区别。借鉴同步噪声的理念，从另一个特殊的角度来观察非局部平均，非局部平均其实同时平滑了$I(i)$中的图像部分$u(i)$和噪声部分$n(i)$。为此可以把式（8.59）代入式（8.60），得

$$\begin{aligned}\hat{u}(i)&=\sum_{j\ni S_i}\frac{1}{Z(i)}\mathrm{e}^{-\frac{\|U(i)-U(j)\|^2}{h^2}}I(j)\\&=\sum_{j\ni S_i}\frac{1}{Z(i)}\mathrm{e}^{-\frac{\|U(i)-U(j)\|^2}{h^2}}(u(j)+n(j))\\&=\sum_{j\ni S_i}\boxed{\frac{1}{Z(i)}\mathrm{e}^{-\frac{\|U(i)-U(j)\|^2}{h^2}}}u(j)+\sum_{j\ni S_i}\boxed{\frac{1}{Z(i)}\mathrm{e}^{-\frac{\|U(i)-U(j)\|^2}{h^2}}}n(j)\end{aligned} \tag{8.62}$$

经过整理，式（8.62）变成了两项，显然前面一项主要是关于图像的加权，后面一项主要是关于噪声的加权。这里说“主要”是因为权值里也包含一定的噪声或是在一定程度上受噪声的影响。但是，很明显在加权的时候，前后两项都基于图像特征使用了相同的权值。可以认为在非局部平滑的过程中对图像和噪声进行了相同的操作。而且一般认为，对于加性噪声，图像$u(i)$和噪声$n(i)$是不相关的。既然如此，对两方面的平滑好像可以分开进行。

但是，实际上并不能真正分开进行平滑，因为既不知道$u(i)$也不知道$n(i)$（如果知道就没有必要去噪了）。原始图像$u(i)$是不可能确切知道的，虽然$n(i)$也不确切知道，但是$n(i)$统计特性却可以模拟出来，而且由于式（8.62）中所有的权值$\frac{1}{Z(i)}\mathrm{e}^{-\frac{\|U(i)-U(j)\|^2}{h^2}}$都是已知，平滑后的$n(i)$也可以模拟出来。平滑后的$n(i)$就是估计图像$\hat{u}(i)$中的剩余噪声，这里用$\hat{n}(i)$表示剩余噪声的估计值。沿袭了同步噪声的思想，这里用附加的噪声$\overline{n}(i)$模拟$n(i)$平滑后的统计特性。所以首先要构造一个初始同步噪声$\overline{n}(i)$，$\overline{n}(i)$和初始噪声$n(i)$要服从相同的统计特性，然后同时对图像$I(i)$和同步噪声$\overline{n}(i)$进行非局部平滑，当然，平

滑 $\overline{n}(i)$ 的时候所有参数必须来自 $I(i)$ 而不是 $\overline{n}(i)$，所以就有了同步方程式（8.63）。

$$\begin{cases} \hat{n}(i)=\sum_{j\ni S_i}\frac{1}{Z(i)}\mathrm{e}^{-\frac{\|U(i)-U(j)\|^2}{h^2}}I(j) \\ \hat{n}(i)=\sum_{j\ni S_i}\frac{1}{Z(i)}\mathrm{e}^{-\frac{\|U(i)-U(j)\|^2}{h^2}}\overline{n}(j) \end{cases} \tag{8.63}$$

这里必须注意的是式（8.63）中所有 $U(i)$ 和 $U(j)$ 均是来自图像 I，而不是来自 $\overline{n}$。根据上述分析，新构造的同步方程可让噪声 $\hat{n}(i)$ 和图像 $\hat{u}(i)$ 中的剩余噪声保持相似的统计特性，而不是真的完全相等。

基于上面的分析和式（8.63），噪声 $\hat{n}(i)$ 可以作为图像 $\hat{u}(i)$ 剩余噪声的估计值。本小节借鉴 Gilboa（2006）推导的判断除噪图像是否达到最大信噪比的准则为

$$\frac{\partial\operatorname{cov}(n,v)}{\partial\operatorname{var}(v)}\leqslant\frac{1}{2} \tag{8.64}$$

不等式（8.64）中，$I=\hat{u}+v$，所以 $v=I-\hat{u}$。$\operatorname{cov}(n,v)$ 是 n 和 v 的协方差。Gilboa 方法利用式（8.64）作为准则所存在的问题：在偏微分方程（partial differential equation，PDE）除噪过程中附加噪声 n 并不能保持跟图像中的剩余噪声有相同的统计特性。所以，本小节引用了 Gilboa 方法中体现共性的式（8.64），下面将基于同步噪声详细推导非局部平均除噪声情况下体现个性的新的判定公式。

对于非局部平均的情况，观测图像 I 为已知，$\hat{u}$ 也可计算得到，那么图像中被平滑掉的部分为 $v=I-\hat{u}$，v 的方差表示为

$$\operatorname{var}(v)=\operatorname{var}(I-\hat{u}) \tag{8.65}$$

显然，v 中既包含一些图像的细节（表示为 v_u），又包含一些噪声（表示为 v_n），所以 $v=v_n+v_u$。那么协方差 $\operatorname{cov}(n,v)$ 可以表示为

$$\operatorname{cov}(n,v)=\operatorname{cov}(n,v_n+v_u)=\operatorname{cov}(n,v_n)+\operatorname{cov}(n,v_u) \tag{8.66}$$

根据上述分析，已经有了一个同步方程式（8.63），而且 $\overline{n}$ 与 n 保持相似的统计特性，那么 v_n 应该与 $v_{\overline{n}}$（$v_{\overline{n}}=\overline{n}-\hat{n}$）有相似的统计特性，就有 $\operatorname{cov}(n,v_n)\approx\operatorname{cov}(\overline{n},\overline{n}-\hat{n})$，该式可以进一步表示为

$$\operatorname{cov}(n,v_n)+\operatorname{cov}(n,v_u)\approx\operatorname{cov}(\overline{n},\overline{n}-\hat{n})+\operatorname{cov}(n,v_u) \tag{8.67}$$

一般认为噪声 n 与图像细节 v_u 是不相关的，所以 $\operatorname{cov}(n,v_u)$ 可以忽略，近似表示为

$$\operatorname{cov}(n,v)\approx\operatorname{cov}(\overline{n},\overline{n}-\hat{n}) \tag{8.68}$$

把式（8.65）和式（8.68）代入式（8.64）就得到了最后关于同步噪声的表达式：

$$\frac{\partial\operatorname{cov}(n,v)}{\partial\operatorname{var}(v)}\approx\frac{\partial\operatorname{cov}(\overline{n},\overline{n}-\hat{n})}{\partial\operatorname{var}(I-\hat{u})}\leqslant\frac{1}{2} \tag{8.69}$$

在除噪的过程中，当式（8.69）被满足的时候，可以认为非局部平均达到了最高的信噪比。所以可以通过式（8.69）进行判断进而选择式（8.60）的最优参数 h。以下为利用同步噪声自动选择最优参数 h 的算法步骤。

（1）$h=0.1$，$\overline{n}\sim N(0,\sigma^2)$，$\Delta h=0.2$。

（2）计算同步方程

$$
\begin{cases}
\hat{u}(i)=\sum_{j \ni S_i}\frac{1}{Z(i)}\mathrm{e}^{-\frac{\|U(i)-U(j)\|^2}{h^2}}I(j)\\
\hat{n}(i)=\sum_{j \ni S_i}\frac{1}{Z(i)}\mathrm{e}^{-\frac{\|U(i)-U(j)\|^2}{h^2}}\overline{n}(j)
\end{cases}
$$

（3）如果$\frac{\partial \operatorname{cov}(\overline{n},\overline{n}-\hat{n})}{\partial \operatorname{var}(I-\hat{u})}\leqslant\frac{1}{2}$，结束计算，否则$h=h+\Delta h$回到步骤（2）。

更多与其他方法比较的结果可以参看刘鹏等（2011）。

第 9 章　遥感图像薄云去除

随着遥感技术的迅速发展，遥感图像越来越多被应用于各个领域之中，但是遥感图像在成像的过程中又非常容易受到天气状况的影响，多数遥感图像不可避免地会出现云层覆盖的情况，不经处理获取一张纯粹无云的遥感图像是十分困难的。云层的覆盖不仅影响其进一步处理，还会降低其利用率与准确度。在遥感图像中，云根据其特点，分为薄云与厚云。厚云的处理往往是多图像插值或融合，本章只针对半透明的，或称为不完全遮挡的薄云的去除方法进行叙述。

在图像处理的过程中，云雾往往是难以解决的焦点，在有云雾遮盖的情况下，图像中物体的颜色衰退，对比度降低，使图像难以辨认，云雾的存在严重影响室外拍摄与遥感图像的质量，其中遥感图像尤其易受天空中云雾的影响，随着遥感图像的广泛应用，探索有效的去除云雾的方法就有了十分重要的意义与价值。

在地表拍摄的图像会受云雾的影响而使地物难以辨认，这与遥感图像中薄云所造成的效应是类似的，近几年随着相关领域的研究发展，许多新的去除薄云的方法被提出。

9.1　基于大气散射模型的方法

在计算机视觉与图像处理领域，下面的公式应用得十分广泛。此物理模型在近些年来曾被众多该研究方向的文章使用，被广泛应用于描述有雾图像的信息。

$$I(x)=J(x)t(x)+A(1-t(x)) \tag{9.1}$$

式中：x 为图像上的某一像素点；I 为观测到的有云雾的图像；J 为无云雾条件下的求解图像；t 为透射系数；A 为大气光。式（9.1）等号右边第一项即通过大气环境后的景物光线，第二项通常被称为大气光。观测者接收到的光线为二者之和，如图 9.1 所示。Narasimhan 等（2001，2003）和 Nayar 等（1999）对此模型进行了详细推导，被后来的研究人员广泛采用。

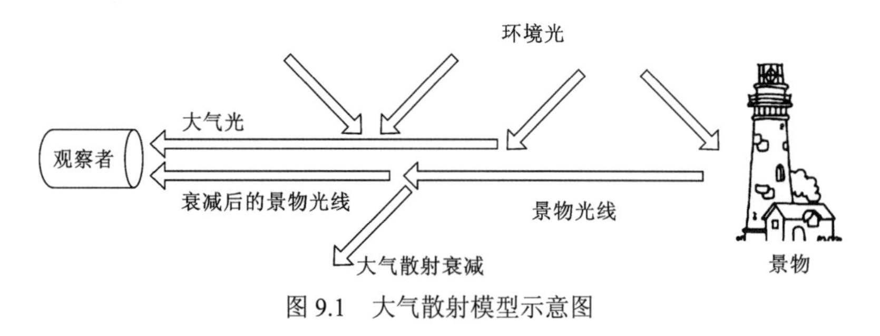

图 9.1　大气散射模型示意图

本节将介绍几种基于此模型的去雾方法。

9.1.1 暗通道先验法

暗通道先验法是 He 等（2011）提出的一种在有雾的天气条件下，户外拍摄图像的清晰度恢复即去雾的方法。本小节提出一种强先验假设，以此为基础得出透射系数 $t(x)$ 的图像，以下简称介质传播图。

在式（9.1）的模型中，透射率 t 通常可以由下式导出：

$$t(x)=\mathrm{e}^{-\beta d(x)} \tag{9.2}$$

式中：β 为散射系数；d 为场景深度。散射系数与传播介质有关，在均匀的介质之中往往视为常值；而场景深度在此表示景物到观察者的距离，实际上间接表示了雾的总量，在此场景深度的值往往很难获得，故而需要另辟蹊径。

观察式（9.1），在几何学上，A，I，J 是共面的，如图 9.2（He et al.，2011）所示，观察者得到的最终图像是 RGB 颜色空间中的向量 $\boldsymbol{I}$（天空光 A 与景物光 J 的加和），所以三者是共面的。对此式做一下转化，对于不同的颜色通道，透射系数 $t(x)$可以表示为

$$t(x)=\frac{\| A-I(x)\|}{\| A-J(x)\|}=\frac{\| A^c-I^c(x)\|}{\| A^c-J^c(x)\|},\quad c\in\{r,g,b\} \tag{9.3}$$

式中：c 为 RGB 空间中的三个颜色通道。

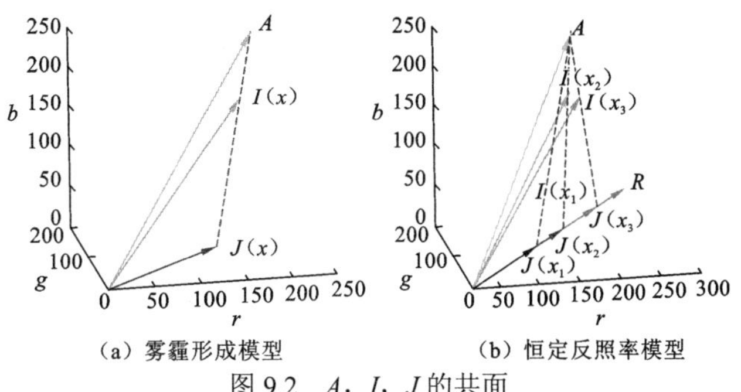

(a) 雾霾形成模型　　(b) 恒定反照率模型

图 9.2　A，I，J 的共面

经过大量实际观察，在户外非天空的图块中通常会有至少一个通道有一些像素点的值是接近于 0 的，即该区域像素最小值接近 0。为描述这样的结论，定义一个暗通道的概念，对于一张无云雾的图像，暗通道的定义如下：

$$J^{\text{dark}}(x)=\min_{y\in\Omega(x)}\left(\min_{c\in\{r,g,b\}}J^c(y)\right),\quad J^{\text{dark}}\to 0 \tag{9.4}$$

利用之前得到的结论，即在户外无云图像中，除去天空区域，J^{dark} 的值是接近于 0 的。这样的观测结果称为暗通道先验。

暗通道的低像素点产生主要是因为：①阴影的存在，如建筑物的阴影、车子的阴影、城市景观中建筑窗口内的阴影、岩石树木等的阴影；②红绿黄的纯色物体也会在相应的其他通道得到低的暗通道值；③黑色的物体。自然的户外场景通常是丰富多彩的，充斥着大量的阴影，这些景观的暗通道假设符合得相当好。

但是当图像中有雾存在时，暗通道的先验假设就失效了。图 9.3 为采集的大量不同自然景观的图像，其中超过 80%的像素点是值为 0 的暗通道。考虑天空光的要素，有雾存在的时候透射率降低，图像整体就比无云的图像亮度大，所以暗通道的值也更大，从图 9.3（c）（He et al.，2011）不难看出暗通道的图像大致可视作雾的浓度图。

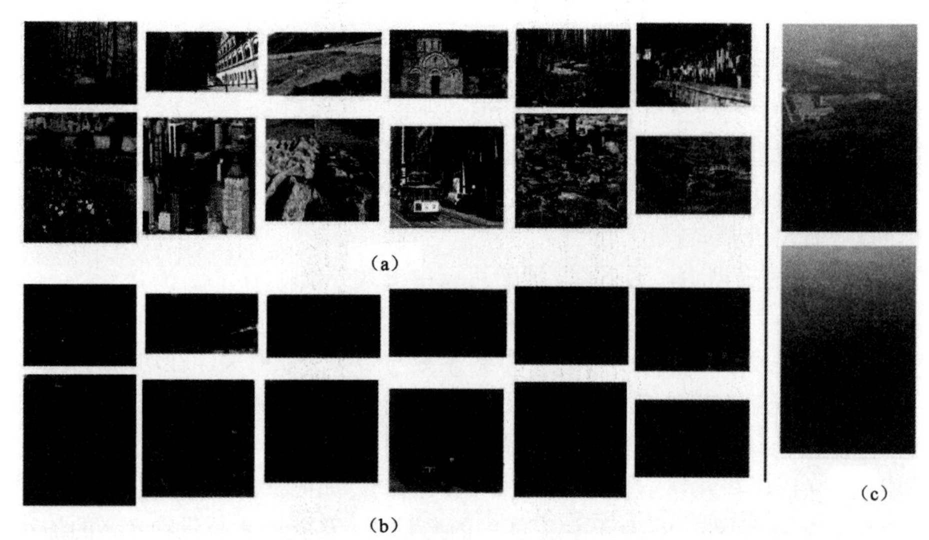

图 9.3 图像与其对应的暗通道图像

（a）（b）为无雾图与其对应暗通道图像；（c）为一张有雾图与对应暗通道图像

暗通道先验的灵感部分来自遥感图像领域广泛应用的暗元减法技术。在均匀的云雾中根据最暗的物体减去一个常值。在暗通道的方法中，泛化了这一想法，提出了给户外场景去雾的一种方法。

为得出介质传播图，先假定 A 已知。进一步假设传播率在邻域 $\Omega(x)$ 中是一个常值，表示为 $\tilde{t}(x)$，将式（9.1）的两端除以 A，并在 x 的邻域中取最小值：

$$\min_{y\in\Omega(x)}\left(\min_{c}\left(\frac{I^c(y)}{A^c}\right)\right)=\tilde{t}(x)\min_{y\in\Omega(x)}\left(\min_{c}\left(\frac{J^c(y)}{A^c}\right)\right)+1-\tilde{t}(x) \tag{9.5}$$

又有式（9.4）中 $J^{\text{dark}}\to 0$ 的结论，故可推得

$$\tilde{t}(x)=1-\min_{y\in\Omega(x)}\left(\min_{c}\left(\frac{I^c(y)}{A^c}\right)\right) \tag{9.6}$$

在前人的一些工作中，图像中云雾最不透明的区域被用作 A，或是 A 的猜想初始值。当天空完全被遮挡，太阳的光线可以忽略不计时，有雾图像的最亮像素点区就可以视为云雾最不透明的区域。此时大气光就是场景光线的唯一来源。场景物体的光线就为

$$J(x)=R(x)A \tag{9.7}$$

式中：$R\leqslant 1$ 是场景反射率。式（9.1）可表示为

$$I(x)=R(x)At(x)+(1-t(x))A\leqslant A \tag{9.8}$$

当图像中存在无穷远的像素点时，即可将其视为天空光。但是在实际情况中，往往不能忽视来自太阳的光线，使得式（9.5）改为

$$J(x)=R(x)(S+A) \tag{9.9}$$

式（9.8）就变为

$$I(x)=R(x)St(x)+R(x)At(x)+(1-t(x))A \tag{9.10}$$

在此情况下，图像中最亮的像素点就可能比天空光 A 更亮，比如白色的物体及建筑物。正如之前讨论的，暗通道图像可以近似看作雾的浓度图。可以使用该图来改进天空光 A 的估计。在暗通道图中选出 0.1%的最亮像素点，如图 9.4（b）中的框线，将此区域中的最亮点作为天空光。至此，天空光 A 已经得出。

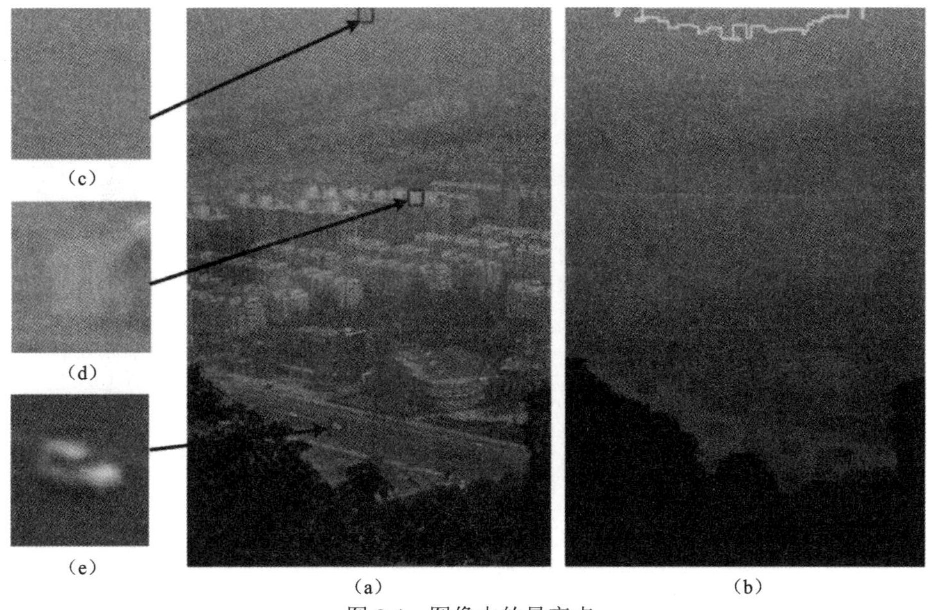

图 9.4　图像中的最亮点

（a）为有雾图像；（b）为其暗通道图像；（c）（d）（e）均为图像中的最亮点之一

最终为减小噪声，限定 t 最小值：

$$J(x)=\frac{I(x)-A}{\max\{t(x),t_0\}}+A \tag{9.11}$$

9.1.2　颜色衰减先验法

近些年机器学习技术不断发展，在诸多邻域均有应用。Zhu 等（2015）提出了一种监督学习的方法。该方法为得到图像的场景深度图而建立了一个线性模型，通过监督学习的方式得到相应参数，进而有效地求解得出场景深度，从而得到去雾图像。

将式（9.2）代入式（9.1）：

$$I(x)=J(x)\mathrm{e}^{-\beta d(x)}+A(1-\mathrm{e}^{-\beta d(x)}) \tag{9.12}$$

上文提到其中场景深度往往很不易获取，但又是最重要的信息。只要 $d(x)$ 已知，$t(x)$ 就可以通过式（9.2）轻松获取。当场景无穷远，图像的值即可视作天空光。即

$$I(x)=A,\ \ d(x)\to\infty \tag{9.13}$$

当 $d(x)$ 足够大时，$t(x)$ 就几乎与 A 相等了，所以在此方法中，使用下面的式子求取天空光 A：

$$I(x)=A,\ \ d(x)\geqslant d_{\text{threshold}} \tag{9.14}$$

在计算机视觉领域，由于场景结构的信息在单幅图像中并不易获取，云雾的检测与去除的工作就显得十分困难。尽管如此，人类的大脑还是可以轻易地分辨出有雾的区域，这就启发人们利用大量实验来得出云雾图像的统计规律，借此来达到云雾去除的目的。

经过大量数据统计发现，像素点的亮度与饱和度在云雾集中的区域的变化十分明显（图 9.5）（Zhu et al.，2015）。在雾天条件下，通常图像会受两方面的影响：直线衰减与天空光。在式（9.1）中表示为 $J(x)t(x)$ 、$A(1-t(x))$ 的两项，前一项表示像素值会以乘法的

形式衰减，表现为直线衰减使得场景反射能量的衰减，使亮度下降；后一项表示天空光，即环境散射的光线表现为灰色或白色，这种灰色或白色的天空光在加强了亮度的同时降低了对比度。由于天空光在其中有更大的比重，所以就形成亮度增强、对比度降低的结果。

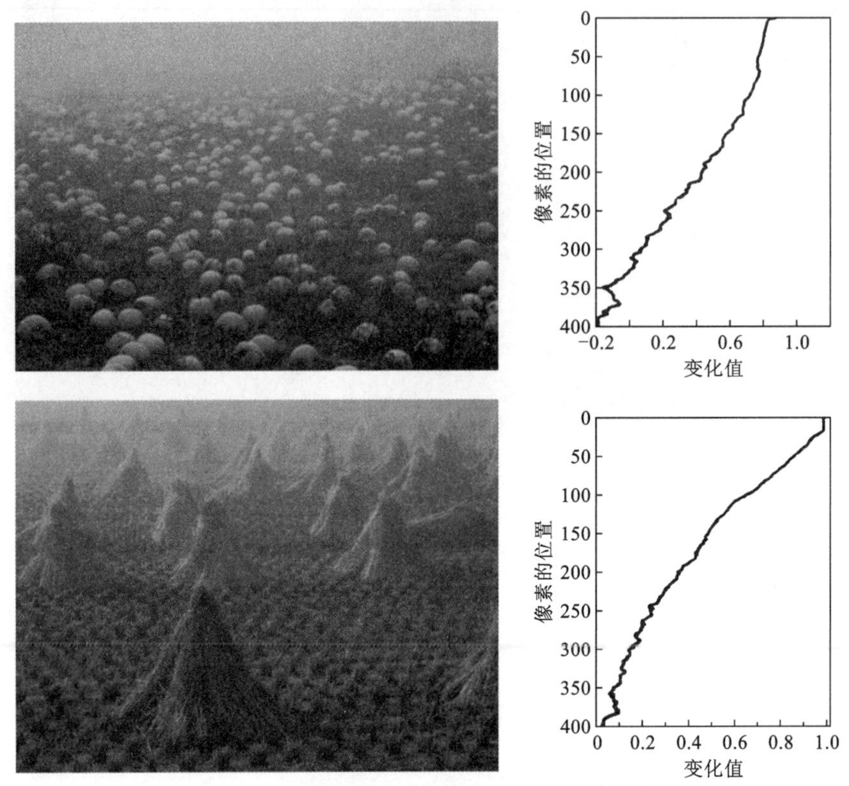

图 9.5　亮度与对比度的差异随雾浓度的变化

雾的浓度越大，天空光的影响越大，这就使利用亮度与对比度描述雾的浓度成为可能。如图 9.5 所示，亮度及对比度与雾浓度的变化大约呈正相关。

基于上述分析，假设雾的浓度与场景深度是正相关的，于是就有如下关系：

$$d(x) \propto c(x) \propto v(x) - s(x) \tag{9.15}$$

式中：c 代表雾的浓度；v 与 s 分别为色调、饱和度、明度（hue，saturation，value，HSV）模型空间中的亮度与对比度。称此统计规律为颜色衰减先验。

式（9.11）只是定性描述了 d、v、s 之间的规律，并不能准确表示其关系，所以为定量描述雾的浓度与亮度和对比度之间的关系，建立如下线性模型：

$$d(x) = \theta_0 + \theta_1 v(x) + \theta_2 s(x) + \varepsilon(x) \tag{9.16}$$

式中：θ_0、θ_1、θ_2 均为未知系数；$\varepsilon(x)$ 为随机变量，代表模型误差，不妨令 $\varepsilon(x)$ 服从高斯分布，$\varepsilon(x) \sim N(0,\sigma^2)$，则有如下形式：

$$d(x) \sim p(d(x)|x,\theta_0,\theta_1,\theta_2,\sigma^2) = N(\theta_0 + \theta_1 v + \theta_2 s,\sigma^2) \tag{9.17}$$

此模型具有边缘保留的特性，计算式（9.14）的梯度表示为

$$\nabla d = \theta_1 \nabla v + \theta_2 \nabla s + \nabla \varepsilon \tag{9.18}$$

在实际统计中，σ 通常非常小，往往接近于 0，如图 9.6（Zhu et al.，2015）所示。事实证明当 σ 非常小时，d 的边缘分布与 σ 独立。图 9.6 中（b）与（c）相近，也就表示 I

与 d 有着相似的边缘分布，也就说明即使场景深度不连续，也可以从中恢复场景深度信息。

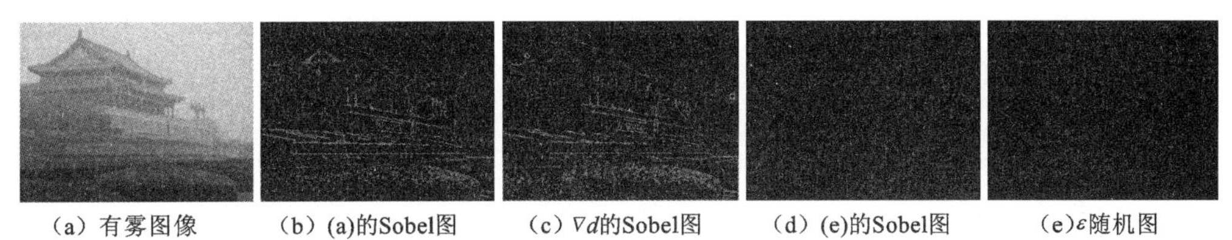

（a）有雾图像　（b）(a)的Sobel图　（c）∇d的Sobel图　（d）(e)的Sobel图　（e）ε随机图

图 9.6　线性模型的边缘保留特性

为得出式（9.15）的线性模型中的未知系数，需要一批训练数据，随机产生一系列场景深度信息图，来制造有雾图像，如图 9.7（Zhu et al.，2015）所示，利用这样制造出来的样本，进行监督学习，来得到线性模型中的系数。

图 9.7　利用随机深度图产生训练样本的过程

令

$$L = p(d(x_1), d(x_2), \cdots, d(x_n) \mid x_1, x_2, \cdots, x_n, \theta_0, \theta_1, \theta_2, \sigma^2) \tag{9.19}$$

式中：n 为训练图像的总像素数，通过最大似然函数的方法来求解 θ_0、θ_1、θ_2与 σ，即

$$\underset{\theta_0,\theta_1,\theta_2,\sigma^2}{\arg\min} \ln L = \sum_{i=1}^{n} \ln\left(\frac{1}{\sqrt{2\pi\sigma^2}} \mathrm{e}^{-\frac{dg_i - [\theta_0 + \theta_1 v(x_i) + \theta_2 s(x_i)]}{2\sigma^2}}\right) \tag{9.20}$$

式中：dg_i 为 i 处的实际深度，通过一批数据训练出 θ_0、θ_1、θ_2、σ^2，即可得出值，详细算法已在算法 1 中列出。

算法 1　线性模型参数估计

输入：训练样本图像的亮度向量 $\boldsymbol{v}$，与对比度向量 $\boldsymbol{s}$，以及产生训练样本的实际场景深度向量 $\boldsymbol{d}$，训练迭代次数 t

输出：线性模型系数 θ_0、θ_1、θ_2、σ^2

```
Begin
1: n=size(v)
2: θ0=0,θ1=1,θ2=-1
3: sum=0;wSum=0;sSum=0;
4: for iter from 1 to t:
5:    for i from 1 to n:
6:        tmp=d[i]- θ0-θ1*v[i]-θ2*s[i];
7:        wSum=wSum=tmp;
8:        vSum=vSum=v [i] *tmp;
9:        sSum=sSum=S [i] *tmp;
```

```
10:      sum=sum+square (tmp) ;
11:    end for
12:      σ²=sum/n;
13:      θ0+=wSum, θ1+=vSum, θ2+=sSum;
14:  end for
End
```

为避免将个别白色物体识别为有雾区域，令 $d(x)=\min\limits_{y\in\Omega_r(x)} d(y)$，其中 $\Omega_r(x)$ 为边界长为 r 的 x 领域，最后为避免产生太多噪声，将 $t(x)$限制在 0.1～0.9，则最终结果为

$$J(x)=\frac{I(x)-A}{\min\{\max\{\mathrm{e}^{-\beta d(x)},0.1\},0.9\}}+A \tag{9.21}$$

9.1.3 基于卷积神经网络的介质传播图获取

卷积神经网络在图像处理方面有着极其重要的应用。注意除去对大气光的估计之外，实现去雾算法的核心是获取一幅准确的介质传播图。于是 Cai 等（2016）想到提出一个 CNN，以有雾图像作为输入，输出介质传播图。

在此卷积网络中包含级联卷积层与池化层，在层后使用非线性激活函数，图 9.8（Cai et al.，2016）展示了网络的设计结构。

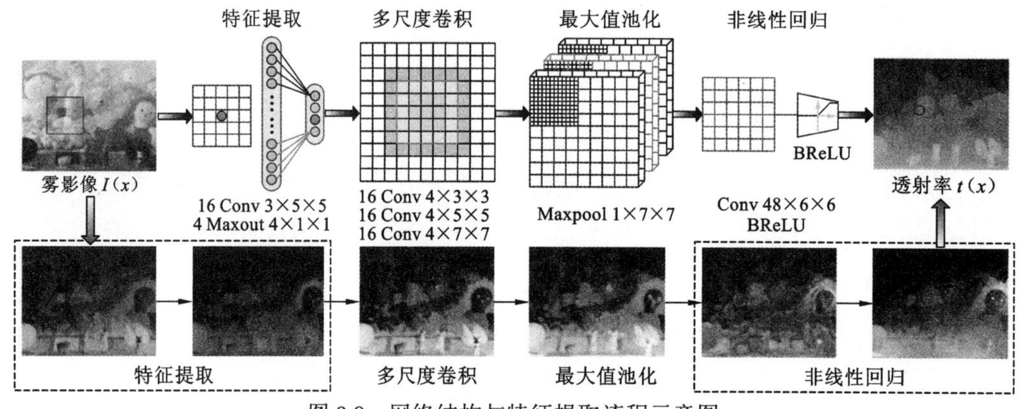

图 9.8　网络结构与特征提取流程示意图

Cai 等（2006）设计了 4 层节点来实现介质传播图的获取，分别如下。

特征提取，为找出去雾问题的本质，图像领域内已经提出了许多假设［如暗元通道（见 9.1.1 小节）、色调差异（Ancuti et al.，2010）、颜色衰减（见 9.1.2 小节）］，基于这些假设来提取雾的相关特征。这些雾特征提取的方法与用合适的滤波器卷积图像是等价的。受雾的特征提取的处理过程的启发，使用一个不常用的激活函数：Maxout unit。在卷积网络中对 k 个相似的特征图进行基于像素点的最大化操作。基于此，建立网络第一层：

$$F_1^i(x)=\max_{j\in[1,k]} f_1^{i,j}(x), f_1^{i,j}=W_1^{i,j}*I+B_1^{i,j} \tag{9.22}$$

式中：$W_1^{i,j}$、$B_1^{i,j}$ 分别为滤波器、偏差；*为卷积操作；$f_1^{i,j}\in\mathbf{R}^{3\times f_1\times f_1}$ 是 $k\times n_1$ 卷积核中的一个，n_1 是第一层输出的特征图数量，f_1 是卷积核的尺寸。

多尺寸卷积，使用3×3、5×5、7×7三种尺寸的卷积核进行并行的卷积：

$$F_2^i(x) = W_2^{[i/3],(i\backslash 3)} * F_1 + B_2^{[i/3],(i\backslash 3)} \tag{9.23}$$

式中：/为除法；\为取余数，而后由于介质传播图在局部也是趋于平坦的，同时也为克服噪声影响，并排除一些白色物体的干扰，故第三层取局部极值

$$F_3^i = \max_{y \in \Omega(x)} F_1^i(y) \tag{9.24}$$

第四层使用非线性回归，在深度网络中常用的非线性激活函数包括 sigmoid 和修正线性单元（ReLU）。前者往往会有梯度退化的问题，而后者多用于分类问题不适用于图像恢复，故提出一种双边修正线性单元（bi-rectified linear unit，BReLU），第四层定义为

$$F_4 = \min(t_{\max} \max(t_{\min}, W_4 * F_3 + B_4)) \tag{9.25}$$

此一层节点的梯度可以按以下方式进行计算：

$$\frac{\partial F_4(x)}{\partial F_3} = \begin{cases} \dfrac{\partial F_4(x)}{\partial F_3}, & t_{\min} \leqslant F_4 < t_{\max} \\ 0, & \text{其他} \end{cases} \tag{9.26}$$

整个网络通过滤波器来得到云雾特征，其中 W_1 如果是一个反向滤波器中心即只有一个-1 的稀疏矩阵，如图 9.9（a）所示，B_1 是一个单位偏差，F_1 就类似于暗通道先验方法中的 J^{dark}，若卷积核合适，即可抽取出雾的全部特征。

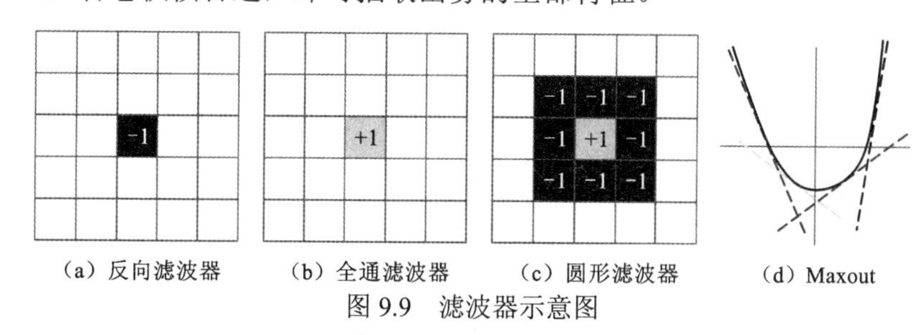

（a）反向滤波器　（b）全通滤波器　（c）圆形滤波器　（d）Maxout

图 9.9　滤波器示意图

权重是如 9.9 图（c）一样的矩阵，则得到的 F_1 就类似于最大对比度的结果，接下来就是如何训练网络的问题，通常训练一个深度模型需要大量的标记数据，在此模型中，得到有雾图像与对应的介质传播图就更加困难。为此 Cai 等（2016）使用了大气散射模型。首先假设图像内容与雾的浓度或场景深度是无关的，并假定介质传播率在局部是常值。根据 $I(x) = J(x)t(x) + A(1-t(x))$，就可以利用一幅无云雾的图像 $J(x)$ 与一张随机产生的介质传播图 $t(x)$ 得到一张有云的图像 $I(x)$，这样就得到了有雾图像和对应的介质传播图的训练数据集。

在整个网络中，需要训练的参数 $\theta = \{W_1, W_2, W_4, B_1, B_2, B_4\}$，使用监督学习的方法，最小化 loss 函数来最优化从有雾图像 I_i^p 到介质传播图 $t(x)$ 的映射 $\mathcal{F}$。用之前制作的数据集来做训练，并使用最小平方误差做 loss 函数：

$$L(\theta) = \frac{1}{N} \sum_{i=1}^{N} \| \mathcal{F}(I_i^p; \theta) - t_i \|^2 \tag{9.27}$$

使用随机梯度下降法最终得到的图像即为介质传播图 $t(x)$，最后通过类似 9.1.1 小节和 9.1.2 小节的方法即可得到最终的去雾后的结果图像。

9.2 光谱混合分析

雾的效应与遥感图像领域薄云有着极为相似的特性，相似的模型与手段在遥感领域也有应用。本节将介绍一种结合光谱分析与大气散射模型的手段来去除遥感图像薄云的方法。

本节提到的物理模型与大气散射模型有着相同的本质：

$$s(x,y)=aIr(x,y)t(x,y)+I(1-t(x,y)) \tag{9.28}$$

式中采用了与大气散射模型不同的记号：(x,y)为在此标记图像上的一个像素点；I为太阳辐射度；$t(x,y)$为介质传播率；a为太阳光衰减系数；$r(x,y)$为地表的反射率，等号右边前一项表示地表反射的光线经过衰减后到达卫星的光线，后一项表示云反射的光线。

将上述模型做如下转化：

$$\lg[I-s(x,y)]=\lg[I-aIr(x,y)]+\lg t(x,y) \tag{9.29}$$

其中：$\lg[I-aIr(x,y)]$和$\lg t(x,y)$分别表示原始信号与云产生的噪声。

由于空间分辨率的限制和地表物体的丰富度，遥感图像的大多数像素点包含不止一种类型的地表物体。用另一种说法就是，由于卫星接收器距地表的距离很远，其记录的光谱信息图中的单个像素之中一般都包含多种不同的地表物体。光谱分解技术就是分解一个像素点的光谱信息成为不同比例的几种纯净物体的光谱［称为端元（endmember signature)］的加权形式，即分析一个像素中不同类别的地表物体所占比例。在此将云也作为一种特征类别，即为端元，参与计算。其中将全部由云构成的像素点的光谱作为云的端元信息。然后用此技术来估计云的厚度，最后有云的图像通过减去云端元与云厚度的分数的乘积，并根据云的厚度按比例进行缩放来完成数据矫正，即去云。

将一个像素点中混合的光谱表示为以一定比例的不同纯物质光谱的加权和。假设不同类别的地物或云共有m种可能包含在同一像素中，则一个像素的光谱信息$\boldsymbol{x}$可以表示为

$$x=\sum_{m=1}^{M}a_m s_m+e=Sa+e \tag{9.30}$$

式中：x为$L\times 1$的列向量，表示一个像素内的光谱，L为光谱波段的总数；$S=(S_1,S_2,\cdots,S_M)$为$L\times M$的成分特征矩阵，每一列代表一种端元；$a=(a_1,a_2,\cdots,a_m)^{\mathrm{T}}$，各元素表示对应成分占比；$e$为模型的随机误差。

在光线传播的过程中，包含着散射与吸收。散射会在反射与传播的过程中发生。故入射光线可以表示为反射、吸收、传播损失的和，即$I=R+A+T$。其中I为接收到的光，R为反射光，A为吸收，T为传播损失，设置对应的系数ρ_{r}、ρ_{a}、ρ_{t}，分别为给定波段的对应的反射系数、吸收系数与传播系数。显然地

$$\rho_{\mathrm{r}}+\rho_{\mathrm{a}}+\rho_{\mathrm{t}}=1 \tag{9.31}$$

当云层较厚、光线完全被挡住时，只有反射与吸收的两个部分，穿过云层的系数$\rho_{\mathrm{t}}=0$，显然有

$$\rho_{\mathrm{a}}=1-\rho_{\mathrm{r}} \tag{9.32}$$

为找出吸收系数，需先确定云的光谱反射特征。虽然云的大概特征已经众所周知，但为适应当前场景，显然从当前图像中提取云的特征更加可靠。在可见光波段，有雪的区域，也会表现出类似云的特征，因此可能对云的提取造成影响。考虑雪在短红外波段的值会急剧下降，而云则不同。换言之，云厚的区域与雪的区域都比地表要明亮得多；然而，雪在红外短波的反射会大大降低。故可以用以下方式找到云的端元特征：

$$\arg\max_{n}\sum_{l-1}^{L}x_n(l),\quad n=1,2,\cdots,N \tag{9.33}$$

式中：$x_n(l)$ 为 n 处的像素点在 l 波段的辐射；L、N 分别为波段与像素的总数。将式(9.33)最优化的一处像素位置认作云的特征端元。

薄一点的云显然反射与吸收的会少一点，用 Γ 表示云的厚度系数，Γ 为 0 表示没有云，Γ 为 1 表示云不透明。图 9.10（Xu et al.，2016）描绘了在不同云厚度的情况下不同波段的光的吸收、反射与传播损失之间的关系，假定反射系数与吸收系数与厚度 Γ 呈正比，有薄云透射比

$$\hat{\rho}=1-\Gamma\rho_{\mathrm{r}}-\Gamma\rho_{\mathrm{a}}=1-\Gamma \tag{9.34}$$

这就表示穿过云的光线的传播系数，若某点地表反射的光线为 r，则卫星传感器接收到的信号就表示为

$$x=(1-\Gamma)r+\Gamma S_c+e \tag{9.35}$$

式中：x 为 $L\times1$ 的向量是卫星接收到的信号；ΓS_c 表示云反射的光线，除去随机误差项 e，有 $L+1$ 个未知数，即云的厚度 Γ 与 L 个波段值，显然仍然不能求解，接下来就要用到之前提到的光谱分析技术。

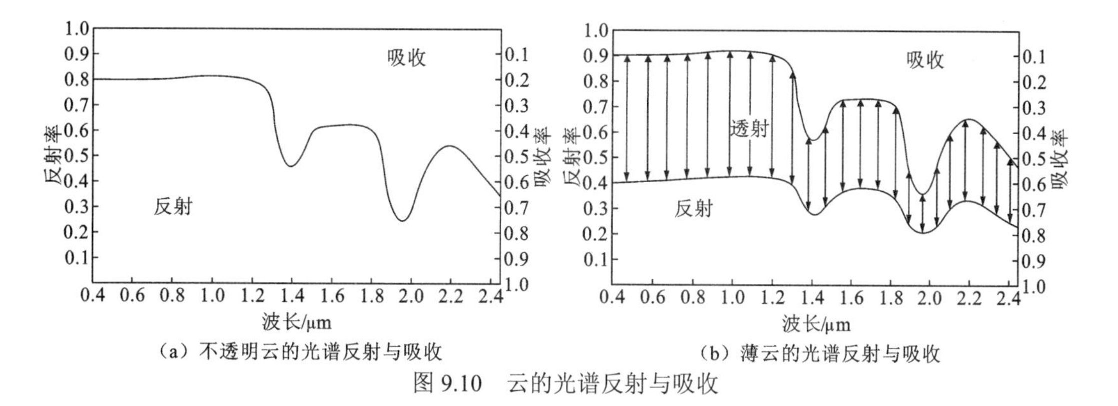

（a）不透明云的光谱反射与吸收　（b）薄云的光谱反射与吸收

图 9.10　云的光谱反射与吸收

类似式（9.28），式（9.35）中的 r 即可表示为

$$r=\sum_{m=1}^{M}a_mS_m+e \tag{9.36}$$

式中：a_m 为 m 个端元的占比；矩阵 S_m 为成分特征矩阵；e 为随机误差。需要注意的是此式并不包含云的特征元。

为求解原始信号 r，将式（9.34）代入式（9.33）得

$$x=(1-\Gamma)\sum_{m=1}^{M}a_m S_m+\Gamma S_c+e \tag{9.37}$$

并且有

$$\sum_{m=1}^{M}a_m=1,\quad a_m\geqslant 0,\quad 0\leqslant\Gamma\leqslant 1 \tag{9.38}$$

此式中含有 M+1 个未知数（a 的各部分占比与云厚度 Γ），若满足 $L>M+1$，即可求解上述方程，得到云的厚度系数 Γ，进而去除云的图像为

$$r=\frac{1}{1-\Gamma}(x-\Gamma S_c) \tag{9.39}$$

显然当遇到 Γ=1 的情况就没有意义了，即当云层不透明时不能应用式（9.39）。这种情况可以使用其他多时相图像来估计被遮挡的区域。

9.3 滤 波 方 法

空间域和频域滤波的基础都是卷积定理，该定理可以写为

$$f(x,y)*h(x,y)\Leftrightarrow H(u,v)F(u,v)$$
$$f(x,y)h(x,y)\Leftrightarrow H(u,v)*F(u,v)$$

式中：符号*表示两个函数的卷积；双箭头两边的表达式组成了傅里叶变换对。第一个表达式表明两个空间函数的卷积可以通过计算两个傅里叶变换函数的乘积逆变换得到。在滤波问题上，更关注第一个表达式，它构成了整个频域滤波的基础，式中的乘积实际上就是两个二维矩阵 $F(u,v)$和 $H(u,v)$对应元素之间的乘积。

本节将介绍几个在频域内滤波去薄云的算法，主要叙述同态滤波与小波变换两种算法。

9.3.1 同态滤波

遥感图像 $f(x,y)$ 通常包含两个辐射成分：反射分量与散射分量。散射分量也称为程辐射（path radiance），故表示为 $f(x,y)=R(x,y)+S(x,y)$，通常忽略散射项，把薄云造成的效应归因于大气的透射比，故表示为

$$f(x,y)=i(x,y)r(x,y) \tag{9.40}$$

即忽略加性噪声，只考虑乘性噪声的效应。式中：$r(x,y)$值在(0,1)，$i(x,y)$ 表示照度分量，分布在低频区；$r(x,y)$ 表示反射分量，分布在高频区。故二者均可用频域的低通或高通滤波来进行估计。云雾往往是大气中大粒子（如尘埃、烟雾、水蒸气等）产生的。故常假设云的信息都分布在薄云图像的低频区域。抑制低频增强高频的方法就为去薄云提供了可能性。同态滤波算法具体见算法 2。

算法 2 同态滤波去薄云
输入：图像 f(x,y)
取对数：$z(x,y)=\ln f(x,y)=\ln(i(x,y))+\ln(r(x,y))$
傅里叶变换： $Z(u,v)=F_i(u,v)+F_r(u,v)$， $F_i(u,v)$、$F_r(u,v)$分别表示 $\ln(i(x,y))$、$\ln(r(x,y))$的傅里叶变换
滤波：用滤波器 H(u,v)来抑制低频的云雾信息，加强高频的地表信息 $$S(u,v)=H(u,v)Z(u,v)=H(u,v)F_i(u,v)+H(u,v)F_r(u,v)$$
傅里叶逆变换：$S(x,y)=Z^{-1}(S(u,v))$
取指数：$g(x,y)=\exp[s(x,y)]$
可选步骤：与输入图像保持相符的动态范围 $$g_L(x,y)=a_0+\frac{b_0-a_0}{b-a}(g(x,y)-a)$$
其中$[a_0,b_0]$是输入动态范围，是$[a,b]$输出动态范围
输出：$g_L(x,y)$

在同态滤波之后，高频信息被增强，低频信息被减弱；即如果区域有很大的空间差异，那么该区域的亮度会增强，反之，如果区域内空间平稳，那么亮度会降低。

为克服此缺点，可采用基于同态滤波的高保真薄云去除方法。

首先，用一种半自动的频率界定方法确定每个通道的频率边界。薄云的效应与光线波长有关。波长越短大气的散射就越强。这里半自动意味着，对于多光谱图，只要其中一个通道的频率边界被确定，其他的就可以通过各个通道间的波长关系来确定。

薄云通常会使图像亮度增强，梯度降低，梯度在这里指图像平均梯度：

$$\bar{G}_i=\frac{1}{(M-1)(N-1)}\sum_{x=1}^{M-1}\sum_{y=1}^{N-1}\sqrt{\frac{(F_i(x,y)-F_i(x+1,y))^2+(F_i(x,y)-F_i(x,y+1))^2}{2}},\ i=1,2,3 \quad (9.41)$$

式中：$F_i(x,y)$ 为 i 通道对应位置处的灰度值。

对于一张多光谱图像，由于大气效应随通道不同而不同，平均梯度与波长正相关，频率边界与波长负相关。这表明频率边界与平均梯度负相关。大量实验数据表明每个通道的平均梯度与该通道的动态范围相关，为确保不同梯度的可对比性，用乘上一个亮度分数的方法将梯度规格化，规格化平均梯度表示如下，其中 B_i,B_r 分别为处理图像与参考图像的亮度，用图像内像素点的灰度均值表示。

$$\begin{cases} D\bar{G}_N=C \\ \bar{G}_{N,i}=\dfrac{B_r}{B_i}\bar{G}_i \end{cases} \quad (9.42)$$

规格化后的梯度及人工调节的最优频率边界列在表 9.1 中，表中最后一列为之前两列的乘积，显然有如下的规律：

$$D_1\bar{G}_{N,1}\approx D_2\bar{G}_{N,2}\approx D_3\bar{G}_{N,3}\approx C \quad (9.43)$$

表 9.1 各截止频率与归一化平均梯度表

图像	波段	D	$\overline{G}_N$	$D\overline{G}_N = C$
图像 1	波段 1	13	2.669	34.697
	波段 2	10	3.666	36.66
	波段 3	6	5.812	34.872
图像 2	波段 1	20	1.688	33.76
	波段 2	16	2.088	33.408
	波段 3	11	3.307	36.377
图像 3	波段 1	15	1.475	22.125
	波段 2	11	1.844	20.284
	波段 3	7	3.124	21.868
图像 4	波段 1	8	1.704	13.632
	波段 2	6	2.389	14.344
	波段 3	3	4.132	12.396

若常数 C 确定，则各个通道的频率边界即可估计出来，第一个通道需要人工调节边界值至最佳，其他通道即可通过计算估计得出。

然后，为了克服传统同态滤波的缺点，可以采用自适应同态滤波法。为保证结果的高保真度，此方法分为三步：薄云检测、适应性同态滤波、水域检测与校正。

（1）薄云检测的方法在数据处理的过程中都需要基于经验的参数，而且都是在空间域中处理。在这里为建立一个统一的框架，引进一种利用同态滤波特性的云检测方法。令 $e(x,y)$ 为原图 $f(x,y)$ 与滤波后的图像 $g(x,y)$ 的差异图，$e(x,y)=f(x,y)-g(x,y)$。如果 $e(x,y)>0$，则判定为有云；同时出于连续性考虑，若周围 8 个像素点是有云的，则该点判定为有云。

（2）适应性同态滤波。滤波后通常有一个线性拉伸的可选步骤，使得输出图像的动态范围与输入图像相一致。通常由于云的存在，图像最大值往往是有云区域，在考虑输入图像的范围时不考虑最大及最小的 2%的像素。基于之前得出的云标记图，适应性滤波过程为

$$F(x,y)=\begin{cases} f(x,y), & (x,y)\notin \Omega_{\text{cloudy}} \\ g(x,y), & \text{其他} \end{cases} \tag{9.44}$$

（3）水域检测与校正。图像上可能存在无云的同质区域（如水域），会被归类于有云区域。清澈的水反射度较低，受同态滤波的影响较弱，而浑浊的水域受其影响较大。故需要检测浑浊的水域。对于平坦的水域而言，高亮度是有云像素点的一个明显特征。令 $\overline{DN_{W,i}}$ 为 i 通道清晰水域样本的亮度均值，DN_i 是 i 通道中一个未知像素点，若在所有通道中 $DN_i > \overline{DN_{W,i}}$ 成立，则标记该点为有云，若在所有通道中 $DN_i \leqslant \overline{DN_{W,i}}$ 成立，则标记该点为清晰。

对于清晰像素点，不做任何处理保留其值到最终结果之中。对于有云像素点，使用

矩匹配（Daniel et al.，2006）来校正其亮度。使用统计信息的方法，根据清晰参考像素调整有云像素点，具体如下：

$$\mathrm{DN}'_{W,i}=\frac{\sigma'_i}{\sigma_i}(\mathrm{DN}_{W,i}-\mu_i)+\mu'_i \tag{9.45}$$

式中：$\mathrm{DN}'_{W,i}$ 为目标像素的 i 通道校正 DN 值；μ'_i、σ'_i、μ_i、σ_i 分别为无云参考像素与有云目标像素点的均值与标准差。对于不确定的像素点，用原始亮度与校正亮度的加权和表示最终结果：

$$F_{W,i}=t\cdot\mathrm{DN}_{W,i}+(1-t)\cdot\mathrm{DN}'_{W,i} \tag{9.46}$$

令 N 表示总通道数量，n 表示满足 $\mathrm{DN}_i\leqslant\overline{\mathrm{DN}}_{W,i}$ 的数量，$t=n/N$。

至此，避免了被同态滤波降低亮度，保留了浑浊水域的亮度。这种只作用在有云子图并保留其余区域的方法虽然高效并可适用于大面积有云的场景，但是不可避免地会有拼接的痕迹出现，所以需要去除这些拼接的痕迹，保证修改后的子图与原图无缝拼接。修改过的一块子图有两条水平拼接线、两条竖直的拼接线，邻近这些拼接线的像素点需要根据其到这些边界的距离来调整值，以消除拼接线。需要调整的宽度为 L，是人为设定的。在此宽度之内的像素按以下方式调整：

$$F_M=\lambda f+(1-\lambda)F,\quad \lambda=\frac{d}{L} \tag{9.47}$$

式中：λ 为校正值的权重。这样就得到了高保真的无云图。

9.3.2 小波变换

不同于傅里叶变换，小波变换使用小波基而非正弦波做基函数，在时域和频域都具有很好的局部化性质，较好地解决了时域和频域的分辨率的矛盾，对于信号的低频成分采用宽时窗，高频采用窄时窗，因而适合处理非平稳的时变信号，在语音与图像处理中都有着广泛的应用。

小波变换具有多分辨率分析特点，在时间域、频率域都具有局部分析的能力。图像经多层小波变换，得到最高层的低频近似系数和每一层的高频细节。变换后所得到的系数有特殊性质。近似系数代表图像的背景，频率最低，细节系数代表了图像的高频信息，层数大的细节系数频率较低。在不同尺度的高频子带图像之间存在同构特性，且三个方向上不同尺度下的小波系数能量大小不同，各方向的侧重不同。在同一方向上，有更强的同构性和相似性，且各方向不同尺度下对应频带的相关性是最强的。

首先对图像按波段分别进行小波分解，云区主要出现在低频子带，利用其在小波分解后的低频图像数据值上的表现即云区的低频系数值要比清晰区域的低频系数值大，采用直接将图像上云区的低频系数值减小的办法，来达到对图像上有云覆盖区域的低频进行抑制的目的；由于高频区域清晰度降低，需要对图像的高频部分进行适当的补偿，采用非线性函数提升各尺度上细节分量之间的对比度；最后，对调整后的小波分解系数进行小波反变换，就可以得到一幅去除了薄云的图像，如图 9.11 所示。

许多论文的方法均以上述内容为基础，在此不做过多赘述。本小节将以最近一些工作（孔哲 等，2017）为例子进行叙述。

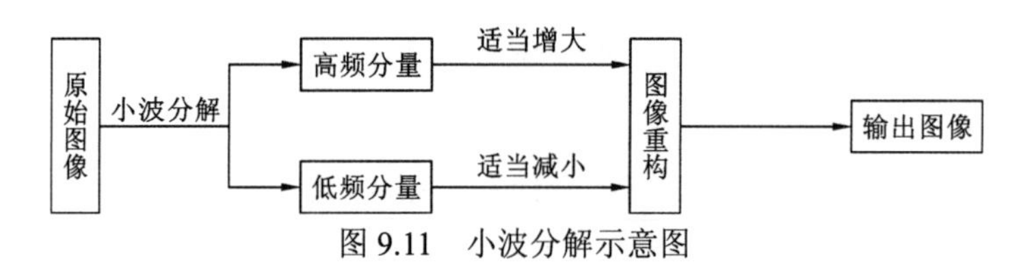

图 9.11　小波分解示意图

使用对偶树复小波变换（图 9.12），克服了常规小波的一些缺陷，满足完全重构条件，且保留了复小波变换的诸多优良特性：①近似的平移不变性、可克服离散小波变换(discrete wavelet transformation, DWT)的平移敏感性；②良好的方向选择性(6 个，±15°、±45°、±75°)，克服 DWT 缺乏方向性选择；③有限的冗余和高效的阶数；④同复小波变换一样可提供幅值信息，并具有完全重构性。

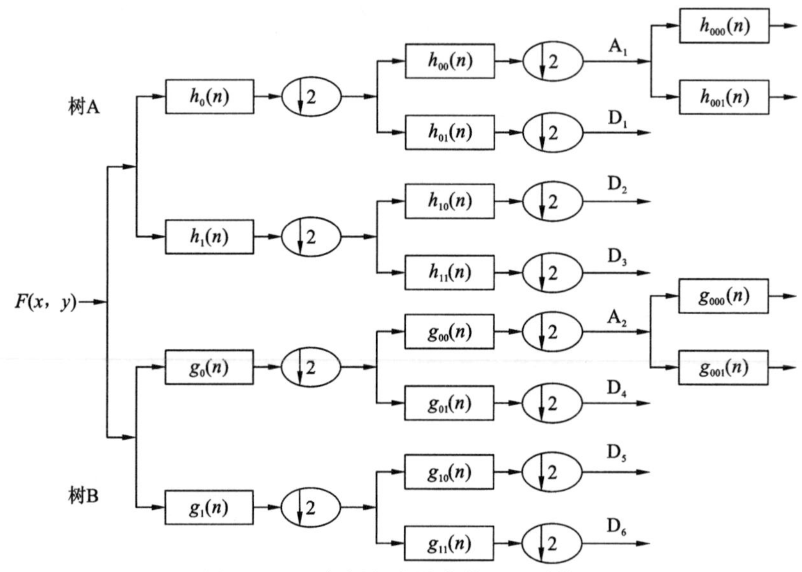

图 9.12　对偶树复小波变换分解结构图

$h_0(n)$表示树 A 中第一层 0 分支的滤波器；$h_1(n)$表示树 A 中第一层 1 分支的滤波器；$h_{00}(n)$表示树 A 中第二层 00 分支的滤波器；$h_{01}(n)$表示树 A 中第二层 01 分支的滤波器；同理 g 对应的是树 B 中的滤波器

对偶树复小波变换通过平行小波树生成的实值系数实现完全重构。一维对偶树复小波变换分解信号 $f(x)$ 可通过平移和膨胀的小波函数 $\psi(x)$ 和尺度函数 $\varphi(x)$ 表示：

$$f(x)=\sum_{l\in\mathbf{Z}}s_{j_0,l}\varphi_{j_0,l}(x)+\sum_{j\geqslant j_0}\sum_{l\in\mathbf{Z}}c_{j,l}\psi_{j,l}(x) \tag{9.48}$$

$$\varphi_{j_0,l}(x)=\varphi^r_{j_0,l}(x)+\sqrt{-1}\varphi^i_{j_0,l}(x) \tag{9.49}$$

$$\psi_{j,l}(x)=\psi^r_{j,l}(x)+\sqrt{-1}\psi^i_{j,l}(x) \tag{9.50}$$

式中：$\mathbf{Z}$ 为自然数集；j、l 分别为平移与膨胀系数；$s_{j_0,l}$ 为尺度系数；$c_{j,l}$ 为小波系数；上标 r 和 i 分别为实部与虚部。

对偶树复小波变换分解二维图像 $f(x,y)$ 可通过一系列的复数尺度函数和 6 个复小波函数表示：

$$f(x,y)=\sum_{l\in\mathbf{Z}^2}s_{j_0,l}\varphi_{j_0,l}(x,y)+\sum_{\theta\in\Theta}\sum_{j\geqslant j_0}\sum_{l\in\mathbf{Z}}c^\theta_{j,l}\psi^\theta_{j,l}(x,y),\Theta=\{\pm15^\circ,\pm45^\circ,\pm75^\circ\} \tag{9.51}$$

接下来利用支持向量滤波器，支持向量回归的目标是构造线性回归函数 f，使得结构风险 $R_{\mathrm{reg}}(f)$ 最小。这里

$$R_{\mathrm{reg}}(f)=R_{\mathrm{emp}}(f)+C\Omega(f) \tag{9.52}$$

式中：$R_{\mathrm{emp}}(f)$ 为经验损失函数；$\Omega(f)$ 为正则项；C 为均衡常数。

式（9.52）的最小化问题等价于约束问题：

$$\min\left[\|\omega\|^2+C\sum_{i=1}^{n}L(\xi_i)\right],\text{s.t. }\|y_i-\Phi^{\mathrm{T}}(x_i)\omega-b\|\leqslant\varepsilon+\xi_i,\xi_i\geqslant 0,\ \ i=1,2,\cdots,n \tag{9.53}$$

利用拉格朗日乘子法，由 KKT（Karush-Kuhn-Tucker conditions）和表示定理可得

$$\begin{bmatrix} K+D_{\alpha}^{+} & I \\ \alpha^{\mathrm{T}}K & \alpha^{\mathrm{T}}I \end{bmatrix}\begin{bmatrix}\gamma \\ b\end{bmatrix}=\begin{bmatrix} y \\ \alpha^{\mathrm{T}}y\end{bmatrix} \tag{9.54}$$

式中

$$K=K(x_i,x_j)=\Phi^{\mathrm{T}}(x_i)\Phi^{\mathrm{T}}(x_j),\quad I=(1,2,\cdots,n)^{-\mathrm{T}},\quad y=(y_1,y_2,\cdots,y_n)^{\mathrm{T}},\ \ \alpha=(\alpha_1,\alpha_2,\cdots,\alpha_n)^{\mathrm{T}}$$

为拉格朗日乘子，$D_{\alpha}=\mathrm{diag}(\alpha)$。

求解式（9.54），得

$$\begin{cases} b=[\alpha^{\mathrm{T}}I-\alpha^{\mathrm{T}}K(K+D_{\alpha}^{+})^{-1}I]^{-1}\alpha^{\mathrm{T}}[I-K(K+D_{\alpha}^{+})^{-1}]y \\ \gamma=(K+D_{\alpha}^{+})^{-1}(y-Ib) \end{cases}$$

定义

$$\begin{cases} A=(K+D_{\alpha}^{+})^{-1} \\ B=[\alpha^{\mathrm{T}}I-\alpha^{\mathrm{T}}K(K+D_{\alpha}^{+})^{-1}I]^{-1}\alpha^{\mathrm{T}}[I-K(K+D_{\alpha}^{+})^{-1}] \\ Q=A(I-B) \end{cases}$$

则

$$\gamma=Qy \tag{9.55}$$

如果核函数 K 的输入为像素坐标 (r,c)，则对于任意图像窗口，输入点通常具有下述形式：

$$\{(r_0+d_{\mathrm{r}},c_0+d_{\mathrm{c}}):|d_{\mathrm{r}}|\leqslant m,|d_{\mathrm{c}}|\leqslant n\}$$

因而对于任意图像窗口，K 矩阵就有相同的取值，将 Q 矩阵的中心行向量重新排列成方阵，就得到支持向量滤波器。

分别利用对偶树复小波变换和支持向量滤波器对薄云覆盖遥感图像进行多分辨率分解，将图像分解成高频方向子带和低频子带。由于地物信息主要占据图像的高频部分，采用如下的增强函数对高频方向子带系数进行增强处理。

$$f(x)=\begin{cases} x, & x<\mathrm{thr} \\ ax_{\max}\left[\mathrm{sigm}\left(c\left(\dfrac{x}{x_{\max}}-b\right)\right)-\mathrm{sigm}\left(-c\left(\dfrac{x}{x_{\max}}+b\right)\right)\right], & x\geqslant\mathrm{thr} \end{cases} \tag{9.56}$$

式中：阈值 $\mathrm{thr}=\sigma\sqrt{2\ln n}$；$\sigma$ 为高频部分所有子带的平均噪声标准差，可以由

$$\hat{\sigma}=\frac{\mathrm{median}\left[\left|x_{i,j}:i,j\in H_i\right|\right]}{0.6745}$$

估计出来，这里 H_i 是第 i 尺度分解系数的高频部分，$x_{\max}$ 是高频方向子带的最大系数。

遥感图像中的薄云在频率域上具有低频特性，因此低频系数主要包含云的信息，降低低频系数就等于去除薄云覆盖信息。为避免损伤低频区域地面景物轮廓信息，随着分解水平的增加，选取在最粗分辨率水平下的图像低频系数进行抑制或者去掉最粗分辨率水平下的低频系数，实现对薄云信息的去除。

低频系数采用基于匹配度的选择和加权相结合的方法进行融合。首先给出两幅图像 A 和 B 在窗口 N 内的匹配度为

$$M_{a_J}^{AB}=2\sum_{(x+m,y+n)\in N}W_1(m,n)[a_J^A(x+m,y+n)\times a_J^B(x+m,y+n)]^2\frac{1}{E_{a_J}^A+E_{a_J}^B} \quad (9.57)$$

式中：W_1 为权重矩阵，比如可以采用高斯低通滤波矩阵；a_J^A 和 a_J^B 为图像 A 和 B 的低频分解系数。

$$E_{a_J}^{A/B}=\sum_{(x+m,y+n)\in N}W_1(m,n)[a_J^{A/B}(x+m,y+n)]^2 \quad (9.58)$$

然后根据图像不同区域匹配度的大小，给出如下的低频系数融合规则：

$$a_J^F(x,y)=\begin{cases}W_2a_J^A(x,y)+(1-W_2)a_J^B(x,y), & M_{a_J}^{AB}\geqslant\tau\\ a_J^A(x,y), & E_{a_J}^A\geqslant E_{a_J}^B\\ a_J^B(x,y), & E_{a_J}^A<E_{a_J}^B,\ M_{a_J}^{AB}<\tau\end{cases} \quad (9.59)$$

式中：τ 为图像匹配度阈值。

$$W_2=\begin{cases}0.5+0.5\times\dfrac{1-M_{a_J}^{AB}}{1-\tau}, & E_{a_J}^A\geqslant E_{a_J}^B\\ 0.5-0.5\times\dfrac{1-M_{a_J}^{AB}}{1-\tau}, & E_{a_J}^A<E_{a_J}^B\end{cases} \quad (9.60)$$

高频系数采用轮廓波对比度的选择方法进行融合。轮廓波对比度定义为

$$C_{k,l}(x,y)=\frac{b_{k,l}(x,y)}{\sum_{(x+m,y+n)\in N}W_1(m,n)a_k(x+m,y+n)} \quad (9.61)$$

式中：$b_{k,l}(x,y)$ 为像素点第 k 尺度第 l 方向上的高频系数；a_k 为低频系数。根据轮廓波对比度，高频系数融合规则为

$$F_{k,l}(x,y)=\begin{cases}A_{k,l}(x,y), & C_{a_J}^A\geqslant C_{a_J}^B\\ B_{k,l}(x,y), & C_{a_J}^A<C_{a_J}^B\end{cases} \quad (9.62)$$

9.4 薄云最优化变换方法

Zhang 等（2002）提出，在晴朗的天气条件下，对于不同的地物，Landsat TM 的 band 1 和 band 3 高度相关。即红色波段和蓝色波段 DN 值具有高度相关性。在 band1 和 band 3 的散点图上，像元点的分布集中在一条直线上，且与地物的种类无关，这条线被定义为晴空线（clear line，CL），如图 9.13 所示。

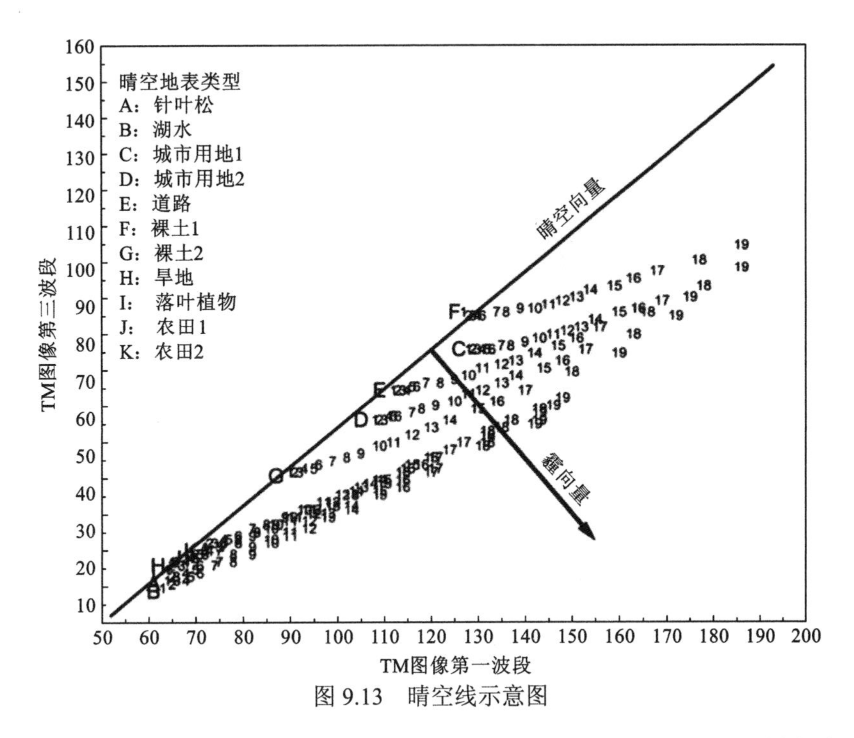

图 9.13 晴空线示意图

对薄厚不同的云或气溶胶，Landsat TM 的 band 1 和 band 3 的表观辐射亮度（apparent radiance）不同。与晴朗无云条件下相比，band 1 和 band 3 的 DN 值都升高，但 band 1 受气溶胶的影响更大，升高得更多。图 9.13 中 1～19 指不同的大气条件，光学厚度逐渐增加，故在以 band 1 为横轴、band 3 为纵轴的散点图上，受气溶胶影响的像元相对于晴空线向右上方偏移，云越厚，像元向右上方的偏移量越大。由此得到薄云最优变换（haze optimized transformation，HOT）的方法。

首先计算像元与晴空线的距离作为 HOT 值，系数的方向垂直于晴空线，数值大小与偏离晴空线的程度成比例：

$$HOT = B_1 \sin\theta - B_3 \cos\theta - |I| \cos\theta \qquad (9.63)$$

式中：B_1、B_3 分别为 TM_1、TM_3 的亮度值；θ 为晴空线的倾角；I 为晴空线的纵截距。

传统 HOT 方法需要手动选择晴空区。在晴朗的图像区域大多数图像存在至少一个亮度值很低的通道，正如式（9.63）。计算图像的暗通道图，选取亮度接近于 0 的区域作为无云区。

某些地物类别不符合 HOT 的假设。红蓝波段的散点图大致如图 9.14（刘泽树 等，2015）所示。主相关直线的两侧均为不符合假设的点，移除这些点可以提高去薄云的效果。

刘泽树等（2005）为改进薄云检测的效果，使用归一化差异植被指数（normalized difference vegetation index，NDVI）来改进，NDVI 的取值范围为[-1，1]，负值表示可见光波段高反射率的区域，0 表示岩石、裸地，正值为植被覆盖，1 表示最大。

$$NDVI = \frac{NIT - RED}{NIT + RED} \qquad (9.64)$$

以式（9.64）为指导，建立高置信度的薄云检测图像（reliable HOT，RHOT）：

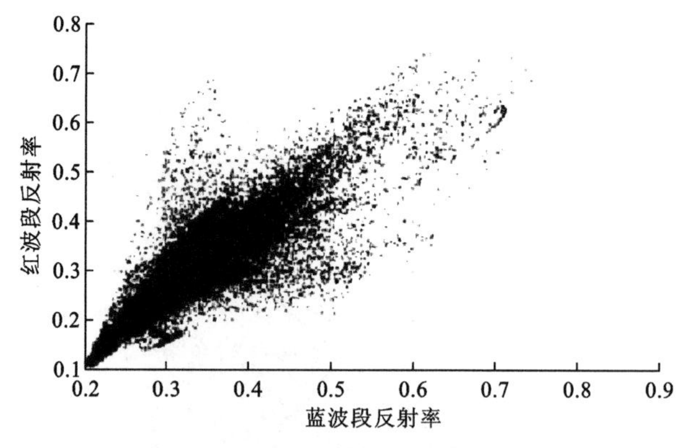

图 9.14 红蓝波段散点图

$$\text{RHOT}(x) = \text{HOT}(x) \times \text{cs}(x) \tag{9.65}$$

式中：$\text{cs}(x)$ 为像元 x 处的掩膜值，其值为

$$\text{cs}(x) = \begin{cases} 0, & \text{NDVI}(x) \in [-1,0] \\ 0, & \text{NDVI}(x) \in [0,a] \text{且} \dfrac{1}{s^2} \sum\limits_{y \in \Omega(x)} \text{NDVI} < a \\ 1, & \text{NDVI}(x) \in [0,a] \text{且} \dfrac{1}{s^2} \sum\limits_{y \in \Omega(x)} \text{NDVI} \geqslant a \\ 1, & \text{NDVI}(x) \in (a,1] \end{cases} \tag{9.66}$$

式中：$\Omega(x)$ 是边长 s 的 x 的邻域；a 为阈值。

使用插值算法重建薄云检测结果（interpolation HOT，IHOT）。由于待插值区域大小不定且分布不规律，不能直接使用传统插值算法，需要对最近邻插值法进行部分修改。对于 RHOT 中所有待插值像元，计算以待插值像元为中心的窗口内非零点的均值并将其赋值给该像元，如果窗口内不存在非零点则增加窗口大小。

接下来采用 He 等（2010）的方法对影像的每个波段去除薄云的干扰。根据 HOT 原理，其值越大表示受云干扰越严重即云越厚，然后根据 IHOT 值将云厚度分类，分别对每类影像的亮度上下界值进行统计。

对每类影像的最大最小值进行线性回归，交于一点记为虚拟云点（virtual cloud point VCP），见图 9.15（He et al.，2010），即虚拟云点穿过原始影像点 P 与点 VCP 做直线，直线上 IHOT 为 0 的点即为校正的值，得

$$\text{DN}_{\text{result}} = \frac{\text{DN} \cdot \text{IHOT}_{\text{VCP}} - \text{IHOT} \cdot \text{DN}_{\text{VCP}}}{\text{IHOT}_{\text{VCP}} - \text{IHOT}} \tag{9.67}$$

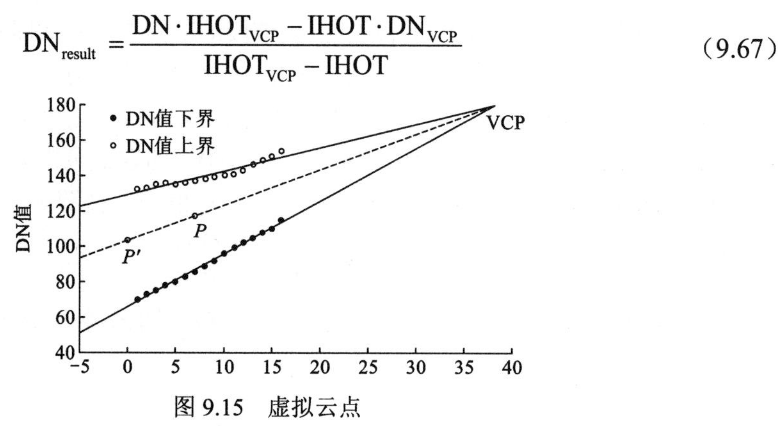

图 9.15 虚拟云点

第 10 章　遥感图像阴影检测与去除

阴影是遥感图像的基本特征之一，城市中高大的树木、星罗棋布的建筑物，它们互相交错形成阴影。阴影影响了图像信息、目标识别和图像融合等，给遥感图像处理带来了极大的困难。因此，阴影检测与去除在城市遥感中具有重要的意义。

10.1　阴 影 概 述

阴影的形成主要是光的直射性。当光线遇到不透明的物体时，会产生黑暗的区域，通常称为“阴影”。阴影分为两类：本影和投影（Zeng et al.，2016）。如图 10.1 所示，本影是物体本身上的阴影，是直线光线被物体另一面遮挡在自身区域形成的阴影部分；投影则是直线光线被物体遮挡在其他区域所形成的阴影，投影又被分为全影区域和半影区域，全影的产生是光源完全被遮挡而形成的暗区域；而半影区域，简单地说就是全影和非阴影区域的一个缓慢过渡，包含了部分环境光，该区域的亮度由阴影区域到非阴影区域逐渐增强，是一个光照由暗变亮的过渡区域，这里的半影也被称为软阴影（Li et al.，2013）。半影比全影图像处理起来更困难，因为区域亮度分布非常复杂，不易检测。阴影区域和非阴影区域之间有很多联系和区别，这些是阴影检测的重要理论依据。与非阴影区域相比，阴影区域具有一些基本的属性。

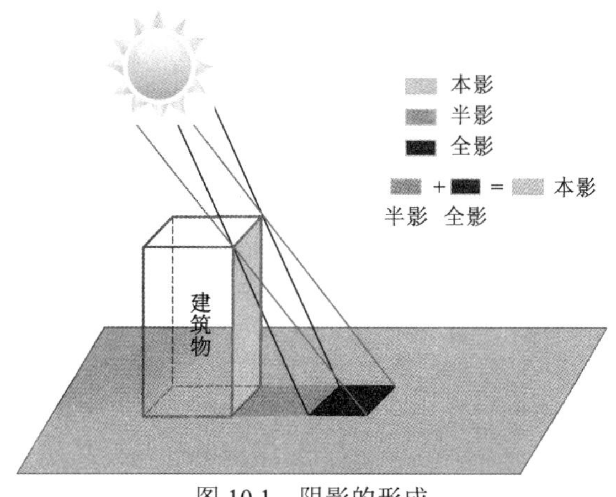

图 10.1　阴影的形成

10.1.1　阴影的属性

（1）阴影区与非阴影区相比亮度低。阴影区域相较于非阴影区具有亮度低的特点，光源主要来自直射光和散射光两个方面，直射光投影物体到地面上形成全影区域，其亮度值基本为 0，来自散射光的照射强度决定了阴影区的亮度。

（2）阴影区具有低频的特征。遥感图像经空间域转换到频率域后，阴影区域的表现主要是低频。这是由于阴影区域的直射光线被遮挡，阴影区域的亮度只来源于散射光线的光照，亮度被大大压缩，阴影区域的梯度变化也相对较小。

（3）阴影区域某些颜色空间具有不变性的特点。数字图像在彩色空间转换之后，某些颜色特征在阴影区域内不会随着成像条件的变化而发生变化，如色度、饱和度等颜色特征。例如归一化的 RGB 空间、C1C2C3、L1L2L3 和 YCbCr 等彩色空间中，阴影区域的某些颜色特征就不会发生变化。

10.1.2 阴影的利弊

阴影有其不利的一面，也有其有利的一面。不利的一面在于阴影模糊图像信息，难以提取图像特征。而有利的一面，阴影是光线被障碍物所遮挡，投射到其他物体表面形成的，所以阴影的形状可以反映遮挡物轮廓的形状，利用这点，通过阴影可以确定遮挡物体的几何空间信息，如形状与高度、位置等。利用阴影的亮度、位置等信息可以估计或计算成像光源的强度、位置、形状或大小等几何性质。

10.2 阴影检测方法

在日常生活不同的应用中，处理图像阴影的目的及要求是不一样的。检测城市遥感图像中建筑物阴影的方法分为五大类：基于物理模型的方法、基于颜色空间模型的方法、基于阈值分割的方法、基于种子区域生长的方法和基于几何模型的方法。其中，基于物理模型的方法分为基于黑体辐射的方法和基于三色衰减模型的方法，而基于几何模型的方法分为基于水平集的几何轮廓模型法和基于数学形态学的方法。本节主要从建筑物的细节考虑阴影的去除，不考虑自身阴影的去除。

10.2.1 基于物理模型的方法

基于物理模型的方法需要对照明条件和照相机响应等成像元素进行建模，从物理角度检测阴影，并且通过对照相机成像的不同阶段做合理的假设，来设计不同的检测算法。

下面介绍基于黑体辐射模型的阴影探测物理模型。黑体是一种理想化的物体，可以吸收所有不相关的电磁辐射，而无须任何反射或透射。世界上所有的物体都能够不断地辐射、吸收和传播电磁波。物体本身的性质和温度，称为热辐射。为了研究不依赖于物质物理性质的热辐射规律，科学家提出了理想的物体模型——黑体，黑体是作为热辐射研究的标准对象，黑体辐射是指黑体发出的电磁辐射。Finlayson 等（2002a）假设光源是普朗克光源，成像面是朗伯型，相机响应函数是脉冲响应。该算法利用光色温度信息的先验知识获得所需的参数，然后基于所获得的信息对像素进行分类。典型的多光谱传感器的阴影检测已经比其他阴影检测方法有显著的改进。Yuan（2009）提出了一种实用的宽带辐射温度计方法。他用统一的辐射温度计模型来评估黑体散热的单位面积辐射率，并引入了等效波长的概念及相应的计算方法来简化数学模型。Makarau 等（2011）提出了基于黑体散热物理特性的阴影检测方法，没有使用静态方法，而是自适应地计算特定场景的参数并允许它们不同，在光照条件下获取许多不同的传感器的图像。

光源的色度：

$$e_{\mathrm{r}}(T)=\frac{M(\lambda_{\mathrm{R}},T)}{M(\lambda_{\mathrm{B}},T)} \tag{10.1}$$

式中：$M(\lambda_{\mathrm{R}},T)$ 为黑体辐射的红光光谱功率；λ_{R}、λ_{B} 分别为红光、蓝光的波长；$e_{\mathrm{r}}(T)$ 为色度；T 为开尔文温度。

黑体光源温度公式为

$$\frac{i_{\mathrm{r,shadow}}}{e_{\mathrm{r,shadow}}}-\frac{i_{\mathrm{r,light}}}{e_{\mathrm{r,light}}}=0 \tag{10.2}$$

式中：$i_{\mathrm{r,shadow}}$、$i_{\mathrm{r,light}}$ 分别为阴影和光亮区域中红光的色度；$e_{\mathrm{r,shadow}}$、$e_{\mathrm{r,light}}$ 分别为阴影和光亮区域中红光的光谱辐射。同理，可以计算出绿色灰度。

由于直射光和散射光的颜色不同，可以检测阴影区域：

$$\frac{i_{\mathrm{r}}}{e_{\mathrm{r,\ shadow}}}-\frac{i_{\mathrm{r}}}{e_{\mathrm{r,light}}}<\mathrm{thresh}_{\mathrm{r}} \tag{10.3}$$

式中：$\mathrm{thresh}_{\mathrm{r}}$ 为阴影分割的阈值参数。

另一种基于物理模型的方法是三色衰减模型，这主要是由 Tian 等（2009）提出的。三色衰减模型（tricolor attenuation model，TAM）描述了阴影与其阴影背景之间的衰减关系。使用由普朗克黑体辐射定律估计的日光和天窗的光谱功率分布（spectral power distribution，SPD）来固定 TAM 参数。基于 TAM，提出了一种多步阴影检测算法来提取阴影，与以前的方法相比，该算法可以用来处理真实复杂场景中获得的单个图像而不需要先验知识。Tian 等（2012）提出了基于 TAM 图像和强度图像组合的阴影检测方法。在以前的研究中，阴影检测依赖于 TAM 信息，需要粗分割预处理步骤。TAM 信息和强度信息分开使用。强度信息仅用于提高检测到的阴影的边界和细节精度。而本节把它们有效结合后可以自由分割。另外，新方法只需要一个阈值来检测阴影并同时处理细节。这些优点使得所提出的方法在应用中更加稳健并且更易于使用。

基于黑体辐射模型方法，可以自适应地实现阴影检测。该方法根据光照变化，采集时间、纬度经度坐标、太阳高度、大气条件等因素获取不同遥感图像的高分值，其适应性是基于特定输入图像的参数设定值，它允许从单个图像中提取所有类型的阴影。基于三色衰减模型，检测精度高，不需要先验知识，但对于检测边界模糊的阴影，其效果一般。

10.2.2 基于颜色空间模型的方法

在阴影检测或图像分割中，有一种基于颜色空间模型的方法，它的使用频率很高。因为颜色很直观。在本书研究的领域，阴影不能由特定的颜色外观来定义。但是，阴影可以通过考虑其对投影区域的颜色外观的影响来表征。根据颜色的基本理论，在颜色模型空间中，任何颜色都可以由一定比例的三原色组成。阴影区域具有相近的像素值，并且阴影区域的亮度值通常小于非阴影区域的亮度值。阴影的红色、绿色分量一般较小，蓝色分量较大，原因是阴影区主要受散射光的影响，而蓝光散射的影响更大，其中蓝色成分占阴影区域的较大比例。因此也有学者提出在颜色空间的蓝色通道中提取阴影区域。

Shafer（1985）介绍了一种分析标准彩色图像的方法，以确定每个像素的界面和体积反射率。在该算法中，利用模型导出所需数据，并利用三色积分的特点推导出新的像素颜色分布扩展模型，处理散射照明和反射分析的组件。基于 RGB 颜色空间模型的方法有较大的缺点。首先，因为 RGB 颜色空间不是基于人类视觉的颜色空间，所以直接从空间提取色彩特征是非常困难的。其次，颜色空间的一致性差，即颜色空间中任意两点的感知色差与两点之间的空间距离不一致。第三，颜色空间的三个要素强相关，会影响图像压缩。解决办法就是，颜色空间模型通常是通过将原始图像转换成对光照不敏感的空间而获得的，并且对图像成像条件（如视角、物体表面方向和照明条件）的变化稍微敏感。由于 RGB 颜色空间的转换非常耗时，Yang 等（2007）提出了归一化的 RGB 颜色空间，归一化的方法有效地将阴影区域与图像分开。Salvador 等（2001）和 Gevers（1997）定义了新的颜色空间 C1C2C3。在白光条件下，粗糙和暗黑的表面对法线、光源方向和光强度不敏感。因此，阴影区域在颜色空间中是不变的特征，阴影区域可以被检测到。颜色不变特征更有利于阴影区域的检测。Chai 等（2000）提出了一个具有较强鲁棒性的 YCbCr 颜色空间，阴影检测在 YCbCr 颜色空间中产生了较小的分割噪声。Sural 等（2002）分析了 HSV 色彩空间的性质，强调了对图像像素的色调、饱和度和亮度的视觉感知。基于像素的饱和度值选择色调或强度作为提取像素特征的主要依据。特征提取方法已经应用于图像分割和直方图生成，可以更好地识别图像中的对象。Shi 等（2012）提出了使用 HSI（hue，saturation，intensity）颜色空间进行图像分割，更适合于色彩视觉，有效地解决了 RGB 空间中色彩相似性问题。Murali 等（2013）提出了一种简单的方法来检测 RGB 图像中的阴影，基于图像的 LAB 当量的 A 和 B 平面中的 RGB 图像的平均值选择阴影检测方法，增加图像中阴影区域的亮度，然后校正部分表面的颜色以匹配表面的明亮部分。Khekade 等（2015）改进了 RGB 和 YIQ 色彩空间方法，并将两种空间方法结合起来，发现效果比单独使用更好。

定义两种颜色特征不变量 L1L2L3 和 C1C2C3。它们与归一化的 RGB 颜色空间相似，其变换公式如下。

归一化 L1L2L3 颜色空间：

$$\begin{cases} L_1 = \dfrac{(R-G)^2}{(R-G)^2+(R-B)^2+(G-B)^2} \\ L_2 = \dfrac{(R-B)^2}{(R-G)^2+(R-B)^2+(G-B)^2} \\ L_3 = \dfrac{(G-B)^2}{(R-G)^2+(R-B)^2+(G-B)^2} \end{cases} \tag{10.4}$$

归一化 C1C2C3 颜色空间：

$$
\begin{cases}
C_1 = \arctan\left(\dfrac{R}{\max(R,B)}\right) \\
C_2 = \arctan\left(\dfrac{G}{\max(R,B)}\right) \\
C_3 = \arctan\left(\dfrac{B}{\max(R,B)}\right)
\end{cases}
\tag{10.5}
$$

基于颜色空间模型的方法是转换 RGB 颜色空间模型的最广泛的方法之一，它弱化了三种颜色分量之间的相关性，使其更符合阴影检测研究。当所有的成像条件都受到控制时，RGB 最适合用于多色物体识别。C1C2C3 色彩空间模型和归一化的 RGB 色彩模型是最合适的。如果没有高光和有白色的光照约束，基于颜色空间变化的阴影检测方法对区分不同颜色的对象是非常有效的，但是具有在低强度下对噪声敏感的缺点。非线性变换空间适用于图像处理，但由于其非线性变换，大量的色彩空间计算存在奇异性问题。

10.2.3 基于阈值分割的方法

基于阈值分割的方法对图像分割是有效的，也适用于阴影检测。其最大的特点是计算简单，因而得到了广泛的应用。该方法使用一个或多个阈值将图像的灰度划分为多个部分，并将属于同一部分的像素视为同一个对象。基于阈值分割的方法分为两种：全局阈值法和局部阈值法。全局阈值方法使用全局信息来找到整个图像的最佳分割阈值。局部阈值法将原始图像分成几个小的子图像，然后用全局阈值法找出每个子图像的最佳阈值。常用的全局阈值法有双峰法（Sang et al.，1990）、大津法（Otsu，2007）。阈值分割的结果在很大程度上取决于阈值的选择，因此该方法的关键在于如何选择合适的阈值。双峰法，适合目标与背景的灰度级有明显差别的图像，其灰度直方图的分布呈双峰状，两个波峰分别与图像中的目标和背景相对应，波谷与图像边缘相对应。当分割阈值位于谷底时，图像分割可取得最好的效果。但是对灰度直方图中波峰不明显或波谷宽阔平坦的图像，不能使用该方法。Tseng 等（1995）提出了一种圆形直方图阈值化彩色图像分割方法。基于 HSI 色彩空间构造圆形色调直方图。直方图通过尺度空间滤波器自动平滑，转换为传统的直方图形式，并按最大方差原则递归地进行阈值处理。Tobias 等（2002）提出了一种基于灰度相似度阈值直方图的方法来克服影响大多数传统方法的局部最小值，并通过模糊度量来评估它们的相似性。通过将所提出的方法与最小化阈值相关准则函数的结果进行比较，对改进的多模态直方图进行验证。所提出的方法不尝试检测全局最小值，以这种方式确定的阈值可能对应或不对应于直方图的绝对最小值。由于所使用的假设，对象和背景必须占据直方图的非重叠区域。Bonnet 等（2002）将隶属关系与每个像素相关联，以实现图像空间中的概率松弛。通过放宽模糊隶属度来获得分割图像。Chung 等（2009）提出了基于连续阈值方案（successive thresholding scheme，STS）的算法来检测彩色航空影像的阴影。基于提出的校准尺度，采用全局阈值法构造粗略阴影图。从粗略的阴影图中，所提出的 STS 首先将所有像素分类为真实和候选阴影类型。另外，所提出的阴影检测过程被用来区分真实的阴影和候选阴影。基于区域的全局阈值分割方法有边缘算子法和四叉树法。Li 等（2010）提出了一种结合泽尼克（Zernike）矩和高斯算子的边缘检测新方法。该方法包括两个步骤：第一，使用高斯平滑图像；第二，使用 Zernike 算子来定位边缘。在第二步中，只使用一个模板来计算边缘。这样，新方法的计算复杂度比使用 Zernike 算子的计算复杂度低三分之一。

在 Otsu 方法中，阈值 t 将图像的像素分成 C_0 和 C_1（分别表示目标和背景）。σ_W^2、σ_B^2、σ_T^2 分别表示类内方差、类间方差和总方差。阈值 t 的分割质量通过以下三个标准函数来测量：

$$\lambda = \frac{\sigma_W^2}{\sigma_W^2},\quad \kappa = \frac{\sigma_T^2}{\sigma_W^2},\quad \eta = \frac{\sigma_B^2}{\sigma_W^2} \tag{10.6}$$

式中

$$\sigma_W^2 = \omega_0\sigma_0^2 + \omega_1\sigma_1^2 \tag{10.7}$$

$$\begin{cases} \sigma_B^2 = \omega_0\omega_1(\mu_0 - \mu_1)^2 \\ \sigma_T^2 = \sigma_W^2 + \sigma_B^2,\quad \omega_0 = \sum_{i=0}^{t} P_i,\ \omega_1 = 1 - \omega_0 \end{cases} \tag{10.8}$$

$$\mu_T = \sum_{i=0}^{L-1} iP_i,\quad \mu_i = \sum_{i=0}^{t} iP_i,\quad \mu_0 = \frac{\mu_t}{\omega_0},\quad \mu_1 = \frac{\mu_T - \mu_t}{1 - \omega_0} \tag{10.9}$$

最佳阈值 t^* 是通过找出类之间的最大方差获得的：

$$t^* = \arg\max_{t\in G} \sigma_B^2 \tag{10.10}$$

阈值分割是一种常用的区域分割技术。对于与背景具有强烈对比度的对象分割尤其有用。直方图技术用于确定阈值。Otsu 方法非常简单，可以自动一致地选择最佳阈值。

10.2.4 基于种子区域生长的方法

基于种子区域生长的方法，算法过程各向同性边缘检测器和快速熵阈值分割技术的组合。首先自动获得图像中的彩色边缘，这些相邻边缘区域之间的质量中心被用作种子区域生长的初始种子。然后，通过逐渐合并所需的像素，将这些种子替换为所生成的统一图像区域的质心。

Adams 等（1994）提出了种子区域生长（seeded region growing，SRG）方法。这种方法需要输入多个种子、单个像素或区域。该算法本质上取决于像素处理顺序，处理效果有待提高。Mehnert 等（1997）提出了一种改进的种子区域生长算法，该算法保留了 Adams 和 Bischof 算法的优势，快速执行、鲁棒分割和不调整参数。Fan 等（2001）提出了一种使用彩色边缘检测自动选择初始种子的自动种子区域生长方法。Stewart 等（2002）保存种子所需的种子区域生长算法及预定种子的需求。Shih 等（2005）提出了一种自动化种子区域生长的彩色图像分割算法。首先，自动选择原始种子；然后，将彩色图像划分为对应于每个区域的种子的区域；最后，区域合并用于合并相似或小的区域。Kong 等（2008）也是采用了自动种子生长的阴影检测算法。Xie（2009）提出了一种改进的区域生长算法。该算法利用颜色分类结果与连续图像之间的相似性来改进种子搜索方法。比全局种子搜索方法节省时间。Yang 等（2010）提出了一种集成分水岭和自动播种面积增长的彩色图像分割算法。根据平均色调值和平均饱和度的区域相似度，设计了基于平均色调差的自动选种算法。Preetha 等（2012）引入了自动种子区域生长（automatic seeded region growing，ASRG）算法，用于彩色和多光谱图像分割。种子是通过直方图分析自动生成的；分析每个频带的直方图以获得代表像素值的区间。

对于自动种子选择，必须满足三个标准：第一，种子像素必须与邻居有很高的相似性；第二，对于一个预期的区域，至少要生成一个种子才能生成这个区域；第三，不同区域的种子必须断开。

以流域法生成的面积为种子面积，面积是 N ，有 $R_i(i=1,2,3,\cdots,N)$ 。区域选择的条件如下。

条件 1：被选作种子的区域必须与其邻近区域具有高度相似性。换句话说，候选种子区域的相似程度必须高于某个阈值。

一个地区与其邻居的相似程度定义：$V_R^i = R_i \cup R_j |\ R_j \in R, J=1,2,\cdots,K$ ，i 和 j 是连续的区域。

一个区域与其相邻区域之间的相似度函数定义为

$$f(R_i,V_R) = w_1 \times \sinh(R_i) + w_2 \times \text{sims}\,(R_i) \tag{10.11}$$

并且

$$\begin{cases} \sinh\,(R_i) = \sqrt{\dfrac{\sum\limits_{t=1}^{k+1}(x_t - \overline{x})}{k+1}} \\ \text{sims}\,(R_i) = \sqrt{\dfrac{\sum\limits_{t=1}^{k+1}(y_t - \overline{y})}{k+1}} \end{cases} \tag{10.12}$$

式中：x_t 为 V_R^i 中每个区域的色调分量平均值；$\overline{x}$ 为 V_R^i 区域中所有区域的色调分量平均值；y_t 为 V_R^i 中每个区域的饱和度分量平均值；$\overline{y}$ 为 V_R^i 中所有区域的饱和度分量平均值。这里根据经验，w_1 的值是 0.8，w_2 的值是 0.2。

条件 2：一个区域与其相邻区域之间的最大欧几里得距离小于阈值。这里欧几里得距离的定义是使用该区域的色调分量的平均值来计算的。

定义条件 2 的原因是为了确保所选择的种子区域的位置不在两个期望的区域之间的边界处。根据实验经验选择这个阈值。

自动种子区域生长算法具有分割速度快的优点。它是稳健的，不调整参数自动选择种子的方法很多是主观的，这将影响分割的结果。

10.2.5 基于几何模型的方法

几何模型的方法，可以更好地以虚拟方式表示对象。该方法主要根据图像阴影区域的形状、大小、位置和结构来设计不同的算法。Fang 等（2014）提出了一种结合局部分类水平集和颜色特征的遥感阴影检测方法，以提高不均匀阴影的检测效果。

1. 基于水平集的几何轮廓模型方法

Osher 等（1987）提出了水平集方法。该方法有效地解决了曲线演化中拓扑变化问题。近年来，该算法在图像处理领域得到了广泛的应用（Yh，2015），特别是在图像分割方面取得了很大的进展。Kass 等（1988）提出了主动轮廓模型，其基本思想是在一系列外部约束力和图像的内在能量的影响下，演化初始曲线，直到曲线停止在图像的边缘，达到阴影检测的目的。Caselles 等（1993）提出了具有较好曲线拓扑能力的水平集几何主动轮廓模型。但是，上述方法的缺点之一是图像模糊、噪声大时处理效果不好。Zhao 等（1996）提出了一种多阶段水平集的图像分割方法，即每个分段对应一个水平集函数，它的要求是子域不重叠。但是，算法的效率并不高。Chan 等（2001）提出了基于 Mumford-Shah 模型的水平集图像分割算法，能量函数用于最小化图像分割，该算法是全局最优的。对于演化方程的数值解是从曲线演化到高维空间表面演化问题（即水平集方法）的演化水平集函数的隐式解。以二维平面演化曲线为例，将其嵌入一个曲面中，并将其转换为一个零水平的三维曲面作为一个水平集函数。这个阶段的模型克服了参数主动轮廓模型中的一些缺陷，但是并没有解决优化主动轮廓的能量更深层次的问题。通过曲线演化方程与水平集函数的关系可以得到测地线活动轮廓模型的水平集解。

Mumford-Shah 模型是基于能量最小化的图像分割或降噪模型，其基本形式为

$$E(u,c)=\int_{\Omega}\left|u-u_0\right|^2\mathrm{d}x\mathrm{d}y+\mu\int_{\Omega\setminus C}|\nabla u|^2\,\mathrm{d}x\mathrm{d}y+v\cdot\mathrm{length}\,(c) \tag{10.13}$$

式中：μ、v 均为非负常数；Ω 为图像区域；c 为区域的边界；u_0 为初始图像；u 为接近原始图像的分段平滑图像 u_0。要解决的问题是最小化能量函数 $E(u,c)$。

水平集方法有效地解决了以前的算法无法解决曲线演化中拓扑变化的问题。基于水平集的几何轮廓模型的优点是分割精度高、速度快，但演化缓慢，对非均匀灰度图像处理效果不理想。

2. 基于数学形态学的方法

数学形态学是一种有效的阴影检测方法。它显示了与频谱相反但在空间上相似的特征。数学形态学是用于图像分析的一组格子理论方法。它旨在定量描述图像对象的几何形状（Maragos，2005）。其基本思想是利用具有一定的结构元素来测量和提取图像中的相应形状。其基本操作是侵蚀扩展，根据这两个操作来定义其他操作。遥感图像的阴影部分表现为频域的低频部分，数学形态学通过关闭然后打开的方式来分离图像的高频部分和低频部分。Sandić-Stanković（1996）提出了使用数学形态学分析图像，使用上述打开和关闭操作来分割图像。Evans 等（2006）提出了一种基于向量差分的彩色边缘检测器，基本技术是将掩模向量之间的最大距离作为其输出，并将其应用于标量图像时将其减小为经典的形态梯度，这种技术在计算上相对有效，并且也可以容易地应用于其他矢量值图像。Zhao 等（2006）提出了一种基于 8 个不同方向的形态多结构元素的边缘检测算法，通过形态学梯度算法，得到 8 种不同的边缘检测结果，通过综合加权法得到最终边缘效应。Wang 等（2008）提出了一种基于经典光纤面板（optical fiber panel，OFP）阴影检测方法。首先，Canny 算子用于检测阴影边缘，选择最佳的数学形态学和结构元素，最后通过关闭算法连接阴影边缘。Xing 等（2011）通过设置灰度阈值来分割连接的

阴影区域和相应的区域，并且使用数学形态学算法来构建相邻的匹配区域。Huang 等（2012）改进了基于数学形态学的方法，并提出了形态建筑指数（morphological building index，MBI）和形态阴影指数（morphological shadow index，MSI）来检测用作建筑物空间约束的阴影，利用双阈值滤波方法来融合 MBI 和 MSI，然后将该框架应用到基于目标的环境中，利用几何指标和植被指数消除狭窄道路和明亮植被的噪声。Song 等（2014）提出了一种基于形态滤波的新型阴影检测算法和基于实例学习方法的阴影重建算法，在阴影检测阶段，通过阈值法生成初始阴影掩模，然后通过形态学滤波去除噪声和阴影区域。

数学形态学中，结构元素的作用相当于信号处理过滤窗口。因此，结构元素的选择决定了图像的几何特征是否能够很好地保留，从而准确地提取阴影区域。算法流程为：将图像转换为灰度图像 $F(x,y)$，引入结构元素 $S(x,y)$，关闭了 $F(x,y)$，也就是说：

$$F_c(x,y) = F(x,y)S(x,y) \tag{10.14}$$

打开 $F_c(x,y)$，利用结构元素 $W(x,y)$，得到图像的低频区域，也就是说：

$$F_c^0(x,y) = F_c(x,y)W(x,y) \tag{10.15}$$

对获得的低频区域进行阈值处理以提取阴影区域。

数学形态学方法能有效检测图像的边缘，分割出阴影和非阴影区域，抑制噪声的影响，并能抑制过分割现象。但其算法较为复杂，不能满足全自适应分割的要求。

10.2.6 阴影检测方法对比

对阴影检测的各种方法，设计表 10.1 来比较各种方法的优缺点。

表 10.1 阴影检测方法优缺点对比

<table>
<tr><th colspan="2">方法</th><th>优点</th><th>缺点</th></tr>
<tr><td rowspan="2">基于物理模型的方法</td><td>基于黑体辐射模型的方法</td><td>阴影检测的鲁棒性和准确性可以自适应地实现</td><td>建立模型所需的参数往往不易获得，计算复杂度高</td></tr>
<tr><td>基于三色衰减模型的方法</td><td>检测精度高，不需要先验知识</td><td>检查边界模糊的阴影，效果一般</td></tr>
<tr><td colspan="2">基于颜色空间模型的方法</td><td>基于颜色空间模型的许多方法是最广泛使用的。C1C2C3、HSI、HSV 和 LAB 的颜色空间很好地解决了 RGB 颜色空间三个分量强关联的问题。区分不同颜色的物体是非常有效的</td><td>对低光噪声敏感，没有通用的色彩空间方法</td></tr>
<tr><td colspan="2">基于阈值分割的方法</td><td>算法简单，应用广泛</td><td>对多种光照条件的阴影效果差</td></tr>
<tr><td colspan="2">基于种子区域生长的方法</td><td>自动种子生长方法稳健，分割速度快</td><td>自动选择种子方法很多都是主观的，会影响分割结果</td></tr>
<tr><td rowspan="2">基于几何模型的方法</td><td>基于水平集的几何轮廓模型方法</td><td>分割精度高，速度快</td><td>进化缓慢，不均匀的灰度图像处理效果不理想</td></tr>
<tr><td>基于数学形态学的方法</td><td>抑制噪声的影响，可以抑制过度分割现象</td><td>算法比较复杂，不能满足自适应分割的要求</td></tr>
</table>

10.3 阴影去除方法

阴影导致图像细节变模糊，给图像特征提取带来了极大的困难，上节已经介绍了几种阴影检测的方法，之后进行的步骤就是阴影去除，也叫阴影补偿，它直接关系阴影区域恢复的效果。本节将介绍 5 种方法：基于颜色恒常性的方法、基于 Retinex 图像的方法、基于 HIS 色彩空间的方法、基于同态滤波的方法和基于马尔可夫场的方法，并给出这些方法的发展沿革及算法过程，总结它们的优缺点。

10.3.1 基于颜色恒常性的方法

基于颜色恒常性的方法，就是把非标准光照下的区域变换到标准光照下，模拟阴影区域在标准光照下的情况，以达到去除阴影的目的。标准光照是使白光在 RGB 颜色三个通道相等的光照颜色，为了得出阴影区域在标准光照下的颜色，颜色恒常处理由此得来。人类都有一种不因光源或外界环境因素的影响而改变对某个物体色彩判断的心里倾向，这种倾向即为颜色恒常性（Forsyth，1990）。基于这一特性，可以把颜色恒常性用到图像处理中，消除光照的影响，去除阴影，得到阴影区本来的颜色。把阴影区的非标准光照条件转化到非阴影区的标准光照条件，利用光照的线性比完成阴影的去除，其中估计标准光源是关键一步（叶勤 等，2010）。

在光源颜色估计上，学者们提出了很多方法，主要有以下几种。①Gray-World 算法，图像场景反射率的平均值是消色差（Gijsenij et al.，2010），图像的平均颜色等同于光源颜色，在标准白色光源照明下，拍摄场景的 RGB 三个通道的平均值之比为 1∶1∶1。②Max-RGB 算法，图像中 RGB 通道的最高值即为场景光源的颜色值。③Finlayson 等（2004）提出了 Shades of Gray 算法，此算法把 Gray World 和 Max-RGB 算法包含在内，算法认为光源颜色可以通过明可夫斯基范式来求得。van de Weijer 等（2007）提出了新的基于颜色恒常性的算法，结合明可夫斯基范式可求得光源颜色。

明可夫斯基范式：

$$e = k\left(\frac{\iint (f(x,y))^p \mathrm{d}x\mathrm{d}y}{\iint \mathrm{d}x\mathrm{d}y}\right)^{\frac{1}{p}} = k\left(\frac{\sum_{x=1}^{M}\sum_{y=1}^{N}(f(x,y))^p}{MN}\right)^{\frac{1}{p}} \tag{10.16}$$

式中：e为当前区域的光源颜色；f为图像各通道的灰度值；k为比例系数；p为该范式中的指数参数，取值$[1,\infty)$。p决定了估计光源所使用图像各个灰度值的侧重情况。$p=1$时，为 Gray-World 算法；$p=\infty$时，为 Max-RGB 算法。

与普通图像相比，遥感图像成像范围大、涉及的地物复杂，特别在大城市的中心区域，建筑物阴影会造成相邻地物间极大的光照条件差异，针对普通场景图像适用的光源估计算法未必适用。由于 Gray-World 和 Max-RGB 算法都包含在明可夫斯基范式内，本节重点针对 Shades of Gray 算法，讨论对城市中心区高分辨率遥感图像进行阴影去除，分析比较该算法对高分辨率遥感图像阴影去除的效果和适应性。

在原始彩色航空图像的各个通道图像上，分别进行光源颜色估计、去除阴影。具体步骤如下。

（1）将图像分解为$T_{\mathrm{R}}(i,j)$、$T_{\mathrm{G}}(i,j)$、$T_{\mathrm{B}}(i,j)$三个灰度图像，将某个灰度图像分成阴影区和非阴影区，分别为$c(i,j)$、$q(i,j)$，图像$t(i,j)$为

$$t(i,j)=c(i,j)+q(i,j) \tag{10.17}$$

（2）对阴影区和非阴影区用明可夫斯基范式进行颜色恒常性计算，得出光源颜色e_1、e_2；

（3）阴影区变换到标准光照条件下为

$$c_{\mathrm{b}}(i,j)=c(i,j)e_1^{-1} \tag{10.18}$$

（4）非阴影区变换到标准光照条件下为

$$q_{\mathrm{b}}(i,j)=q(i,j)e_2^{-1} \tag{10.19}$$

（5）当阴影区变为非阴影区光照条件时：

$$c_q(i,j)=c(i,j)\frac{e_2}{e_1} \tag{10.20}$$

（6）去除阴影后的图像为

$$T'_{\mathrm{R}}(i,j)=c_q(i,j)+q(i,j) \tag{10.21}$$

将处理后的每个灰度图像$T'_{\mathrm{R}}(i,j)$、$T'_{\mathrm{G}}(i,j)$、$T'_{\mathrm{B}}(i,j)$按R、G、B输出。

基于颜色恒常性的方法比一般的阴影区反差拉伸方法效果好，且与一般场景图像的阴影去除不同，对全色和红外两类遥感图像，p取2时阴影去除效果最佳，说明这两类图像不能简单看成一个灰色世界图像。此方法对信息单一的图像效果较好，缺点是还原的色偏偏暗。

10.3.2 基于Retinex图像的方法

基于Retinex图像的方法最早是由Land等（1971）提出的，Retinex是由两个单词合成的一个词语，它们分别是retina和cortex，即视网膜和皮层。Retinex是以颜色恒常性为基础的，不同于传统的线性、非线性的只能增强图像某一类特征的方法，它可以在动态范围压缩、边缘增强和颜色恒常三个方面达到平衡，因此可以对各种不同类型的图像进行自适应的增强。Jobson等（1997a）提出将单尺度Retinex（single scale Retinex，SSR）算法用于图像增强，通过将像素点的灰度值与以它为中心进行高斯平滑后得到的灰度值作差值，以该差值作为相对明暗关系，对原像素点进行灰度值校正。Jobson等（1997b）提出了多尺度Retinex（multi-scale Retinex，MSR）算法，将高斯卷积按照模板大小划分为若干级，分别使用SSR方法求解每一级上的灰度校正值，再将多个SSR的输出结果进行加权求和得到MSR的增强结果。Finlayson等（2002b）将Retinex算法运用到图像阴影去除中，为阴影去除提供了方案。唐亮等（2005）提出了基于模糊Retinex算法的阴影去除方法，利用模糊C均值聚类（fuzzy C-means，FCM）算法将图像划分为阴影和非阴影区域，分别计算其模糊Retinex，再综合得出图像的模糊单尺度Retinex（fuzzy single scale Retinex，FSSR）输出结果。FSSR在模糊的意义上使得中心环绕空间对比运算仅仅

在光照强度相近的区域中进行，增强了 Retinex 在光照强度变化较大的场景中的鲁棒性，在保持原图像自然色彩的前提下取得了较好的阴影去除效果。张肃等（2016）提出了基于模糊 Retinex 的高空间分辨率遥感图像阴影消除方法，其处理效果有所改进。

此外，在单尺度 Retinex 算法中，学者们进行了拓展。刘家朋等（2007）提出了一种基于单尺度 Retinex 算法的非线性图像增强算法，该算法首先利用给定的卷积函数对原图像进行卷积，得到亮度图像的粗估计，然后利用非线性变换增强原图像的对比度，再将增强后的图像与粗估计的亮度图像在对数域中相比以得到反射图像，同时应用 Gamma 校正来调整得到的反射图像，并将调整后的反射图像与粗估计的亮度图像进行合成，得到最终的增强图像。杨玲等（2013）提出了一种自适应 Retinex 的航空图像阴影消除方法，单尺度 Retinex 算法需要人工设定参数，其增强结果往往取决于人的经验，在一定程度上影响算法的方便性与自动化程度。在多尺度 Retinex 算法发展中，王小明等（2010）提出了一种基于快速二维卷积和多尺度连续估计的算法，该算法充分利用二维图像高斯卷积的可分离性和多尺度照射光连续估计的可行性，降低了 Retinex 算法的复杂度。同时对于增强后图像色彩容易失真的现象，提出了一种去极值的直方图裁剪法，用于保持图像色彩信息和提高对比度。王潇潇等（2013）针对阴影部分细节恢复的 Retinex 模型，提出了一种将多尺度 Retinex 算法与泰勒拉伸相结合的新型算法，算法中采用高斯滤波无限脉冲响应实现多尺度 Retinex，并且通过一元二次泰勒展开函数对图像进行拉伸，同时利用高斯分布对拉伸区域进行自适应调整。下面介绍单尺度 Retinex 算法和多尺度 Retinex 算法的过程。

（1）单尺度 Retinex 算法过程。设亮度图像 $L(x,y)$ 是平滑的，反射图像为 $R(x,y)$，原图像为 $I(x,y)$，$G(x,y)$ 为高斯卷积函数，则有

$$\begin{cases} I(x,y)=L(x,y)*R(x,y) \\ L(x,y)=I(x,y)*G(x,y) \end{cases} \tag{10.22}$$

在对数域中，单尺度 Retinex 可以表示为

$$\begin{cases} \log R(x,y)=\log[I(x,y)/L(x,y)] \\ \log R(x,y)=\log I(x,y)-\log[I(x,y)*G(x,y)] \end{cases} \tag{10.23}$$

式中：λ 为常数，$G(x,y)$ 满足

$$G(x,y)=\lambda\exp\left(-\frac{x^2+y^2}{c^2}\right), \quad \iint G(x,y)\mathrm{d}x\mathrm{d}y=1 \tag{10.24}$$

式中：c 为尺度常量：c 越大，灰度动态范围压缩得越多；c 越小，图像锐化得越多。对灰度图像，单尺度 Retinex 算法可以较好地增强图像，但是当图像中有大块灰度相似的区域时，增强后的图像会产生晕环现象。

（2）多尺度 Retinex 算法。其表达式为

$$R_i(x,y)=\sum_{K=1}^{K}W_k(\log I_i(x,y)-\log(F_k(x,y)*I_i(x,y))) \tag{10.25}$$

式中：$i=1,2,\cdots,N$ 表示波段号，对于灰度图像，$N=1$，对于彩色图像，$N=3$，分别对应彩色图像的 R、G、B 分量，同时也对应光谱的长波、中波、短波；$R_i(x,y)$ 为第 i 个波段的 Retinex 增强图像；$I_i(x,y)$ 为第 i 个波段的原图像；*为卷积操作；K 为环绕函数

个数，也就是尺度的个数；W_k 为对应第 k 个尺度的权重因子；F_k 为第 k 个环绕函数，一般 F_h 取高斯函数，其二维表达式为

$$F(x,y)=C\cdot\exp\left(-\frac{x^2+y^2}{2\sigma^2}\right) \tag{10.26}$$

式中：σ 为标准差；C 为归一化因子，多尺度 Retinex 是单尺度 Retinex 在多个尺度上的综合，它使图像在动态范围压缩和色彩呈现方面有良好的平衡，能够同时实现图像的锐化、动态范围的压缩、对比度改善、颜色恒常性和颜色的重现，使图像的处理效果更加理想。

基于 Retinex 图像的方法，特别是基于模糊 Retinex 的方法保持原图像自然色彩，使阴影去除之后的图像更加自然，对比度增强。缺点是传统的中心环绕 Retinex 图像增强方法在处理高动态范围图像时易在明暗对比强烈处产生光晕现象。

10.3.3 基于 HSI 色彩空间的方法

在数字图像处理中，彩色图像最常用的模型是 RGB（红、绿、蓝）模型，该模型广泛地应用于彩色显示器和大多数的彩色相机。HSI（色调、饱和度、亮度）模型最符合人描述和解释颜色的方式。HSI 图像的特点是 I 分量是关于图像亮度的指标，能明确地反映出阴影的信息和特点，以及图像中阴影和非阴影区域在第三个分量上会有明显的数值差异。基于 HSI 色彩空间的处理方法是把图像从 RGB 空间转到 HSI 色彩空间，然后对阴影区域的 H、S、I 分量进行补偿，最后把图像转回到 RGB 空间图像中，达到阴影补偿的效果，所以在色彩空间中来处理图像阴影有其方便之处，更加容易实现目标。

HSI 是指一个数字图像的模型，最早是由美国色彩学家孟塞尔（Munsell）于 1915 年提出的，它反映了人的视觉系统感知彩色的方式，以色调、饱和度和亮度三种基本特征量来感知颜色。Suzuki 等（2000）将 HSI 色彩空间的方法应用到遥感图像阴影补偿中，该方法可以在保留非阴影区域的同时，提高特征阴影区域的可见性，保留了阴影区域的自然色调，可以在阴影区域和非阴影区域之间抑制边界周围的伪边界。王树根等（2003）提出了一种彩色航空图像上阴影区域信息补偿的方法，对阴影区域的蓝色分量进行适当抑制，选择在 RGB 颜色空间里对原始图像进行亮度和颜色调整，算法主要步骤如下：首先将图像从 RGB 颜色空间转换到包含亮度信息的 HSI 颜色空间，接着对亮度值 I 进行数学形态学的开闭运算，得到图像亮度的低频部分 IL，对 IL 作阈值处理和带条件的腐蚀运算，将阴影区域和非阴影区域分离，最后在 RGB 颜色空间里，通过亮度信息对原始图像阴影区域中的 R、G、B 分量分别进行调整，以达到阴影补偿的目的。杨俊等（2008）基于阴影属性提出了一种全自动彩色图像阴影去除算法，首先将图像变换到 HSI 空间，依据阴影区域亮度值低和饱和度高的特性，结合小区域去除和数学形态学处理，得到精确的阴影区域。然后，分别对 I、H、S 分量图上各个独立阴影区域与其邻近的非阴影区域进行匹配补偿，再反变换回 RGB 空间，完成阴影去除操作。王蜜蜂等（2014）通过分析研究抑制蓝色分量和亮度线性补偿这两种阴影补偿算法，利用阴影区域与其同质区信息相似的特点，把这两种算法进行合并与改进，提出基于 RGB 和 HSI 色彩空间的阴

影补偿算法。主要思想是在 RGB 色彩空间中抑制阴影区域的蓝色分量，因为阴影区域的蓝色分量最大，然后在 HIS 色彩空间中，分别补偿 H、S、I 分量，是前面方法的结合。

邻近的非阴影区域是结合阴影区域和阴影投射方向得出的，采用的计算公式为

$$\Omega_{\text{noshadow}} = \{p|0 < d(p,\Omega_{\text{shadow}}) < \text{dist}\} \tag{10.27}$$

式中：Ω_{noshadow} 为邻近某个距离阈值 dist 的非阴影区域集合；$d(p,\Omega_{\text{shadow}})$ 为阴影投射方向某个点到阴影区域的距离。

在得出每个独立的阴影区域和其邻近的非阴影区域之后，采用如下映射策略对阴影区域的灰度值进行补偿：

$$I(i,j)' = A*\left(m_{\text{noshadow}} + \frac{I(i,j) - m_{\text{shadow}}}{\sigma_{\text{shadow}}}\sigma_{\text{noshadow}}\right) \tag{10.28}$$

式中：I 为补偿之前的阴影区灰度值；I' 为补偿之后的阴影区域灰度值；m_{noshadow} 和 σ_{noshadow} 分别为阴影区域的均值及方差；m_{shadow} 和 σ_{shadow} 分别为邻近阴影区域的均值及方差，A 为亮度补偿强度参数。

阴影对图像的影响不仅是降低了图像的亮度，同时也改变了该区域的色调和饱和度，所以单纯对亮度进行补偿并不能恢复阴影区域的真实色彩。参照亮度补偿的方式，对 S 和 H 分量图上各个独立阴影区域分别与邻近的非阴影区域进行匹配，补偿策略为

$$S(i,j)' = B*\left(m_{\text{noshadow}} + \frac{S(i,j) - m_{\text{shadow}}}{\sigma_{\text{shadow}}}\sigma_{\text{noshadow}}\right) \tag{10.29}$$

$$H(i,j)' = C*\left(m_{\text{noshadow}} + \frac{H(i,j) - m_{\text{shadow}}}{\sigma_{\text{shadow}}}\sigma_{\text{noshadow}}\right) \tag{10.30}$$

式中：S 和 H 分别为补偿之前的阴影区域饱和度和色调；S' 和 H' 分别为补偿之后的阴影区域饱和度和色调；B 为饱和度补偿强度系数；C 为色调补偿强度系数。

基于 HSI 色彩空间的方法阴影补偿结果真实感强，效果较好，对非阴影区的影响较小，其适用性广泛，要求的条件低。但是，色彩空间的多次转换造成了复杂度高的问题。

10.3.4 基于同态滤波的方法

基于同态滤波的遥感图像阴影去除方法，首先将遥感图像变换到频率域空间，使用一种增强高频、抑制低频的滤波器对图像进行处理，然后反变换回空间域，使图像的灰度动态范围得到压缩，同时又使目标图像灰度级得到扩展，从而抑制照射部分的影响，实现遥感图像中的阴影消除。闻莎等（2000）介绍了常用的同态滤波的算法，从传统的频域算法到现在常用的空域算法，在空域算法中，采用了邻域平均和高斯函数两种算法来近似地实现低通滤波，它们克服了频域算法的部分缺点，但计算效率不高，所以利用滑窗思想和模板分解思想分别对邻域平均和高斯函数滤波两种算法进行了改进，大大提高了空域同态滤波的计算效率。郭丽等（2007）在同态滤波基础上，引入基于小波变换的同态滤波方法，充分利用了小波变换的多尺度、空频域分析特性，采用同态滤波器对小波分解系数进行处理，用于增强阴影地区的细节信息。陈春宁等（2007）在频域中利用同态滤波增强图像对比度，在介绍了基于照明反射模型的同态滤波模型原理、实现过

程和特点的基础上，在频域内通过对高斯高通滤波器、巴特沃斯高通滤波器、指数高通滤波器的改进后得出三种同态滤波器，并对三种同态滤波器通过实验结果给出适用的滤波模型和表达式参数。对照明不良会使图像亮度不足和细节模糊对比度明显变差的图像处理结果表明，巴特沃斯同态滤波函数优于其他两种同态滤波函数，对光照不足的图像进行灰度动态范围压缩和对比度增强效果显著。李刚等（2007）提出了基于同态滤波的像素替换法，该方法既可以去除薄云，又可以恢复无云区域的信息，使得处理后的图像和原始图像在无云区域有极大程度上的相似性。采用像素替换法，即将原始图像和处理后的图像以灰度值作为判断条件对原始图像进行像素替换，具体过程：将原始多波段图像分解为单波段图像，分别用同态滤波法对每一单波段图像进行滤波处理，对滤波后的图像和原始图像进行像素替换，将像素替换后的各个单波段的图像合成得到结果图像。焦竹青等（2010）提出了一种基于同态滤波的光照补偿方法，在频域内采用同态滤波对图像进行处理，然后将巴特沃斯高通滤波传递函数引入同态滤波器中，设计出一种新的动态巴特沃斯同态滤波器，增强图像在 YIQ 色彩空间中的亮度分量，并保持图像色度分量不变。在增加图像高频分量的同时，削减低频分量，弥补由光照不足引起的图像质量下降，最终实现对图像的光照补偿。郝宁波等（2010）提出了一种基于同态滤波的高分辨率遥感图像阴影消除方法，使用一种能够同时增强高频部分、削弱低频部分的滤波器，最终结果是既使图像的动态范围压缩，又使图像各部分之间对比度增强。基于同态滤波的遥感图像阴影去除方法，实现了对遥感图像中阴影的去除，取得了一定的效果，阴影部分地物的灰度值得到了较好的恢复。与基于色彩空间的阴影去除方法相比，基于同态滤波的遥感图像的阴影去除方法不仅减少了阴影检测这一步骤，而且大大降低了人机交互操作，有利于计算机自动化遥感图像的阴影去除。

遥感图像的一个像素的灰度值可以看成两分量：一个分量是光源直射景物漫反射光产生的入射光量；另一分量是由环境中周围物体散射到物体表面再反射出来的光产生的反射光量。它们分别被称为照射分量和反射分量。阴影图像的灰度值对应着反射分量，增强反射分量的同时压缩照射分量，从而消除阴影。通常，图像反射分量变化慢，在图像频率域对应着低频分量；照射分量则倾向于急剧变化，对应着高频分量。因此使用合适的滤波器，就可使图像的灰度动态范围得到压缩，实现遥感图像中的阴影去除。同态滤波的算法见图 10.2。

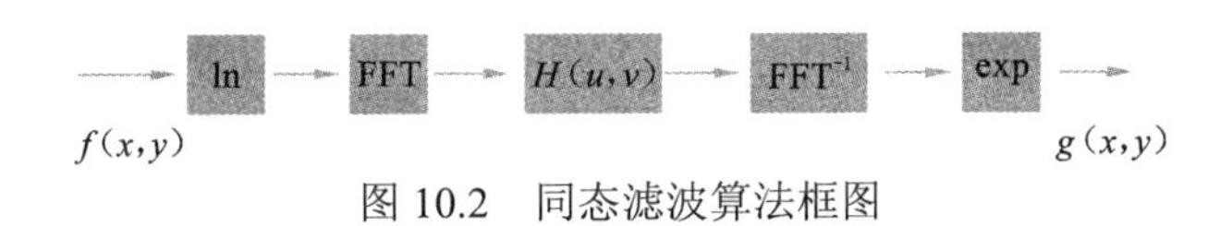

图 10.2　同态滤波算法框图

图 10.2 中：$f(x,y)$、$g(x,y)$ 分别表示输入和输出图像；ln 为对数运算，FFT 为快速傅里叶变换；$H(u,v)$ 为滤波函数；FFT^{-1} 为快速傅里叶逆变换；exp 为指数运算。

算法过程如下。

（1）遥感图像某一波段的灰度图像 $f(x,y)$ 可以由照射光量和反射光量乘积表示为

$$f(x,y)=f_i(x,y)*f_r(x,y) \tag{10.31}$$

（2）对影像中逐个像素值取对数运算，可以将照明分量和反射分量由原来的乘性分

量变成加性分量：

$$\ln f(x,y) = \ln[f_i(x,y) * f_r(x,y)] = \ln f_i(x,y) + \ln f_r(x,y) \quad (10.32)$$

（3）对取对数以后的图像进行傅里叶变换：

$$F(u,v) = F(\ln f(x,y)) = F_i(u,v) + F_r(u,v) \quad (10.33)$$

（4）在频率域中，使用滤波器 $H(u,v)$ 对频率域图像进行处理：

$$F(u,v) = H(u,v) * F_i(u,v) + H(u,v) * F_r(u,v) \quad (10.34)$$

（5）傅里叶反变换和反对数运算，恢复原始图像，阴影消除处理结束。

$F(u,v)$、$F_i(u,v)$、$F_r(u,v)$ 是经过傅里叶变换灰度图像值、入射光量和反射光量，$H(u,v)$ 表示滤波函数。

基于同态滤波的方法在成功实现阴影去除的同时大大降低了人机交互操作与处理速度，是一个高效的阴影去除处理方法。当然缺点是滤波器函数受参数影响较大。

10.3.5 基于马尔可夫场的方法

Song 等（2014）提出基于马尔可夫场的阴影去除算法，有的文章也称为基于样本匹配的方法。算法主要的思路：首先根据图像阴影区域地面覆盖不同类型，人工选取阴影区域和对应匹配的非阴影区域，将它们分别放到阴影样本库和非阴影样本库中，利用马尔可夫随机场建立非阴影样本的网络关系；然后将图像中的阴影亮度值利用欧几里得距离提取最相近的 5 个样本阴影，将对应的非阴影样本代替图像中的阴影区域作为该区域的像素点；最后利用贝叶斯扩散准则补偿阴影区域，获得最终图像处理结果。

在选取样本时，需要注意两点：①为了减少光照变化对图像的影响，选取阴影区域阴影样本和匹配的非阴影样本时，尽可能选取距离最接近的区域；②样本库里面必须包含图像中的所有地面覆盖类型。

图 10.3 是阴影与非阴影节点之间的关系。

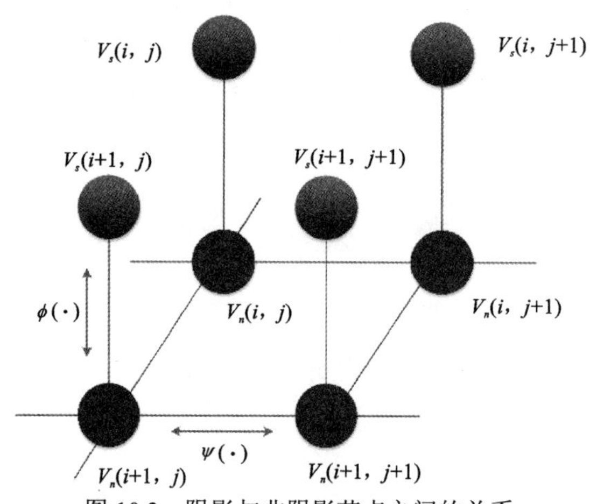

图 10.3 阴影与非阴影节点之间的关系

对于分配给马尔可夫场阴影和非阴影区节点，除了直接邻节点，每个节点和其他节点互相独立。非阴影像素 $V_n(i,j)$ 和阴影像素 $V_s(i,j)$，以及它的直接邻节点 $V_n(i+1,j)$、

$V_n(i,j+1)$、$V_n(i-1,j)$、$V_n(i,j-1)$，这些节点的关系可用$\Phi(\cdot)$和$\Psi(\cdot)$表示，$\Phi(\cdot)$是V_n和V_s的对应关系，而$\Psi(\cdot)$是V_n与直接邻节点的对应关系。

为了计算马尔可夫网络中的相关函数和$\Phi(\cdot)$、$\Psi(\cdot)$：

$$\Phi[(\hat{V}_n(i,j)),V_s(i,j)]=\exp\left\{\frac{-|V_s(i,j)-(\hat{V}_n(i,j))|^2}{2\sigma_v}\right\} \tag{10.35}$$

式中：$\hat{V}_n(i,j)$为马尔可夫随机场中预测出的非阴影像素；$V_s(i,j)$为阴影样本库中与阴影区域对应的阴影像素；σ_v为阴影样本库的标准差。

$$\Psi[(\hat{V}_n(i,j)),(\hat{V}_n(u,v))]=\exp\left\{\frac{-|(\hat{V}_n(i,j))-(\hat{V}_n(u,v))|^2}{2\sigma_h}\right\} \tag{10.36}$$

式中：$\hat{V}_n(i,j)$为马尔可夫随机场中预测出的非阴影像素；$\hat{V}_n(u,v)$为与$\hat{V}_n(i,j)$相邻的非阴影像素；σ_h为非阴影样本库的标准差。

通过贝叶斯扩散准则，找到最优解：

$$(\hat{V}_n(i,j))=\underset{(\hat{V}_n(i,j))}{\arg\max}\,\Phi[(\hat{V}_n(i,j)),V_s(i,j)]*\prod_{(uv)\in\Omega(i,j)} m_{(u,v)\to(i,j)}[(\hat{V}_n(i,j))] \tag{10.37}$$

式中：$\Omega(i,j)$为(i,j)的邻居；$m_{(u,v)\to(i,j)}[(\hat{V}_n(i,j))]$为$(\hat{V}_n(u,v))$向$(\hat{V}_n(i,j))$传递的信息；$(\hat{V}_n(i,j))$为非阴影区的预测值；$V_s(i,j)$为阴影区点。

基于马尔可夫场的方法提供的新思路，实验表明此方法处理的效果较好，对于复杂地貌依然有效。但是，此方法大量的计算为处理过程带来不便，多次转化降低了实现效果的精准性，人工选用样本也费时费力。

10.3.6 阴影去除方法对比

阴影去除方法优缺点对比见表10.2。

表 10.2 阴影去除方法优缺点对比

方法	优点	缺点
基于颜色恒常性的方法	比一般的阴影区反差拉伸方法效果好，信息单一的图像效果较好	还原色偏严重
基于 Retinex 图像的方法	基于模糊 Retinex 的方法保持原图像自然色彩，使得阴影去除之后的图像更加自然，对比度高	处理高动态范围图像时易在明暗对比强烈处产生光晕现象
基于 HSI 色彩空间的方法	阴影补偿结果真实感强，效果较好，对非阴影区的影响较小，其适用性广泛，要求的条件低	色彩空间的多次转换，计算量大
基于同态滤波的方法	成功实现阴影去除，同时大大降低了人机交互操作与处理速度	滤波器函数受参数影响较大
基于马尔可夫场的方法	为阴影去除提供了基于样本库的新思路，对于复杂地貌依然有效	人工选用样本费时费力

第 11 章　遥感图像修复

由于传感器故障及厚云等天气条件的影响，遥感传感器获取的地表信息往往存在缺失问题，极大降低了数据的可用性。

传感器缺陷造成的信息缺失常见的有：Aqua 中等分辨率成像光谱辐射仪（moderate-resolution imaging spectroradiometer，MODIS）第 6 波段中的 20 个探测器中的 15 个是无效的（Wang et al.，2006）；Landsat（ETM+）传感器的扫描线校正器（scan line corrector，SLC）失效，导致每景图像约 22%的信息缺失（Zeng et al.，2013）；Aura 卫星上的臭氧监测仪（ozone monitoring instrument，OMI）受到行异常的影响。由传感器故障或随机误差导致的死像元也是常见现象。此外，云的遮挡是导致数据缺失的另一个主要因素。有研究显示，全球有约 35%的陆地表面被云所覆盖（Lin et al.，2013a）。云遮挡导致的信息缺失比传感器造成的信息缺失随机性更强，且面积更大而更难于修复。一般来说，光学遥感图像受大气条件的影响较大，而微波成像等方式受大气影响较少。缺失的信息干扰了遥感数据的后续应用和分析，所以对缺失数据进行修复重建是一项非常重要的研究工作。

11.1　问 题 描 述

为了直观地感知遥感数据的信息丢失，在图 11.1 中给出了一些具体的例子。图 11.1 中（a）～（c）的信息丢失是传感器故障造成的，（d）～（f）的信息丢失是云层遮挡造成的。图中包含了数字图像 DN 值和遥感的定量产品，即反射率、地表温度（land surface temperature，LST）、归一化植被指数（normalized difference vegetation index，NDVI）和臭氧。

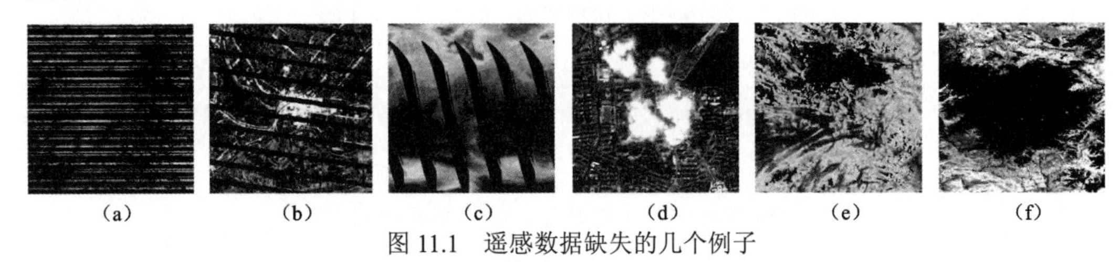

（a）　（b）　（c）　（d）　（e）　（f）

图 11.1　遥感数据缺失的几个例子

（a）传感器故障的 Aqua MODIS 第 6 波段数据；（b）Landsat ETM+ 扫描行缺失数据；（c）OMI 臭氧异常数据；（d）有云遮蔽的 IKONOS-2 反射率数据；（e）云遮蔽的 MODIS LST 数据；（f）云遮蔽的 MODIS NDVI 数据

关于缺失问题的描述本书按照 Shen 等（2015）的框架进行表述。为了方便，首先以最简单的二维遥感数据为例。如图 11.2 所示，把二维数据看作映射 $\mathrm{I}: x \to z, x \in \mathbf{R}^2, z \in \mathbf{R}^1$，这里 $\Omega^{m\times n} \subset \mathbf{R}^2$ 表示给定大小图像的支持域，由 $m \times n$ 个点 $\{p_x\}$ 组成，x 是 $\{p_x\}$ 的坐标，

定义为 $x=(x,y)$ 。相应的，$I(x)=z$ 代表 p_x 的值。假设 Ω 由缺失区域 S 和现有区域 E 组成，即 $\Omega = \mathrm{S} \cup \mathrm{E}$ ，$\mathrm{S} \cap \mathrm{E} = \varnothing$ 。回顾第 2 章，可以把丢失信息的过程看作掩码矩阵 H 与理想原始数据 X 相乘所代表的观测过程，如果 N 为噪声，那图像缺失的观测模型可以写成如式（11.1）所示的形式。实际上，缺失也是图像降晰的一种特殊形式。

$$Y = HX + N \tag{11.1}$$

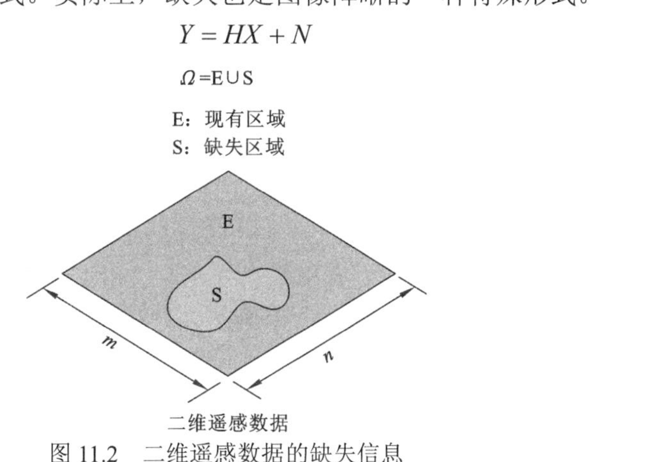

图 11.2　二维遥感数据的缺失信息

就遥感数据而言，它们通常具有三维形式，如图 11.3 所示。就数据结构而言，二维遥感数据只是三维数据的一个特例，上文所使用的符号依然有效。在实践中，希望基于部分观测数据 Y 来重构原始的全部数据 X。好的重建结果不仅在视觉上是自然的，而且数据的物理意义保持一致（主要针对遥感定量数据）。

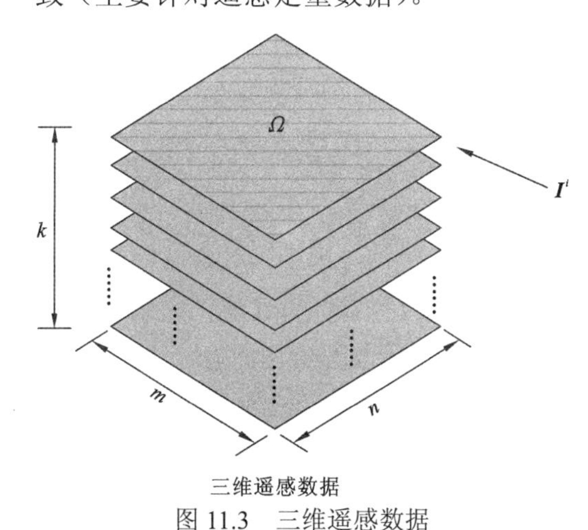

图 11.3　三维遥感数据

对遥感数据缺失信息进行修复时，通常需要利用已知的信息作为信息源，建立信息源与缺失信息之间的转换关系，实现缺失信息的重建。通常按照信息来源的不同，将遥感数据修复方法分为 4 种类型（沈焕锋 等，2018c）。

（1）基于空域的修复方法：信息源来自图像自身空间结构纹理等信息。

（2）基于谱域的修复方法：信息源来自遥感数据不同波段之间的互补信息。

（3）基于时域的修复方法：信息源来自不同时相遥感数据之间的互补信息。

（4）混合方法：信息源同时来自遥感数据三种互补信息（不同波段互补信息、不同时相互补信息、不同空间互补信息）中的两种或者三种。

总之，空间维、时间维、光谱维互补信息是遥感数据得以重建的基础。下文详细介绍这几种信息修复方法。

11.2 基于空域的修复方法

基于空域的修复方法不需要其他辅助数据，仅依靠图像数据自身已知区域的信息作为补充源，通过分析图像的统计特征、地物分布特征、几何纹理特征等，建立已知信息与缺失信息之间的空间关联，以此实现缺失区域的信息修复。代表性的方法有：插值方法(假设缺失数据与已有观测数据有相似的统计特性和相关性)；基于变分的修复方法(假设缺失数据与已有观测数据有相似的几何特性)；样例填充的方法(假设缺失数据与已有观测数据有相似的纹理特征)。

11.2.1 插值方法

基于空域的修复方法中，插值法是最基本的方法，其通过对空间邻近像元按一定规则统计和计算，从而求解缺失的未知像元值。大多数空间插值方法可以表示为采样值的加权平均值。它们都具有相同的总体估算公式，如下所示：

$$\hat{I}(x_0)=\sum_{i=1}^{N}w_i I(x_i) \tag{11.2}$$

式中：$\hat{I}(x_0)$ 为关注点 x_0 处的属性的估计值；$I(x_i)$ 为采样点 x_i 处的观测值；$W=\{w_1,w_2,\cdots,w_i\}$ 为采样点 x_i 的权重；N 为用于插值的采样点的数量（Webster et al.，2001）。最常用的插值算法包括最近邻插值、双线性插值和三次卷积插值。地学统计插值方法在遥感数据处理中也是非常有用的（Yu et al.，2011）。地学统计学包括几种使用克里金（Kriging）算法估算中间值的方法。这种算法是一种局部最优线性无偏估计方法。Kriging 的权重在无偏约束 $E(I(x_0)-\hat{I}(x_0))=0$ 条件下，通过最小化方差

$$\min_{W}\mathrm{Var}\,(I(x_0)-\hat{I}(x_0)) \tag{11.3}$$

来估计权值 $W=\{w_1,w_2,\cdots,w_i\}$。

Zhang 等（2007）描述了使用插值方法来重建缺失信息的典型例子，他们使用普通的 Kriging 技术来填充 ETM+图像间隙。这个案例研究表明，地统计学方法可以成为插值缺失像素的有效工具。一般而言，插值方法高效且易于操作。然而，在大多数插值方法中，空间信息被利用的方式较为单一，所以这些方法仅适用于相对简单的粗尺度地面特征。

11.2.2 基于变分的修复方法

遥感数据缺失信息的重建也可以看作解决病态求逆的反问题，通常的做法是通过施加某种图像先验知识使其由不适定问题转化为适定问题，也称为图像正则化技术。图像

正则化可以表示为变分问题，其中图像为有界变差（bounded variation，BV）函数，解决方案是全局能量函数的最小化：

$$\hat{I} = \arg\min_{I}\{\| MI - J\|_q^q + \lambda \Psi(I)\} \tag{11.4}$$

式中：I 为清晰的目标图像数据；J 为观察到的损坏数据；M 为缺失数据的掩码；$\| MI - J \|_q^q$ 为数据保真度项，表示观察到的损坏数据和目标数据之间的保真度；$\Psi(I)$ 为正则化项，它给出了目标数据的先验模型；λ 为正则化参数，它控制数据保真度和正则化项之间的平衡。

值得注意的是，正则化项确保了解决方案的唯一性。因此，如何选择适当的正规化项是非常重要的。图像修复领域常用的正则化模型包括：L_2 范数正则化模型（如 Laplacian 正则化（Hardie，1997）、Tikhonov 正则化（Tikhonov，1977）、Gauss-Markov 正则化（Martin-Fernandezet al.，2003）、L_1 范数正则化模型（如全变分（total variation，TV）模型（Wang et al.，2006）、L_1-L_2 范数正则化模型（如 Huber-Markov 正则化（Shen et al.，2009））、非局部正则化模型（如非局部全变分（non-local total variation，NLTV）模型（Cheng et al.，2014）、稀疏模型（Li et al.，2015）、低秩模型（Ji et al.，2010）等。

基于变分的修复方法适合处理细缝或是小面积的缺失区域，该类方法尤其对图像几何边缘结构的修复效果甚好。然而，当修复大范围缺失区域或是纹理细节信息较多的区域时，该类方法会出现模糊现象。

11.2.3 样例填充的方法

样例填充的方法来源于数字图像领域中基于样例的纹理合成方法（Criminisi et al.，2004），是为了恢复较大缺失区域的纹理信息。纹理合成是通过给定的小块纹理样本，按照表面的几何结构，生成更大面积的纹理，并保证其在视觉上的相似性和连续性。基于样例的纹理合成技术在图像修复领域得到较深入的研究和应用。

样例填充方法的基本思想是以图像已知部分的像元为样本，每个缺失像元利用已知区域的某个像元进行替换，以逐像元或逐块的方式生成新的像元或图像块，并保证与邻域像元的一致性，即保证图像的空间连续性。Efros 等（2002）介绍了简单的基于像素的纹理合成技术，其执行过程如下。

令 p_x 是位于图像缺失区域的边界处的像素，并且 Ψ_{p_x} 是以像素 p_x 为中心的图像块，如图 11.4 所示。该图像块包含已知部分 $\Psi_{p_x}^E$ 和未知部分 $\Psi_{p_x}^s$。这个思想是寻找与已知的输入部分 Ψ_{p_x} 最相似的 Ψ_{p_y}（以 p_y 为中心）。也就是说，中心像素 p_y 具有与像素 p_x 的已知邻域最相似的邻域。像素 p_y 会被复制用于恢复 p_x。因此，可以通过复制已知信息来逐像素地重建缺失区域。但问题在于这种逐像素填充算法的计算成本很高。后来又有学者提出了通过从已知区域复制整个图像块来恢复整个图像块的方法，以减少计算时间。

图 11.4　通过基于样例的方法得到的相似块

基于像素和基于图像块的方法都是以贪婪算法的方式执行，而像素或图像块处理顺序对修补效果的质量有很大的影响，所以不能确保图形整体的一致性。后来的一些研究工作（He et al.，2012；Komodakis et al.，2006）通过全局优化来实现基于样例的修补，以实现全局图像的一致性。在这些方法中，通过马尔可夫随机场（Markov random field，MRF）能量函数的全局优化来确保在整个图像上的空间相干性，使用置信度传播（Komodakis，2006）或图形切割（He et al.，2012）来优化 MRF 中的贴片或像素位置。

一般来说，基于样例的修补方法更适合填充大的纹理区域，它可以实现很好的空间一致性，在视觉上呈现令人信服的重建结果。但是，恢复结果的保真度和准确性难以得到保证。

11.3　基于谱域的修复方法

由于缺乏足够的先验信息，基于空间的方法往往不能精确地重建大面积的缺失信息。在这种情况下，为了获得满意的修复效果，可以从邻近光谱域提取补充信息。由于传感器的特性，在多光谱和高光谱图像中，有很多冗余的光谱信息，这些冗余信息可以用来重建特定频带中的缺失数据。但前提是损坏的多光谱数据既有不完整的（缺失的信息）又有完整的光谱波段，在损坏的波段中必然存在一些残差信息，否则不能容易地利用光谱相关性。这类方法的基本思想是利用其他完整谱带（一个或多个）通过建模挖掘不完整和完整谱带之间的潜在关系来重建不完整谱带。光谱相关性在光谱带中缺失信息不同的情况下会有更好的区别。例如缺失的位置是不同的，或者一个频带缺少信息而其他频带完整。这种缺失的信息问题通常是由传感器引起的，其中一些通道被很好地记录下来，而另一些没有。然而，损坏的频带可能与特定的完整频带有关。缺失的数据可以通过良好的频带和相应的频带关系来恢复。

基于光谱互补信息的修复方法最典型的应用是针对 Aqua MODIS 第 6 波段数据的修复。Aqua MODIS 第 6 波段数据获取时，20 个检测器中有 15 个检测器有噪声或功能缺失，导致整个图像出现周期性扫描条带的数据损失情况，如图 11.5 所示。由于这个问题的特殊性，大部分基于频谱的方法都是针对这个问题研发的。Wang 等（2006）最早提倡使用 TerraMODIS 第 6 波段和第 7 波段之间稳定的关系来恢复 Aqua MODIS 第 6 波段。他们的研究基于 MODIS 第 6 波段和第 7 波段在积雪区域高度相关这一观测结果。

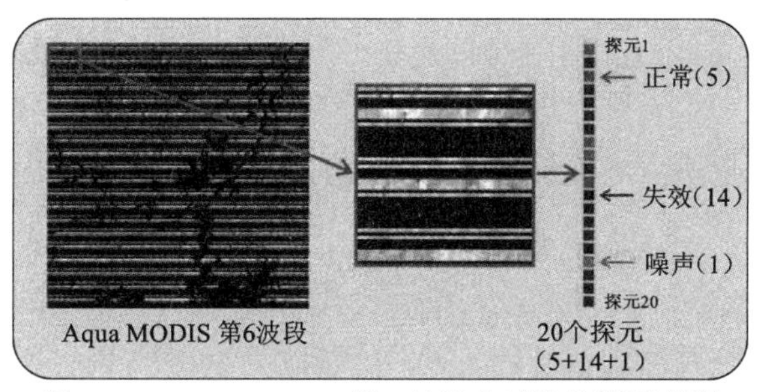

图 11.5　Aqua MODIS 第 6 波段传感器故障示意图

为了恢复 Aqua MODIS 第 6 波段，采用了校准地理位置的 Terra MODIS 1B 级辐射。使用多项式回归来量化 Terra MODIS 第 6 波段和第 7 波段之间的关系。在 Terra MODIS 第 6 波段和第 7 波段中的大气顶部（top of atmosphere，TOA）的反射率的相关系数为 0.9821。线性、二次多项式、三次多项式和四次多项式符合 Terra MODIS 第 6 波段和第 7 波段的数据。Wang 等（2006）建议使用以下多项式：

$$I^6(x)=1.6032(I^7(x))^3-1.9458(I^7(x))^2+1.7948I^7(x)+0.012396 \qquad (11.5)$$

或者

$$I^6(x)=-0.70472(I^7(x))^2+1.5369I^7(x)+0.023409 \qquad (11.6)$$

式中：$I^6(x)$ 和 $I^7(x)$ 分别为 TerraMODIS 第 6 波段和第 7 波段在 TOA 的反射率。使用这两个多项式可以得到类似的结果。Wang 等（2006）强调，这两个频带之间的关系取决于很多因素，如场景类型、光谱特征和扫描几何特征，场景类型尤其起着重要的作用。由于式（11.5）和式（11.6）是基于积雪这种场景而产生的，它们对积雪数据的处理效果是最好的，而对没有积雪的场景，它们会产生相对较大的误差。为简洁起见，此方法在下文中称为 LF。

Rakwati 等（2009）提出了结合直方图匹配算法和局部最小二乘拟合（histogram matching and local least squares fitting，HMLLSF）来恢复 Aqua MODIS 第 6 波段的缺失数据的方法。直方图匹配用于校正像元探测器相对误差导致的条带；基于 Aqua MODIS 第 6 波段和第 7 波段之间的三次多项式关系，局部最小二乘拟合法用于修复缺失数据。该算法在 Terra 和 Aqua MODIS 图像上进行了测试，可以在 1 000 m 和 500 m 的分辨率下使用，利用模拟的 Terra MODIS 条带数据，恢复其第 6 波段的缺失数据，结果表明，该方法可以在失真很小的情况下恢复丢失的数据。虽然这种算法大大改善了 Aqua MODIS 第 6 波段的恢复效果，但是没有考虑不同场景类型的影响。

Shen 等（2011）进一步研究发现，波段关系取决于场景类型。在此基础上，他们提出了一种类内局部拟合（within-class local fitting，WCLF）算法来恢复缺失的 Aqua MODIS 第 6 波段反射率。根据波段选择方法，首先执行无监督分类以分离各种场景类型。利用分类图，执行 WCLF 以恢复每种类型中的每一个丢失的像素。此外，在局部拟合过程中通过细化程序以消除异常值的影响。由于考虑了场景分类信息，该方法可以获得复杂场景的令人满意的结果。但是结果严重依赖于分类图，尤其是不同场景类型交界处的像素。

以上描述的方法仅根据第 6 波段和第 7 波段的频谱关系重构出第 6 波段的缺失信息。然而，对于总共具有 7 个频带的数据，还没能充分利用不同频带之间的频谱关系来重建丢失的信息。为此，Gladkova 等（2012）提出建立第 6 波段和其他 6 个波段（500m 分辨率 L1B 数据）的相关关系来辅助重建。在此基础上，为了考虑局部特征，Li 等（2013）提出了第 6 波段和其他波段满足稳定关系函数的思想，其关系可以粗略表示为

$$I^6(x) = f_1\left(I^1(x), I^2(x), I^3(x), I^4(x), I^5(x), I^7(x)\right), x \in \Omega^p \tag{11.7}$$

式中：Ω^p 为 I 的局部区域；f_1 为第 6 波段与其他波段的关系函数。首先利用第 6 波段中的良好探测器和其他频段获取函数 f_1，然后使用 f_1 来重构第 6 波段中的故障检测器的缺失信息。由于有更多的光谱波段被用来模拟光谱关系，Gladkova 等（2012）和 Li 等（2013）的方法比之前的方法获得更好的恢复结果。Li 等（2013）提出的方法称为鲁棒 M 估计多重回归（robust m-estimator multiregression，RMEMR）。

Shen 等（2015）比较了不同算法的修复结果：对 2009 年 1 月 16 日朝鲜的 Aqua MODIS 图像进行数据实验，不同修复算法的原始和恢复结果如图 11.6 所示。实验中的测试图像是 400×400 像素和 500m 的分辨率。图 11.6（a）显示原始第 6 波段图像，其中黑色条纹覆盖图像的大部分。图 11.6（b）～（e）分别是由 LF、HMLLSF、WCLF 和 RMEMR 恢复的输出图像。在图 11.6（b）中，有明显的条纹和伪影。当图像包含复杂的地形时，仅使用一个波段关系曲线来拟合两个波段之间的关系是不够的。在图 11.6（c）～（e）中，大部分恢复的像素匹配良好。这三个结果是比较接近的，但是图 11.6（c）在细节上有些过于平滑。

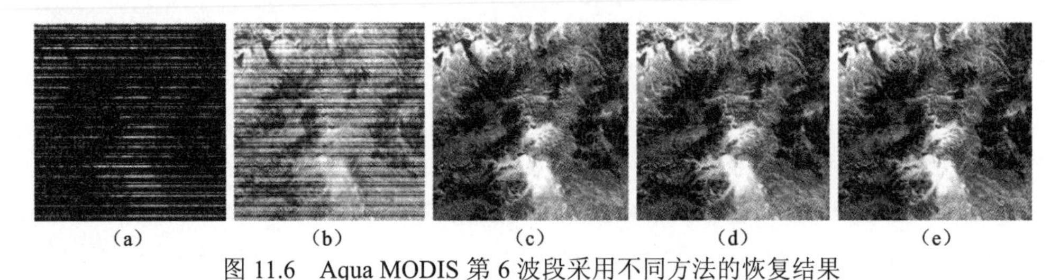

图 11.6　Aqua MODIS 第 6 波段采用不同方法的恢复结果

（a）原始图像，使用以下方法恢复图像；（b）LF 方法（Wang et al.，2006）；（c）HMLLSF 方法（Rakwati et al，2009）；（d）WCLF 方法（Shen et al.，2011）；（e）RMEMR 方法（Li et al.，2013）

图 11.7 显示了不同算法的原始数据和恢复数据的傅里叶变换。横轴表示归一化频率，纵轴表示所有列的平均功率谱。在图 11.7（b）中，条纹仍然清晰地反映在频域中。图 11.7（c）～（e）显示了类似的平滑结果。

由于真实数据实验没有显示 LF、HMLLSF、WCLF 和 RMEMR 之间的差异，所以也进行了模拟实验以客观地评价光谱域修复方法的结果，模拟的 Terra MODIS（含 Aqua MODIS）的反射率产品是根据 Aqua MODIS 的缺失像元分布情况人为丢失的。实验数据如图 11.8（Shen et al.，2015）所示，4 种方法重建结果的视觉效果非常相似，所以只是在图 11.8 中显示了 RMEMR 的结果。这 4 种方法的原始数据和重建结果之间的平均绝对误差和峰值信噪比如表 11.1 所示。可以看出，4 种方法显著降低了平均绝对误差和提高了峰值信噪比。就统计指标而言，从最差到最好的顺序是：LF、HMLLSF、WCLF 和 RMEMR。

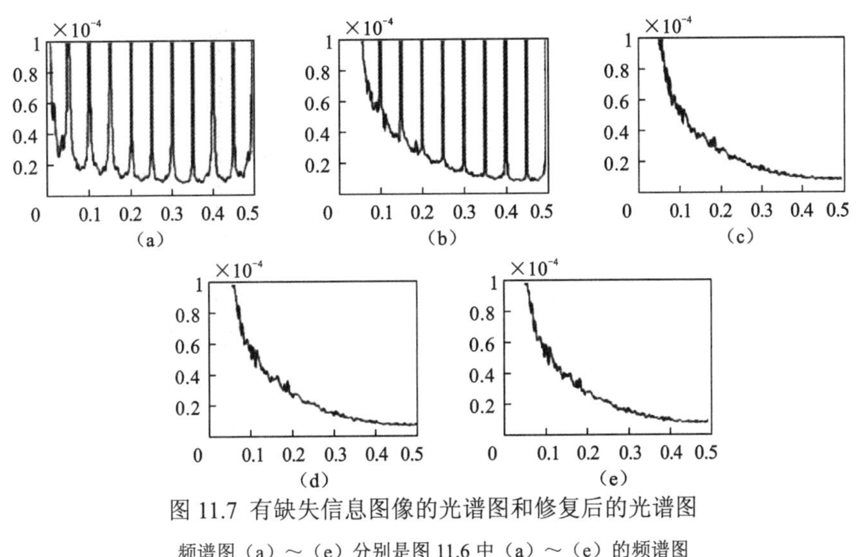

图 11.7 有缺失信息图像的光谱图和修复后的光谱图

频谱图（a）～（e）分别是图 11.6 中（a）～（e）的频谱图

（a）原始图像

（b）损坏的图像

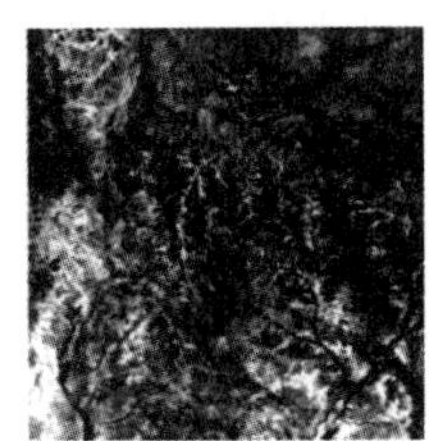

（c）RMEMR的修复结果

图 11.8 模拟 Terra MODIS 第 6 波段反射率的图像重建

表 11.1 基于谱域方法的量化评估

方法	平均绝对误差	峰值信噪比/dB
损坏图像	0.184 20	13.061 8
LF（Wang et al.，2006）	0.018 05	32.037 1
HMLLSF（Rakwati et al，2009）	0.004 94	42.787 1
WCLF（Shen et al.，2011）	0.004 21	43.498 7
RMEMR（Li et al.，2013）	**0.002 12**	**49.109 2**

11.4 基于时域的修复方法

遥感图像数据产品极易受到云、气溶胶等观测条件及传感器性能等各方面因素的影响，单一的成像系统无法提供高精度、时空连续的地表观测数据。虽然同一场景多源遥感图像观测的地物对象相同，但观测的维度不同，图像的空间、光谱与时间分辨率存在差异，提供的信息既具有冗余性，又具有互补性和合作性。基于空域的方法主要利用自身数据局部或者非局部的相关信息进行修复。其缺陷在于如果缺失面积过大会导致光谱统计信息及几何结构信息不一致，重建图像存在明显的接边痕迹，难以还原真实的信息。

同样的，基于谱域的方法也难以实现这种类型的遥感图像修复。

基于时域信息的修复方法是通过寻找多个不同时相的图像之间的关系，建立一定的数学模型来对缺失区域进行修复，是当前研究较多的一类遥感图像修复方法。基于时域信息的方法可分为基于时相互补信息的修复方法和基于长时间序列时空关系的重建方法。前者是在时相较少时通过时相间的直接替换或者通过一定的数学运算建立空间、光谱在多时相间的关系实现数据修复。后者是基于观测数据在时间序列上的依存性，在对遥感数据变化规律进行总结的基础上建立相应的数学模型，并根据模型顾及空间物理信息分析数据变化规律，达到重建的目的。因此，基于时域方法的关键是如何控制时域范围。这是因为如果时间间隔太短，两个连续数据集中的云将大部分重叠，并且时间相关可能是无效的。但是，如果时间间隔太长，地表可能会发生很大的变化，从而破坏相关性。时间差异通常分为三类（Zeng et al.，2013）：由观察条件引起的差异、由地理特征（如物候变化）的规律性变化而引起的差异、地理对象（如新建筑物和人造景观）突然转变所造成的差异。一般来说，基于时域的修复方法可以进一步分类为时域替代法（Wang et al.，1999）、时域滤波器（Vuolo et al.，2017；Viovy et al.，1992）和时域学习模型（Shen et al.，2015）。另外，在本节末，将指出重建定量遥感数据缺失信息时需要考虑的几个特殊因素。

11.4.1 时域替代法

时域替代法是一种简单而经典的基于时间的方法。顾名思义，该方法主要是使用在不同时刻获取的另一幅图像中的无缺像素来替换缺失像素。一般而言，时域替换对象可以是逐个像素、逐块地，或整个缺失区域。根据时域数据的时相特征可以将其分为两种：直接替换和间接替换。图 11.9（Shen et al.，2015）显示了时域替换方法的基本思想。

直接替换法主要在时相数据较少或者时间间隔很短的情况下，通过时相间的直接信息替换实现数据修复，它要求参考数据与缺失数据具有一定的相似性。例如图 11.9 中区域 S 从其他时相参考图像中相似区域提取信息来替代缺失的信息。

但是由于大气、太阳角度及传感器视角差异的影响，同一区域在不同图像之间往往存在较大的亮度差异。因此，一些学者提出了间接替换法，通过建立不同时相图像间的数学模型，首先对数据进行校正，从而减少时间差异，提升时序数据的相似性，然后通过数据替换实现对图像的修复。例如图 11.9 中可以根据整个区域 E 进行先校正后替换（Zhang et al.，2018a），也可以根据局部区域 S 的领域相关性进行先校正后替换（Benabdelkader et al.，2008）。

当无云和受云污染的图像中的像素非常相似时，直接替换法用于替换有云的像素。例如，最大值合成法（maxmum value composite，MVC）（Ramoino et al.，2017；Holben，1986）是较早被应用的一种方法，也是目前绝大多数 NDVI 数据所采用的预处理方法。该方法首先由 Holen 提出，用来合成 AVHRR 的归一化植被指数（NDVI）数据。该方法简单易执行，被广泛应用于全球植被覆盖的变化监测中。其原理为：真实情况下，云层会不断地发生变化。假设，在任何一个位置总会存在无云覆盖的情况，那么在给定的合成时间间隔内，该位置在所有匹配图像中的最大观测值代表最清洁的大气条件，选取该最大值作为合成数据像素值。另外还有一些无云镶嵌、信息克隆（Lin et al.，2013）等

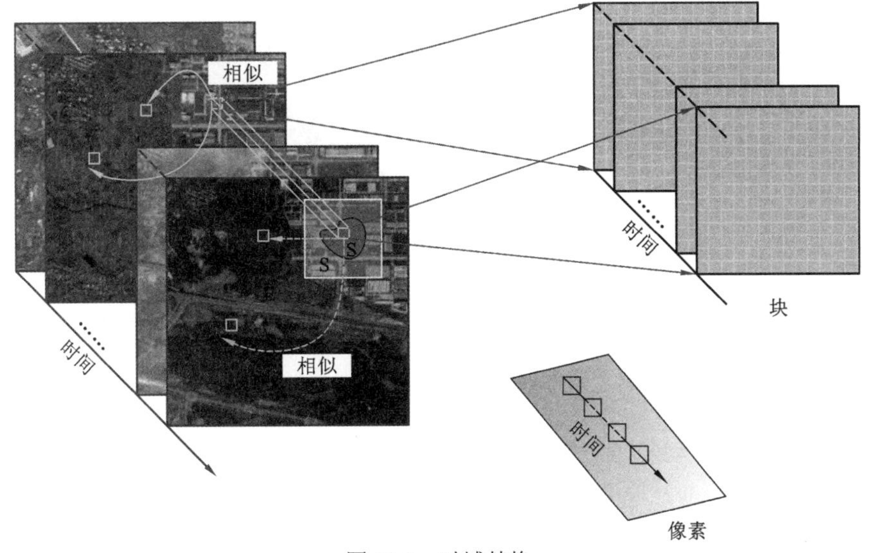

图 11.9　时域替换

方法。但是由于云污染图像通常与另一时间获取的无云图像在辐射上不同，直接替换将导致无云图像与云污染图像的替换区域之间的不连续性。作为一种替代方法，在对云污染图像进行时间标准化后，间接替换用无云图像替换多云信息。

另一方面，由于仪器问题引起的数据缺失也能够通过时域替换进行数据重建。ETM+图像数据就存在缺陷，这是由增强专题制图仪的扫描线校正器发生故障引起的。虽然这些称为 SLC-off 数据的图像有一些黑色的不存在任何数据的扫描行，但是不同场景中的间隙覆盖位置不同，多时相 SLC-on 数据能够为相应的 SLC-off 缺失数据区域提供数据需求。美国地质调查局（United States Geological Survey，USGS）地球资源观测与科学中心（Earth Resources Observation and Sscience Center，EROS）给出的解决方案就是时域替代法，使用同一区域的多时相 SLC-on 图像对 SLC-off 图像进行补偿（Storey et al., 2005）。EROS 的数据中心通过在移动窗口中使用局部线性直方图匹配（local linear histogram matching，LLHM），开发一种简单有效的多 SLC-off 图像修复方法，但是该方案对输入数据的质量要求较高，对恢复地面特征小于局部移动窗口的异构景观存在困难。此外，Chen 等（2016）开发的邻域相似像素插值器（neighborhood similar pixel interpolator，NSPI）通过组合替换与内插结合，提升了异质区域的修复效果。Zeng 等（2013）采用多时相加权线性回归（weighted linear regression，WLR）也在异质化的场景中取得了较好的修复效果。

图 11.10（Gao et al.，2017）显示了不同时域替代法修复实验结果对比。由于云覆盖区域远大于间隙宽度，传统填充方法（NSPI 方法和 WLR 方法）的结果中会出现不可恢复的异常。从图中可以看出，LLHM 可以恢复所有丢失的像素，但恢复的像素无法使用。LLHM 在复杂变化区域的填充像素与原始像素相差甚远，这种填充结果会导致图像中出现一些脉冲噪声点，破坏边界连续性。对于 NSPI，可以保持边界连续性，但条带现象很明显。在一些可恢复像素上，WLR 可以比 LLHM 和 NSPI 方法更好地恢复其中一些丢失的像素，并且条带现象比 NSPI 弱。此外，WLR 恢复的输出图像中的不可恢复区域小于 NSPI 恢复的输出图像。

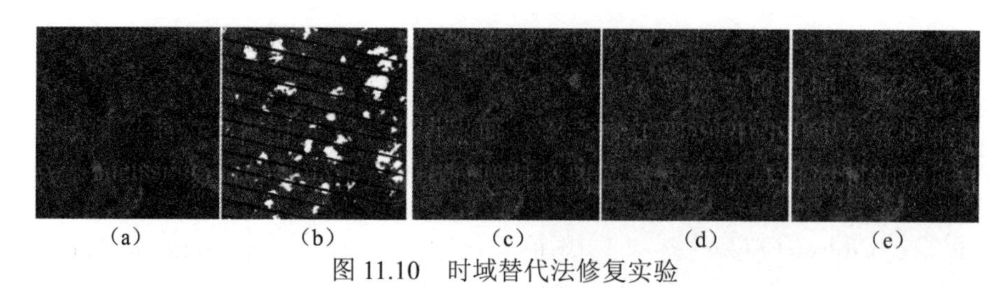

图 11.10　时域替代法修复实验

（a）真实图像；（b）模拟 SLC-off 图像；（c）LLHM 修复结果图像；（d）NSPI 修复结果图像；（e）WLR 修复结果图像

总的来说，该类方法在一定程度上能够去除云覆盖或随机数据缺失的影响，但是其合成产品中依然存在严重的双向反射影响和时间特征偏移。这些影响造成了数据中存在大量的噪声，使得数据无法直接使用。因此，基于这些带有噪声的合成遥感时间序列数据，很多学者发展了多种时域滤波与重建算法来提高数据的质量。

11.4.2　时域滤波器

时域替换通常适用于短时间序列的图像。对于长时间序列的缺失图像，时间滤波器是一种更常用的方法，它将缺失像素视为时间序列中的噪声，基于观测数据在时间序列上的依存性，在对遥感数据变化规律进行总结的基础上建立相应的数学模型，并根据模型及空间物理信息分析数据变化规律，达到重建的目的。代表性的方法包括滑动窗口过滤方法（Viovy et al.，1992；Savitzky et al.，1964）、基于函数的曲线拟合方法（Beck et al.，2006；Jönsson et al.，2002）和频域方法（Yang et al.，2015；Roerink et al.，2000；Verhoef et al.，1996）。图 11.11（Shen et al.，2015）是时域滤波器的简单示意图。

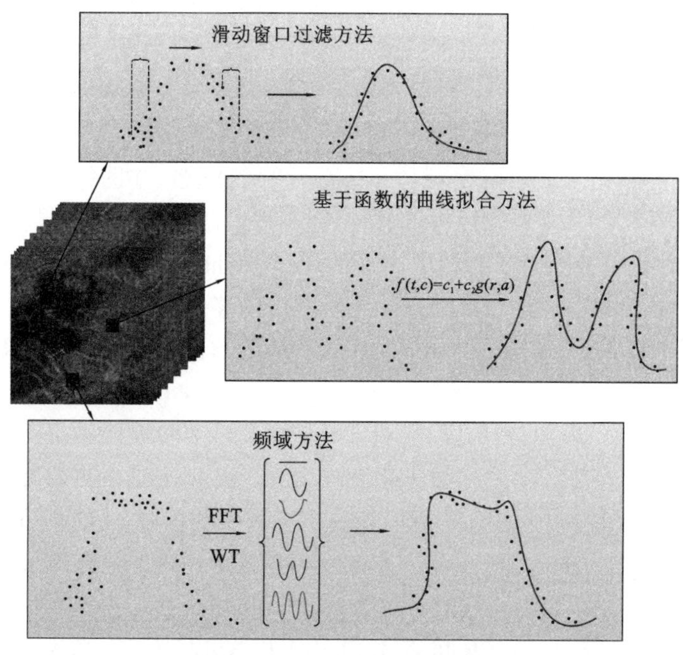

图 11.11　时域滤波器示意图

1. 滑动窗口过滤方法

滑动窗口过滤方法根据一定的规律在滑动窗口中进行相应的滤波去噪操作。一般情况下植被的变化具有可预测性的特点，因此基于滑动窗口的过滤方法大多用于 NDVI 时序数据重建。常用的方法包括最佳指数斜率提取（the best index slope extraction，BISE）方法、Savitzky-Golay（SG）滤波法、均值迭代滤波（mean-value iteration filter，MVI）法、变权滤波（changing-weight filter，CWF）法等。

最佳指数斜率提取方法具体算法是在滑动窗口设计前向搜索模型，在窗口内对相邻两点进行比较，通过控制筛选条件选择保留值。一般情况下，如果低值点与高值点差值的 20%大于窗口中所有点的值，则保留该点。如果时序前后值增长超过 10%则丢弃该点值。该方法优势在于对变化缓慢的像素影响小，能够对突降后又上升的点进行严格筛选。此外，时间窗口的大小对修复效果有很大影响，窗口过小则去噪效果一般，窗口过长则结果过于平滑而失真。

为了去除噪声和平滑数据，Savitzky 等（1964）提出了 SG 滤波算法。该算法在设定的滑动窗口内通过最小二乘拟合求得最小的均方根误差，舍弃偏离正常包络线的噪声点，从而达到平滑数据的效果。SG 滤波器可用如下公式描述：

$$Y_j^* = \frac{1}{N}\sum_{i=-m}^{m} C_i \times Y_{j+1} \tag{11.8}$$

式中：Y_j 为第 j 个原始值；Y^* 为重建值；C_i 为滑动窗口内第 i 个像元的系数；N 为滑动窗口的宽度，大小为 $2m+1$，结果的平滑度随着 m 的增大而增加，也造成更多的细节丢失。而多项式阶数越小结果越平滑。

均值迭代滤波法是一种基于小窗口移动的滤波平滑方法，该方法首先通过多年平均值替换原始数据中的缺失数据，然后再对时序数据中像元值进行滤波操作。该方法易实现且平滑效果较好。

变权滤波法是一种能够有效保持 NDVI 时序形状和振幅的方法。该方法主要包括两个数据处理策略：一是在一个植被生长周期中利用数学形态学的算法和基于规则的决策过程筛选局部极值点；二是采用三点变权卷积滤波对数据进行进一步处理。

2. 基于函数的曲线拟合方法

基于函数的曲线拟合方法主要包括对称高斯函数（asymmetric Gaussians，AG）拟合法与双曲线函数（double logistic）拟合法。通常情况下，采用最小二乘法拟合遥感时序数据的外包络线，通用拟合公式为

$$f(t;c) = c_1 + c_2 g(t;a) \tag{11.9}$$

式中：$c=[c_1,c_2]$ 为线性参数，与曲线幅度和基准有关；$g(t;a)$ 为基函数，a 为相应的参数；t 为时间变量。

3. 频域方法

频域方法主要是将时序数据的时间域变化看作信号的频率域变化，从而采用频率域相关方法进行数据处理。这类方法主要包括傅里叶变换（Fourier transform，FT）法、谐波分析（harmonic analysis of time series，HANTS）法及小波变换（wavelet transform，

WT）法。

傅里叶变换是处理周期时间序列信号的一种非常有效的分析方法，它基于谐波的余弦分解，将信号分解成振幅和相位信息。通常使用快速傅里叶变换（fast Fourier transform，FFT）来节省计算时间。该方法能够去除高频噪声数据，保留低频背景数据，最后将频率域信号转化为时间域信号。该方法易实现，结果过于平滑，虽然能够展现植被生长的周期性变化，但是其基于严格的对称性原理，使得不规则的NDVI区域去噪效果差，且容易丢失实际细节信息，例如人类活动或自然灾害导致的植被突变等容易被平滑处理。

由于傅里叶变换方法的局限性，Roerink等（2000）提出了谐波分析法，该方法只使用时序的平均值和几个显著的谐波对时序信号进行最小二乘拟合迭代求解。Seller等（1994）首先将该方法应用于一个AVHRR NDVI时间序列，通过拟合前三个谐波与最小二乘法求解。同样，Verhoef（1996）提出了时间序列的谐波分析方法，并成功地用于重建无云NDVI图像。

小波变换优势在于能够充分挖掘信号特征，局部分析时序频率，在去除噪声的同时能够很好地保留有用信息。这些优势可概括为：低熵性，小波系数的稀疏分布使得图像变换后熵降低；去相关性，噪声在小波变换后有白化趋势；基函数灵活多样，可以根据应用场景进行合理替换。Lu等（2007）提出基于小波的方法去除时间序列观测中的污染数据。在这种方法中，蓝色波段首先被用来对时间序列数据进行线性内插，然后在将时间序列分解成不同的尺度之后，使用最高相关性的相邻尺度重建新的时间序列数据，这比基于阈值的方法更可靠。

总体上，上述方法虽然主要用于恢复NDVI，但也可以应用于与时间序列NDVI具有相似特征的其他图像，并进行一些调整。而且对云污染图像的时间序列，多云区域不应大部分重叠。一旦多云区域大部分重叠，由于缺乏参考信息，会极大图像重建结果。

11.4.3 时域学习模型

上述几类基于时域的缺失重建方法主要试图建立时域中损坏的数据与其他良好数据之间清晰的函数关系（线性或非线性）。近年来，有研究人员提出使用稀疏表示、压缩感知、神经网络、机器学习等在它们之间建立未知（黑盒）关系。这些方法已经取得了可喜的结果，并且已经成为令人感兴趣的研究课题。例如，Li等（2016）提出通过基于块匹配的多时态群稀疏表示来重建光学遥感数据的缺失信息。在稀疏表示的框架中，基本思想是利用时域中的局部相关性和空间域中的非局部相关性。基于图像块，首先考虑局部相关性。然后将相似的数据块分组以进行联合稀疏表示，并考虑非局部相关性，让遥感图像中的非局部相关性被有效地利用。Lorenzi等（2013）还通过多目标遗传优化方式提出了一种新的替代压缩感知的方法用于云覆盖图像重建。Tahsin等（2017）使用多参数水文数据训练的随机森林从时空光谱连续数据中修复缺失像素。另外，随着深度学习的火热，越来越多的学者通过深度学习方法进行遥感图像修复。例如Liu等（2017）试图通过利用循环一致性生成对抗网络将SAR图像转换成光学图像，以取代光学遥感图像中受云污染的区域。Grohnfeldt等（2018）通过利用条件生成对抗网络直接将SAR图像和受云污染的光学图像进行融合，最终获得无云的光学遥感图像。

11.4.4 定量数据的重建

定量数据是从遥感光谱数据中提取的一种特殊的遥感数据。定量数据包括 NDVI、地表温度（land surface temperature，LST）、叶面积指数（leaf area index，LAI）、反照率、气溶胶和臭氧，它们已被广泛应用于许多研究领域（Julien et al.，2009；Fang et al.，2008）。同样地，遥感光谱数据也存在数据丢失的问题。尽管研究人员已经提出了几种简单的合成技术，如最大值复合（maximum value compositing，MVC）方法（Holben，1986）和平均（AVG）方法，但是它们不仅降低了定量数据的时间分辨率，还不能消除总的大气影响。

事实上，每一个定量数据都显示出与其他数据不同的衰减，所以在重建过程中应该考虑一些特殊的因素。例如，NDVI 值从-1～1，其中负值表示植被覆盖度低。所以，对于一些方法来说，像素值范围是一个需要考虑的重要因素。在重建 NDVI 时间序列数据时，还需要考虑数据基本与植被变化相关，受云和大气条件的影响，NDVI 值降低。因此，在重建过程中保持高价值是可行的。NDVI 复合数据主要通过最大值复合方法进行计算，并使数据接近上部 NDVI 包络。另外，生态分类和时空变化是应该考虑的重要因素。例如，在一个小区域内，相同生态系统分类的像素应该表现出大致相同的物候或时间行为。然而，像素在不同的生长条件下表现出不同的生态行为，基于这种考虑，已经有一些研究方法来填补反照率和 LAI 产品的缺失数据。

对于大气产品（如气溶胶光学深度和臭氧），随机变化的特点使得重建更为复杂。图 11.12（Tang et al.，2016）显示了海视宽视野传感器（sea-viewing wide field-of-view sensor，SeaWiFS）在缺失信息重建之前和之后获得的气溶胶数据。大气流动的影响在多

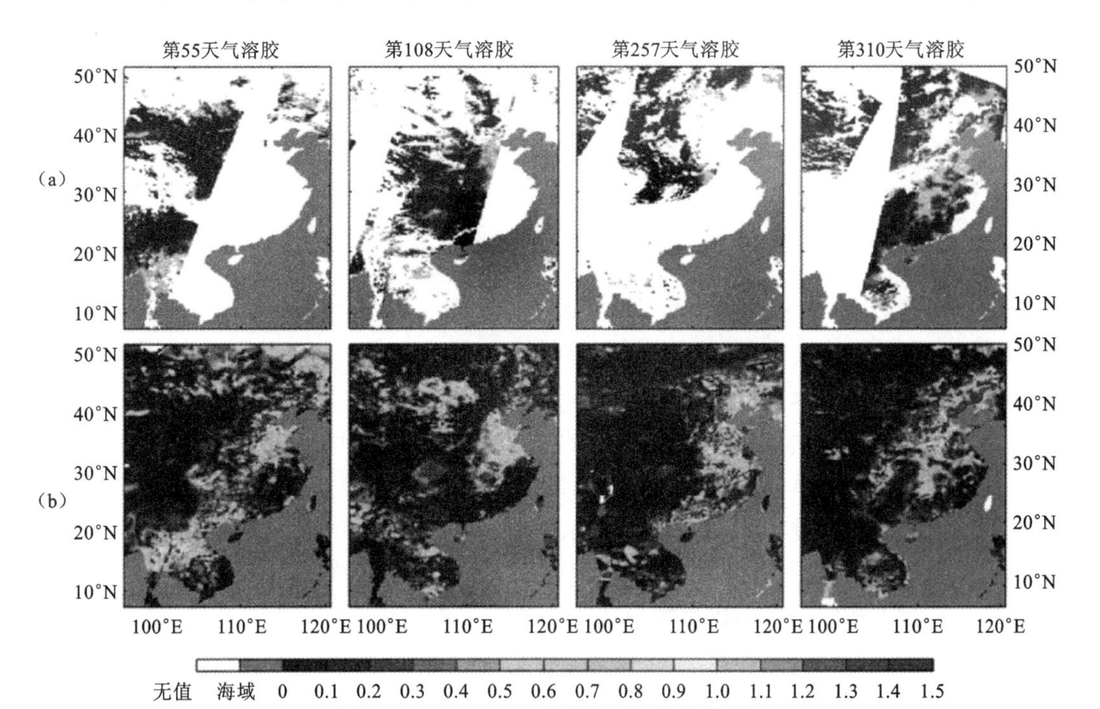

图 11.12 SeaWiFS 重建前后气溶胶数据

（a）原始数据；（b）重建后数据

时相重建中不可忽视。此外，物理过程因素也应该考虑（Ke et al.，2013；Holben et al.，1985）。例如，对于 LST（地表温度）重建，云层下的 LST 低于无云的 LST，因为太阳辐射部分被云遮住。因此，必须考虑隐藏的太阳辐射以获得真实的 LST。

11.5 混合方法

前面提到的三种方法各有优缺点，都依赖于只有一种域（空间域、频谱域或时间域）的相关性。因此，在某些情况下它们是极为有效的，但在某些其他情况下也是无能为力的。相应地，可以结合各自的优势来重建缺失的信息。混合方法试图更好地利用隐藏在空间、光谱和时间域中的相关性。本节将介绍几种现有的混合方法。

11.5.1 联合时空方法

1. 空间和时间加权回归方法

采用单一角度来解决遥感图像修复的问题，往往具有局限性，而混合方法能以更为全面的角度来解决遥感图像的修复问题。而联合使用时空方法，从时域和空域两个角度来补全缺失的遥感图像。Chen 等（2017）提出了一种时空加权的回归模型（spatially and temporally weighted regression，STWR）来去除被云遮盖的缺失部分，进而生成连续无云的 Landsat 图像。

方法的输入为多时相的云遮挡 Landsat 图像，首先对所有的图像进行云和阴影的检测并对其进行编号，云的编号以云块的数量为计数单位。之后将采用 STWR 来对云进行去除。第一步是选择在时空上相似的不变像素，像素拥有相似的光谱和地表信息则被称作相似的像素。选择相似像素的方法有两种：利用无监督方式来对参考图像进行无监督分类，然后将与目标像素共享同一聚类的候选相邻像素分配为相似像素；根据候选相邻像素与目标像素的反射率差，采用半经验阈值识别相似像素。第二步为对参考图像中的云污染块进行排序，对于多时相参考图像中的每幅图像，有两种情况：第一种是修复图像中被云污染的区域（在参考图像中完全没有被污染），另一种是在参考图像中没有被完全污染。两种情况下，与修复的目标图像光谱相似性较高的参考图像将为目标场景提供更多的可靠信息。对这种可靠度进行排序。第三步为对云污染区域的像素进行空间加权回归，确定了不变像素集和参考的云块优先级后，从目标图像和参考图像中重建目标图像中缺失的图像值。从参考图像中得到的恢复预测成为第一项预测，从目标图像中得到的恢复预测成为第二项预测。第一项预测主要采用空间加权的回归方法，利用最小二乘法来处理像素质量不同的回归情况。对于第二项，利用参考图像的先验知识，通过添加修正项，将参考图像中自加权预测与真实观测值之间的差异作为先验来量化恢复偏差。第四步为瞬态重构的时间加权组合，也就是利用第二步排序的参考块来计算时间加权组合，选择最为相似的三个块来进行计算，如果时相参考图像不足三幅，那么就用所有的图像来计算。第五步，对部分在所有时相均被云块遮挡的像素，被称为“死像素”，采用反距离加权（inverse distance weighted，IDW）方法来插值获得。第六步，对所有云污染图像进行迭代去云，当第一个目标图像的所有云斑恢复良好时，将参考图像集合中的下一幅云污染图像作为目标图像进行新一轮去云。同时，将原始目标图像分组到参考图像集合中。在恢复所有受云污染的图像之前，迭代清除云的过程不会终止。整个算法的流程图如图 11.13（Chen et al.，2017）所示。图 11.14（Chen et al.，2017）展示了 STWR 算法的去云结果。

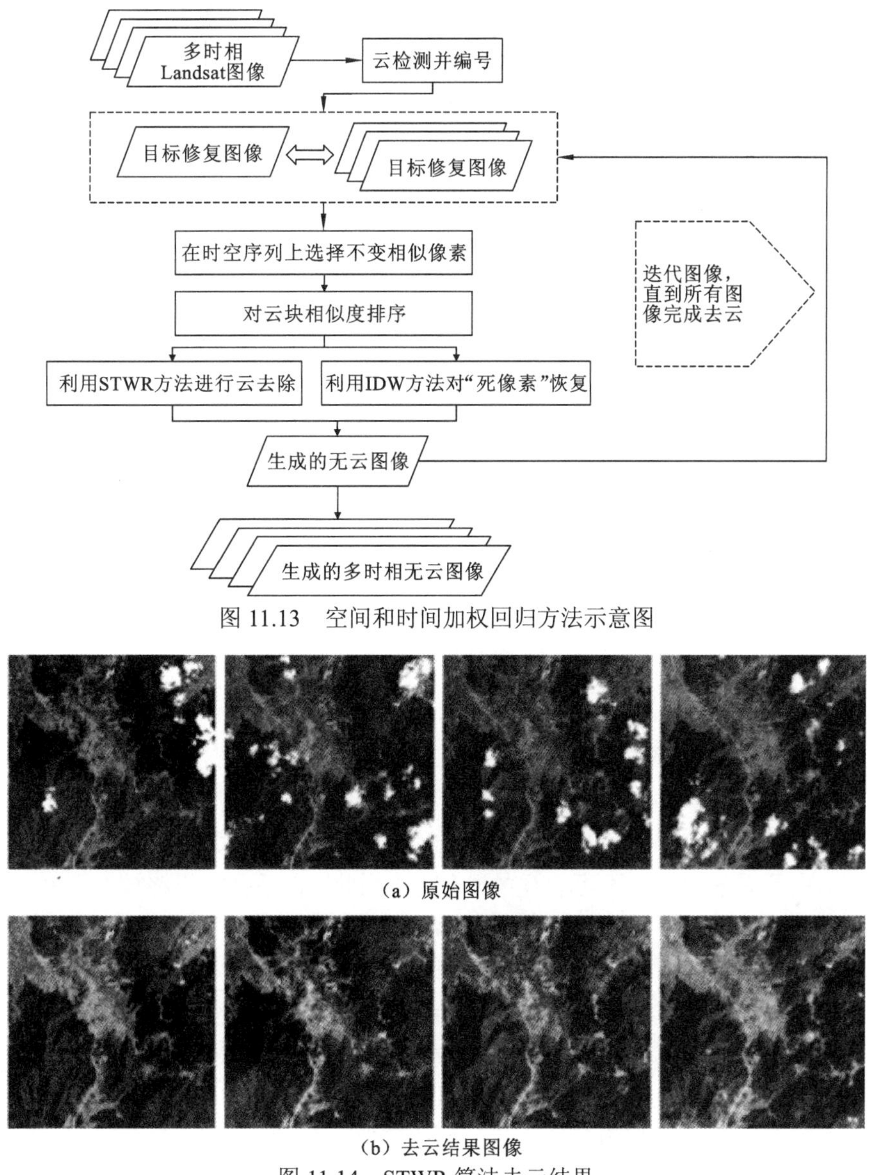

图 11.13　空间和时间加权回归方法示意图

（a）原始图像

（b）去云结果图像

图 11.14　STWR 算法去云结果

2. 连续使用时空方法

Zeng 等（2013）提出的方法就是先从时域来补全缺失图像，当时域无法补全缺失图像时，则采用空域来提取相关信息来补全图像。该方法通过建立多时相图像上相应像素的回归模型，来补全缺失的数据。当多时相中的辅助图像所提供的数据无法完全补全缺失像素的时候，采用空域中的信息来构建非参考正则化方法实现具体的像素填充，从而完成对缺失图像的补全。

例如，图 11.15（Zeng et al.，2013）中左侧的两幅图像，分别为 2011 年 10 月 23 日和 2011 年 11 月 8 日采集的大约 39.10° N 和 76.14° W 的实验 ETM+图像。首先，利用时域信息，通过回归模型将两个时间上的图像进行互相补全，通过时间信息补全后的图像还有部分信息的缺失，也就是图 11.15 中间的图像。这部分图像采用拉普拉斯先验规整化的方法来补全，最后得到补全信息的图像。通过这样两步，解决了遥感图像修复的问题。但是由于重建不在一个框架下进行，不同方法重建的地区之间会存在明显的差异。

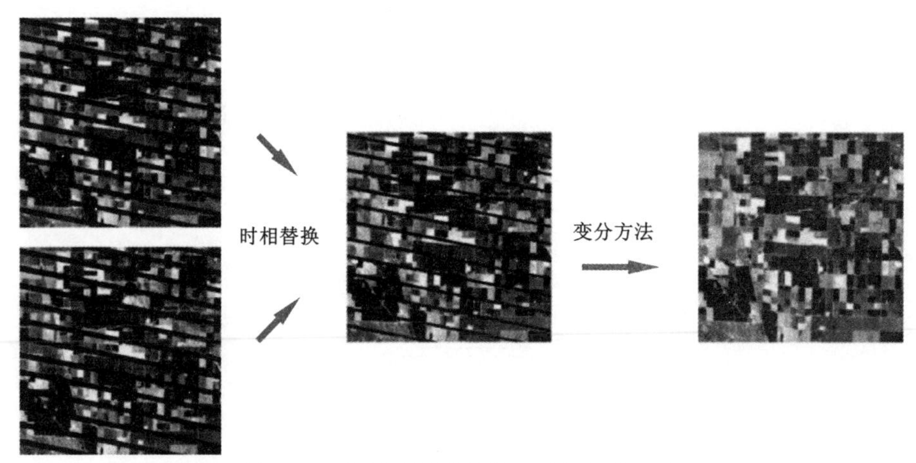

图 11.15　利用空间和时间方法的重建结果

11.5.2　联合时谱方法

在遥感图像中，除了时间和空间上的维度上能够获得地表信息，在光谱维度上能够获得的信息也是遥感图像中不可忽视的一部分。因此，有学者将思路放在了时谱方法上。本小节介绍 Li 等（2015）提出的一种利用稀疏表示的方法联合光谱-时间方法。

稀疏表示技术能够用很少的观察信号来重建高概率的近似重构原始信号。这种重建的前提要求数据本身稀疏或者在某个域中稀疏。遥感图像中往往包含大量的冗余信息，能够通过字典学习将遥感图像转换到稀疏域，从而利用稀疏表示，这个过程叫做超完整字典，通过一系列的不连贯原子组成，可以表达数据。

Li 等（2015）的方法利用稀疏表示，构建了同时使用光谱和时间分量的三维数据矩阵来存放信息。图 11.16（Li et al.，2015）中展示了稀疏过程中数据组织和图像块提取的过程。Y^i 构成的矩阵中存放着光谱和时间差异信息，i 代表重新排序的次数，Y^0 为最初的光谱时间差异。根据不同时相多光谱数据所共有的信息，通过不断地迭代，利用线性变换或非线性变换，获得新的数据矩阵 Y 与所求时间的缺失图像相关性最强的结果。最后通过图像块和堆栈操作，得到 Y 的系数表示，最后求解出重构图像。

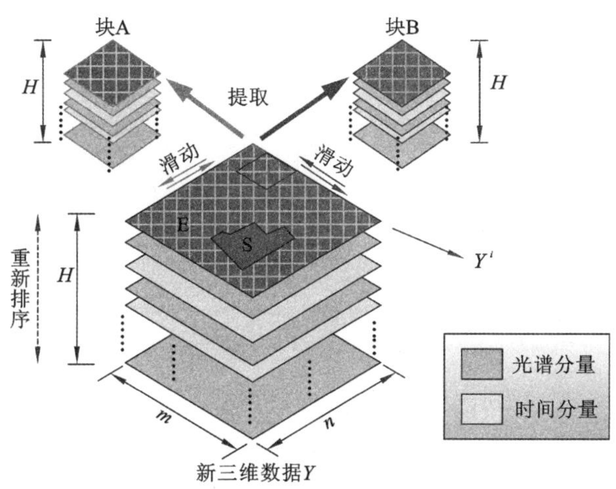

图 11.16　遥感数据组织和图像块提取

Li 等（2015）采用了一组 MODIS 的 L1B500 μm 产品，实验共有 7 个波段，其中一个波段的图像被人工去除，如图 11.17（a）中所示。图 11.17（b）～（d）展示了多种方法所得到的实验结果，从整体角度来看，三种方法均有一定的恢复能力，从黄色放大区域来看，联合光谱-时间的方法在纹理上表现更好。

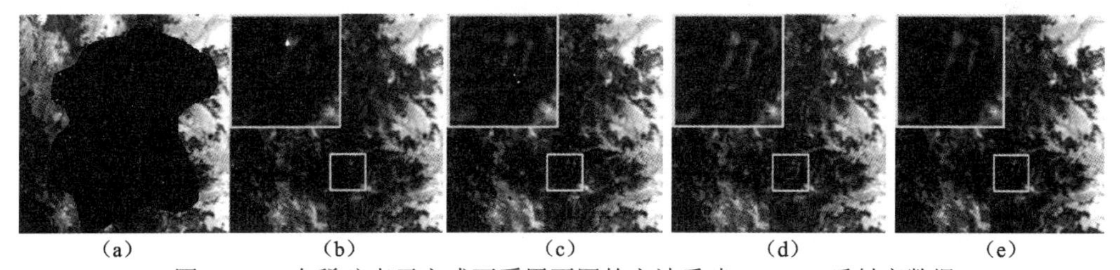

图 11.17　在稀疏表示方式下采用不同的方法重建 MODIS 反射率数据

（a）数据损坏，遗失信息；（b）基于时间方法的结果；（c）基于频谱方法的结果；（d）联合频谱-时间方法的结果；（e）原始数据

11.5.3　联合时空谱方法

1. 非局部低秩张量补全方法

Ji 等（2018）提出一种结合了空间、光谱和时间域的相关性的图像重建方式。采用一种非局部低秩张量补全方法来重建缺失信息。首先，通过在一个大的搜索窗口中搜索和分组相似的图像块，此处考虑了空间域中的非局部相关性。然后，将识别的四阶张量群的低秩推广，考虑它们在空间、光谱和时间域中的相关性，同时重建图像。

近年来，低秩张量的方法在高维图像的补全方面受到了广泛的关注，张量的秩可以表征不同域之间的相关性。该方法通过张量秩来表征空间、光谱和时间域的全局相关性，在相似斑块分组后重建遥感图像的缺失数据。非局部低秩张量完成（nonlocal low-rank tensor completion，NL-LRTC）方法由三部分组成，方法首先将观测到的四阶张量重塑为三阶张量，以便处于不同周期但相同位置的像素变得相邻。接下来，在窗口中搜索并分组相似的图像块。最后，利用低秩张量完成法重构各组缺失信息。图 11.18（Ji et al.，2018）展示了 NL-LRTC 的修复结果。

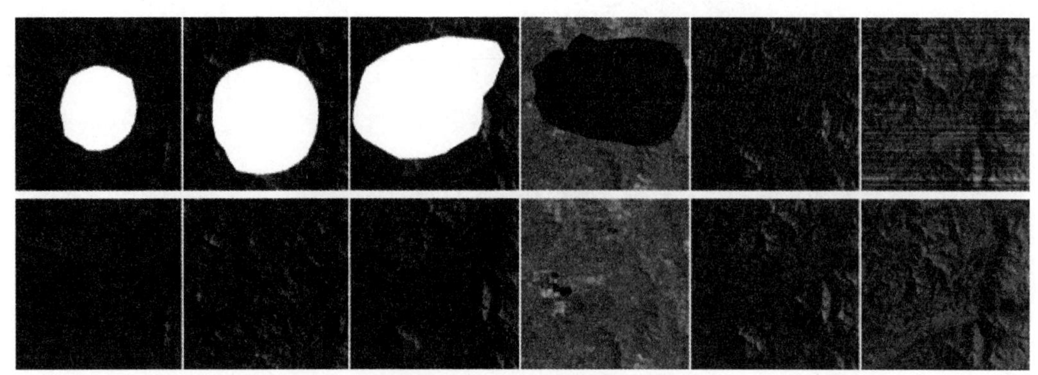

图 11.18　NL-LRTC 修复结果

上行为不同缺失情况，下行为修复结果

2. 时空谱一体化深度学习缺失重建方法

深度学习方法能够通过训练数据拟合更为复杂的非线性关系，对于图像修复中的死像元和厚云覆盖区域能获得更为准确的结果。特别是在低层次视觉任务中深度学习的表现很优秀。Zhang 等（2018b）提出了（a unified spatial–temporal–spectral framework based on a deep convolutional neural network，STS-CNN）的基于深度学习的方法来处理遥感图像中的缺失问题。

模型的输入是两种类型的遥感图像数据：一类是含有缺失区域的待重建空间数据，也就是目标图像；另一类是互补辅助信息，也就是参考图像，分为光谱或时相数据。对于 Aqua MODIS 第 6 波段的死像元问题，模型的输入分别为该波段含缺失信息的空间数据，和其他完好的光谱波段作为辅助光谱信息；而对于厚云或者 ETM+ SLC-Off 条带缺失的问题，则需要利用另一个完好的时相图像作为辅助数据。深度学习的架构设计，分别采用了多尺度卷积滤波、空洞卷积、残差连接的思想，网络示意图如图 11.19（Zhang et al. 2018b）所示。

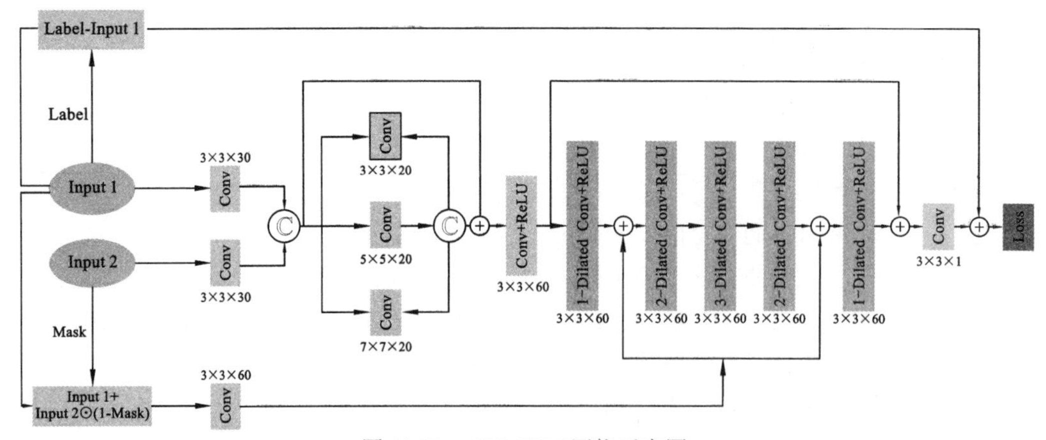

图 11.19　STS-CNN 网络示意图

网络的损失采用均方误差作为重建约束。该算法在 Zhang 等（2018b）中应用到 MODIS 的死像元问题，结果如图 11.20 所示，并且在 ETM+ SLC-Off 中的坏行和厚云覆盖进行了实验（修复结果见图 11.21），均取得了较好的表现。随着深度学习的发展，网络结构不断地升级，不断有适应遥感图像修复问题的结构出现，深度学习方法将会有更好的表现。

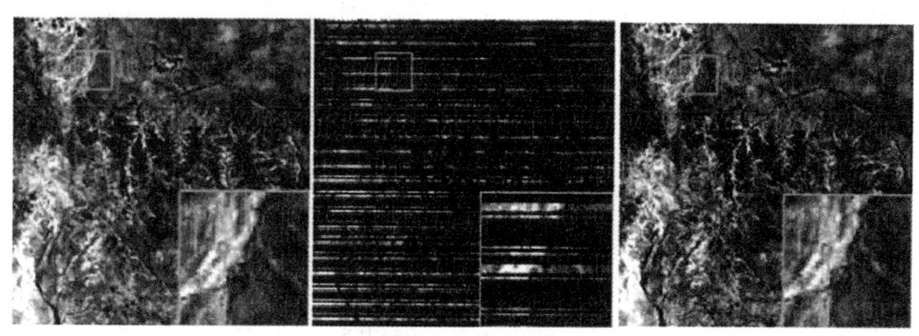

（a）Terra MODIS B6　（b）模拟条带缺失影像　（c）STS-CNN重建影像

图 11.20　Terra MODIS B6 死像元修复结果

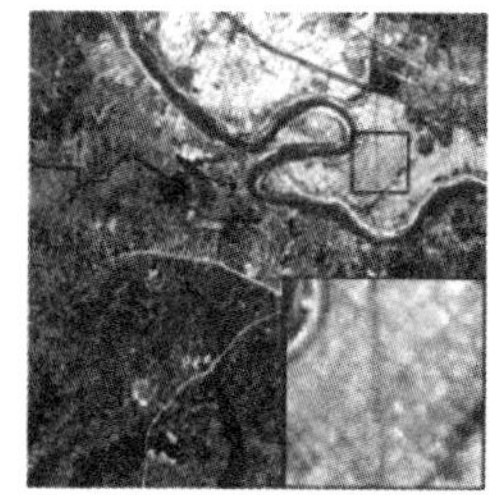

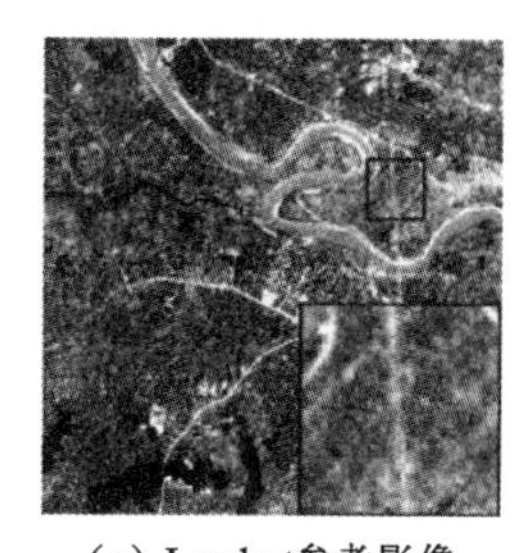

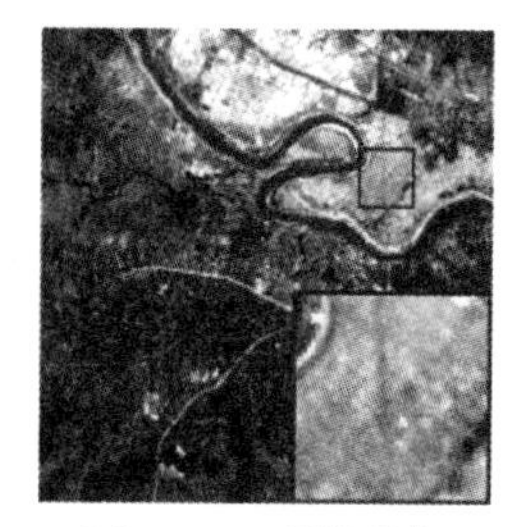

（a）Landsat原始影像　（b）模拟条带缺失影像　（c）Landsat参考影像　（d）Landsat原始影像

图 11.21　Terra MODIS B6 条带缺失修复结果

第 12 章　遥感图像复原

本章将重点针对模糊这种类型的遥感图像降质方式及相应的图像复原方法进行阐述。模糊是非常普遍的遥感图像降晰方式，为了方便，在考虑模糊的时候暂时不考虑降采样、缺损、薄云和阴影等其他方式，但是通常并不把模糊与噪声分开来研究。一般在去模糊的模型里总是有保持求解稳定的规整化项来平抑相应的噪声干扰。大体上，关于去模糊的研究可以分为已知模糊核函数的一般图像复原和未知模糊核函数的图像盲复原两个基本类型。另外基于图像特征单独估计点扩展函数（point spread function，PSF）或调制传递函数（modulation transfer function，MTF）也在去模糊的研究范畴里。

去模糊从求解方程上看是典型的逆问题。这类逆问题的求解，一方面需要反降晰环节来增强细节，另一方面需要平滑或规整化策略来抑制噪声，它们是对立统一的两个方面。对于已知模糊核函数的图像复原来说，反降晰部分相对容易，因此研究的重点往往在于设计更加有效的规整化项。既能够抑制噪声又能够较好地保存图像细节是各种新型规整化所追求的永恒的目标。对于未知模糊核函数的图像盲复原，由于未知因素过多，反降晰、规整化和模糊核函数的估计三个方面互相制约甚至互为因果，其中模糊核函数的估计显得相对更加重要一些。遥感图像的点扩展函数的测量并不十分容易，盲复原在遥感图像质量改善领域有很重要的实用价值，但是盲复原问题一直尚未得到完全的解决。本章将详细阐述遥感图像复原及图像盲复原的各个重要方面。

12.1　遥感图像模糊的形成

造成遥感图像模糊的成因有多种，如图 12.1 所示。下面将重点介绍几种常见的图像模糊因素和模型。

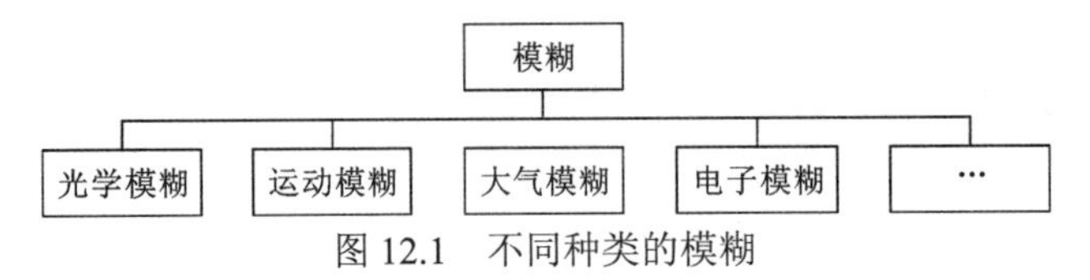

图 12.1　不同种类的模糊

12.1.1　散焦模糊

散焦模糊是光学模糊里常见的一类，散焦模糊的光学原理如图 12.2 所示。图中，F_0 是焦距，d_F 是焦平面距离，d 是目标距离焦平面的距离，S 是目标在传感器上面成像的大小。

从图 12.2 中可以看到，如果成像平面比焦距远的话，单点成像会分散落在一个区域造成散焦模糊。实际上成像平面比焦距近也会造成类似的散焦模糊。几何光学表明，光学系统散焦造成的图像降质的点扩展函数是一个均匀分布的圆形光斑。这个模型好像过分简化了，但是实践证明它是合理的。图像降质函数可以表示为

$$h_{\text{optical}}(m,n)=\begin{cases}\dfrac{1}{\pi R^2}, & m^2+n^2\leqslant R\\ 0, & \text{其他}\end{cases} \tag{12.1}$$

式中：R 为散焦半径；$h_{\text{optical}}(m,n)$ 为散焦函数，其傅里叶变换为

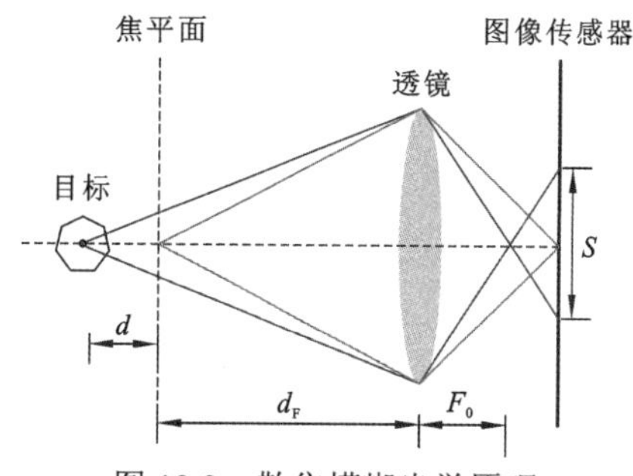

图 12.2　散焦模糊光学原理

$$H_{\text{optical}}(u,v)=2\pi R\frac{J_1(R\sqrt{u^2+v^2})}{R\sqrt{u^2+v^2}} \tag{12.2}$$

式中：$J_1(\cdot)$为第一类 Bessel 函数；$H_{\text{optical}}(u,v)$ 是圆对称的，它的第一过零点的轨迹形成一个圆，该圆的半径为 d_r，有如下关系：

$$R=\frac{3.83L_0}{2\pi d_r} \tag{12.3}$$

如果噪声较低，可以计算图像的傅里叶变换，那么在频率域应该观察到圆形的轨迹，如图 12.3 所示，可以通过频域圆形轨迹的 d_r 来估计图像散焦降质函数的半径 R。

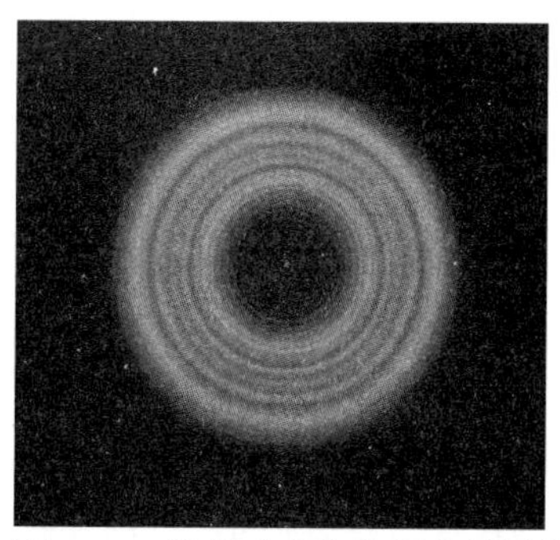
图 12.3　傅里叶变换的频率域图像

12.1.2　运动模糊

当成像系统和目标之间有相对匀速直线运动造成的模糊，此时 $k=h_{\text{motion}}$，水平方向的线性移动可以描述为

$$h_{\text{motion}}(m,n)=\begin{cases}\dfrac{1}{d}, & 0\leqslant m\leqslant d,\ n=0\\ 0, & \text{其他}\end{cases} \tag{12.4}$$

式中：d 为降质函数的长度，在应用中如果线性移动函数不在水平方向可以类似地定义。如果噪声比较小可以在频域辨识这种类型的降质函数。这里必须声明，噪声的影响非常重要，大噪声条件下辨识降质函数是很困难的。在频率域，$h_{\text{motion}}(m,n)$ 傅里叶变换的模 $|H_{\text{motion}}(u,v)|$，在线性运动方向上是一个 $\dfrac{\sin x}{x}$ 函数，如图 12.4 所示。因此观测图像的傅里叶变换 $|Y(u,v)|$ 的模应该有带状调制外观，图 12.5 中央条带的宽度也就是 $|Y(u,v)|$ 中间两条过零线之间的距离可以用来决定降质函数的参量。

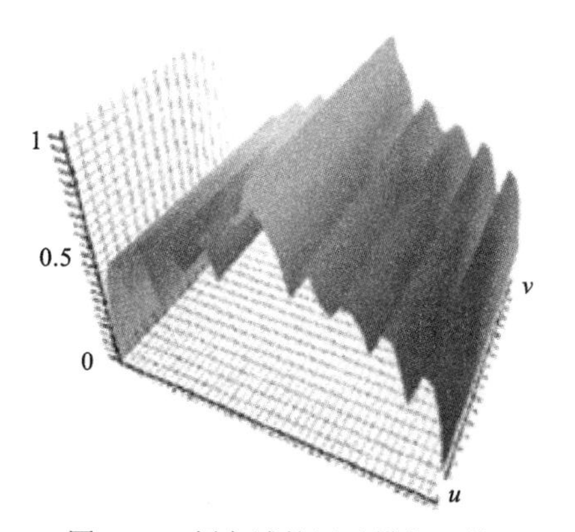

图 12.4　频率域的运动模糊函数

(a) 运动模糊图

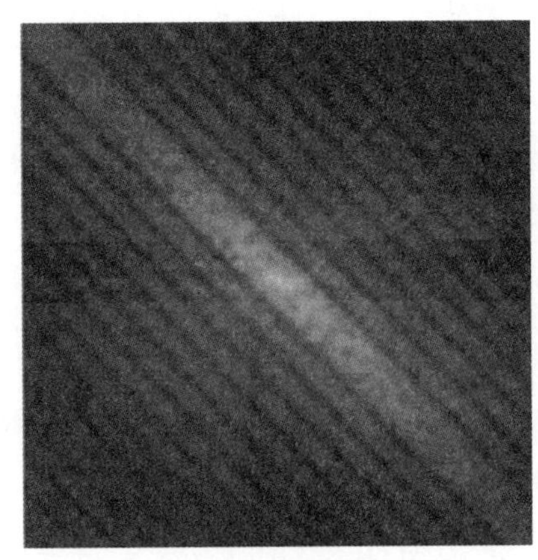
(b) 频率域图像

图 12.5　运动模糊

12.1.3　大气模糊

大气湍流通常是指大气风速起伏所对应的动力湍流，如图 12.6 所示，但对成像系统的光学性质而言，大气密度变化而导致大气折射率起伏所对应的大气光学湍流影响更大。通常情况下，人眼通过火焰或者灼热的路面观察远处的目标时，会感觉到目标有明显的“颤动”现象，这就是大气湍流的影响。光束在大气湍流中的传播波阵面由于大气折射率的随机变化而产生畸变，光波的相干性被破坏。相干性的严重退化会引起光线的随机漂移及光能量的重新分布（畸变、扩散等），从而导致观测目标的细节形态分辨不清，同时降低了观测影像的观测精度，严重制约了地面目标的高分辨率观测，如图 12.7 所示。

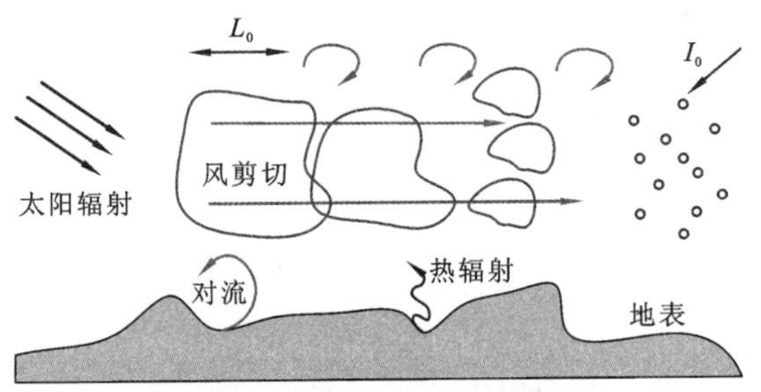

图 12.6　大气湍流形成过程

(a) 早上拍摄

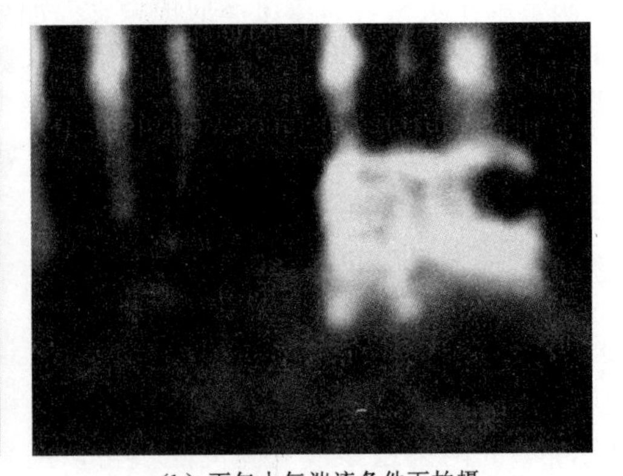
(b) 下午大气湍流条件下拍摄

图 12.7　1 km 距离不同大气条件下的成像

因为大气密度的起伏主要由温度起伏决定，所以大气光学湍流可由大气温度场的起伏性质来决定。造成大气温度场随机起伏的因素主要有热量释放（如结晶、沉积等）的相变过程所造成的速度场和温度场的变化、地球表面对气流拖拽所形成的风速剪切、地表面热辐射所导致的热对流及地球表面不同区域所接收的太阳辐射强度不同所形成的温度差异。

一般当大气干扰较弱时，大气结构对航空航天遥感成像系统的地面分辨力影响只有较小的水平，比如几厘米，这对大多数遥感成像系统而言可以不予考虑；当大气干扰较强时，大气结构对遥感成像观测系统分辨力的影响可达到十几或几十厘米的水平，这对自身分辨力为数米甚至数十米的遥感成像系统来说仍然并不严重。但是，随着现代遥感成像系统分辨力的提高，已经出现了米级以内甚至是厘米级的遥感成像系统，在这种情况下，大气结构对遥感成像系统分辨力的影响就变得非常严重。应对大气湍流可采用的方案主要有两个，一是在遥感平台上安装自适应光学硬件系统，二是采用遥感图像后处理技术。

自适应光学（adaptive optics，AO）系统利用波前传感器（wave front sensor，WFS）实时测量光学传感器瞳面波前相位误差，然后将这些测量数据转换成自适应光学系统的控制信号，并对望远镜的光学特性进行实时控制，从而对由大气湍流等引起的波前相位畸变进行补偿，使物镜得到接近衍射极限的目标。但是，即使目标直到光学衍射极限的空间频率信息已被记录在观测数据中，由于受自适应光学系统自身的原因、闭环侍服带宽、波前观测数据误差及噪声等因素的影响，自适应光学的补偿或校正常常是局部的、不充分的，目标的高频信息仍然受到严重的抑制而衰减。因此，对这些经过自适应光学校正过的图像必须进行基于数字技术的后处理，才能获取目标的高清晰图像。无论采用哪种技术，相应的后处理都是必不可少的。自适应光学仪器的制造非常复杂，精度要求极高，代价昂贵。而后处理算法简单、易于实现并且代价低，是一种经济有效的选择。

12.1.4 高斯模糊

高斯降质函数可以看作成像系统多个降晰环节叠加的结果。对于一般的成像系统决定点扩展函数的因素比较多，比如假设的模型

$$k = h_{\text{motion}} * h_{\text{atmosphere}} * h_{\text{optical}} * h_{\text{electronic}} \tag{12.5}$$

那么可能 k 就是一个高斯函数或者类高斯函数。一般情况下，众多因素综合的结果经常使点扩展函数趋于高斯型。高斯降质函数可以表示为

$$k = \frac{1}{\sqrt{2\pi}\mu} \mathrm{e}^{-\frac{x^2+y^2}{2\mu^2}} \tag{12.6}$$

μ 是常数，理想的高斯函数中 μ^2 是方差，连续理想的高斯函数的傅里叶变换仍然是高斯函数而且没有过零点。支持域受限制的高斯函数的傅里叶变换是近似的高斯函数，有过零点，但是难于从过零点位置决定高斯函数的参数。相对于运动模糊、大气模糊和散焦模糊，高斯模糊的情况更加难以复原。这与一般的去模糊的视觉或直觉判断不太符合，因为看起来散焦或运动或大气模糊经常表现出的图像失真现象更加严重。

针对模糊的图像，图像盲复原是其中非常重要的一类。对于单幅遥感图像，不知道

模糊核函数的条件下，利用反卷积直接改善图像清晰程度，一般称为图像的盲复原。盲复原是十分困难的，本章将有一节专门讨论图像盲复原。实际应用中，总是希望先估计图像的降质函数。这在很多情况下是可行的。图像的降质是个复杂的物理过程，在许多情况下降质函数可以从物理知识和观测图像来求解。特别是如果降质函数的类型是常见的几种时，可以有效辨识出降质函数。如果降质函数类型是未知的，求解降质函数仍然是难题。在估计降质函数的时候有以下几个先验知识是经常可以被直接利用的。

（1）k 是确定的和非负的；

（2）k 是有限支持域的；

（3）降质过程不损失图像的能量（不考虑降采样）。

下面将较为详细地讨论图像复原、图像盲复原和单独估计点扩展函数方面的基本理论和基本方法。

12.2 已知模糊核函数的图像复原

如前所述，遥感图像经常因为水蒸气、大气湍流、散焦、设备老化等原因产生模糊，使图像的分辨能力下降。图像复原是去除模糊获得更清晰的遥感图像所最常使用的关键技术。在过去的十几年中，在新的图像规整化技术推动下，图像复原领域有了很大的发展。但是，目前取得的大多数进展是假设已知降晰函数条件下的研究成果。在遥感领域，图像模糊的过程一般可以看作一个核函数 h 与原始图像 x 做卷积，那么表示为

$$y = h * x + n \tag{12.7}$$

式中：y 为观测图像；n 为加性噪声。实际上，为了方便计算，上边的降晰模型都可以表示为矩阵向量乘的形式，那么有

$$Y = HX + N \tag{12.8}$$

简单来看，当前所有除噪声的方法最终都应用到了去模糊方面。但是，去模糊是病态的，除噪声情形可以看作 H 是单位矩阵的特殊情况，因而是良性问题。因此去模糊比除噪声困难。

12.2.1 基本的变换域图像复原

1. 逆滤波

逆滤波是一种非常经典的非约束复原的算法。图像退化模型的频率域形式可表示为

$$Y(u,v) = H(u,v)X(u,v) + N(u,v) \tag{12.9}$$

式中：$Y(u,v)$、$H(u,v)$、$X(u,v)$ 和 $N(u,v)$ 分别是观测图像 y、点扩展函数 h、原始图像 x 和噪声 n 的傅里叶变换。于是可得

$$H(u,v)X(u,v) = Y(u,v) - N(u,v) \tag{12.10}$$

两边除以 $H(u,v)$ 得

$$X(u,v)=\frac{Y(u,v)-N(u,v)}{H(u,v)} \tag{12.11}$$

进行傅里叶逆变换可得到原始图像：

$$x=F^{-1}\left(\frac{Y(u,v)-N(u,v)}{H(u,v)}\right) \tag{12.12}$$

这便是逆滤波算法的基本原理。显然一般并不知道确切的 $N(u,v)$ ，而实际的逆滤波器经常为

$$x=F^{-1}\left(\frac{Y(u,v)}{H(u,v)}\right) \tag{12.13}$$

所以，有两个方面对逆滤波图像复原有重要影响：第一是 $H(u,v)$ 有可能有过零点，过零点做除数的时候，方程是不稳定的；第二是噪声 $N(u,v)$ 会被 $H(u,v)^{-1}$ 放大，所以逆滤波很容易受到噪声影响，图像边缘或细节尤其容易被污染。那么，在图像噪声非常小，而已知 $H(u,v)$ 的零点位置的时候，可以对 $H(u,v)$ 的零点进行一些处理来使逆滤波图像复原得到较好的效果。

2. 维纳滤波

维纳滤波可以算是频率域图像复原最经典的改进之一。假设存在一个滤波 $G(u,v)$ 使

$$\hat{X}(u,v)=G(u,v)Y(u,v) \tag{12.14}$$

需要知道 $G(u,v)$ 的具体形式。首先，从均方误差的角度，原始图像与估计图像之间的关系可以表示为

$$e=E[(X(u,v)-\hat{X}(u,v))^2] \tag{12.15}$$

替换 $\hat{X}(u,v)$：

$$e=E[(X(u,v)-G(u,v)Y(u,v))^2] \tag{12.16}$$

进一步替换 $Y(u,v)$：

$$e=E[(X(u,v)-G(u,v)(H(u,v)X(u,v)+N(u,v)))^2] \tag{12.17}$$

所以有

$$e=E[((1-G(u,v)H(u,v))X(u,v)-G(u,v)N(u,v))^2] \tag{12.18}$$

进一步有

$$\begin{aligned}e=&(1-G(u,v)H(u,v))(1-G(u,v)H(u,v))^{*}E[X(u,v)]^2\\&+(1-G(u,v)H(u,v))G(u,v)^{*}E[X(u,v)N(u,v)^{*}]\\&+(1-G(u,v)H(u,v))^{*}G(u,v)E[N(u,v)X(u,v)^{*}]\\&+G(u,v)G(u,v)^{*}E[N(u,v)]^2\end{aligned} \tag{12.19}$$

假设信号与噪声相互独立：

$$E[X(u,v)N(u,v)^{*}]=E[N(u,v)X(u,v)^{*}]=0 \tag{12.20}$$

此时定义噪声与信号的能量谱为

$$\begin{cases}V(u,v)=E[N(u,v)]^2\\S(u,v)=E[X(u,v)]^2\end{cases} \tag{12.21}$$

那么均方差表示为

$$e=(1-G(u,v)H(u,v))(1-G(u,v)H(u,v))^{*}S(u,v)+G(u,v)G(u,v)^{*}V(u,v) \quad (12.22)$$

目标是求滤波器 $G(u,v)$，那么对 $G(u,v)$ 求导：

$$\frac{\partial e}{\partial G(u,v)}=H(u,v)(1-G(u,v)H(u,v))^{*}S(u,v)+G(u,v)^{*}V(u,v)=0 \quad (12.23)$$

最后维纳滤波器 $G(u,v)$ 表示为

$$G(u,v)=\frac{H^{*}(u,v)S(u,v)}{|H(u,v)|^{2}S(u,v)+V(u,v)} \quad (12.24)$$

审视 $G(u,v)$ 的定义，其中 $H(u,v)$ 应该是固定的，因为分母有 $V(u,v)$ 存在，可以减弱 $H(u,v)$ 中零点对图像复原不利的影响。另外 $S(u,v)$ 和 $V(u,v)$ 之间的关系会影响滤波器的作用。噪声功率谱大的时候，$G(u,v)$ 的反降晰作用会相应较弱，$H(u,v)$ 零点的作用被抑制。反之信号功率谱大的时候，维纳滤波接近直接的逆滤波器。这样看，维纳滤波是有一定的自适应性的，它理论上企图根据信噪比指引信号的复原。所以，如果已知图像中包含噪声的强度和分布状态，维纳滤波的机制会起作用。

3. Lucy-Richhardson 方法

假设噪声服从泊松分布，已知观测图像条件下的原始图像分布为

$$p(y|x)=\prod_{i,j}\frac{[h*x]^{y}\exp\{-(h*x)\}}{y!} \quad (12.25)$$

图像复原可以看作式（12.25）求极大似然的结果，那么以 x 为自变量求导就有

$$\frac{\partial p(y|x)}{\partial x}=0 \quad (12.26)$$

从而得

$$\frac{y}{x*h}*h^{T}=1 \quad (12.27)$$

两边同时乘以 x 可得

$$x=\frac{y}{x*h}*h^{\mathrm{T}}x \quad (12.28)$$

使用 Picard 迭代，然后得

$$x^{n+1}=\frac{y}{x*h}*h^{\mathrm{T}}x^{n} \quad (12.29)$$

可以看到 Lucy-Richhardson 的方法并不是频率域的方法，它只是在泊松噪声假设条件下推导的结果。列出这个方法只是为了与高斯噪声假设前提下推导的维纳滤波相互比较。在实现的过程中，Lucy-Richhardson 方法中所涉及的卷积运算可以基于傅里叶变换在频率域实现，这样对尺度不太大的图像可以提高速度。

4. 约束最小二乘

约束最小二乘复原算法最早是由 Hunt（1973）提出来的。Charalambous 等（1992）在此基础上提出了改进的方法。在最小二乘复原算法中附加一些约束条件，使复原过程能够在一定程度上克服病态特征考虑图像退化离散模型。回到图像复原的基本形式：

$$y=Hx+n \quad (12.30)$$

假定 n 为零均值的高斯噪声，那么剩余误差与噪声的关系为

$$\| y-Hx \|^2=\| n \|^2 \tag{12.31}$$

为了克服病态问题，约束最小二乘采用二阶导数范数的平方最小作为规整化。在离散情况下，用二阶差分代替二阶导数。图像的差分可以用卷积算子表示，卷积算子一般定义为

$$C=\frac{1}{8}\begin{bmatrix} 0 & 1 & 0 \\ 1 & -4 & 1 \\ 0 & 1 & 0 \end{bmatrix} \tag{12.32}$$

此算子也称为拉普拉斯算子。卷积运算可以用矩阵向量乘积表示，目标函数可以表示为

$$\min \| Cx \|^2,\quad \text{s.t.} \| y-Hx \|^2=\| n \|^2 \tag{12.33}$$

引入拉格朗日乘子，变成无约束问题，那么有

$$J(x)=\| Cx \|^2+\lambda(\| y-Hx \|^2-\| n \|^2) \tag{12.34}$$

以 x 为自变量，最小化目标函数对 $J(x)$ 求导数：

$$(\lambda H^{\mathrm{T}}H+C^{\mathrm{T}}C)x=H^{\mathrm{T}}y \tag{12.35}$$

虽然约束最小二乘的目标函数是在空域构建的，但是为了计算方便，经常把它最后的求解转化到频率域进行。卷积核函数和规整化算子都可以在频率域表示，那么就有

$$X(u,v)=\frac{H^*(u,v)Y(u,v)}{|H(u,v)|^2+\lambda|C(u,v)|^2} \tag{12.36}$$

式中：$C(u,v)$ 为规整化算子在频率域的形式。所以，也有人会把约束最小二乘的方法归为频率域方法这一类。

审视维纳滤波和约束最小二乘，它们最后的形式都涉及了信噪比或规整化参数，可以看作基本逆滤波器方法上的改进。纯粹的逆滤波器只有反降晰而没有相应的规整化来保持求解稳定，显然非常容易受噪声影响。目前规整化的形式，是各种先进的反卷积图像复原方法的研究重点。从频率域的方法看，规整化及规整化参数的作用至少有两个方面的启示：第一，噪声不同规整化强度应该不同，噪声大的情形应该施加更强的规整化保持稳定，反之则反，这个是从噪声的绝对大小角度来看；第二，从噪声相对大小的角度来看，不同频率所对应的规整化参数也应该有一定的适应性，在噪声保持不变的情况下，信号高频部分相对噪声只有更弱的能量，过强的规整化在抑制噪声的同时也会损失图像细节，而信号低频部分则不太容易受噪声影响。所以在噪声一定的情形下，高频低频应该有不同强度的规整化。

频率域的方法可以看作各种变换域类方法的一种特例或原始阶段。可以大体认为噪声是比较均匀地分布于各个频段的，而图像在变换域的能量主要集中在低频并随频率的升高快速衰减。而基于频率域的规整化，在抑制高频能量的时候会更多地削弱噪声能量。后期发展的基于 Wavelet、Curvelet 和 Bandlet 等方法很多也是在变换域抑制噪声，不同的是这些变换使信号的能量更加集中，而且处理信号不同变换分量的策略更加精细而已。而如果能够让信号进一步集中，支持域的其他大部分地方值都很小（接近为零），那么可以简化规整化策略，把变换域内取值小的地方直接置为零，很多基于稀疏表征的规整化方法的初衷就类似这个理念。

12.2.2 基本的空域图像复原

1. 受限自适应方法

早期的空域图像复原方法主要针对维纳滤波等方法所产生的振铃效应，这种效应很容易出现在图像边缘附近，而图像边缘恰好有信息量较大的重要视觉认知特征。Lagendijk 等（1990）提出的受限自适应图像复原方法是这个方面的早期的典型代表。其方法的主要思想是在空域对图像进行局部的适应性控制，在平坦区域加强平滑，而在边缘附近减弱平滑。这样既减弱了平滑区域的噪声，又可以较好地保持边缘特征满足视觉对棱边特征较为敏感的要求。受限自适应的初始目标是两方面的限制：

$$\|y-Hx\|_2^2 \ll \sigma \quad 及 \quad \|Cx\|_2^2 \ll e \tag{12.37}$$

式中：σ 取决于噪声的能量；e 取决于容许估计图像高频细节部分的总体能量；C 是规整化算子（比如拉普拉斯算子）。为了使图像复原有局部适应性，引入两个加权矩阵，所以有

$$\begin{aligned}\|y-Hx\|_R &= (y-Hx)^{\mathrm{T}}R(y-Hx) \ll \sigma \\ \|Cx\|_R &= (Cx)^{\mathrm{T}}S(Cx) \ll e\end{aligned} \tag{12.38}$$

式中：R 和 S 是两个对角阵，对角阵中的元素 r_{ij} 和 s_{ij} 代表每个像素对能量贡献的权值系数。在复原中人工确定 r_{ij} 值，一般可以强调保持图像的边缘细节、控制噪声变化的平稳性和填补丢失数据。指定的 s_{ij} 值，可以控制局部平滑的强度，抑制寄生波纹。可以看到 r_{ij} 和 s_{ij} 作用是相反的。此时可以构造目标不等式：

$$J(x) = (y-Hx)^{\mathrm{T}}R(y-Hx) + \lambda(Cx)^{\mathrm{T}}S(Cx) \tag{12.39}$$

最小化目标函数得

$$(H^{\mathrm{T}}RH + \lambda C^{\mathrm{T}}SC)x = H^{\mathrm{T}}Ry \tag{12.40}$$

如果 H 和 C 是循环矩阵，而 R 和 S 是两个对角阵，此时不能简单地用循环矩阵对角化方法转化成频率域进行计算，应该选择基于迭代求解。Lagendijk 的方法建议用 Van Cittert 迭代，就有

$$x_{k+1} = x_k + \eta[H^{\mathrm{T}}Ry - (H^{\mathrm{T}}RH + \lambda C^{\mathrm{T}}SC)x_k] = H^{\mathrm{T}}Ry \tag{12.41}$$

受限自适应中 R 和 S 的选择性一般可以有效地改善图像复原结果。

2. 最大熵图像复原

从另一个角度看，可以认为受限自适应方法是对约束最小二乘方法的改进，它们都在空域图像复原模型基础上增加了约束。增加约束的目的一般都是保持图像平滑，空域约束的种类繁多，基于最大熵的约束也是非常典型的一种。与受限自适应明显不同的是最大熵是非线性规整化，一般不能直接写成线性算子的形式，因而计算过程较为复杂。考察基于最大熵的图像复原：

$$\max Z(x),\ \mathrm{s.t.}\, y = Hx + n \tag{12.42}$$

这里 $Z(x)$ 是图像的熵，可以有多重定义，其中非常典型的是 Frieden（1972）提出的

$$Z(x) = \sum_{i,j} -x\ln x \tag{12.43}$$

这个熵的定义与经典的香农熵相同。按照信息论的观点，一个系统越是有序，信息

熵就越低。反之，一个系统越是混乱，信息熵就越高。所以，信息熵也可以说是系统有序化（或混乱）程度的一个度量。一般认为噪声要比人类视觉容易感受的有内容的图像要更混乱一些。越是纹理清晰且边缘锐利的图像，越被认为是有序的。那么图像熵也就可以用作抑制噪声的一种手段。而且从上面的定义看，图像为负数的时候在熵的计算中是没有意义的，这与实际应用中图像非负特性自然吻合。

基于熵规整化的图像复原有一些明显的好处。首先，最大熵恢复方法可处理残缺图像（不完全数据）；其次，最大熵方法不需要对图像先验知识做更多假设便可以达到抑制噪声和恢复细节的效果。而且较少的假设，使其处理效果不过分依赖于具体的降质模型，具有很强的通用性。但是最大熵方法也有一些缺点，它作为一种非线性的方法，在数值求解上比较困难，通常只能用极为耗时的迭代解法。计算量巨大，限制了它在一些领域的应用。因此，寻求高效、稳定的算法一直是最大熵图像恢复方法研究领域最主要的内容之一。

12.2.3 规整化方法

当把图像质量提升归结为逆问题：

$$T(x)=\| y-Hx\|_2^2+\|\Psi(x)\|_p \tag{12.44}$$

当 H 为已知的时候，规整化的形式 $\|\Psi(x)\|_p$ 是决定图像复原效果的关键。而且，由于规整化本身希望方程的解稳定而一般引入平滑机制，因此在图像复原领域，噪声去除与规整化几乎是完全相同的。那么几乎所有抑制噪声的策略都可以引申为规整化策略，并成为 $\|\Psi(x)\|_p$ 的具体形式。

1. 基于全变分的图像复原

基于变分规整化的图像恢复模型最早由 Rudin、Osher 和 Fatemi 在他们开创性的工作中提出（Rudin et al.，1992），所以后来也称为 ROF 模型。此方法的初衷是为了在保持不连续的边缘的同时又要平滑掉图像中的噪声。在过去的许多年里，ROF 模型对图像处理领域产生了非常重要的影响，已经渗透到图像处理领域的各个分支。1998 年前后，全变分规整化在以去模糊为目的的图像反卷积（图像恢复）领域开始流行（Chan et al.，1998）。基于变分规整化的图像复原需要最小化如下目标函数：

$$T(x)=\int(y-Hx)^2\mathrm{d}x\mathrm{d}y+\lambda\int\Psi(|\nabla x|)\mathrm{d}x\mathrm{d}y \tag{12.45}$$

式中：λ 为规整化参数；$\int\Psi(|\nabla x|)\mathrm{d}x\mathrm{d}y$ 为规整化项；∇x 为 x 的梯度，当 $\Psi(|\nabla x|)=|\nabla x|$ 的时候，就是变分规整化的最基本形式，称为全变分。

基于变分规整化的图像恢复效果好，已经获得了很多成功，但多年来，对变分规整化的改进也一直仍在进行。这些改进大体上可以分为两个方面：一是具体形式上的改进，目的是让规整化的效果更好；二是离散化计算策略的改进，目的是计算更方便，收敛速度更快。这两方面的改进在图像恢复领域都有很明显的体现。形式上的改进主要体现在 $\Psi(|\nabla x|)$ 函数的构造上，目的就是既要更好地抑制噪声又要保存图像边缘和细节；离散化计算方面的改进，除了早期的时间步进法（time marching schemes）（Wang et al.，2006）、

定点迭代（fixed point iteration）（Zeng et al.，2013），后来又发展了原对偶（primal-dual newton method）（Melgani，2006）、基于对偶的梯度下降（duality-based gradient descent method）（Bertalmio et al.，2000）、二阶圆锥规划（second-order cone programming）（Bugeau et al.，2010）、多网格方法（multi-grid methods）（Shen et al.，2009）、基于图割（graph cut algorithm）（Cheng et al.，2013）的方法等。但是，对于变分图像恢复来说，无论是规整化形式上的变化，还是其离散化计算方式的改进，都需要规整化参数来协调计算过程中反降晰与规整化的关系。先进的规整化一定要配合适当的规整化参数才能有更好的效果。

2. 基于小波的图像复原

如同除噪声一样，图像复原的规整化也可以在小波域进行。当图像的离散小波变换用W表示，那么小波系数表示为θ，此时原始图像表示为$x=W\theta$。图像复原的观测模型可以进一步表示为

$$y=HW\theta+n \tag{12.46}$$

实际上W可以是早期的傅里叶变换。后来发展起来的基函数，如小波变换甚至曲波变换等当然也有类似形式。模型实施的困难很大一部分来自计算的问题。尽管，核函数H能够基于离散傅里叶变换对角化，但是HW一般不能对角化。为此遵循 EM 的算法的小波域图像复原策略（Vogel，2002）。在这个策略中，高斯噪声n可以看作两个高斯噪声分量的和，也就是

$$n=\alpha Hn_1+n_2 \tag{12.47}$$

这里α是一个正的协调参数。n_1和n_2是相互独立的噪声，它们服从高斯分布

$$\begin{cases}p(n_1)=N(n_1|0,I)\\p(n_2)=N(n_2|0,\sigma^2I-\alpha^2HH^{\mathrm{T}})\end{cases} \tag{12.48}$$

注意到αHn_1+n_2的方差为$\alpha^2HH^{\mathrm{T}}+\sigma^2I-\alpha^2HH^{\mathrm{T}}=\sigma^2I$。既然$\sigma^2I-\alpha^2HH^{\mathrm{T}}$是正定的协方差矩阵，那么一定有$\sigma^2\leqslant\alpha^2/\lambda_1$，这里$\lambda_1$是$HH^{\mathrm{T}}$的最大的特征值。当$H$是归一化的循环矩阵时，$\lambda_1=1$，此时有$\sigma^2\leqslant\alpha^2$。噪声分解成两个分量的思路，允许引入隐含的图像变量z，这样可以让噪声和卷积运算分离。此时，基于n_1和n_2，图像的观测模型可以表达为

$$\begin{cases}z=W\theta+\alpha n_1\\y=Hz+n_2\end{cases} \tag{12.49}$$

显然，如果z已知，那么第一个方程是纯粹的除噪声问题。隐性观测数据z非常关键，通常基于 EM 方法可以估计隐含变量z。当似然惩罚$\log p(y|\theta)-\mathrm{pen}(\theta)$难于估计的时候，EM 方法是一种较为有效的最大后验概率参数估计方式。显然，目标变量是θ，EM 方法通过 E 步和 M 步交互迭代来求解$\hat{\theta}^{(t)}$。EM 估计的基本框架如下。

E 步：假设观测数据和目标$\hat{\theta}^{(t)}$已知的条件下，计算似然估计的条件期望值，为此设计Q函数为

$$Q(\theta,\hat{\theta}^{(t)})=E[\lg p(y,z|\theta)|y,\hat{\theta}^{(t)}] \tag{12.50}$$

M 步：更新估计变量为

$$\hat{\theta}^{(t+1)}=\underset{\hat{\theta}^{(t+1)}}{\operatorname{argmax}}\{Q(\theta,\hat{\theta}^{(t)})-p(\theta)\} \tag{12.51}$$

关于 EM 收敛性的讨论可以参考 Figueiredo 等（2003）和 Dempster（1977）。根据贝叶斯理论：

$$p(y,z|\theta)=p(y|z,\theta)p(z|\theta)=p(y|z)p(z|\theta) \tag{12.52}$$

因为以 z 作为条件，一般认为 y 与 θ 是相互独立的。不同的应用主要在于 $p(y,z|\theta)$ 和 $p(\theta)$ 的定义形式不同。在图像复原领域，已经假设 $z=W\theta+\alpha n_1$，αn_1 是零均值方差为 $\alpha^2 I$ 的噪声，所以有

$$\begin{aligned}\log p(y,z|\theta)&=\lg p(y|z)-\frac{\|W\theta-z\|_2^2}{2\alpha^2}+K_1\\&=-\frac{\theta^{\mathrm{T}}W^{\mathrm{T}}W\theta-2\theta^{\mathrm{T}}Wz}{2\alpha^2}+K_2\end{aligned} \tag{12.53}$$

这里 K_1 和 K_2 都是不依赖于 θ 的常数。从式（12.53）中可以看到似然函数 $\lg p(y,z|\theta)$ 与隐含变量 z 是线性关系。所以，E 步估计最重要的是得到 z 的条件期望值。当观测数据 y 和系数（参数）为已知时，z 的条件期望值表述为

$$\hat{z}^{(t+1)}=E[z|y,\hat{\theta}^{(t+1)}] \tag{12.54}$$

然后可以直接把 $\hat{z}^{(t+1)}$ 代入 Q 函数，就有

$$\begin{aligned}Q(\theta,\hat{\theta}^{(t)})&=\frac{\theta^{\mathrm{T}}W^{\mathrm{T}}W\theta-2\theta^{\mathrm{T}}W\hat{z}^{(t+1)}}{2\alpha^2}\\&=\frac{\|W\theta-\hat{z}^{(t+1)}\|_2^2}{2\alpha^2}+K_1\end{aligned} \tag{12.55}$$

既然 $p(y|z)$ 和 $p(z|\hat{\theta}^{(t)})$ 都是服从高斯分布，那么 $p(z|y,\hat{\theta}^{(t)})\propto p(y|z)p(z|\hat{\theta}^{(t)})$ 也是服从高斯分布的。此时，$\hat{z}^{(t+1)}$ 的期望值可以表示为

$$\hat{z}^{(t+1)}=W\hat{\theta}^{(t)}+\frac{\alpha^2}{\sigma^2}H^{\mathrm{T}}(y-HW\hat{\theta}^{(t)}) \tag{12.56}$$

所求得的 $\hat{z}^{(t+1)}$ 的期望值可以直接代入 Q 函数。

在 M 步，基于已经得到的 Q 函数来更新参数估计：

$$\hat{\theta}^{(t+1)}=\underset{\hat{\theta}^{(t+1)}}{\operatorname{argmax}}\left\{-\frac{\|W\theta-\hat{z}^{(t+1)}\|_2^2}{2\alpha^2}-\operatorname{pen}(\theta)\right\} \tag{12.57}$$

如果小波变换 W 是正交的，$\hat{\omega}^{(t)}=W^{\mathrm{T}}\hat{z}^{(t)}$ M 步也可以转化成

$$\hat{\theta}^{(t+1)}=\underset{\hat{\theta}^{(t+1)}}{\operatorname{argmax}}\{-\|\theta-\hat{\omega}^{(t)}\|_2^2-2\alpha^2\operatorname{pen}(\theta)\} \tag{12.58}$$

此时就像一个纯粹的基于小波变换的除噪声问题。问题的关键一般是看如何定义 $\operatorname{pen}(\theta)$，也就是认为小波系数 θ 服从什么样的分布，以混合高斯分布和拉普拉斯分布最为流行。E 步和 M 步循环可得图像复原结果。

3. 基于字典学习的图像复原

在稀疏表征领域，小波是典型的解析字典，而对于图像复原问题，基于非解析字典进行稀疏表征也是非常有效的规整化手段。回顾图像复原的观测模型，可以表示为

$$y=HD\alpha+n \tag{12.59}$$

式中：D 为非解析字典；α 为相应的稀疏表征系数。非解析字典 D 一般是图像中的小块

（图 12.8）。从目前的发展看，D 的训练既可以是全局的如 K-SVD，也可以是邻域内的相似块组进行稀疏表征（group-based sparse representation）。另外，从数据源上，D 既可以来自当前模糊目标图像，也可以来自同一地理位置的多时相或多源图像，这一点在遥感领域更加普遍。

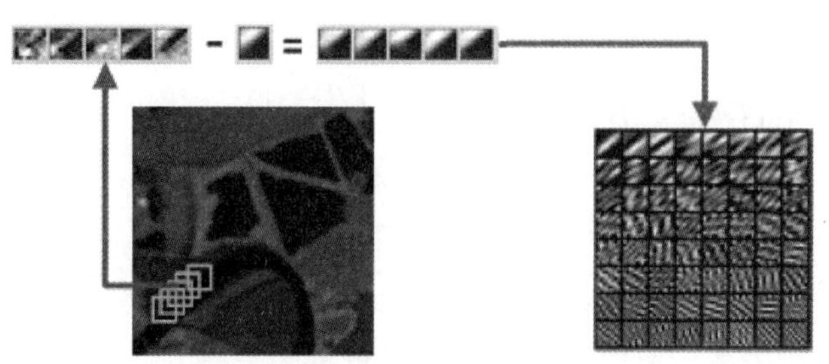
图 12.8　基于块匹配的字典学习

当已知 D 的条件下，基于字典学习的图像复原可以表示成如下目标函数：

$$\underset{\hat{\alpha}}{\operatorname{argmin}} \| y - HD\alpha \|_2^2 + \lambda \| \alpha \|_1 \tag{12.60}$$

此时是 $L_2 + L_1$ 优化问题，与全变分方法类似，优化的困难主要在于 $\| \alpha \|_1$ 不方便求导，所以不能直接求解。目前，有很多流行的求解 $L_2 + L_1$ 目标函数的方法，如正交匹配追踪（orthogonal matching pursuit）、Bregman 剖分（Jin et al.，2011）、迭代硬阈值（iteration hard threshold）（Blumensath et al.，2008）等，但很多类似方法都需要 H 能够写成矩阵形式。对于去模糊图像复原这种场景，点扩展函数一般是可以写成矩阵形式。但是，为了更加具有普遍意义，这里基于 Song 等（2012）给出更加一般的求解形式。

对于求解 $\hat{a}$ 的第 t+1 次迭代，先获得一个中间结果 $\hat{x}^{t+0.5}$

$$\hat{x}^{t+0.5} = \hat{x}^t + H^{\mathrm{T}}(y - HD\hat{\alpha}^t) \tag{12.61}$$

然后，在得到 $\hat{\alpha}^{t+1}$ 前，先获得 $\hat{\alpha}^{t+0.5}$

$$\hat{\alpha}^{t+0.5} = D^{\mathrm{T}} \hat{x}^{t+0.5} \tag{12.62}$$

实际上 D 不一定是正交字典，不能直接使用冗余的 D^{T} 进行逆变换 $D^{\mathrm{T}}\hat{x}^{t+0.5}$。那么此时，可以基于正交匹配追踪或迭代硬阈值等经典方法获得 $\hat{\alpha}^{t+0.5}$。有了 $\hat{\alpha}^{t+0.5}$，可以基于 $\hat{\alpha}^{t+0.5}$ 进行阈值截断处理

$$\hat{\alpha}^{t+1} = \operatorname{sign}(\hat{\alpha}^{t+0.5}) \max\left(\left| \hat{\alpha}^{t+0.5} \right| - \frac{\lambda}{2}, 0 \right) \tag{12.63}$$

式中：$\operatorname{sign}(\cdot)$ 为符号函数；$\max(\cdot)$ 为取最大值函数。当获得了 $\hat{\alpha}^{t+1}$，再进行下一次迭代前先更新 $\hat{x}^{t+1}$

$$\hat{x}^{t+1} = D\hat{a}^{t+1} \tag{12.64}$$

在这种求解模式下，如果 H 不能写成矩阵的形式，$H^{\mathrm{T}}(y - HD\hat{a}^t)$ 运算也可以直接实施，只要 $H^{\mathrm{T}}(y - HD\hat{a}^t)$ 的结果与 $\hat{x}^t$ 对应即可。

从这一节可以看出，为了能够使图像复原的解更加稳定，各种各样的规整化都可以引入方程，而几乎任何一种图像平滑除噪声的策略都可以作为规整化的形式加到图像复

原中。除噪声的目标一般是在平滑掉噪声的同时尽量多地保存图像的细节，这一目标与图像复原规整化的目标十分一致。所以近年来流行的全变分、小波、字典学习、非局部平均、马尔可夫场、低秩、图像块似然对数等除噪声手段都可以直接过渡到图像复原领域。篇幅所限，就不一一举例了。

12.2.4 多通道图像复原

大部分遥感图像都是多通道的，比如光学图像往往有多光谱或高光谱图像。每个通道对应了特定的波段能量。尽管每个波段的模糊核函数可能并不一样，但是多通道图像在图像特征上总是既有区别又共享一些相似性。比如，边缘和纹理经常有明显的相似性，但是图像灰度值的分布经常有明显的差异。不同波段的相似性可以在图像复原的时候加以利用，这样能更好地抑制噪声、改善去模糊的效果。大部分除噪声的手段都有相应的扩展的高维的形式，比如多通道全变分、多通道小波、多通道非局部平均等。显然这些除噪手段作为去模糊的规整化时，也可以借鉴性地扩展到高维，进而直接应用到多通道图像复原。不同规整化策略有不同的扩展到高维的方式，本小节以全变分为例，阐述多通道图像复原。回顾基于变分规整化的单通道图像复原需要最小化如下目标函数：

$$T(x)=\int(y-Hx)^2\mathrm{d}x\mathrm{d}y+\lambda\int\Psi(|\nabla x|)\mathrm{d}x\mathrm{d}y \tag{12.65}$$

全变分部分定义为

$$\mathrm{TV}(x)=\int|\nabla x|\,\mathrm{d}x\mathrm{d}y \tag{12.66}$$

如果针对多通道的情况 $x=\{x_i\}_{i=1}^n$，主要考虑在规整化部分利用多通道数据的相关性，那么规整化部分重新定义为

$$\mathrm{TV}_{\mathrm{ms}}(x)=\sqrt[2]{\sum_{i=1}^{n}[\mathrm{TV}(x_i)]^2} \tag{12.67}$$

对每个通道 x_i，基于欧拉-拉格朗日方程求解：

$$H_i^{\mathrm{T}}(y_i-H_ix_i)+\lambda\frac{\mathrm{TV}(x_i)}{\mathrm{TV}_{\mathrm{ms}}(x)}\nabla\left(\frac{\nabla x_i}{|\nabla x_i|}\right)=0 \tag{12.68}$$

关于方程的离散化求解可以用时间步进发、定点迭代或对偶方法等。

12.3 未知模糊核函数的盲复原

当降晰函数 H 和原始图像 X 都未知的情况下，基于观测图像 Y 同时求解 H 和 X 就是图像盲复原。这显然是非常困难的逆问题。图像盲复原的研究已经有较长的历史，不同的研究者在不同的历史时期从不同角度做出了贡献，推进了盲复原的研究及对问题本质的理解和认识。

重新审视图像复原问题，如下：

$$y=Hx+n \tag{12.69}$$

当仅仅 y 为已知，而核函数 H 和原始数据 x 都为未知的时候，称之为盲复原问题。如前所述，核函数 H 在频率域一般都存在零点，而且加上噪声 n 的干扰，属于病态问题的图像复原比较难于求解，而都需要规整化来保持解的稳定。盲复原问题，由于核函数 H 的未知，属于非常严重的病态逆问题，求解的难度远远高于一般的图像复原问题。在遥感图像领域，经常可以利用观测图像上的特殊点和线来辨识降质函数 H，这对某些图像是很有效的，但是也不是通用有效的。如同一般的图像复原，关于图像盲复原的研究也非常多。多年以来，研究者基于各种类型的方法从不同的角度和侧面探索了盲复原问题的求解，由于不同方法之间错综复杂的关系，本书不对盲复原进行严格而细致的分类。

12.3.1 早期方法

早在 1987 年 Lane 和 Bates 提出利用 z 变换进行零叶面（zero sheet）分离来求解图像盲复原的问题。零叶面分离的方法比较直观，但是由于对多项式的根进行关联、分群和跟踪并不容易，而且对噪声比较敏感，在实际应用中有很大困难。但是此方法加深了研究者对盲复原问题病态性的理解。另一类早期比较流行的方法是由 Ayers 和 Dainty（1998）提出的类似维纳滤波的盲复原模型。这种方法交替使用频域和空域的形式，便于加入如非负性、有限支持域等不同的约束。Ayers-Dainty 方法经过一系列改进后经常可以得到一个比较近似的解而且速度比较快，但是这个方法不具备稳定的收敛性。自回归模型（Mendez-Rial et al.，2012；Oliveira et al.，2001；Hardie et al.，1997）认为图像盲复原是一个系统辨识的过程，所以像高阶统计的方法和极大似然估计等方法都可以在自回归模型框架下求解盲复原问题。Kundur 和 Hatzinakos（1996）提出针对有限支持域并使用递归滤波器的图像盲复原方法，此方法被广泛引用，目前已经成为有限支持域情况下图像盲复原的经典方法，而后继又有一些研究者做了有意义的改进（Martin-Fernandez et al.，2003；Chan et al.，1999）。1998 年，由著名学者 Chan 和 Wong 所提出的基于全变分和交互迭代优化的方法（Chan et al.，1998）也引起了广泛的关注。在这个时期，全变分规整化（也称为正则化）非常流行。在已知降晰函数的情况下的基于全变分的图像复原取得了显著的进展，但是盲复原毕竟不只取决于规整化，所以 Chan 和 Wong 所提出的方法也受到了很多研究者的质疑。大体上，这些早期的方法从变换域、空域和图像统计特性等不同角度对盲复原问题做了很多有益的探索。

在探索和解决盲复原问题时，由于降晰函数和原始图像都是未知，问题已经不再是 Fredholm 第一类方程，甚至已经不再是一个线性积分方程。此时，一个非常大的困难是甚至没有一个完善的理论指导人们如何处理这类问题（邹谋炎，2001）。所以，尽管在过去很多年的研究中，研究者从不同的角度都取得了一些进展，但总体上并没有彻底解决图像盲复原的问题。

涉及理论完善性的问题，早期的方法中 EM 方法（Buades et al.，2005；Oliveira et al.，2001）是非常值得关注的。尽管 EM 方法还存在问题，但是它在形式上相对比较完整，对盲复原问题的描述也相对合理。早期 EM 方法有基于空域的形式（Oliveria et al.，2001），也有频域的形式（Buades et al.，2005）。吸取了早期 EM 方法从统计或概论角度解释盲复原问题的优点，Molinad 等（2006）提出了新的基于贝叶斯框架的图像盲复原模型，该模型引入了超参数，不再像 EM 方法那样区分待估计参数和隐含变量，而由于后验概率都不是闭合形式，实际上是采用了 Kullback-Leibler 散度的变分贝叶斯方法。变分贝叶斯的方法是这个时期图像盲复原的重要进展，变分法和超参数的引入使盲复原的稳定性明显增强。然而，超参数虽然不是特别敏感但仍然需要估计甚至需要一些经验值，从而对结果有一定的影响。而且，变分贝叶斯框架完全从统计角度解释盲复原问题并不全面。比如认为图像是服从拉普拉斯分布，这是有一定的局限性的。实际上从视觉角度来说，图像可以有空域的各向异性、纹理的冗余性、变换域的稀疏性等很多方面的先验知识约束。所以，Babacan 沿着 Molinad 的思路，把流行的全变分先验知识引入基于变分贝叶斯框架的图像盲复原（Babacan et al.，2009），并收到不错的效果，但是仍然过于强调了超参数对盲复原的作用。

最近几年，除了变分贝叶斯，也有研究者如Fergus从引入更加合理的规整化的角度改进了盲复原算法（Rakwatin et al.，2009）。图像的稀疏特性也在盲复原中起到了很大作用（Li et al.，2013）。尽管图像复原和图像除噪声都需要平滑约束，有一定的相似性，但是盲复原中对规整化项的要求远比一般的图像除噪要复杂，简单来说是因为降晰函数未知导致问题严重的病态。Fergus 认为早期的规整化项不合理是导致盲恢复效果不好的重要原因（Rakwatin et al.，2009），而实际上，根据 Levin 等（2011）的分析，最大后验概率估计对象的选择更加重要。以往的方法以最大后验概率同时估计卷积核 k 原始图像 x 也就是 $\text{MAP}(k,x/y)$，此时由于未知数的个数总是多于方程的个数，问题求解困难，而且不能引导优化的过程使其朝着人们所希望的方向发展。同时 Levin 等（2011）也指出绝大多数情况下 k 的尺寸是远远小于 x 的，那么如果可以从 $\text{MAP}(k/y)$角度优先估计 k 可能会得到更好的结果。这个看似简单的分析可能是近年来在图像盲复原领域取得的最重要进展之一。Levin 的研究推进了对图像盲复原的理解，短时间内就受到了很广泛的关注。但是盲复原仍然面临很多困难，因为很多时候由于完全通用的盲复原问题非常难于处理，针对特殊领域或特殊问题建立模型是最近盲复原的另一个发展趋势。比如针对运动模糊函数的解决方法（Zhang et al.，2014，2011）、针对特定图像的解决方法（Zeng et al.，2014）、针对大气湍流所产生的模糊（Zhang et al.，2010）、针对天文图像的模糊问题的方法（Benabdelkader et al.，2008）等。这些图像的降晰函数往往由于形状特殊、支持域有限或者具有特殊的频域及相位性质而给盲复原提供了额外的先验知识，复原的结果也经常是实际中可以接受的。

国内的学者也在图像盲复原方面做了大量有价值的研究工作。中国科学院电子学研究所的邹谋炎对 2000 年以前的盲复原研究进行了较好的总结（邹谋炎，2001），并深刻分析了盲复原的困难所在。武汉大学的沈焕锋对盲复原过程中点扩展函数的支持域的估计做了有益的改进（Shen，2012），获得了较好的效果，但是迭代求解的优化过程尚需完善。浙江大学的龚小谨在盲复原的过程中联合了空域的全变分和变换域的稀疏两种规整化（Gong et al.，2014），使方程的求解更加稳定，改善了复原效果，但是最大后验概率的求解理论上仍有改进的空间。汕头大学的廖海泳基于交叉检验理论对盲复原做了有益的改进（Liao et al.，2011），但是算法主要侧重点在于规整化参数方面。实际上，在图像盲复原领域，由于近年来国内科研水平的进步，很多国内学者的研究工作和进展已经大体上与此领域国际上的发展达到了同步。

12.3.2 变分贝叶斯盲复原

图像复原问题写成矩阵向量形式为

$$g = Hf + n \tag{12.70}$$

式中：g 为观测图像；f 为原始图像；n 为噪声；矩阵 H 为关于 h 的循环矩阵排列的分块特普利茨矩阵。

首先是定义观测 g 的联合分布 $p(\Omega, f, h, g)$，其中 f 为未知图像，h 为模糊核，Ω 为超参数，这些参数用来描述分布。然后，将计算给定观察图像 $p(\Omega, f, h|g)$ 的未知量的后验分布，并使用这种后验分布来估计图像和模糊核。贝叶斯建模是基于先建立 $p(\Omega, f, h, g)$，然后在此基础上推断 $p(\Omega, f, h|g)$ 的推理。

为了对联合分布进行建模，采用分层贝叶斯范式[例子可见 Jönsson 等（2004）]，这个范例已经应用于各个领域的研究。例如，Molina 等（1999）将这个例子应用于图像复原，Mateos 等（2000）用来消除压缩图像中的块效应，Galatsanos 等（2002）在反卷积问题研究方面较为深入。

在盲反卷积的分层法中，至少有两个阶段。在第一阶段，基于观测噪声的结构形式、图像和 PSF 的结构的知识分别用于形成 $p(g, f, h, \Omega)$、$p(f|\Omega)$ 和 $p(h|\Omega)$。这些噪声，图像和模糊模型取决于未知的超参数 Ω。在第二阶段，定义超参数上的超先验，从而允许将超参数的信息并入进程。上述条件分布都只依赖于 Ω 的子集，但是使用这个更一般的符号，方便精确地描述定义 Ω 的参数。

对于 Ω、f、h 和 g，下面的联合分布被定义为 $p(\Omega, f, h, g)$ 并且推理是基于 $p(\Omega, f, h|g)$ 的

$$p(\Omega, f, h, g) = p(\Omega)p(f|\Omega)p(h|\Omega)p(g|f, h, \Omega) \tag{12.71}$$

在使用分层贝叶斯范式建模和执行盲反卷积问题时，至少需要解决两个关键问题。

第一个关键问题是关于 $p(\Omega)$ 的定义，盲反卷积是一个不适定问题，可以分解为两个函数的乘积的情况。显然，有许多乘积能够满足这个形式。因此，在解决方案过程中添加的信息越多，对未知参数的估计就越准确。

要考虑的第二个关键问题是决定如何进行推理。一种常用的方法是用下列公式：

$$\hat{\Omega} = \arg\max_{\Omega} p(\Omega|g) = \int_f \int_h p(\Omega, f, h, g)\mathrm{d}f\mathrm{d}h \tag{12.72}$$

来估计 Ω 中的超参数，然后来估计图像和模糊。

$$\hat{f}, \hat{h} = \arg\max_{f,h} p(f, h|\hat{\Omega}, g) \tag{12.73}$$

上述方程对图像和模糊元素的估计的解可以看作 delta 函数的后验分布的近似值。上述推断过程不是对参数、图像和模糊的所有可能分布，而是选择一组特定的值。这意味着该推理过程忽略了对数据的许多其他解释。如果后验概率急剧变化，其他的超参数、图像和模糊的值将会有一个更低的后验概率，但是，如果后验概率变化平稳，选择独特

的值将忽略具有相似后验概率的许多其他选择。

物体亮度分布的平滑性的先验知识，可以通过自回归（Ripley，1981）来对 f 的分布进行建模：

$$p(f \mid \alpha_{\mathrm{im}}) \propto \alpha_{\mathrm{im}}^{N/2} \exp\left\{-\frac{1}{2}\alpha_{\mathrm{im}} \| Cf \|^2\right\} \tag{12.74}$$

式中：C 为拉普拉斯算子；$N = P \times Q$ 为列向量的大小，表示按顺序排列的 $P \times Q$ 图像；α_{im} 为高斯分布的方差。为了更明确，在式（12.74）中应该用 $N-1$ 来代替 N，因为 f 的高斯分布是奇异的，即当 $f = \mathrm{const} \times 1$ 时，对于所有 $\mathrm{const} \in \mathbf{R}$，$Cf = 0$。这个先验模型也被用在 Ma（2006）的研究中。

对点扩展函数使用相同的模型，即

$$p(h \mid \alpha_{\mathrm{bl}}) \propto \alpha_{\mathrm{bl}}^{M/2} \exp\left\{-\frac{1}{2}\alpha_{\mathrm{bl}} \| Ch \|^2\right\} \tag{12.75}$$

式中：C 为拉普拉斯算子；$M = U \times V$ 是模糊核的支持域的大小；h 为一个大小为 $N = P \times Q$ 的列向量，按行按照顺序排列（该向量在模糊的支持区域之外的所有分量都等于零）；$\alpha_{\mathrm{bl}}^{-1}$ 为高斯分布的方差。

不同于式（12.75）中定义的先验模糊模型，Ma（2006）中使用的模糊模型为

$$h \sim N(m_h, \alpha_h^{-1} I) \tag{12.76}$$

式中：m_h 为未知向量均值；α_h^{-1} 为多维正态分布的未知方差。注意，h 的分量在统计上是独立的。

用 u 来表示图像或模糊。在更复杂的层面上，可以通过下式来模拟 u 的分布。

$$u \sim N(m_u, \Sigma_u) \tag{12.77}$$

式中：m_u 和 Σ_u 分别为正态分布的未知向量均值和协方差矩阵。使用这种模型的一个问题是，除非已知向量的均值和协方差矩阵，否则它的使用会导致同时估计大量的超参数。

第一阶段：观察模型。假设观测噪声是均值为零且方差等于 β^{-1} 的高斯分布，如果 f 和 h 分别为“真实”图像和模糊，则观察图像的概率为

$$p(g \mid f, h, \beta) \propto \beta^{N/2} \exp\left\{-\frac{1}{2}\beta \| g - Hf \|^2\right\} \tag{12.78}$$

同样地，可以用 f 来形成 $N \times N$ 卷积矩阵 F，并将式（12.78）改写为

$$p(g \mid f, h, \beta) \propto \beta^{N/2} \exp\left\{-\frac{1}{2}\beta \| g - Fh \|^2\right\} \tag{12.79}$$

第二阶段：超参数上的超先验。一个重要的问题是分别在式（12.74）、式（12.75）和式（12.79）中估计位置参数 α_{im}、α_{b1} 和 β。为了处理这个估计问题，继承贝叶斯范式引入了第二阶段（第一阶段由 $p(f \mid \alpha_{\mathrm{im}})$、$p(h \mid \alpha_{\mathrm{b1}})$、$p(g \mid f, h, \beta)$ 组成）。在这个阶段，已经提出了超先验 $p(\alpha_{im}, \alpha_{\mathrm{b1}}, \beta)$，并有联合全局分布。

$$p(\alpha_{\mathrm{im}}, \alpha_{\mathrm{b1}}, \beta, f, h, g) = p(\alpha_{\mathrm{im}}, \alpha_{\mathrm{b1}}, \beta) p(f|\alpha_{\mathrm{im}}) p(h|\alpha_{\mathrm{b1}}) p(g|f, h, \beta) \tag{12.80}$$

有关贝叶斯的文献中的很大一部分是寻找超先验分布 $p(\alpha_{im}, \alpha_{\mathrm{bl}}, \beta)$ 使 $p(\alpha_{\mathrm{im}}, \alpha_{\mathrm{b1}}, \beta, f, h \mid g)$ 可以用直接或近似的方法计算。这些所谓的共轭先验（Berger et al.，2013；Raiffa，1961）得到了广泛的发展。

除提供对 $p(\alpha_{\text{im}},\alpha_{\text{b1}},\beta,f,h|g)$ 的简单计算或近似值之外，共轭先验具有直观的特征，它允许以先前的特定形式开始，并以相同形式结束，但通过样本信息更新参数。

关于共轭先验的上述考虑，将假设每个超参数具有超伽马分布 $\Gamma(\omega|a_{\omega}^{o},b_{\omega}^{o})$，定义为

$$p(\omega)=\Gamma(\omega|a_{\omega}^{o},b_{\omega}^{o})=\frac{(b_{\omega}^{o})^{a_{\omega}^{0}}}{\Gamma(a_{\omega}^{0})}\omega^{a_{\omega}^{0}-1}\exp[-b_{\omega}^{o}\omega] \tag{12.81}$$

式中：$\omega>0$ 为超参数；$b_{\omega}^{o}>0$ 为尺度参数；$a_{\omega}^{o}>0$ 为形状参数。这些参数假定已知。本小节将展示如何在实验部分计算它们。伽马分布具有以下的均值、方差和模式：

$$E(\omega)=\frac{a_{\omega}^{o}}{b_{\omega}^{o}},\ \text{Var}[\omega]=\frac{a_{\omega}^{o}}{(b_{\omega}^{o})^{2}},\ \text{Mode}[\omega]=\frac{a_{\omega}^{o}-1}{b_{\omega}^{o}} \tag{12.82}$$

请注意，当 $a_{\omega}^{0}<1$ 且平均值和模型不一致时，模型不存在。

Likas 等（2004）中提出的模型具有式（12.74）、式（12.76）和式（12.79）中定义的超参数 α_{im}、m_h、α_h 和 β，并且在这些超参数上用作超先验。

$$p(\alpha_{\text{im}},m_h,\alpha_h,\beta)\propto\text{const} \tag{12.83}$$

正如在实验部分看到的，这个超先验的问题是估计过程完全依赖于观测，因此，它对观测噪声的量和超参数的初始估计非常敏感。

注意，对于向量的分量在式（12.76）中，对应的共轭先验是正态分布。此外，如果想要在式（12.78）中使用先验模型，那么 Σ_u 的超先验值是由反威沙特（Wishart）分布给出的（Lorenzi et al.，2013）。

对于在上一节中选择的超参数，给出第一部分介绍的所有超参数 Ω 的集合：

$$\Omega=(\alpha_{\text{im}},\alpha_{\text{b1}},\beta) \tag{12.84}$$

并且所有未知的 Θ 的集合为

$$\Theta=(\Omega,f,h)=(\alpha_{\text{im}},\alpha_{\text{b1}},\beta,f,h) \tag{12.85}$$

正如已知那样，贝叶斯范式决定了推理应该基于：

$$p(\Theta|g)=p(\alpha_{\text{im}},\alpha_{\text{b1}},\beta,f,h|g)=\frac{p(\alpha_{\text{im}},\alpha_{\text{b1}},\beta,f,h,g)}{p(g)} \tag{12.86}$$

式中：$p(\alpha_{\text{im}},\alpha_{\text{b1}},\beta,f,h,g)$ 已由式（12.80）给出。

当 $p(\Theta|g)$ 被计算出来后，可以对 f 和就 h 积分得到 $p(\Theta|g)=p(\alpha_{\text{im}},\alpha_{\text{b1}},\beta|g)$。然后使用这个分布来模拟或选择超参数。如果一个点估计，$\hat{\alpha}_{\text{im}}$、$\hat{\alpha}_{\text{b1}}$、$\hat{\beta}$ 是必需的，那么这个后验分布的模式或均值可以被使用。最后，对原始图像和模糊的点估计 $\hat{f}$ 和 $\hat{h}$，可以最大化 $p(f,h|g,\hat{\alpha}_{\text{im}},\hat{\alpha}_{\text{b1}},\hat{\beta})$ 得到。或者，可以选择这个后验分布的平均值作为图像和模糊的估计。

从上面的讨论中可以看出，为了继续推理，需要计算或估计后验分布 $p(\Theta|g)$。由于 $p(\Theta|g)$ 不能在闭合形式中得到，将使用变分方法通过分布 $q(\Theta)$ 来近似模拟这个分布。

用于求出 $q(\Theta)$ 的变分准则是由（Ripley，1981；Kullback et al.，1951）给出的 Kullback-Leibler 散度的最小化。

$$C_{KL}(q(\Theta)\|p(\Theta|g)=\int_{\Theta}q(\Theta)\lg\left(\frac{q(\Theta)}{p(\Theta|g)}\right)\text{d}\Theta=\int_{\Theta}q(\Theta)\lg\left(\frac{q(\Theta)}{p(\Theta,g)}\right)\text{d}\Theta+\text{const} \tag{12.87}$$

只有当 $q=p$ 时，它总是非负且等于零。

选择用下式的分布来近似后验分布 $p(\Theta|g)$：

$$q(\Theta)=q(\Omega)q(f)q(h) \tag{12.88}$$

式中：$q(f)$ 和 $q(h)$ 分别为 f 和 h 的分布，$q(\Omega)$ 为

$$q(\Omega)=q(\alpha_{\mathrm{im}},\alpha_{\mathrm{b1}},\beta)=q(\alpha_{\mathrm{im}})q(\alpha_{\mathrm{b1}})q(\beta) \tag{12.89}$$

现在开始在散度代价中找到这些分布的最佳值。

对于 $\theta\in\{\alpha_{\mathrm{im}},\alpha_{\mathrm{b1}},\beta,f,h\}$，$\Theta_\theta$ 为 Θ 去除 θ 后的子集；例如，$\theta=f$，则 $\Theta_f=(\alpha_{\mathrm{im}},\alpha_{\mathrm{b1}},\beta,h)$。那么，式（12.87）可以写为

$$\begin{aligned}C_{KL}(q(\Theta)\|p(\Theta|g))&=C_{KL}(q(\theta)q(\Theta_\theta)\|p(\Theta|g))\\&=\text{const}+\int_\theta q(\theta)\times\left(\int_{\Theta_\theta}q(\Theta_\theta)\lg\left(\frac{q(\Theta)}{p(\Theta|g)}\right)\mathrm{d}\Theta_\theta\right)\mathrm{d}\theta\end{aligned} \tag{12.90}$$

现在，给出 $q(\Theta)=\prod_{\rho\neq\theta}q(\rho)$（例如，如果 $\theta=f$，那么 $q(\Theta_f)=q(\alpha_{\mathrm{im}})q(\alpha_{\mathrm{b1}})q(\beta)q(h)$），可以得到 $q(\theta)$ 的估计值：

$$\hat{q}(\theta)=\arg\min_{q(\theta)}C_{KL}(q(\theta)q(\Theta_\theta)\|p(\Theta|g)) \tag{12.91}$$

$C_{KL}(q(\Theta)\|p(\Theta|g))$ 相对于 $q(\theta)$ 的微分结果为

$$\hat{q}(\theta)=\text{const}\times\exp(E[\lg p(\Theta)p(g|\Theta)]_{q(\Theta_\theta)}) \tag{12.92}$$

其中

$$E[\lg p(\Theta)p(g|\Theta)]_{q(\Theta_\theta)}=\int\lg p(\Theta)p(g|\Theta)q(\Theta_\theta)\mathrm{d}\Theta_\theta \tag{12.93}$$

由上面的等式推出下面的迭代过程，并得到 $q(\Theta_\theta)$。

算法：给定 $q^1(h)$、$q^1(\alpha_{\mathrm{im}})$、$q^1(\alpha_{\mathrm{b1}})$ 和 $q^1(\beta)$，对 $k=1,2,\cdots$ 的分布 $q(h)$、$q(\alpha_{\mathrm{im}})$、$q(\alpha_{\mathrm{b1}})$ 和 $q(\beta)$ 的初始估计值，直到满足条件后停止。

（1） $q^k(f)=\arg\min_{q(f)}\times C_{KL}(q^k(\alpha_{\mathrm{im}})q^k(\alpha_{\mathrm{b1}})q^k(\beta)q(f)q^k(h)\|p(\Theta|g))$

（2） $q^{k+1}(h)=\arg\min_{q(h)}\times C_{KL}(q^k(\alpha_{\mathrm{im}})q^k(\alpha_{\mathrm{b1}})q^k(\beta)q^k(f)q(h)\|p(\Theta|g))$

（3） $q^{k+1}(\alpha_{\mathrm{im}})=\arg\min_{q(\alpha_{\mathrm{im}})}\times C_{KL}(q(\alpha_{\mathrm{im}})q^k(\alpha_{\mathrm{b1}})q^k(\beta)q^k(f)\times q^{k+1}(h)\|p(\Theta|g))$

$q^{k+1}(\alpha_{\mathrm{b1}})=\arg\min_{q(\alpha_{\mathrm{b1}})}\times C_{KL}(q^k(\alpha_{\mathrm{im}})q(\alpha_{\mathrm{b1}})q^k(\beta)q^k(f)\times q^{k+1}(h)\|p(\Theta|g))$

$q^{k+1}(\beta)=\arg\min_{q(\beta)}\times C_{KL}(q^k(\alpha_{\mathrm{im}})q^k(\alpha_{\mathrm{b1}})q(\beta)q^k(f)\times q^{k+1}(h)\|p(\Theta|g))$

注意到在上述算法中，超参数的分布是并行更新的。如果按顺序进行更新，则会得到相同的分布，因为 $\lg p(\Theta|g)$ 不包含涉及超参数对的项。作为上述迭代的停止标准，可以使用定义分布 $q^k(f)$、$q^{k+1}(h)$、$q^{k+1}(\alpha_{\mathrm{im}})$、$q^{k+1}(\alpha_{\mathrm{b1}})$ 和 $q^{k+1}(\beta)$ 的参数的收敛。为了简化上面的标准，$\|E[f]_{q^k(f)}-E[f]_{q^{k-1}(f)}\|^2/\|E[f]_{q^{k-1}(f)}\|^2<\epsilon$，其中 ϵ 是规定的边界，也可以用于终止算法。请注意，这是一个在图像上的收敛准则，但它通常意味着收敛后验超参数和模糊分布，因为它们的收敛是图像后验分布的收敛。

在图像分布、模糊和超参数的每次迭代中，Kullback-Leibler 散度的值减小。为了进一步了解上述算法，考虑退化分布，$q(\Omega)$ 即为

$$q(\Omega)=\begin{cases}1, & 若\Omega=\underline{\Omega}\\0, & 其他\end{cases} \tag{12.94}$$

如果在算法的第 k 次迭代中，$q^k(\Omega)$ 是 Ω 上的退化分布，则算法的步骤更新图像和模糊为

$$q^{*k}(f,h)=p(f,h\mid g,\underline{\Omega}_k) \tag{12.95}$$

以算法中的步骤更新超参数上的退化分布：

$$\Omega^{k+1}=\arg\min_{\Omega} E[\lg(p(\Omega,f,h,g)]_{q^{*k}(f,h)} \tag{12.96}$$

从另一角度看，这是超参数最大后验（MAP）估计的 EM 公式（McLachlan et al.，1997），用于盲卷积问题。算法所做的是用一个更容易计算的分布代替 $q^{*k}(f,h)$，并通过在超参数上搜索最佳的分布来代替只搜索一个超参数。

第 13 章 遥感图像融合

在现实世界中，时间、空间、光谱和观测角度等都是连续的。但是，遥感成像过程必然需要对时间、空间、光谱和观测角度进行离散化才能以数字图像的形式保存信息。离散化的过程经常也意味着数据的降采样，而降采样必然导致信息丢失。根据香农采样定理，粗略地讲采样频率必须要满足高于信号中最高频率的两倍时，才有可能从采样数据中完整恢复出原始数据。但是，由于现实场景的连续性一般是无限带宽，基本上任何采样都会大量丢失高频信息。

本章将从融合角度来阐述改善图像质量及提高遥感图像分辨能力的方法。图像融合所涉及的成像模型在一定程度上可以补救时间、空间、光谱等方面的降采样导致的遥感图像质量下降。

13.1 光 谱 融 合

13.1.1 多光谱和全色图像融合方法

如前所述，遥感卫星成像的光谱分辨率与空间分辨率往往相互制约。一般来说，很高的光谱分辨率就意味着空间分辨率不能过高，很高的空间分辨率也意味着光谱分辨率不能过高。比如高光谱数据一般可以包含几十个或二三百个波段，有很高的光谱分辨率，但是空间分辨率不高。而多光谱图像的光谱分辨率相对高光谱图像要低得多，往往空间分辨率就比高光谱图像高一些。全色图像因为没有光谱分辨率方面的制约，空间分辨率可以达到远高于多光谱或高光谱的水平。很多卫星都同时搭载了全色传感器和多光谱传感器，比如 Landsat 系列、Spot 系列和 IKONOS 系列等。在遥感卫星的有效载荷设计和集成方式中，全色与多光谱的搭配是非常普遍的，因此全色与多光谱图像的融合也是非常热门的研究课题。

区别于前面提到的能够解决模糊问题的图像复原，全色与多光谱融合也可以提高遥感图像分辨能力。全色与多光谱图像融合经常是利用了不同传感器内部成像差异的互补特性，比如不同的采样频率、不同的光谱响应函数以及电荷耦合器件内部不同的电压分级机制等。

一般情况下单纯面向视觉增强的图像融合技术，主要问题在于如何将多源图像中的信息有效地合成到一幅图像中。这类融合方法从融合处理的作用域出发主要可以分为基于图像空间域的融合方法、基于彩色空间域的融合方法和基于多尺度空间域的融合方法。

1. 基于图像空间域的融合方法

直接在图像空间域处理的融合方法，特点在于实现简单，适合实时处理，但是当原始图像之间的灰度差异很大时，就会出现明显的拼接痕迹，不利于人眼识别和后续的目标识别。图像融合数值方法指对图像进行加、减、乘、除等运算及其混合运算。这类方法虽然简单，但是对于某些特定的问题，还是可以取得较好的结果。加乘运算方法曾用于 Landsat TM 和 SPOT PAN 图像融合，生成多光谱的高分辨率图像。此方法中权重的选择是非常重要的，要考虑多种因素的影响。一般来说，对图像取一个全局的权重，对图像之间存在的局部性差异不是很合理。差值图像和比值图像对变化检测是非常有效的，尤其比值图像对图像之间微弱的差异检测比较有用。差值图像去掉了输入图像均有的背景而方便目标的差异检测。但是，图像之间的差异是由许多因素造成的，比如不同的光照条件、大气干扰、传感器系数及配准的差异等，故在利用差值图像进行进一步处理时必须考虑这些因素的影响并将这些影响降至最低。Brovey 变换也可以提高图像空间分辨率，由高分辨率全色图像和低分辨率多光谱图像融合得到高分辨率的多光谱图像。

概率统计方法广泛地应用于图像融合领域，特别是特征级融合和决策级融合。基于概率统计的图像融合方法，能比较方便地对图像融合进行清晰的理论分析，为图像融合提供一个理想的理论框架。在图像融合中，主成分分析法（principal component analysis，PCA）常采用两种方式：一是用一幅高分辨率图像代替多波段图像的第一主分（Aguilar et al.，1998）；二是对所有输入图像进行 PCA 后，只生成较少的（如一幅）图像文件。前者是指对多波段图像进行 PCA，然后用一幅高分辨率图像来代替第一主分量，在用高分辨率图像做取代之前先对其进行拉伸，使其方差与第一分量的方差相同，并且使其均值也与第一分量的均值相同。后者是指对所有多源图像进行 PCA 变换，但只选择前面的几个分量，生成比多源图像少得多的（如一幅）图像文件，这样就减少了数据的冗余度，在减少了数据量的同时尽可能地保持了源图像的信息。

2. 基于彩色空间域的融合方法

由于在一幅灰度图像中，人眼只能同时区分出由黑到白的二十多种灰度级，而人眼对彩色的分辨能力可达到几百种甚至上千种。所以人们想到将彩色显示技术用到图像融合中，用不同的颜色来显示灰度差，以便增强融合图像的可辨识性。Toet 等（1989）将伪彩色技术用于图像融合技术中，其基本思想是利用原始图像中的灰度差形成色差，从而达到增强图像可识别性的目的。Waxman 等（1995）提出了另一种伪彩色融合增强技术，充分利用了较为准确的人眼彩色视觉模型。经实验证明，Waxman 的算法在性能上比 Toet 的算法要好，提高了目标识别的准确率。伪彩色融合增强技术是供观察人员使用的一种显像技术，可以有效地利用其显像系统把来自两个或者更多图像的视觉信息融合起来，并且使观察人员能够容易地把目标与背景区分开来。但是，由于利用伪彩色技术所得到的融合图像反映的并不是场景的真实色彩，融合图像的色彩往往不自然，并且由于融合后图像数据的增加，对数据的存储、处理和传输都提出了更高的要求。

3. 基于多尺度空间域的融合方法

把图像分解到多尺度空间进行融合，可以有效解决融合图像的拼接痕迹。按照多分辨分解方法的不同，可分为基于拉普拉斯金字塔、梯度金字塔、对比度金字塔、形态学金字塔和小波变换的融合方法。

由于小波变换是非冗余变换，图像经小波分解后具有方向性，利用这一特性就有可能针对人眼对不同方向的高频分量具有不同分辨率这一视觉特性；同时人类视觉的生理和心理实验表明，图像的小波多分辨分解与人类视觉的多通道分解规律相一致，因此可以获得视觉效果更佳的融合图像。所以，现在许多学者都热衷于以小波多分辨分解作为工具，开发基于小波变换的多源图像多分辨融合方法。

在像素级数据融合的发展历程的早期，代数运算法、彩色空间法等以图像视觉增强为主要目的；在转变期以高通滤波方法的出现为标志，开始注重数据融合的光谱保持能力；当前依赖先进的数学工具，在信号分析的基础上，进一步强调光谱保持能力。就常用的各种算法实际应用效果综合来看：加权融合降低了图像对比度；IHS 变换容易扭曲原始的光谱特性，产生光谱退化现象；主成分替换法要求被替换和替换的数据之间有较强的相关性，通常情况下，这种条件并不成立；高通滤波在对高分辨率波段图像滤波时滤掉了大部分的纹理信息；智能图像融合方法实现较为复杂，实际应用受到诸多限制；多分辨分析方法在提高图像分辨能力的同时对源图像光谱信息的保留具有相当好的性能，包括使用相关性、平均差值、标准偏差等指标评估都能得到较好的效果，因此多分辨分析方法是目前图像融合处理中研究热点之一，各种新算法不断涌现。具有多分辨率特征的小波变换之所以能在图像融合领域得到广泛的应用，主要是因为其具有以下优势：其精确重构能力保证图像分解过程没有信息损失；能够把图像分解到不同尺度下，便于分析源图像的近似信息和细节信息；小波分解过程与人类视觉系统分层次理解的特点非常类似。总的来说，没有一种图像融合算法能够适合于所有图像类型的融合，各有各的优势和不足，所以对图像融合结果的评价也是和应用目标密切相关的。从上文的分析看，目前的主要矛盾是提高分辨率与保持光谱特性之间的对立。

本章研究重点是从成像模型角度建立以提高图像空间分辨率为目的的图像信息融合的数学模型。其实也有人把超分辨率重建称为图像融合，但是本章与之前所述的超分辨率的根本区别在于本章方法利用了不同类型传感器的光电转换过程的互补性来提高图像质量。从层次上来说融合分为像素级、特征级和决策级。本章内容主要针对像素级的融合处理。

除了经典的算法，近些年很多新算法都有各方面的改进。为了从改进的算法中发现融合问题的本质，本小节将对 8 种参加了 IEEE 地学与遥感协会 pan-sharpening 算法竞赛的算法进行比较和详细分析。因为参加竞赛的算法都使用了同一种数据和相同的标准，而他们的算法也大多数是在国际知名杂志上公开发表过，所以这些算法可以体现一些当前融合算法的现状。

（1）加性小波亮度比例（additive wavelet luminance proportional，AWLP）。AWLP 来自西班牙巴塞罗那的计算视觉中心，算法主要依靠的是“à trous”小波变换。此算法是修正版的加性小波（AWL）并在 HIS 域进行多分辨率融合。为了提高光谱质量，高频细节被注入到低频多光谱分量，高频细节的注入与融合前低频多光谱图像的像素值呈正比。

（2）快速光谱响应函数（fast spectral response function，FSRF）。快速光谱响应函数融合方法来自西班牙纳瓦拉大学，与 Tu 等（2001）提出的方法类似，但是关于算法改进的内容没有公开发表。快速光谱响应函数融合方法也属于分量替换法，细节的注入参考了 MS 和 Pan 的光谱响应函数之间的关系。

（3）基于基因算法的色度融合（GIHS with genetic algorithm，GIHS-GA）。基于基因算法的色度融合由意大利的锡耶纳大学提出，它仍然是属于分量替换方法。注入多光谱分量权重由最小全局扭曲代价决定。在粗尺度上进行最小化，在细节尺度上确定模型参数。最优化的过程很耗时间。

（4）基于平衡参数的色度融合算法（GIHS with tradeoff parameter，GIHS-TP）。基于平衡参数的色度融合算法由韩国大田先进科学技术研究所提出。它也是基于分量替换的方法，特点是利用一些参数平衡了色度融合中空间扭曲与空间分辨率增强的矛盾。通过在 1 到正无穷之间调节参数，此方法可以产生处于平面采样无分辨率提高和标准色度融合的所有中间结果。

（5）正则化 CBD 拉普拉斯金字塔算法（generalized Laplacian pyramid with context-based decision，GLP-CBD）。正则化 CBD 拉普拉斯金字塔算法，由意大利佛罗伦萨的国家研究委员会的应用物理研究所提出。此算法也采用了正则化拉普拉斯金字塔实现了多分辨率的模式，同时让分解滤波器的空间频率响应与多光谱器件的调制传递函数（MTF）相匹配。空间细节注入分量的权重由重采样的多光谱图像与全色图像低通估计部分的相关系数的局部阈值所决定。

（6）新布伦瑞克大学-图像融合法（University of New Brunswick（UNB）-Pansharp）。此算法由加拿大新布伦瑞克大学提出，仍然是分量替换的方法。为了减少光谱扭曲采用了最小二乘方法。通过确认各个波段灰度值与各个波段对融合结果的贡献利用最小二乘减少融合的误差。为了消除各种数据集合的差异和估计各个输入波段灰度值之间的联系，采用了一系列的统计学的方法使融合过程更加自动化。

（7）窗光谱响应算法（window spectral response，WiSpeR）。窗光谱响应算法由西班牙巴塞罗那的计算机视觉中心研发。它是比加性小波亮度比例（AWLP）算法更一般化的一种方法。在注入高通小波细节的时候，它考虑了多光谱图像和全色图像的相对光谱响应函数并以此来确定注入的权值。

（8）加权和的图像锐化（weighted sum image sharpening，WSIS）。加权和的图像锐化由美国费尔伯恩的 Ball 空间技术公司研发。这种方法也可以归为分量替代法，尽管这种变换所产生的分量代换不方便。全色图像与每个波段的图像进行直方图匹配，然后通过所有图像的线性组合获得高分辨率的多光谱图像。

表 13.1 和表 13.2 列出的是以上各种方法的实验结果定量评价对比。

表 13.1　融合方法定量评价（一）

参数	AWLP	FSRF	GIHS-GA	GIHS-TP	GLP-CBD	UNB	WSIS
Q4	0.96	0.95	0.93	0.84	0.96	0.90	0.86
相对无量纲全局误差	3.12	3.50	3.63	5.34	2.78	4.68	5.59
光谱角	4.56	5.74	4.08	5.30	3.67	5.40	6.05

注：试验数据为 TOULOUSE URBAN，原始图像为 0.8 m 多光谱，融合图像为 3.2 m 多光谱 0.8 m 全色；Q4 为扩展 4 波段 Q 质量指数

表 13.2　融合方法定量评价（二）

参数	GIHS-GA	GLP-CBD	WiSpeR	WSIS
Q4	0.90	0.94	0.90	0.84
相对无量纲全局误差	2.83	2.13	3.10	3.62
光谱角	3.95	2.98	3.34	4.60

注：试验数据为 QuickBird Outskirts，原始图像为 2.8 m 多光谱，融合图像为 11.2 m 多光谱、2.8 m 全色

从上文的分析看，目前的主要矛盾是提高分辨率与保持光谱特性之间的对立，GLP-CBD 和 AWLP 两种方法获得了明显好于其他方法的效果。这两种方法效果好是因为它们都依靠了相似的数学工具和相似的理念来获得 pan-sharpening。两种方法都采用了多分辨率变换来实现分辨率的增强。前者的多分辨率依靠正则化拉普拉斯金字塔，后者依靠"à trous"小波变换实现。扩展滤波器的拉普拉斯金字塔几乎是理想的，像 Li 等(2000)研究的一样，正则化拉普拉斯和小波等价分解滤波器的频率响应仅仅依靠滤波器的分解。如果设计滤波器的时候让它们和需要增强的不同波段图像传感器的调制传递函数相匹配，那么补偿的高通滤波器可以恰当地注入原光学系统没有的频率分量。多分辨率可以调节多光谱扫描器的 MTF，可以是直接的调节如 GLP-CBD，也可以是间接的调节如 AWLP 中利用了 Starck 和 Murtagh 的类高斯立方样条滤波器，这种滤波器的频率响应可以与一个各向同性 MTF 相匹配。理想的细节注入是不同的，但都是自适应的、依赖数据自身特征的。GLP-CBD 方法通过比较多光谱局部像素和降低分辨率的全色图像的相关系数来决定局部所应该注入的高频细节。AWLP 方法通过让注入的高频细节等比于采样的多光谱向量来减少融合后的光谱扭曲。这种方法从色度上讲 H 分量保留得比较好，S 分量可能会被改变。很明显，在分量代换这类方法中采用多分辨率会获得比较好的效果。更重要的是两个效果出众的算法都采用了相似的理念，它们都考虑了传感器的物理模型 MTF，这当然为 pan-sharpening 类的提高分辨率的算法指明了研究的方向。

也许在所有融合算法中最流行的是色度融合算法。很多商业软件包中也包含了色度融合的算法。尽管这类算法都可以得到高分辨率的多光谱图像，但是光谱扭曲的现象还是比较明显的。色度融合最大的问题在于融合后的图像有光谱扭曲，尤其是对当前的一些高分辨率卫星（如 QuikBird 和 IKONOS 等）的图像更为明显。

高通滤波的方法，可以减少光谱扭曲。高通滤波的方法没有根本上解决融合的问题，主要是计算量大而且损失细节现象比较明显。鉴于多光谱与全色图像成像的差别（图 13.1），很多研究者都认为色度融合的光谱扭曲现象是由传感器光谱响应函数的不理想造成的。在最近几年，许多研究者也都提出了不同的基于多分辨率思想的融合算法，比如小波变换、拉普拉斯金字塔、"á trous" 小波变换等。尽管基于小波的方法融合图像可以得到光谱质量更高的结果，但是小波融合因为过于复杂的计算，在处理大规模数据的时候效率不高。另一方面，细节的丢失也是一个问题。Nascimento 等（2005）提出了结合加性小波和色度融合的混合方法。他采用多分辨率分解抽取细节分量，然后遵循色度融合方法将全色图像的空间细节注入多光谱图像。换句话说，不是直接利用全色图像和多光谱图像进行色度融合，而是经过多分辨率抽取后再融合。

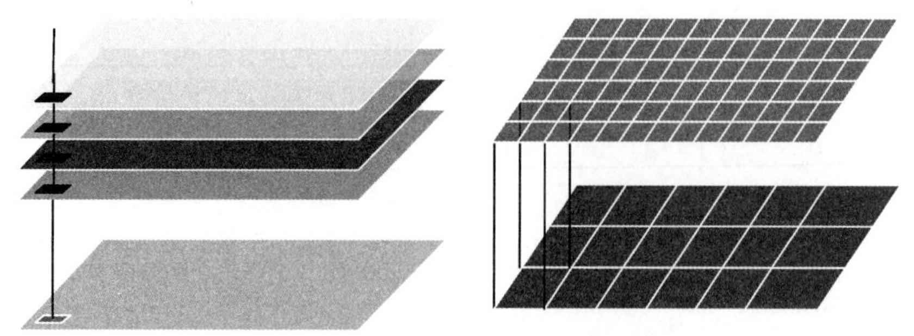

图 13.1　多光谱与全色图像成像的差别

Tu 等（2004）提出 IKONOS 的红外波段也包含色度的空间 I 分量，这种改进减少了光谱的扭曲，尤其是对植被区域作用比较明显。这种方法也可以让色度融合扩展到任意个波段的情况。Gonzalez-Audcana 等（2006）将光谱响应函数做了统计上的分析，建立了后验概率模型并用这个模型产生的参数来修正色度融合的结果，应该说这个方法是有一定效果的，但是效果并不十分稳定。Choi（2006）也提出在色度融合计算 I 分量的时候应该加入补偿系数来克服全色不能覆盖多波段的问题，但是如何选择或计算得到这些系数并没有在文章中给出。这种方法还面临的问题就是在不同的区域，需要的系数可能不同。Tu 等（2004）的方法在一定程度上与 Choi（2006）的方法有相似性，也是增加了类似的系数，系数的值是从实验中得出的。Gonzalez-Audcana 等（2004）提出混合的方法，将色度融合与小波融合相结合，应该说这种方法对提高速度保存细节和光谱特性的保持之间做了适当的平衡。上述这些方法都有一定的效果，但是因为没有严格系统地从成像模型的角度做出解释，使得现有的改进方法又都有一定的局限性。

13.1.2　多光谱和高光谱图像融合方法

随着制作工艺的提高及科技的发展，卫星光学传感器的光谱分辨率近年来稳步上升，采集的数据的光谱波段数越来越多，遥感图像逐渐从多光谱图像发展为高光谱图像。和多光谱图像相比，具有更多波段数的高光谱图像可以提供更加丰富的细节特征，并满足更高的应用需求。但是，也有一部分应用同时需要高精度的位置信息和光谱信息。但是传感器往往需要同时考虑信噪比、空间分辨率和光谱分辨率，因此往往难以同时具有较高的空间分辨率和光谱分辨率。因此在大多数情况下，高光谱图像的空间分辨率低于多光谱图像的空间分辨率。解决高光谱图像低空间分辨率问题的一种方法就是图像融合，通过融合多光谱图像和高光谱图像，提高高光谱图像的空间分辨率。

下面讨论的所有算法都具有一个隐形的前提，多光谱图像和高光谱图像是在相同的条件下获得的，即大气状况和地理坐标校准状况是相同的。

1. 基于小波的方法

利用多光谱图像中的信息来丰富高光谱图像中的信息，用 X 表示一幅具有 Q 个光谱波段的多光谱图像，用 Y 表示一幅具有 P 个光谱波段的高光谱图像，用 Z 表示一幅融合后的具有 P 个光谱波段的图像，其中有 $Q<P$。和高光谱图像 Y 相比，多光谱图像 X 具有较高的空间分辨率、较低的光谱分辨率，而融合后的结果图像 Z 同时具有多光谱图像 X 的空

间分辨率和高光谱图像 Y 的光谱分辨率。为了在空间尺度上进行统一，在讨论模型之前需要对图像进行重采样，重采样之后多光谱图像 X 和高光谱图像 Y 具有相同的空间分辨率，都由 N 个像素组成，重采样过程只需要在空间尺度上进行，不需要在光谱尺度上进行。以图像 Z 为例，将 Z 中空间位置相同的每一个像素表示为 $Z(x,y)=Z_n, n=1,2,\cdots,N$，这样有 $Z_n=[Z_n^1,Z_n^2,\cdots,Z_n^P]^{\mathrm{T}}, Z=[Z_1^{\mathrm{T}},Z_2^{\mathrm{T}},\cdots,Z_N^{\mathrm{T}}]^{\mathrm{T}}$，同样的对图像 X 和图像 Y 都有类似的表示形式。

在该算法提出的框架的基础上，假设多光谱图像和高光谱图像满足联合正态分布，利用对多光谱图像和高光谱图像的分辨率差异的先验知识来估计参数，对高光谱图像进行插值作为先验来避免逆问题的求解，将在图像域进行的估计改进为在小波域进行的估计，从而可以多尺度多层次地进行融合。在图像域，图像 Y 和 Z 之间的关系为

$$Y=WZ+N \tag{13.1}$$

式中：W 为与波长有关的点扩散函数，主要作用是给图像 Z 加上模糊；N 为均值为 0、协方差矩阵为 C_N 的加性高斯噪声。X 和 Z 之间相互独立，满足联合正态分布。已知 X 和 Z 及 Y 和 Z 的关系，在贝叶斯框架下，图像 Z 的估计可以表示为

$$\hat{Z}=\arg\max_{Z} P(Z\mid X,Y)=\arg\max_{Z} P(Y\mid Z)P(Z\mid X) \tag{13.2}$$

式（13.2）是在图像域上进行的，在小波域对小波的参数进行估计。由于小波变换是一个线性的变换，所以在小波域，上述模型依然成立。图像 Y 在进行非抽取小波分解之后，在 4 个方向上的小波系数矩阵可以看作图像 Y 在不同尺度下的表示，因此仍然在不同的小波分解层次和方向满足

$$z=\arg\max_{Z} p(z\mid x,y)=\arg\max_{Z} p(y\mid z)p(z\mid x) \tag{13.3}$$

$$y=wz+u \tag{13.4}$$

式中：w 是从图像域中的 W 得来的，$w=UWU^{\mathrm{T}}$；u 是小波变换中使用的酉矩阵，对于非抽取的小波变换，有 $w=W$。由于采用的是正交小波变换，噪声在所有的小波域图像中都具有和图像域中图像相同的协方差矩阵。由于小波变换分离了在空间上相关的像素，有

$$p(y\mid z)=\frac{1}{\sqrt{(2\pi)^{\mathrm{NP}}\mid C_n\mid}}\exp\left\{-\frac{1}{2}(y-wz)^{\mathrm{T}}C_n^{-1}(y-wz)\right\} \tag{13.5}$$

$$p(z\mid x)=\frac{1}{\sqrt{(2\pi)^{\mathrm{NP}}\mid C_{z|x}\mid}}\exp\left\{-\frac{1}{2}(y-\mu_{z|x})^{\mathrm{T}}C_{z|x}^{-1}(y-\mu_{z|x})\right\} \tag{13.6}$$

式中：$\mu_{z|x}$ 和 $C_{z|x}$ 分别为在 x 情况下 z 的条件期望和条件均值，且有

$$\mu_{z|x}=E(z)+C_{z,x}C_{x,x}^{-1}[x-E(x)] \tag{13.7}$$

$$C_{z|x}=C_{z,z}-C_{z,x}C_{x,x}^{-1}C_{z,x}^{\mathrm{T}} \tag{13.8}$$

式中：$E(\cdot)$ 为期望值；$C_{u,w}$ 为协方差矩阵，且有如下定义：

$$C_{u,v}=E([v-E(v)][v-E(v)]^{\mathrm{T}}) \tag{13.9}$$

将式（13.5）和式（13.6）代入式（13.3），可以得

$$\hat{z}=\mu_{z|x}+C_{z|x}w^{\mathrm{T}}[wC_{z|x}w^{\mathrm{T}}+C_n]^{-1}[y-w\mu_{z|x}] \tag{13.10}$$

在不考虑噪声的情况下，上述模型退化为一个纯粹的图像融合问题

$$\hat{z} = \arg\max_{z} p(z \mid x) \tag{13.11}$$

在不考虑空间分辨率差异的情况下，模型退化为一个纯粹的除噪声问题

$$\hat{z} = \mu_{z|x} + C_{z|x}[C_{z|x} + C_n]^{-1}[y - \mu_{z|x}] \tag{13.12}$$

由于小波变换分解了空间上像素之间的关联，模型可以逐个像素进行求解，故式（13.6）可以重写为

$$p(z \mid x) = \prod_{n=1}^{N} \frac{1}{\sqrt{(2\pi)^p \mid C_{z_n|x_n} \mid}} \exp\left\{-\sum_{n=1}^{N} \frac{1}{2}(z_n - \mu_{z_n|x_n})^{\mathrm{T}} C_{z_n|x_n}^{-1} (z_n - \mu_{z_n|x_n})\right\} \tag{13.13}$$

式中：$\mu_{z_n|x_n}$ 和 $C_{z_n|x_n}$ 分别为在 x_n 情况下 z_n 的条件期望和条件均值，且有

$$\mu_{z_n|x_n} = E(z_n) + C_{z_n,x_n} C_{x_n,x_n}^{-1} [x_n - E(x_n)] \tag{13.14}$$

$$C_{z_n|x_n} = C_{z_n,z_n} - C_{z_n,x_n} C_{x_n,x_n}^{-1} C_{z_n,x_n}^{\mathrm{T}} \tag{13.15}$$

在实现的过程中，考虑计算效率问题，可以全局地计算 E 和 $C_{u,v}$。实际上有 $E(z_n)$ 和 $E(x_n)$ 都为 0，$C_{u_n,v_n} = E(u_m v_m^{\mathrm{T}}) = 1/N\sum_{m=1}^{N} u_m v_m^{\mathrm{T}}$。

但是为了求解式（13.10）也就是 w 的值，这实际是一个逆问题，通过将 y 进行平滑操作后代替 z 从而避免了对 z 进行的模糊操作，最终得

$$\hat{z} = \mu_{z_n|x_n} + C_{y_n|\tilde{x}_n}[C_{y_n|\tilde{x}_n} + C_n]^{-1}[y_n - \tilde{\mu}_{z_n|x_n}] \tag{13.16}$$

其中

$$\tilde{\mu}_{z_n|x_n} = C_{y_n,\tilde{x}_n} C_{\tilde{x}_n,\tilde{x}_n}^{-1} \tilde{x}_n \tag{13.17}$$

$$C_{y_n|\tilde{x}_n} = C_{y_n,y_n} - C_{y_n,\tilde{x}_n} C_{\tilde{x}_n,\tilde{x}_n}^{-1} C_{y_n,\tilde{x}_n}^{\mathrm{T}} \tag{13.18}$$

式中：$\tilde{x}$ 是图像 X 在进行光滑操作后进行小波变换的图像。

2. 基于稀疏表征的方法

基于稀疏表征的多光谱图像和高光谱图像融合的方法，利用已有图像构建字典。和上面讨论的算法模型的假设相同，用 X 来表示一幅具有 Q_λ 个光谱波段、Q 个像素的多光谱图像，用 Y 来表示一幅具有 P_λ 个光谱波段、P 个像素的高光谱图像，用 Z 来表示一幅融合后的具有 P_λ 个光谱波段、Q 个像素的图像，其中有 $Q_\lambda < P_\lambda, P < Q$。未知图像 $Z = [z_1, z_2, \cdots, z_p]$，由于图像波段之间在光谱上是相关的，可以决定 z_i 的子空间的维度实际上远远小于 P_λ，用 u_i 来表示 z_i 在此子空间中的投影，有 $z_i = Hu_i$，这里的 H 是一个正交矩阵，可得

$$Y = HUBS + N_H \tag{13.19}$$

$$X = RHU + N_M \tag{13.20}$$

式中：N_H、N_M 分别为高光谱图像和多光谱图像的高斯加性噪声；H 可以通过 PCA 变换得到；S 为一个下采样矩阵；R 为遥感传感器的光谱响应；B 为应用在波段上的循环卷积算子，是一个特普利茨（Toeplitz）矩阵；U 可以通过解下面的约束方程得到

$$\min_{U} \frac{1}{2}\left\| \Lambda_H^{-\frac{1}{2}}(Y - HUBS)\right\|_F^2 + \frac{1}{2}\left\| \Lambda_M^{-\frac{1}{2}}(X - RHU)\right\|_F^2 + \lambda\phi(U) \tag{13.21}$$

式中：$\Lambda_H^{-\frac{1}{2}}$ 为 N_H 的协方差矩阵的 $-\frac{1}{2}$ 次幂；$\lambda\phi(U)$ 为一个正比于 $\ln p(U)$ 的正则项，其中 $\phi(U)$ 有

$$\phi(U)=\frac{1}{2}\sum_{i=1}^{\tilde{p}}\| U_i - P(\bar{D}_i\bar{A}_i)\|_F^2 \tag{13.22}$$

式中：U_i 为 U 的第 i 行；$P(\bar{D}_i\bar{A}_i)$ 为一个线性算子，对各个波段图像重叠部分做平均；$\bar{D}_i$ 为一个过完备字典；$\bar{A}_i$ 为相应波段的编码。Wei 等（2015）中学习字典的方法利用了 Townshend 等（1991）中的思想，有

$$\{\bar{D}_i,\bar{A}_i\}=\arg\min_{D_i,A_i}\frac{1}{2}[\| P^*(\tilde{U}_i)-D_iA_i\|_F^2+\mu\| A_i\|_1] \tag{13.23}$$

$$\bar{A}_i=\arg\min_{A_i}\frac{1}{2}\| P^*(\tilde{U}_i)-\bar{D}_iA_i\|_F^2,\quad \text{s.t.}\| A_i\|_0\leqslant K \tag{13.24}$$

Wei 等（2015）中最终的目标函数为

$$\min_{U,A} L(U,A)\triangleq\frac{1}{2}\left\|\Lambda_H^{-\frac{1}{2}}(Y-HUBS)\right\|_F^2+\frac{1}{2}\left\|\Lambda_M^{-\frac{1}{2}}(X-RHU)\right\|_F^2+\frac{\lambda}{2}\left\|U-\bar{U}\right\|_F^2 \tag{13.25}$$
$$\text{s.t.}\{A_i,\backslash\bar{\Omega}_i=0\}_{i=1}^{\tilde{p}}$$

求解上述目标函数可以得到 U，将其代入式（13.23）和式（13.24）即可得到融合结果。

3. 基于非负矩阵因子化的方法

Woodcock 等（2004）基于成对非负矩阵因子化解混的多光谱图像和高光谱图像融合的方法，通过非负矩阵因子分解，可以将多光谱数和高光谱数据分解为两个非负的矩阵，然后从分解得到的多个矩阵利用线性光谱混合模型演绎出新的矩阵，最后合成为目标图像。

和前面的假设一样，多光谱图像 X 可以看作目标图像 Z 光谱域上的退化版本，高光谱图像 Y 可以看作目标图像 Z 空间域上退化的版本。因此有

$$X=RZ+E_r \tag{13.26}$$

$$Y=ZS+E_s \tag{13.27}$$

式中：R 为传感器的光谱响应，作用在 Z 上之后使 Z 的光谱分辨率降低；S 起到空间变换的作用，作用到 Z 上之后，使 Z 的空间分辨率降低；E_r 和 E_s 均为余项。在实际中，R 和 S 往往是已知的。对目标图像 Z 进行非负矩阵分解，可以得

$$Z=WH+N \tag{13.28}$$

其中：W 和 H 均为分解得到的矩阵；N 为余项。将式（13.28）代入式（13.26）和式（13.27）中可以得

$$X\approx W_mH \tag{13.29}$$

$$Y\approx WH_h \tag{13.30}$$

其中

$$H_n\approx HS \tag{13.31}$$

$$W_m\approx RW \tag{13.32}$$

这样，通过分解 X 和 Y 得到 W 和 H 之后就可以合成出目标图像 Z。

在分解和融合阶段，对于高光谱图像 Y，利用 Yokoya 等（2012）提出的顶点成分分析（vertex component analysis，VCA）分解得到 W，H_h 初始化为端元数的倒数，这样的 H_h 满足每一列的元素加和都为 1，然后在 W 固定的情况下利用

$$H_h \leftarrow H_h \cdot *(W^{\mathrm{T}}Y) \cdot /(W^{\mathrm{T}}WH_h) \tag{13.33}$$

更新 H_h，在这里.* 和./ 分别表示矩阵元素之间的乘法和除法。在得到 H_h 之后，利用

$$W = W \cdot *(YH_h^{\mathrm{T}}) \cdot /(WH_hH_h^{\mathrm{T}}) \tag{13.34}$$

更新 W，然后在求解 W 的循环中轮流使用式（13.33）和式（13.34）更新 H_h 和 W，直到满足设定的停止条件。这样就得到了 W，由式（13.32）可以得到 W_m，通过

$$H \leftarrow H \cdot *(W_m^{\mathrm{T}}X) \cdot /(W_m^{\mathrm{T}}W_mH) \tag{13.35}$$

来更新 H，其中 H 的初始化和 H_h 相同。得到 H 后，通过

$$W_m = W_m \cdot *(XH^{\mathrm{T}}) \cdot /(WHH^{\mathrm{T}}) \tag{13.36}$$

来得到 W_m，在求解 W_m 的循环中轮流使用式（13.35）和式（13.36）来迭代更新 W_m 和 H，直到达到停止条件。在得到 H 之后，根据式（13.33）可以得到下一轮大循环的初始 H_h，依次进行新的两轮循环，直到达到算法的停止条件。最后得到 W 和 H，根据式（13.18）合成出目标图像 Z。

一种基于贝叶斯算法的双矩阵因子分解算法，和前面的假设一样，多光谱图像和高光谱图像分别是目标图像的一种表示，在空间上或者光谱上有信息的损失，有

$$Y = ZG + N_Y, \quad X = FZ + N_X \tag{13.37}$$

式中：F 为光谱响应矩阵，经过 F 变换之后，Z 的光谱分辨率降低。G 为点分布函数，经过 G 的变换，Z 的空间分辨率降低，G 起到模糊和下采样的作用。进行多光谱和高光谱图像的融合实际是求解点分布函数，光谱响应矩阵一般可以通过传感器得知。

在贝叶斯框架下，X、Y 和 Z 被看作随机变量，定义 $L(\hat{Z},Z)$ 为损失函数，则图像融合的目标就是使损失函数最小化，使估计出的结果 $\hat{Z}$ 和目标图像 Z 之间差距最小。可以表示为

$$\arg\max_{\hat{Z}} \int_Z \| \hat{Z} - Z \|_F^2 f(Z \mid X,Y) \Rightarrow \hat{Z} = E[Z \mid X,Y] \tag{13.38}$$

式中：E 为期望，从式中可以发现求解目标图像需要知道函数 $f(Z,X,Y)$的值。为了求解函数的值，利用了矩阵因子分解，将 Z 分解为 D 和 T，且有

$$Z = DT + N \tag{13.39}$$

但是由于 D 和 T 依然是维度很高的矩阵，继续分解 D 为 HU、T 为 $W+V$，有

$$Z = HUT + R = HU(W + V) + R \tag{13.40}$$

式中：H 可以通过奇异值分解（singular value decomposition，SVD）或者 VCA 分解得到。接着通过将高光谱图像进行上采样来避免对 G 的求解，用 $\tilde{Y}$ 表示上采样之后的 Y，因此有

$$\tilde{Y} = HUW + \tilde{N}_Y, \quad X = FHUT + \tilde{N}_X \tag{13.41}$$

式中：$\tilde{N}_Y = N_Y + FR$。由于余项 $\tilde{N}_X$、$\tilde{N}_Y$ 可以在分解过程中避免，忽略掉余项，有

$$\tilde{Y} \middle| U,W \sim \prod_{j=1}^{MN} N(\tilde{Y}_j \middle| HUW_j, \alpha_y^{-1} I_L) \tag{13.42}$$

$$\tilde{X} \middle| U,T \sim \prod_{j=1}^{MN} N(X_j \middle| FHUW_j, \alpha_x^{-1} I_L) \tag{13.43}$$

求解式（13.41）等价于求解 $f(\Omega,\psi \mid X,\tilde{Y})$，且有

$$f(\Omega,\psi \mid X,\tilde{Y})=\frac{f(X,\tilde{Y},\Omega,\psi)}{\int_{\Omega,\psi} f(X,\tilde{Y},\Omega,\psi)\mathrm{d}\Omega\mathrm{d}\psi} \tag{13.44}$$

为了充分利用已知的信息，Wulder 等（2012）通过引入一些超参数来丰富模型，最终函数 $f(X,\tilde{Y},\Omega,\psi)$ 表示为

$$f(X,\tilde{Y},\Omega,\psi)=f(X \mid U,T)f(\tilde{Y} \mid U,W)\times\prod_{\Theta\in\Omega} f(\Theta \mid \psi)\prod_{\alpha\in\psi} f(\alpha) \tag{13.45}$$

式中：$\Omega=\{U,V,W\}$，$\psi=\{\alpha_x,\alpha_y,\alpha_u,\alpha_v,\alpha_w\}$，$\alpha_x,\alpha_y,\alpha_u,\alpha_v,\alpha_w$ 为超参数。但是在实际过程中上述模型效果并不是最好的，因此通过使用期望最大法，估计出

$$\hat{f}(\Omega,\psi \mid X,\tilde{Y})=\prod_{\Theta\in\Omega} q(\Theta)\prod_{\psi\in\Psi} q(\psi) \tag{13.46}$$

且有

$$\ln q(\phi)=E[\ln f(X,\tilde{Y},\Omega,\Psi \mid \phi,X,\tilde{Y})]+\text{constant} \tag{13.47}$$

因此有

$$\ln q(U)\propto -\frac{1}{2}E[\alpha_x\left\|X-FHUT\right\|_F^2+\alpha_y\left\|\tilde{Y}-HUW\right\|_F^2+\alpha_u\left\|U\right\|_F^2 \mid X,\tilde{Y},U,\Psi] \tag{13.48}$$

U、V 和 W 的值是迭代求解的，由于 H 已知，因此可以得到目标图像。

4. 基于低秩矩阵的方法

一种基于低秩矩阵分解的方法其目标函数为低秩矩阵分解的一个变种

$$\min_{Z,S}\|Z\|_*+\alpha\|S\|_{1,2},\quad \text{s.t.}\tilde{Y}=Z+S \tag{13.49}$$

式中：$\tilde{Y}$ 为 Y 经过上采样之后的图像。根据流行学习方法，相反地，假设高光谱图像和目标图像具有相同的空间位置信息，因此有组光谱嵌入的正则项：

$$\|Z-ZW\|_2^2 \tag{13.50}$$

W 可以通过高光谱图像计算获得。由于多光谱图像可以看作目标图像在光谱域退化的表示，有

$$X=ZD+N \tag{13.51}$$

式中：D 为光谱响应转换矩阵；N 为高斯加性噪声。结合式（13.49）、式（13.50）和（13.51），可以得到最终的目标方程：

$$\min_{Z,S}\|Z\|_*+\alpha\|S\|_{1,2}+\beta\|ZR\|_2^2+\lambda\|X-ZD\|_2^2\quad \text{s.t.}\tilde{Y}=Z+S,\ R=I-W \tag{13.52}$$

式中：I 为单位矩阵；β 起到均衡光谱嵌入项和 R 的作用；λ 为权重。通过求解最终的目标方程可以得到目标图像。Zhang 等（2002）中还给出了后续的优化过程，使得目标方程更加容易求解。

13.2 时 空 融 合

无论要实现高精度的地表信息遥感检测还是地表变化检测及一些其他的应用，都需要具有较高时间分辨率和空间分辨率的遥感图像。近年来随着对地观测技术手段的不断

发展与丰富，越来越多不同类型的遥感卫星被用来检测地球表面的情况。基于人造卫星的遥感技术可以在全球范围内提供非常有价值的地理空间数据。比如于 1972 年开始陆续发射的以陆地观测为主的 Landsat 系列卫星、于 1986 年发射的高性能地球观测卫星 SPOT、1999 年和 2002 年分别发射的 Terra 卫星和 Aqua 卫星等。然而，由于预算及技术等的限制，现有的传感器往往需要在时间分辨率和空间分辨率上做出妥协，很难利用单一的传感器获得同时具有较高时间分辨率和较高空间分辨率的遥感数据。比如 Landsat 系列卫星、SPOT 和 IRS 能够采集 6～30 m 空间分辨率的遥感数据，常被用来监测土地的使用/覆盖情况和陆地变化检测及生物地球化学参数模拟（Thomas et al.，2004）。然而，比较长的回访周期（Landsat/TM：16 天；SPOT/HRV：26 天；IRS：24 天）及时常发生的云遮盖污染和其他大气情况大大限制了它们在快速监测地表信息方面的作用。同时，Terra/Aqua 平台的 MODIS 传感器、SPOT-VGT 传感器和 NOAA-AVHRR 传感器虽然可以提供时间频率达到每天的遥感数据，但其 250～1 000 m 的空间分辨率大大限制了它在异质景观中量化生物物理过程的能力。图 13.2 给出了 Landsat 图像和 MODIS 图像的空间分辨率和时间分辨率特性。

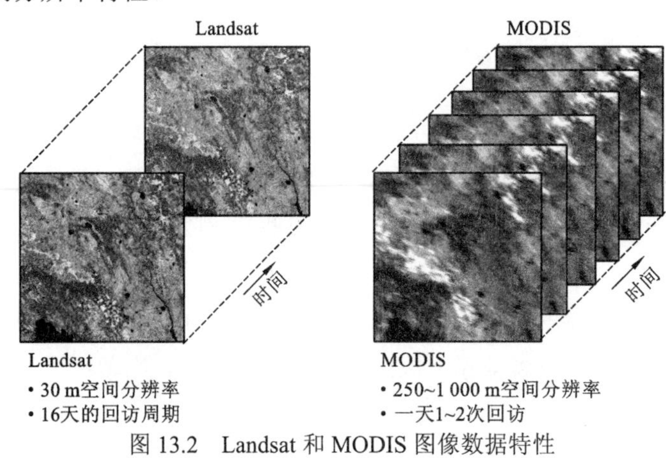

图 13.2　Landsat 和 MODIS 图像数据特性

因此，将来源不同的遥感数据通过融合的方式增强其在地表信息遥感检测方面的作用是可行和较为便利的。多源遥感图像的时空融合技术是一种通过融合较高时间分辨率、较低空间分辨率遥感图像数据和较低时间分辨率、较高空间分辨率遥感图像数据，生成同时具有较高时间分辨率和空间分辨率的遥感图像数据的技术。利用该技术可以产生满足地表快速变化信息监测等应用要求的数据。从理论研究角度来看，时空遥感图像融合在空间与时间的维度上，探索空间与时间双重离散条件下的最优化连续性数据重建方面的理论模型与技术实现方法。从应用前景角度来看，时空遥感图像融合方法的研究可以提高现有遥感数据的可利用性，获得关于地表情况更加丰富的信息，在环境监测、土地覆盖、灾害预报和自然资源的保护与利用等方面发挥更重要的作用。

13.2.1　基于权重函数的时空融合方法

基于加权函数的方法通过加权函数组合所有输入图像的信息来估计精细像素值。到目前为止，这一类别开发的方法最多。时空自适应反射融合模型（spatial and temporal adaptive reflectance fusion model，STARFM）是最先开发的基于权函数的方法。STARFM假设，如果粗分辨率图像中的像素是“纯”像素，在粗分辨率和细分辨率下，反射率的变化是一致和可比的，因为一个粗像素只包括一种土地覆盖类型。在这种情况下，从粗像素得到的变化可以直接添加到高分辨率图像的像素中，以获得预测。然而，当混合粗糙像素时，这种理想情况不能得到满足，混合了不同的土地覆盖类型。因此，STARFM使用一个函数来预测像素，该函数基于来自相邻精细像素的信息，对较纯的粗糙像素赋予较高的权重。然而，它有两个主要问题：假设在异质景观中无效，权重函数是经验的。大多数其他基于权函数的方法在上述两个问题上改进了 STARFM，或者修改 STARFM以融合其他产品，如地表温度（LST）、植被指数和分类结果，而不是反射率。例如，用于映射反射率变化的时空自适应算法（spatial temporal adaptive algorithm for mapping reflectance change，STAARCH）检测变化点，当土地覆盖类型发生变化时，从粗糙图像的密集时间序列中提取数据，以提高 STARFM 的性能。增强型 STARFM（enhanced STARFM，ESTARFM）引入了一个转换系数，以提高 STARFM 在异构区域的精度。深度时空自适应性数据融合算法（spatio-temporal adaptive data fusion algorithm for temperature，SADFAT）通过考虑年温度周期和城市热景观异质性，修改了 STARFM 以混合 LST 数据。最初的 STARFM 也通过集成 BRDF 校正、自动共配准和输入数据对的自动选择而被修改为一个操作框架。ATPK-STARM 首先将 500 m 的 MODIS 图像缩小到250 m，然后实施 STARM，以提高在突变和异质景观中的性能。ISKRFM 融合图像修复和引导核回归检测土地覆盖变化区域并确定权重函数。这两个步骤改进了原始 STARFM方法中的土地覆盖问题和经验权重函数。

基于权重的时空融合算法最为经典的应为 STARFM。对于一个给定区域，假设来自不同卫星传感器相同采集时间的遥感数据在辐射定标、大气校正、几何校正方面采取相同的处理方法。然而由于传感器系统之间的差别，数据之间仍然会存在误差。因为 Landsat的空间分辨率较高，所以可以近似认为 Landsat 数据中每一个像素所代表的一片区域属于相同的土地类型，即使它在更小的分辨率下可能属于不同的土地类型。一个 MODIS像素是一系列 Landsat 像素的组合，如果这些 Landsat 像素是相似的（光谱相似或者对应区域的土地类型相同），称该 MODIS 像素是纯净的或者是同质像素。本章提出的改进算法的主要目的是通过充分利用多源遥感数据之间关系来进行数据融合。此外，虽然本章提出的改进算法是针对 LandsatTM/ETM+/OLI 数据和 MODIS 数据解释的，但该方法同样适用于其他具有相似性质的数据。

算法的前提假设是一段时间内陆地表面反射率的变化在不同分辨率数据中的表现是一样的。时刻 t 获取的较低空间分辨率图像的某一像素所代表的一片区域的表面反射率 C_t（像素值）可以通过对应区域的较高空间分辨率图像的一系列像素代表的表面反射率所得出：

$$C_t = \sum (F_t^i * A_t^i) \tag{13.53}$$

式中：i 为像素的编号；F_t^i 为时刻 t 采集的较高空间分辨率图像编号 i 的像素的值；A_t^i 为编号 i 的像素在 C_t 对应区域所占的面积百分比。在这种情况下，即使在 A_t^i 不变并且可以根据历史数据推算出来的情况下，要解式（13.53）也有很大的难度。但是，如果可以根据邻域像素的信息获得 F_t^i 的值，那么解的精度将会大大提升。因此，求解式（13.53）

近似解的关键就是通过分析当前像素与邻域像素之间的近似性来确定当前像素值。

假设 MODIS 数据已经经过重采样拥有和 Landsat 数据一样的空间分辨率，而且拥有和 Landsat 数据相同的图像大小、空间分辨率和坐标系统，即经过了预处理。为了方便描述，本章所有的公式都基于以上的假设。对于 MODIS 数据的同质像素而言，t_k 时刻获取的坐标为 (x_i, y_i) 的 Landsat 数据像素 L_i 的值 $L(x_i, y_i, t_k)$ 可以表示为

$$L(x_i, y_i, t_k) = M(x_i, y_i, t_k) + \varepsilon_k \tag{13.54}$$

式中：$M(x_i, y_i, t_k)$ 为时刻 t_k 获取的 MODIS 数据位置 (x_i, y_i) 像素 M_i 的值（对应区域的表面反射率），此时的 MODIS 数据已经经过重采样；ε_k 为 t_k 时刻 L_i 和 M_i 的差值（由系统不确定性造成）。假设现已获取 n 对 t_k 时刻 Landsat 和 MODIS 数据，所以有 n 对 $L(x_i, y_i, t_k)$ 和 $M(x_i, y_i, t_k)$，故有

$$L(x_i, y_i, t_p) = M(x_i, y_i, t_p) + \varepsilon_p \tag{13.55}$$

在从 t_k 到 t_p 期间，假设短时间内系统误差不变的情况下，也即 $\varepsilon_k = \varepsilon_p$，故

$$L(x_i, y_i, t_p) = M(x_i, y_i, t_p) + L(x_i, y_i, t_k) - M(x_i, y_i, t_k) \tag{13.56}$$

然而，这是理想情况，现实情况下大多 MODIS 像素都是异质像素，单独的点不能提供充足的有用信息。考虑这种情况，算法引入邻域像素的信息，通过邻域中和当前像素点光谱相似的点来计算当前点的值。为了简化，下面把邻域称为搜索窗口，落在搜索窗口中的像素称为候选点，最终选择出来的光谱相似点称为加权点。为了从搜索窗口中引入额外的信息，在这里假设在搜索窗口中和搜索窗口中心点在光谱上相似的候选点能提供有用的信息，和预测日期采集的 MODIS 数据相比，差异越小的数据能够提供更多有用的信息，同质像素能够提供和对应系列高分辨率像素一样的变化信息。但为了保证能够从搜索窗口中获取正确且有用的信息，仅仅没有被云遮盖而且光谱上相似的像素才会被使用。

找到加权点之后，可以通过加权的方法计算中心点的值：

$$L(x_{w/2}, y_{w/2}, t_p) = \sum_{i=1}^{N}\sum_{k=1}^{n} w_{ik} * [M(x_i, y_i, t_p) + L(x_i, y_i, t_k) - M(x_i, y_i, t_k)] \tag{13.57}$$

式中：w 为搜索窗口的大小；$(x_{w/2}, y_{w/2})$ 为搜索窗口的中心点；N 为搜索窗口中和中心点光谱相似的像素点（加权点）的总数。

权值 w_{ik} 决定着临近像素对中心像素的贡献大小，权值的设定非常重要，并且由以下 3 点决定。

（1）t_k 时刻给定位置的 LandsatTM/ETM+/OLI 图像中像素 L_i 和 MODIS 图像对应位置像素 M_i 之间的光谱差：

$$S_{ik} = |L(x_i, y_i, t_k) - M(x_i, y_i, t_k)| \tag{13.58}$$

（2）MODIS 数据之间的差别为

$$T_{ik} = |M(x_i, y_i, t_k) - M(x_i, y_i, t_p)| \tag{13.59}$$

（3）考虑陆地表面类型具有一定的连续性，所以距离因素也应该被考虑在内，对于 LandsatTM/ETM+/OLI 图像，搜索窗口中的像素 L_i 和搜索窗口中心的像素 $L_{w/2}$ 之间的物理距离：

$$d_{ik} = \sqrt{(x_{w/2} - x_i)^2 + (y_{w/2} - y_i)^2} \tag{13.60}$$

如上面所说，解方程的关键就是寻找搜索窗口内和搜索窗口中心像素($x_{w/2}$，$y_{w/2}$)相似的像素，这是一种分类的问题。可以按照传统的分类方法先将 t_k 时刻的 Landsat 数据分类，之后输入算法，算法通过对比选择出和搜索窗口中心像素($x_{w/2}$，$y_{w/2}$)相似的像素然后进行计算。但不同的分类方法对算法的预测精度有着不同的影响，算法在数据融合的过程中还应该保留陆地表面的特征信息，单纯的分类方法没有考虑这个因素。

近年来，非局部平均（NLM）（Buades et al.，2005）的方法在图像处理领域受到了广泛的关注，非局部平均的方法主要是利用图像自身的冗余信息和邻域信息的相似性。非局部平均方法认为当前像素的估计值可以通过图像中和它具有相似邻域结构的像素加权得到。通过寻找邻域具有相似结构的像素可以减少噪声的影响，因此算法在分类方法中引入非局部平均的思想，分类的依据不再是像素的差，而是邻域结构的相似性。

均方根误差（root mean square error/deviation，RMSE）衡量了两个向量之间的相似性。RMSE 的值越小，表示两个向量就越相似。可以利用 RMSE 在搜索窗口内的候选点中寻找和搜索窗口中心像素在光谱上相似的点。将中心像素周围的像素（3×3 的像素块）组合在一起形成向量 a，候选点像素周围的像素（3×3 的像素块）组合在一起形成向量 b，然后计算两个向量 a 和 b 之间的 RMSE。RMSE 的计算式为

$$\text{RMSE} = \sqrt{\frac{\sum_{k=1}^{w \times w}(a_k - b_k)^2}{n}} \tag{13.61}$$

其中：a_k 为向量 a 中的一个元素；b_k 为向量 b 中的一个元素。这样，大小为 w 的搜索窗口有 $w \times w$ 个候选点，即 $w \times w$ 个 RMSE 的值。RMSE 的值越小，说明该候选点和搜索窗口中心点像素越相似。所以就可以在搜索窗口中按 RMSE 值从小到大选取一定数量的候选点作为加权点。虽然上面所说的分类方法和传统的非监督分类方法很相似，但传统的非监督分类算法是在一整幅图中对所有的像素使用同一个规则来分类，最终形成一个针对所有像素的分类图，改进的分类方法针对每一个中心像素都会形成一个自主的搜索窗口，在搜索窗口中进行分类，每一个像素的分类参数都不相同，针对每一个像素都会生成一个分类图。

图 13.3 显示了在搜索窗口中寻找加权点的过程。图中的每一个小方块代表一个像素，不同方块的不同灰度值代表不同像素的不同像素值，中心像素 p 所在的列为两种土地类型的交界，左边白色方块中间夹杂的灰色方块和右边灰色方块中夹杂的浅色方块表示传感器采集数据的不确定性，13×13 的方框标识出搜索窗口，3×3 的方框标识出参与计算 RMSE 的像素块。因为候选点 q 周围像素块和中心像素 p 周围像素块之间的 RMSE 值要小于候选点 r 周围像素块和中心像素 p 周围像素块之间的 RMSE，所以在这里，候选点 q 比候选点 r 更和中心像素 p 相似。对于像素 s，如果按 STARFM 中的分类方法，仅仅按照像素之间的差值来分类，则会和 p 归为一类，但改进算法则不会，从而在一定程度上减少了噪声的干扰。

搜索窗口的大小会影响候选点的数目从而影响加权点的选择，较大的搜索窗口有利于寻找和中心像素更相似的加权点，但会增加计算量。由于实验数据对应很多波段，而且考虑传感器采集数据的不确定性，还可以在计算 RMSE 的时候加入波段信息。在只考

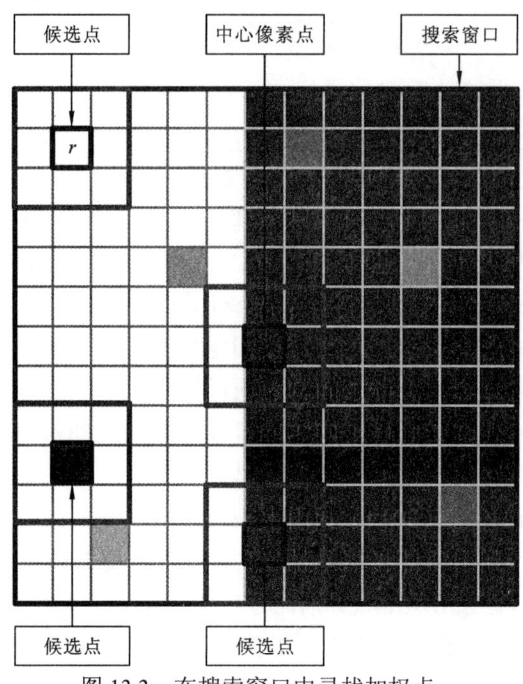

图 13.3 在搜索窗口中寻找加权点

虑一个波段的情况下参与计算 RMSE 值的是两个大小为 3×3 的像素块，这可以在较好地保留图像特征信息的同时减少传感器采集数据不确定性对融合结果的影响，其针对不同的波段具有不同的分类结果，在某一波段属于同一类土地类型的两个像素在其他波段可能分别属于不同的土地类型。在考虑多（n 个）波段的情况下分类，参与计算 RMSE 值的是两个大小为 n×3×3 的像素块，这样可以以更强的约束条件约束分类。考虑多个波段的情况下，针对不同波段的分类结果是相同的，即如果两个像素在某个波段属于同一类土地类型，则它们在其他波段也属于相同的土地类型。和只考虑单个波段的分类相比较，考虑多个波段的分类可能会减少最终筛选出来的加权点的个数，即某一候选点在只考虑一个波段的分类情况下和中心点属于同一类，但在考虑多个波段的分类情况下和中心点属于不同的类型。考虑多个波段可以进一步减少传感器采集数据不确定性对融合结果的影响，但也会增加算法运行的时间，同时有可能减少筛选出来的加权点的个数。考虑多个波段的分类在较容易找到加权点的区域可以很好地减少传感器采集数据的不确定性，但在较难找到加权点的区域，由于筛选条件更加严格，加权点数目较少，容易使算法由于获取信息不足而出现融合结果错误。

在式（13.57）中，通过加权系数来决定搜索窗口中加权点对当前点的贡献，之后分析影响权值大小的三个要素式（13.58）、式（13.59）和式（13.60）。接下来应该把这三个要素组合在一起。首先，把距离因素 d_{ik} 做一个变换使其变成相对距离：

$$D_{ik} = 1.0 + d_{ik} / A \tag{13.62}$$

式中：A 为距离因素对光谱因素和时间因素的相对重要程度。$D_{ik} \in [1, 1 + (1/\sqrt{2}) \times (w / A)]$，较大的 A 会产生一个较小的 D_{ik} 的变化范围。最终的加权系数可以表示为

$$C_{ik} = S_{ik} \cdot T_{ik} \cdot D_{ik} \tag{13.63}$$

最后将系数归一化，有

$$W_{ik}=\frac{(1/C_{ik})}{\sum_{i=1}^{N}\sum_{k=1}^{n}(1/C_{ik})} \tag{13.64}$$

如果 MODIS 像素 M_i 在 t_k 到 t_p 这一时间段内没有发生变化，那么 $M(x_i,y_i,t_k)=M(x_i,y_i,t_p)$，因此 $T_{ik}=0$，$C_{ik}=0$，W_{ik} 取最大值，故有

$$L(x_{w/2},y_{w/2},t_p)=L(x_i,y_i,t_k) \tag{13.65}$$

这符合假设：如果 M_i 没有发生变化的话，L_i 也不应该有变化。另一方面，如果 t_k 时刻的 L_i 和 M_i 相同，即 $L(x_i,y_i,t_k)=M(x_i,y_i,t_k)$，$S_{ik}=0$，所以 $C_{ik}=0$，W_{ik} 取最大值，故有

$$L(x_{w/2},y_{w/2},t_p)=M(x_i,y_i,t_p) \tag{13.66}$$

这也符合假设：如果在 t_k 时刻 L_i 和 M_i 相同，那么在 t_p 时刻，L_i 和 M_i 也应该相同。

通过在搜索窗口中计算 RMSE 来确定加权点之后，还需要进一步选择出能提供更有用信息的候选点。首先，在获取数据的时候质量较差的 Landsat 数据和 MODIS 数据不会被采用。其次，在搜索窗口中选择加权之后，还需要对加权点做进一步筛选，筛选出的加权点可以提供的信息至少应该比中心点提供的信息更多，即应该满足

$$S_{ik}<\max(|L(x_{w/2},y_{w/2},t_k)-M(x_{w/2},y_{w/2},t_k)|) \tag{13.67}$$

和

$$T_{ik}<\max(|M(x_{w/2},y_{w/2},t_k)-M(x_{w/2},y_{w/2},t_p)|) \tag{13.68}$$

考虑 Landsat 和 MODIS 数据处理过程中的误差和不确定性，标准差可以反映组内个体间的离散程度，通过统计 Landsat 数据和 MODIS 数据可以得到标准差 σ_l 和 σ_m，因为 Landsat 数据和 MODIS 数据是相互独立的，所以有 Landsat 数据和 MODIS 数据之间的标准差：

$$\sigma_{lm}=\sqrt{{\sigma_l}^2+{\sigma_m}^2} \tag{13.69}$$

MODIS 数据之间的标准差为

$$\sigma_{mm}=\sqrt{\sigma_m^2+\sigma_m^2}=\sqrt{2}\sigma_m \tag{13.70}$$

因此，式（13.66）和式（13.67）可以表示为

$$S_{ik}<\max(|L(x_{w/2},y_{w/2},t_k)-M(x_{w/2},y_{w/2},t_k)|)+\sigma_{lm} \tag{13.71}$$

和

$$S_{ik}<\max(|M(x_{w/2},y_{w/2},t_k)-M(x_{w/2},y_{w/2},t_p)|)+\sigma_{mm} \tag{13.72}$$

满足（13.70）和式（13.71）的候选点 L_i 和 M_i 才能真正代入式（13.57）中计算从而求出中心点的值。

一旦当前的中心像素点计算完毕，搜索窗口会移动到下一个像素，并以此像素为中心像素形成新的搜索窗口，在新的窗口中寻找合适的加权点，并循环下去直到所有的像素都预测完毕。

图 13.4 给出了算法的主要运行过程。图中步骤（1）对应于通过计算 RMSE 初步确定加权点的过程，步骤（2）根据式（13.71）和式（13.72）筛选加权点，步骤（3）根据式（13.58）、式（13.59）和式（13.60）计算加权系数，步骤（4）通过将加权系数代入加权函数式（13.57）获得中心点的值。图 13.4 中的实例使用了一对（一幅已知时刻 Landsat 图像和一幅已知时刻 MODIS 图像）图像来进行预测，在实际的预测中往往

使用两对图像。较低空间分辨率的图像首先被重投影和重采样以使其拥有和较高空间分辨率图像相同的投影方式、像素大小和坐标系统。步骤（1）、（2）和（3）被应用在较高空间分辨率图像上来筛选出加权点。然后同时使用较高空间分辨率图像和较低空间分辨率图像来确定加权系数，并最终计算出预测值。从候选点中选择加权点是按照RMSE 从小到大选择的，设定较小的加权点数目可以使选择出的加权点和中心像素的相似度更高一些，但也有可能造成采集信息不足从而导致预测误差，较大的加权点数目也可能导致选择加权点不准确从而引入误差。虽然为了便于描述，其中只使用了一对图像进行图像融合，但算法在输入两对图像的情况下效果更好。

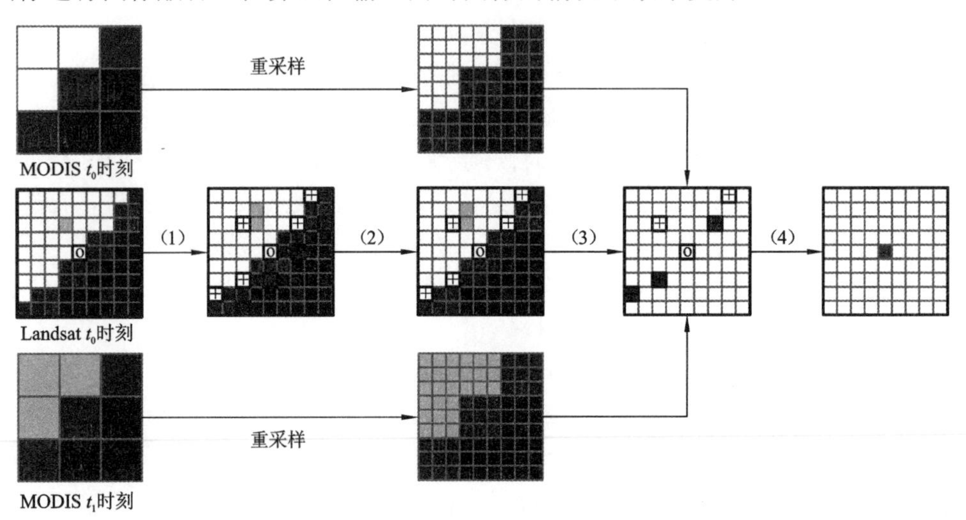

图 13.4　算法简略图

13.2.2　基于像元解混的时空融合方法

基于像元解混的数据融合算法最先由 Zhukov 等（1999）提出，基础理论是对其中一个光谱波段、一个低空间分辨率像元的表面反射率等于这个像元内不同端元的平均反射率的加权和。假设忽略低空间分辨率影像和高空间分辨率影像之间的地理误差和大气校正差异关系为

$$C(t,b)=\sum_{c=1}^{n_e}F(c,t,b)\cdot A(c,t)+\varepsilon \tag{13.73}$$

式中：$C(t,b)$ 为低空间分辨率影像在 t 时刻、b 波段的像元值；$F(c,t,b)$ 为高空间分辨率影像在 t 时刻、b 波段、c 种类下的像元值；$A(c,t)$ 为其所占比例；n_e 为影像中亚像元种类数；ε 为随机误差。对于像元解混的时空融合算法，往往需要通过分类来确定后续变化内容的求解，分类方法可以是无监督方法，也可以是监督方法，以分类准确为优。研究中常用的算法有迭代自组织数据分析算法（iterative self-organizing data analysis techniques algorithm，ISODATA）、k-means、最大似然分类、支持向量机（support vector machine，SVM）分类等。往往通过分类后，才能对相关的内容进行求解。

假设式（13.73）允许利用普通最小二乘求解，从而估计某一窗口内不同端元的平均反射率，利用相邻低空间分辨率像元的信息，建立足够数量的线性方程组：

$$\begin{bmatrix} C(t,b,1) \\ \vdots \\ C(t,b,n) \end{bmatrix} = \begin{bmatrix} A(1,1) & \cdots & A(1,n_e) \\ \vdots & & \vdots \\ A(n,1) & \cdots & A(n,n_e) \end{bmatrix} \begin{bmatrix} F(1,t,b) \\ \vdots \\ F(n_e,t,b) \end{bmatrix} + \begin{bmatrix} \varepsilon_1 \\ \vdots \\ \varepsilon_n \end{bmatrix} \tag{13.74}$$

式中：n 为窗口中低空间分辨率影像的个数。

以上就是基于像元解混的时空融合方法的基本思想，后续介绍两种相关的方法，分别为时空数据融合模型（spatial and temporal data fusion model，STDFM）和增强型时空数据融合模型（enhanced spatial and temporal data fusion model，ESTDFM），后者为前者的改进版本。

STDFM 算法的基本思想：首先计算在某窗口中，种类 c 从时间 t_k 到 t_0 的平均反射率变化，即

$$\Delta F(c,\Delta t_k,b) = \frac{1}{m}\sum_{j=1}^{m}[F(c,t_0,b,j) - F(c,t_k,b,j)] \tag{13.75}$$

式中：m 为窗口中端元 c 在高分辨率图像中的像素个数；$F(c,t,b,j)$ 为端元 c 在 t 时刻的反射率；t_0 为预测日期；t_k 为基准日；Δt_k 为 t_k 与 t_0 的时间间隔。基于另一个假设，端元的时间变化特征在相邻像素中总是恒定不变的，即

$$F(c,t_0,b,j) - F(c,t_k,b,j) = F(c,t_0,b,l) - F(c,t_k,b,l), (j,l \in [1,m]) \tag{13.76}$$

根据式（13.75）和式（13.76），有

$$\Delta F(c,\Delta t_k,b) = F(c,t_0,b,j) - F(c,t_k,b,j) \tag{13.77}$$

从式（13.77）中，在假设成立的情况下，高分辨率图像的像素在预测日的反射率等于该像素在基准日的反射率与该图像所属的端元的平均反射率之和，同样，对于整个高分辨率图像，通过求解基准日和预测日未融合的低空间分辨率图像的插值，就可以预测对应的由不同端元构建的平均反射率变化组成的变化图像。之后，利用基准日的高分辨率图像与相应的变化相加，即可得到预测日的高分辨率图像。

ESTDFM 认为 STDFM 在理论上有所不足。首先，一次求解整个低空间分辨率图像的解混方程，在低空间分辨率图像的解混中，STDFM 算法只能得到属于一类的所有高空间分辨率像素的一个反射率值，它没有考虑端元平均反射率的空间不均匀性。其次，它没有充分利用已知的高空间分辨率图像的信息，因为它只从基准日的高空间分辨率图像中获得预测的高空间分辨率图像。然而，通过对两个基准日的预测结果进行加权组合，可以获得更准确的结果。

对于第一个问题来说，STDFM 认为所有端元都是不可变的，这显然是不合理的。即便是生长在相邻地块的作物，由于受环境因素（如土壤、光照等）影响，它们的表面反射率也会不同。ESTDFM 算法利用滑动窗口技术来进行改建：通过利用某个窗口中相邻像素的信息获得低空间分辨率像素中不同端元的平均反射率。然后，参考分类图，根据属于相同端元的高空间分辨率像素被分配相同值的规则，对应于中心目标像素的高空间分辨率像素被分配不同端元的平均反射率。最后，整个低空间分辨率图像可以在滑动窗口中解混，以一个低空间分辨率像素大小的步长移动。

另外，STDFM 算法仅仅从一个基准日时间来预测高空间分辨率图像，而 ESTDFM 通过前后两个时间的图像来预测两个结果，通过加权函数来对其进行合并。预测日的最终预测结果通过两个预测结果的时间权重组合来获得

$$F(t_0,b)=T_1(b)\times F_1(t_0,b)+T_2(b)\times F_2(t_0,b) \tag{13.78}$$

式中：$F_1(t_0,b)$ 和 $F_2(t_0,b)$ 分别为两个时间段的预测结果；$T_1(b)$ 和 $T_2(b)$ 为时间权重，时间权重的计算式为

$$T_k(b)=\frac{1/\operatorname{mean}\left[\sum_{j=1}^{w}\sum_{l=1}^{w}C(x_j,y_l,t_k,b)-\sum_{j=1}^{w}\sum_{l=1}^{w}C(x_j,y_l,t_0,b)\right]}{\sum_{k=1,2}1/\operatorname{mean}\left[\sum_{j=1}^{w}\sum_{l=1}^{w}C_{(x_j,y_l,t_k,b)}-\sum_{j=1}^{w}\sum_{l=1}^{w}C_{(x_j,y_l,t_0b)}\right]} \tag{13.79}$$

式（13.79）通过计算低分辨率图像的变化幅度来模拟基准日期和预测日期之间的不同时间间隔来判断时间权重，使得融合更为合理。

总的来说，ESTDFM 算法实现有 5 个主要步骤。第一，通过执行基于分类的 ISODATA 算法，使用两个基准日期的高空间分辨率来获得分类图。并且端元的占比可以基于分类图来计算。第二，基准日期和预测日期（t_1、t_2 和 t_0）的三个低空间分辨率分别通过滑动窗口解混。第三，通过求解在基准日期 t_1 的未混合 LSRI、在基准日期 t_2 的未混合的 LSRI 和在预测日期（t_0）的未混合的 LSRI 之间的差来计算两个变化图像。第四，通过对不同基础水平高度区域及其对应的变化图像进行求和，可以获得两个预测的水平高度区域。第五，对两个预测时相的时间差异进行加权，以获得预测日期的最终高空间分辨率图像。

13.2.3 基于贝叶斯估计的时空融合方法

在贝叶斯框架中，时空融合可被视为最大后验概率问题，即时空数据融合的目标是通过最大化其相对于输入精细和粗糙图像的条件概率来获得预测日期的期望精细图像。贝叶斯框架在使用定义的原则对输入图像和预测图像之间的关系建模时提供了更大的灵活性，这允许对融合过程进行直观的解释。在基于贝叶斯的数据融合中，关键是如何对观察图像（输入图像）和未观察图像（待预测图像）之间的关系进行建模。在时空数据融合中，有两种类型的关系：一种是在同一日期观察到的粗图像和细图像之间的关系，称之为比例模型；另一种是在不同日期观察到的粗图像之间的关系，称之为时间模型。比例模型结合了点扩散函数的知识，点扩散函数将精细图像的像素映射到粗糙图像的像素。时间模型描述了地表的动态，包括植被季节性等渐变和森林火灾和洪水等土地覆盖的突然变化。现有的基于贝叶斯的时空数据融合方法使用不同的方法来建模这些关系。在贝叶斯最大熵（Bayesian maximum entropy，BME）方法中，协方差函数被用于将分辨率为 25 km 的地球观测系统海面温度高级微波扫描辐射计（advanced microwave scanning radiometer，AMSR）与分辨率为 4 km 的中分辨率成像光谱仪海面温度精细辐射计联系起来。在一个统一的融合方法中，低通滤波方法被用来模拟粗图像和细图像之间的关系，线性模型被用来模拟时间关系。在 NDVI-BSFM（NDVI-Bayesian spatio-temporal fusion model，NDVI-贝叶斯时空融合模型）方法中，线性混合模型用于连接中分辨率成像光谱仪和 NDVI 大地卫星，多年平均 NDVI 时间序列用于表示时间关系。在最近的贝叶斯数据融合方法中，粗图像的双线性插值和细图像的高通频率的集成被用于建模比例模型，并且来自观察到的粗图像的联合协方差被用作时间模型。

13.2.4 基于学习的时空融合方法

基于学习的时空融合方法使用机器学习算法来建模观察到的粗-细图像对之间的关系，然后预测未观察到的细图像。迄今为止，字典对学习、极限学习机、回归树、随机森林、深度卷积神经网络和人工神经网络已被用于时空数据融合。基于字典对学习的算法基于结构相似性在高分辨率和低分辨率图像之间建立对应关系，这可用于捕捉预测中的主要特征，包括土地覆盖类型变化。基于稀疏表示的时空反射融合模型（sparsere presentation-based spatiote-mporal reflectance fusion model，SPSTFM）可能是第一个将字典对学习技术从自然图像超分辨率引入时空数据融合的模型。SPSTFM 在两个粗、细图像对的变化之间建立对应关系。继 SPSTFM 之后，Song 等（2013）开发了另一种基于字典对学习的融合方法，该方法仅使用一对高分辨率和低分辨率图像。该方法在输入的高分辨率和低分辨率图像对上训练字典对，然后通过稀疏编码技术在预测日期缩小低分辨率图像。为了解决稀疏表示中先验知识不足的问题，利用半耦合字典学习和结构稀疏性构造了一种新的时空融合模型。

13.2.5 基于卡尔曼滤波的时空融合方法

卡尔曼滤波是一种利用线性状态方程，通过系统输入输出观测数据，来对系统状态进行最优估计的算法。He 等（2014）利用卡尔曼滤波结合多分辨率树的思想对时空融合问题提出了一种解决方式。

多分辨率树的理论基础是假设不同空间分辨率的数据是自回归的，并且可以用树形的结构来进行组织，也就是一个低空间分辨率的像素能够分解出 4 个高空间分辨率的像素。线性树结构模型可以表示为

$$y_u = A_u y_{\mathrm{pa}(u)} + w_u \tag{13.80}$$

式中：y_u 为用于在尺度 u 上估计的变量；$y_{\mathrm{pa}(u)}$ 为父节点上的变量；w_u 为服从高斯正态分布且方差为 w_u 的空间随机过程；A_u 为状态转换矩阵，根据变量的父节点以 u 为单位对变量进行估计。同样，有一个类似的公式，能够从节点 ch (u) 得到尺度为 u 的变量，如图 13.5 所示。

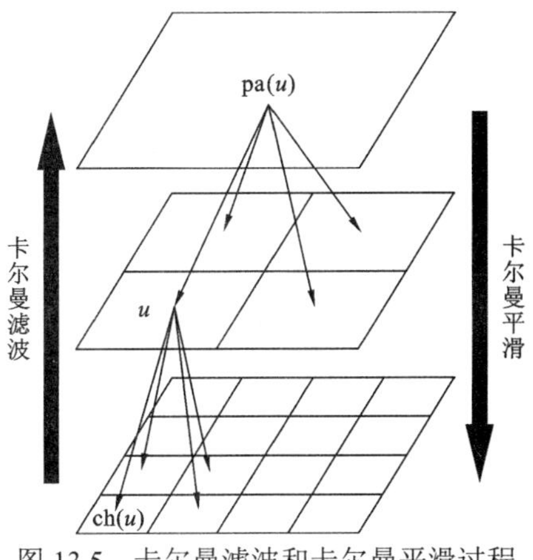

图 13.5 卡尔曼滤波和卡尔曼平滑过程

转换到遥感问题中，变量 y 被估计为地表反射率，假设节点 u 的每个 ch (u) 的向下辐射是相同的，理想情况下，y_u 能够计算出所有 $y_{\text{ch}(u)}$ 的平均值。除状态转换模型外，方法中还使用了一个观测模型，将卫星产品和“真实”数据联系起来：

$$z_u = C_u y_u + \varepsilon_u \tag{13.81}$$

式中：z_u 为带有白噪声 ε_u 的卫星产品，服从正态分布；C_u 为将感兴趣的变量转换为卫星数据的观测矩阵。变量和卫星数据都是地表反射率，因此 C_u 为单位矩阵。之后算法就会有两个部分，也就是叶到根采用滤波方式，根到叶采用平滑方式。树的结构遵循马尔可夫链过程，意味着状态变量与其即时子节点和即时父节点有关。从叶到根的滤波步骤采用卡尔曼滤波器来处理马尔可夫链过程，之后采用从低到高的分辨率来平滑，用较粗分辨率信息来更新状态变量。因此有

$$\begin{cases} \hat{y}_u = E(y_u \mid Z_u, Z_{\text{ch}(u)}) \\ \hat{y}_u = E(y_u \mid Z_u, Z_{\text{pa}(u)}) \end{cases} \tag{13.82}$$

通过执行叶到卡尔曼滤波和根到卡尔曼平滑的过程，以获得每个尺度下数据的更新概率估计，从而得到融合后的图像。

13.2.6 多种方法混合的时空融合方法

混合方法集成了上述方法中的两种或多种技术。目的是通过结合不同方法的优点来提高时空数据融合的性能。最近发展起来的灵活时空数据融合（flexible spatio-temporal data fusion，FSDAF）就是其中的一个代表，它结合了基于解混的方法和基于加权函数的方法及空间插值的思想。因此，在具有挑战性的场景中，即在输入图像和预测图像之间出现的异质景观和土地覆盖的突然变化时，该方法能够融合图像。对于高度混合的像素，可以通过求解线性混合方程来估计它们的反射率变化。对于土地覆盖的突变，只要在粗图像中显示，空间插值就可以捕捉到。FSDAF 的思想被时空温度（bleed spatiotemporal temperature，BLEST）方法采用，用于融合具有不同空间分辨率的地表温度。权重函数进一步用于结合解混结果和空间插值，以减少不确定性。另一个例子是时空反射解混模型（spatial and temporal reflectance unmixing model，STRUM），它通过贝叶斯理论直接解混粗像素的变化，以估计高分辨率端元的变化，然后使用 STARFM 的思想，使用移动窗口创建融合图像。最近开发的一种方法，时空遥感图像和土地覆盖图融合模型（spatial-temporal remotely sensed images and land cover maps fusion model，STIMFM），集成了光谱线性混合模型和贝叶斯框架，用于融合多时相粗略图像和来自精细图像的一些土地覆盖图，以直接生成一系列高分辨率土地覆盖图。

FSDAF 是多方法混合的时空融合方法中表现优秀的算法之一。算法使用解混的方法来处理光谱变化，利用空间插值的思想来解决空间变化，之后将利用加权函数的思想来将两者融合。

在处理光谱变化的部分，与其他基于解混的方法的基本思想类似，FSDAF 也采用了式（13.74）的解混基本公式。首先对高分辨率的其他时刻的影像进行地物分类，并对低分辨率影像的各个像素进行纯像素评分，选取较为纯的粗分辨率像素来对式（13.74）中

的变化进行求解，得出种类的光谱值变化 $\Delta F(c,b)$：

$$F_2^{\mathrm{TP}}(x_{ij}, y_{ij}, b) = F_1(x_{ij}, y_{ij}, b) + \Delta F(c,b) \tag{13.83}$$

式中：$F_2^{\mathrm{TP}}(x_{ij}, y_{ij}, b)$ 为所求时间的高分辨率图像的时间变化估计，这里的时间变化也就是在这段时间内地物光谱发生的变化；x_{ij}, y_{ij} 为图像中像素的位置；b 为波段。对于空间上的变化，算法直接采用薄板样条插值（thin plate spline，TPS）来确定空间上的变化，也就是

$$F_2^{\mathrm{SP}}(x_{ij}, y_{ij}, b) = f_{\mathrm{TPS}-b}(x_{ij}, y_{ij}) \tag{13.84}$$

$f_{\mathrm{TPS}-b}$ 指的是 TPS 插值的过程。之后采用残差分配的思想来对 $F_2^{\mathrm{TP}}(x_{ij}, y_{ij}, b)$ 和 $F_2^{\mathrm{SP}}(x_{ij}, y_{ij}, b)$ 两个变化的图像进行加权，从而融合。算法首先在 t_1 时刻的真值和顾及时间变化的预测值引入了一个残差项 $R(x_i, y_i, b)$：

$$E_{\mathrm{ho}}(x_{ij}, y_{ij}, b) = R(x_i, y_i, b) = \Delta C(x_i, y_i, b) - \frac{1}{m}\left[\sum_{j=1}^{m} F_2^{\mathrm{TP}}(x_{ij}, y_{ij}, b) - \sum_{j=1}^{m} F_1(x_{ij}, y_{ij}, b)\right] \tag{13.85}$$

而 $E_{\mathrm{ho}}(x_{ij}, y_{ij}, b)$ 是为了估计对高分辨率异质景观中两种土地覆盖类型之间的边缘像素容易被 TPS 预测平滑而形成的误差。之后，假设在同质景观的情况下，空间预测最能代表预测时间的高分辨率像素的真实值，时间预测的误差可以估计为

$$E_{\mathrm{ho}}(x_{ij}, y_{ij}, b) = F_2^{\mathrm{SP}}(x_{ij}, y_{ij}, b) - F_2^{\mathrm{TP}}(x_{ij}, y_{ij}, b) \tag{13.86}$$

之后算法引入同质性指数，来对式（13.85）和式（13.86）中求得的两种函数值进行融合。

$$\mathrm{HI}(x_{ij}, y_{ij}) = \frac{\sum_{k=1}^{m} I_k}{m} \tag{13.87}$$

当移动窗口内的第 k 个像素的土地覆盖类型与中心像素相同时 $I_k = 1$，否则 $I_k = 0$。$\mathrm{HI}(x_{ij}, y_{ij})$ 较大的值则表示更为同质的景观。利用权重将其合并：

$$\mathrm{CW}(x_{ij}, y_{ij}, b) = E_{\mathrm{ho}}(x_{ij}, y_{ij}, b) \times \mathrm{HI}(x_{ij}, y_{ij}) + E_{he}(x_{ij}, y_{ij}, b) \times [1 - \mathrm{HI}(x_{ij}, y_{ij})] \tag{13.88}$$

$$W(x_{ij}, y_{ij}, b) = \mathrm{CW}(x_{ij}, y_{ij}, b) / \sum_{j=1}^{m} \mathrm{CW}(x_{ij}, y_{ij}, b) \tag{13.89}$$

$\mathrm{CW}(x_{ij}, y_{ij}, b)$ 即为残差分配的权重，而 $W(x_{ij}, y_{ij}, b)$ 是将其标准化后的结果。将其分配到影像上有

$$r(x_{ij}, y_{ij}, b) = m \times R(x_i, y_i, b) \times W(x_{ij}, y_{ij}, b) \tag{13.90}$$

$$\Delta F(x_{ij}, y_{ij}, b) = r(x_{ij}, y_{ij}, b) + \Delta F(c,b) \tag{13.91}$$

最后，为了防止块状效应，算法还利用领域像素来对算法进行后处理。

13.3 时空谱角融合

近几十年来，发射了大量具有不同空间、时间、光谱和角度（spatial，temporal，spectral，angular，STSA）特性的轨道卫星传感器，大大提高了获取地球表面图像的能力，使遥感在环境、生态和灾害方面的应用迅速增加。然而，现有的遥感技术不能满足密集、动态、

复杂结构和变化的城市环境的监测要求，这些环境需要高空间细节、频繁覆盖、高光谱分辨率和多角度观测。这主要是因为没有卫星传感器可以同时获得高的 STSA 分辨率。统一卫星图像融合的目标是通过在虚拟卫星传感器的所有图像属性上获得高分辨率来规避这一障碍。生成的高分辨率 STSA 图像能够以更准确的方式探测更多细节，从而大大有助于探索和改进现有的卫星图像资源，用于城市环境监测。

13.3.1 多角度模型构建

在遥感成像的过程中，受传感器及太阳光照等因素的影响，地物反射的方向特性不是理想的均匀层或朗伯表面的发射特性，其反射的方向性是由其材料波谱特征和空间结构特征的函数。二向性反射分布函数是描述这一过程的重要函数，并以此产生了近百种不同的数学模型。与此同时，传统的单一观测角度的遥感只能得到反射光谱的某一方向上的投影，难以获得目标的三维结构，而多角度遥感能够提供多个视角的遥感信息，对于得到大量地面目标的立体结构特征信息有非常重要的意义，并且地物目标的多角度观测能够避免传统遥感面临的同物异谱、异物同谱等困难，能提升地面目标的识别精度。因而发展了一系列的多角度传感器，从而对多角度传感器的研究也就受到了普遍的关注。

近年来典型的多角度观测有 SPOT 立体观测、广角相机重叠多角度观测、沿轨扫描多角度观测、多台相机多角度观测、紧密型高分辨率光谱成像仪观测等。STOP 立体相对能够通过前后视和倾斜观测的方式获取立体相对。高分辨率立体观测仪（high resolution stereoscopic，HRS）用两个相机沿轨道成像，一个向前，一个向后，实时获取立体图像。倾斜视角的观测方式是在不同的时间以不同的方向获取同一区域的两幅图像，从而形成立体相对。

13.3.2 时空关系构建

时空融合的目的是获得高时间分辨率、高空间分辨率的融合图像，可以利用多源遥感数据来互补，而关于时空融合的内容，可以参考 13.2 节中的相关内容。

13.3.3 空谱关系构建

空谱融合的目的是获得高空间分辨率、高光谱分辨率的融合影像。经典的空谱融合方法包括 PAN/MS 融合、PAN/HS 融合、MS/HS 融合等。同样，关于这部分的内容可以参考 13.1 节中的相关内容。

13.3.4 时空谱角一体化融合模型

关于时空谱角一体化融合模型，通常集成了融合框架定义为充分利用多源数据来补充空间、时间和光谱信息来获得融合图像，也就是具有高空间、高时间和高光谱分辨率的图像。一般来说有两层意思：一方面，致力于探索不同类型图像融合方法之间的关系，以制订统一的融合框架；另一方面，旨在融合来自多传感器观测的更多互补信息，以获得比单传感器或双传感器融合更好的融合结果。Shen 等（2012）首先尝试为多个时空谱遥感图像建立综合融合框架；然而，该方法仅在模拟数据集上进行了测试。Huang 等（2013）通过探索空间-光谱和空间-时间融合方法之间的关系，提出了前者模型的扩展版本。该方法在真实数据实验中得到了验证；然而，它只在两个传感器上执行。Wu 等（2015）和 Meng 等（2015）提出了用于多个传感器的集成融合框架，但是他们没有考虑多个空间、时间和光谱特征的同时融合。而 Shen 等（2016）在此前的基础上进行扩展，提出了多源观测中互补空间、时间和光谱信息综合融合的统一框架。

本书通过 Shen 等（2016）的方法来对时空谱角一体化融合模型进行介绍。时空谱角融合模型是一个一体化的模型，目的是通过输入多源遥感数据来获得一系列的高空间、高光谱、高时间分辨率的图像。算法采用了分段的方式来处理这一融合问题，利用这些多源遥感数据来直接生成高空间、高光谱、高时间分辨率的图像是比较理想的情况，但是对于模型的设计和计算量来说是一个非常大的挑战。首先，算法需要一个在给定时间 k 的图像 y_k，这些图像构成一个图像序列 $Y=\{y_1,\cdots,y_k,\cdots,y_K\}$，这一序列 K 的数目，也就是算法融合图像的总数目。通常来说，序列 Y 中的图像往往拥有更高的时间分辨率和光谱分辨率。为了获得更高的空间分辨率，算法会融合其他多源数据的观测值序列 $z=\{z_1,\cdots,z_n,\cdots,z_N\}$，$Z$ 序列往往是一个 PAN 或者 MS 影像，拥有更高的空间分辨率，N 代表着这一序列的数目，往往小于 K。算法通过对 Y 和 Z 两组序列数据的融合，得到一系列的数据 x 来获得高空间、高光谱、高时间分辨率的图像序列。

整体算法分为两部分，一部分是对关系模型的描述，另一部分是综合融合模型。关系模型分为两个部分，第一部分是空间退化关系描述，另一部分是对时空谱融合模型的描述。空间退化关系被描述为期望图像经过扭曲、模糊、下采样、噪声等后得到观测图像，数学表达为

$$y_{k,b}=DS_{k,b}M_kx_b+v_{k,b},\quad 1\leqslant k\leqslant K \tag{13.92}$$

式中：$y_{k,b}$ 为第 k 幅观测图像的第 b 个波段；x_b 为算法期望得到图像的第 b 个波段；M_k 为第 k 幅图像的形变关系矩阵；$S_{k,b}$ 为点扩散函数；D 为下采样矩阵；$v_{k,b}$ 为传感器和成像环境等造成的零均值的高斯噪声。可以将式（13.92）简化为

$$y_{k,b}=A_{y,k,b}x_b+v_{k,b},\quad 1\leqslant k\leqslant K \tag{13.93}$$

时空谱关系的描述是表达所求图像 x 和 z 之间的关系，数学表达为

$$z_{n,q}=\varPsi_{n,q}C_{n,q}A_{z,n,q}x+\tau_{n,q}+v_{n,q},\quad 1\leqslant q\leqslant B_{z,n},\quad 0\leqslant n\leqslant N \tag{13.94}$$

式中：$z_{n,q}$ 为第 n 幅观测图像的第 q 个波段，波段最大值为 $B_{z,n}$；$A_{z,n,q}$ 为期望图像和多尺度高空间分辨率图像之间的空间退化矩阵，其与式（13.93）中所描述的矩阵 $A_{y,k,b}$ 很相似；$C_{n,q}$ 为光谱相关矩阵；$\varPsi_{n,q}$ 为所求图像和 $z_{n,q}$ 之间的时间相关矩阵；$\tau_{n,q}$ 为补偿；$v_{n,q}$ 为噪声。

综合融合模型中的问题用映射理论来描述，就是基于观测图像 Y 和 Z 来估计期望的图像 x，也就是

$$\hat{x}=\arg\max_{x}\ p(x\mid Y,Z) \tag{13.95}$$

根据贝叶斯理论，有

$$\hat{x}=\arg\max_{x}\frac{p(Y,Z\mid x)p(x)}{p(Y,Z)} \tag{13.96}$$

由于 x 是由 Y 和 Z 决定，因此有

$$\begin{aligned}\hat{x}&=\arg\max_{x}\ p(Y,Z\mid x)p(x)\\&=\arg\max_{x}\ p(Y\mid x)p(Z\mid x,Y)p(x)\\&=\arg\max_{x}\ p(Y\mid x)p(Z\mid x)p(x)\end{aligned} \tag{13.97}$$

式（13.97）中涉及三个概率密度函数。$p(Y\mid x)$ 提供了期望图像 x 和退化图像 Y 之间的一致性度量，可以写为

$$p(Y\mid x)=\prod_{k=1}^{K}\prod_{b=1}^{B_x}p(y_{k,b}\mid x_b) \tag{13.98}$$

$$p(y_{k,b}\mid x_b)=\frac{1}{(2\pi a_{y,k,b})^{\Phi_1\Phi_2/2}}\exp\{-\|y_{k,b}-A_{y,k,b}x_b\|_2^2/2a_{y,k,b}\} \tag{13.99}$$

式中：$a_{y,k,b}$ 为噪声 $v_{k,b}$ 的变化；B_x 为光谱波段的数目；$\Phi_1\Phi_2$ 为 $y_{k,b}$ 空间的维度；$\|\cdot\|_2$ 为 L_2 距离。

第二个概率密度函数是 $p(Z\mid x)$ 提供了期望图像 x 和观测图像 Z 之间的时空谱关系，可以表示为

$$p(Z\mid x)=\prod_{n}^{N}\prod_{q=1}^{B_{z,n}}p(z_{n,q}\mid x) \tag{13.100}$$

$$p(z_{n,q}\mid x)=\frac{1}{(2\pi\alpha_{z,n,q})^{H_{n,1}H_{n,2}/2}}\exp\{-\|z_{n,q}-\Psi_{n,q}C_{n,q}A_{z,n,q}x-\tau_{n,q}\|_2^2/2\alpha_{z,n,q}\} \tag{13.101}$$

式中：$\alpha_{z,n,q}$ 为噪声的变化；$H_{n,1}H_{n,2}$ 为 $z_{n,q}$ 空间的维度。

第三个概率密度是 $p(x)$，提出一种自适应加权三维空谱拉普拉斯先验，表示为

$$p(x)=\prod_{b=1}^{B_x}\frac{1}{(2\pi a_{x,b})^{L_1L_2/2}}\exp\left\{-\|Qx_b\|_2^2/2a_{x,b}\right\} \tag{13.102}$$

式中：$a_{x,b}$ 为变化的噪声；L_1L_2 为 x 的空间维度；Q 为自适应加权三维拉普拉斯矩阵。可以写成

$$\begin{aligned}Qx_b(i,j)&=Q_{\text{spa}}x_b(i,j)+\beta Q_{\text{spe}}x_b(i,j)\\&=x_b(i+1,j)+x_b(i-1,j)+x_b(i,j+1)+x_b(i,j-1)-4x_b(i,j)\\&\quad+\beta\left[\frac{\|\tilde{x}_b\|_2}{\|x_{b+1}\|_2}x_{b+1}(i,j)+\frac{\|\tilde{x}_b\|_2}{\|x_{b-1}\|_2}x_{b-1}(i,j)-2x_b(i,j)\right]\end{aligned} \tag{13.103}$$

式中：$\tilde{x}_b$ 为通过对相应观测值重新采样获得的融合图像的初始估计值；β 为参数，自适应的表示为

$$\beta=\begin{cases}\exp\left(-\dfrac{1}{B_x}\displaystyle\sum_{b=1}^{B_x}\|\nabla\tilde{x}_b\|_2/L_1L_2B_x\right), & B_x>u\\0, & B_x\leqslant u\end{cases} \tag{13.104}$$

式中：u 为阈值参数。若所需图像只有几个谱带时，它们的光谱是不连续的，因此，$\beta=0$ 更为稳健；反之，若是高光谱图像，可以假定光谱曲线近似连续，自适应加权先验项能够有效地保持光谱曲线，减少光谱失真，光谱间的差异越小，谱约束越强。$\nabla\tilde{x}_b$ 为第 b 个波段光谱尺寸的梯度。

将上述讨论的三个概率分布代入式（13.88）中，通过简化和单调对数函数的实现，最终能量函数能够表示为正则化最小问题：

$$\hat{x}=\arg\min_{x}[F(x)] \tag{13.105}$$

$$\begin{aligned}F(x)=&\frac{1}{2}\sum_{k=1}^{\Lambda}\sum_{b=1}^{D_x}\left\|y_{k,b}-A_{y,k,b}x_b\right\|_2^2\\&+\frac{\lambda_1}{2}\sum_{n}\sum_{q=1}^{N}\sum_{n,q}^{B_{z,n}}\left\|z_{n,q}-\Psi_{n,q}C_{n,q}A_{z,n,q}x-\tau_{n,q}\right\|_2^2\\&+\frac{\lambda_2}{2}\sum_{b=1}^{B_x}\left\|Qx_b\right\|_2^2\end{aligned} \tag{13.106}$$

式（13.106）中第一项表示 x 和 Y 之间的一致性，第二项表示 x 和 Z 之间的关系，第三项表示图像的先验。通过求解上述公式中的三项，即可以得出融合后的图像。

总的来说，时空谱角融合就是通过模拟多源数据之间的关系，对所需图像的相关信息进行求解的过程。

13.4 光学图像与 SAR 图像融合

SAR 图像是主动式微波反射成像，由于微波的特殊性能，SAR 往往能够观测到更多可见光图像不能发现的目标。SAR 图像是距离成像，这一特点可以很好地用于后期的目标检测与识别当中。而可见光图像拥有多个图像的波段，在不同的波段上，地物目标会有各自的成像特点，并且对于人的视觉习惯来说，对比 SAR 图像，拥有更强的可读性，这些特征便于可见光图像更好地对后期目标进行监测。基于这些因素，将 SAR 图像和可见光图像进行有效的融合，获得一幅具有更高光谱和更高空间分辨率的图像对后期的目标识别和检测工作来说非常的关键。

13.4.1 像素级图像融合

像素级图像融合通常是指通过直接的方式对多幅遥感图像中的像素点处理，选用适当的融合方法对像素点中的值进行处理。像素级的图像融合方式更为直接，融合的图像准确度高，有用信息量的损失更小，便于融合图像在后期进行目标识别和检测等相关工作。这种融合方式不单单对 SAR 与光学图像的融合有效，对于很多多源数据的融合也同样有效。这类方法往往能够对遥感图像的信息更好地保留，并表达出地物目标的相互关联信息和地物环境情况。但是像素级融合对配准精度的要求非常高，配准精度是直接影响后期融合效果的一个重要因素。并且由于像素融合的计算量随着图像的分辨率升高而增加，融合时算法的运行时间也更长，对电脑硬件有着较高的需求。同时由于单个像素点没有纠错的能力，对图像的融合会造成一定的不确定性和不稳定性。常见的算法有IHS、PCA、Brovery 变换等。

13.4.2　特征级图像融合

特征级图像融合是建立在特征信息的基础上的，一幅遥感图像的信息之间是相关联的，这类方法是提取图像信息中的特征信息，并将两幅图像的特征信息通过一定的融合策略来进行整合，使图像拥有更好的质量。这类方法在实时处理场景下表现良好并得到了广泛的应用，但是融合精度和图像的原始信息量和像素级融合相比不如像素级融合。特征级图像融合的流程大多是类似的，首先从输入图像中提取边缘、点、线、角等特征，后对特征进行表达，继而采用一些融合策略将光学图像和 SAR 图像的内容进行融合。

13.4.3　决策级图像融合

决策级图像融合是一种高层次的融合算法，需要对源图像进行逻辑判断、获取特征，根据特征来获得最优的融合，是一种在像素级图像融合和特征提取上进行的高层次融合处理。通常首先对图像进行预处理、特征提取，进行一些必要的特征分类；之后在图像配准的基础上进行一些必要的像素级融合；然后对相同的目标进行特征提取并分类，并建立一套对目标的判决和结论；最后，进行决策级融合处理，并进行联合判决。从原理上来看，决策级融合是针对分类的最优的决策融合，对图像配准要求低，并对图像数据有一定的纠错能力，实时性高。但是融合的质量极大地依赖于像素级的融合和特征的描述，并且对源图像的信息损失较大，预处理步骤复杂。

13.5　融合结果比较及评价

13.5.1　光谱保真性评价

（1）相关系数（correlation coefficient，CC）：

$$\mathrm{CC}(R,F)=\frac{\sum_{m-1}^{M}\sum_{n=1}^{N}[R(m,n)-\overline{R}]\cdot[F(m,n)-\overline{F}]}{\sqrt{\sum_{m-1}^{M}\sum_{n-1}^{N}[R(m,n)-R]^{2}\cdot\sum_{m-1}^{M}\sum_{n-1}^{N}[F(m,n)-F]^{2}}} \tag{13.107}$$

式中：F 和 R 分别为融合的图像和评价的参考图像；$\overline{F}$ 和 $\overline{R}$ 分别为融合图像的均值和评价的参考图像的均值。相关系数通常用于评价可见光图像和融合图像之间的相关性，值越大，表明两者越接近，对于融合图像来说，光谱保持能力越好；相关系数越接近 0，融合图像和参考图像的光谱距离越远，光谱保持效果越差。

（2）相对平均光谱（relative average spectral error，RASE）：

$$\mathrm{RMSE}=\sqrt{\sum_{m=1}^{M}\sum_{n=1}^{N}[R(m,n)-F(m,n)]^2} \tag{13.108}$$

$$\mathrm{RASE}=\frac{100}{M}\sqrt{\frac{1}{N}\sum_{i=1}^{N}\mathrm{RMSE}^2} \tag{13.109}$$

式中：F 和 R 分别为融合的图像和评价的参考图像，RASE 反映了两幅源图像光谱之间的相对差异大小，数值越接近 0，两者光谱差别越小，全局光谱质量越高；数值越接近 1，两者光谱差别越大，全局光谱质量越低。

（3）光谱角（spectral angle mapper，SAM）：

$$\mathrm{SAM}=\arccos\left(\frac{\sum_{i}^{n}u_i^R u_i^F}{\sqrt{\sum_{i}^{n}u_i^R u_i^R}\sqrt{\sum_{i}^{n}u_i^F u_t^F}}\right) \tag{13.110}$$

式中：$u^R=\{u_1^R,u_2^R,\cdots,u_i^R\}$ 代表着参考图像的光谱向量；$u^F=\{u_1^F,u_2^F,\cdots,u_i^F\}$ 代表着融合图像的光谱向量。SAM 通常用来评价融合图像的光谱质量，值为 0，表明融合结果中的光谱性能越好，失真性越小；值为 1，融合图像的光谱保持性越差，失真越大。

13.5.2 空间结构评价

（1）通用图像质量指数（universal image quality index，UIQI）：

$$\mathrm{UIQI}=\frac{\sigma_{RF}}{\sigma_R\sigma_F}\cdot\frac{2\overline{RF}}{R^2+F^2}\cdot\frac{2\sigma_R\sigma_F}{\sigma_R^2+\sigma_F^2} \tag{13.111}$$

式中：$\overline{F}$ 和 $\overline{R}$ 分别为融合图像的均值和评价的参考图像的均值；σ_F 和 σ_R 为两幅图像相应的标准差；σ_{RF} 为两者之间的协方差。UIQI 通常作为参考图像与评价融合图像两者之间的常用评价指标，利用参考图像与融合图像之间的协方差、均值及方差对融合数据的空间细节进行评估。

（2）峰值信噪比（peak signal to noise ratio，PSNR）：

$$\mathrm{PSNR}=10\times\lg\left|\frac{F_{\max}^2}{\frac{1}{M\times N}\sum_{u=1}^{M}\sum_{v=1}^{N}[F(u,v)-MS(u,v)]^2}\right| \tag{13.112}$$

式中：$F_{\max}$ 为融合图像的最大灰度值；PSNR 越大，噪声越小。在均方差的基础上，通过计算重建图像最大峰值和两个图像均方差的比值，来反映重建图像的质量。

（3）结构相似性（structural similarity，SSIM）：

$$\mathrm{SSIM}=\frac{(2\mu_L \mathrm{mu}_L+C_1)(2\sigma_{L\hat{L}}+C_2)}{(\mu_L^2+\mathrm{mu}_L^2+C_1)(\sigma_L^2+\sigma_L^2+C_2)} \tag{13.113}$$

式中：μ_L 和 $\mathrm{mu}_{\hat{L}}$ 分别为融合结果和真实图像的均值；σ_L 和 $\sigma_{\hat{L}}$ 分别为融合结果和真实图像的方差；$\sigma_{L\hat{L}}$ 为两者之间的协方差；C_1 和 C_2 均为常数。值越大，融合结果与真实图像的相似度越高。

13.5.3 综合评价

（1）相对无量纲全局误差（erreur relative globale adimensionnelle de synthèse，ERGAS）：

$$\text{ERGAS} = 100\frac{R_p}{R_M}\sqrt{\frac{1}{N}\sum_{i=1}^{N}\frac{\text{RMSE}^2(F_i)}{F_t^2}} \tag{13.114}$$

式中：R_p 为 PAN 图像的分辨率；R_M 为 MS 图像的分辨率；F_i 为融合图像各个波段分量；F_t 为融合图像波段分量的均值。ERGAS 的值越小，融合的效果越好。

（2）光谱信息距离（spectral information divergence，SID）：假设一个给定的多光谱图像矢量表达式为 $M = (M_1,\cdots,M_i,\cdots,M_N)^{\mathrm{T}}$，$M_i$ 为其中一个像素，对 M_i 进行归一化。同样对另外一个矢量 $F = (F_1,\cdots,F_i,\cdots,F_N)^{\mathrm{T}}$ 进行相同的操作，可以获得两个矢量的概率密度值 p,q，依照概率密度值，有

$$D(M\| F) = \sum_{i=1}^{N} P_i \lg\left(\frac{p_i}{q_i}\right) D(F\| M) = \sum_{i=1}^{N} q_i \lg\left(\frac{q_i}{p_i}\right) \tag{13.115}$$

继而可以计算 SID 的值：

$$\text{SID}(M,F) = D(M\| F) + D(F\| M) \tag{13.116}$$

在评价过程中，SID 的值越小，融合效果越好。

第 14 章　超分辨率图像重建

在大多数电子成像应用中，高分辨率（HR）图像是被期望的并且经常需要的。高分辨率意味着图像中的像素密度高，因此高分辨率图像可以提供更多的细节，这在各种应用中可能是关键的。例如，高分辨率医学图像对医生做出正确的诊断非常有帮助。使用高分辨率卫星图像可以很容易地区分一个对象与相似对象，并且如果提供高分辨率图像，可以改善计算机视觉中的模式识别的性能。自 20 世纪 70 年代以来，电荷耦合器件（CCD）和互补金属氧化物半导体（complementary metal-oxide-semiconductor，CMOS）图像传感器已被广泛用于获得数字图像。虽然这些传感器适用于大多数应用，但是目前的分辨率水平和消费价格将不能满足未来的需求。例如，大众想要价格便宜的高分辨率数码相机/摄像机，而科学家往往需要非常高的分辨率等级，接近模拟 35 mm 胶片，即放大图像时不产生失真。因此，找到一种提高当前分辨率的方法是必要的。

提高空间分辨率最直接的解决方案是通过传感器制造技术来减小像素（即增加每单位面积的像素数量）。然而，随着像素的减小，可用光的数量也会减少。它会产生散粒噪声，严重影响图像质量。因此，减小像素且不受到散粒噪声的影响，存在像素缩小的限制，针对 0.35 μm 的 CMOS 工艺，最佳的有限像素大小估计约为 40 μm^2。目前的图像传感器技术已经接近这个水平。

另一种提高空间分辨率的方法是增加芯片尺寸，从而提高电容（Komatsu et al.，1993）。由于大电容使电荷转移速率难以提高，该方法不被认为是有效的。高精度光学和图像传感器的高成本也是许多商业应用在高分辨率成像中的一个重要问题。因此，需要一种提高空间分辨率的新方法克服传感器和光学制造技术的这些局限性。

一种很有前途的方法是使用信号处理技术从观察到的多个低分辨率（low resolution，LR）图像获得高分辨率图像（或序列）。最近，这种分辨率增强方法一直是最活跃的研究领域之一，被称为超分辨率（super resolution，SR）（或高分辨率）图像重建或简单的分辨率增强。本章使用术语“超分辨率图像重建”来指向一种分辨率增强的信号处理方法，因为“超分辨率”中的“超”表示克服低分辨率成像系统的固有分辨率限制的技术特征。信号处理方法的主要优点是成本较低，现有的 LR 成像系统仍然可以使用。在许多实际情况下，可以获得多帧相同的场景，超分辨率图像重建被证明是有用的，包括医学成像、卫星成像和视频应用。一种应用是从廉价的低分辨率摄像机获得的低分辨率图像重建更高质量的数字图像，用于打印或帧定格。通常，使用摄像机时，也可以连续显示放大的图像。感兴趣区域（region of interest，ROI）的合成是在监视、法医、医学和卫星成像中的另一个重要应用。为了监视或取证目的，数字视频录像机（digital video recorder，DVR）目前正在取代闭路电视系统，通常需要放大场景中的物体，例如罪犯的脸或汽车牌照。超分辨率技术在诸如计算机断层扫描（computed tomography，CT）和磁共振成像（magnetic resonance imaging，MRI）的医学成像中也是有用的，因为在分辨率质量受限的情况下可以获取多个图像。在 Landsat 等卫星成像应用中，通常会提供同一区域的几幅图像，可以考虑采用超分辨率技术来提高目标的分辨率。

如何从多个低分辨率图像中获取高分辨率图像?超分辨率重建技术中增加的空间分辨率的基本前提是可以从同一场景中获取多个低分辨率图像。在超分辨率中，低分辨率图像在同一场景中代表不同的“模样”。也就是说，低分辨率图像被二次采样（混淆）及以子像素精度移位。如果低分辨率图像偏移了整数单位，则每个图像包含相同的信息，因此不存在可用于重建高分辨率图像的新信息。如果低分辨率图像彼此具有不同的子像素偏移且存在混淆，则每个图像都不能从其他图像获得，在这种情况下，可以利用包含在每个低分辨率图像中的信息获得高分辨率图像。为了在同一场景中获得不同的视觉效果，必须通过多个场景或视频序列，从帧到帧之间存在一定的相对场景运动。多个场景可以从一个摄像机获得多个时刻的图像或从不同位置的多个摄像机中获得多个图像。这些场景运动可能是由成像系统中的受控运动引起的，例如从轨道卫星获取的图像。无控制的运动也是如此，例如局部物体的运动或振动成像系统。如果这些场景运动是已知的或可以在子像素精度内估计的，结合这些低分辨率图像进行超分辨率图像重建是可能的，如图 14.1 所示。

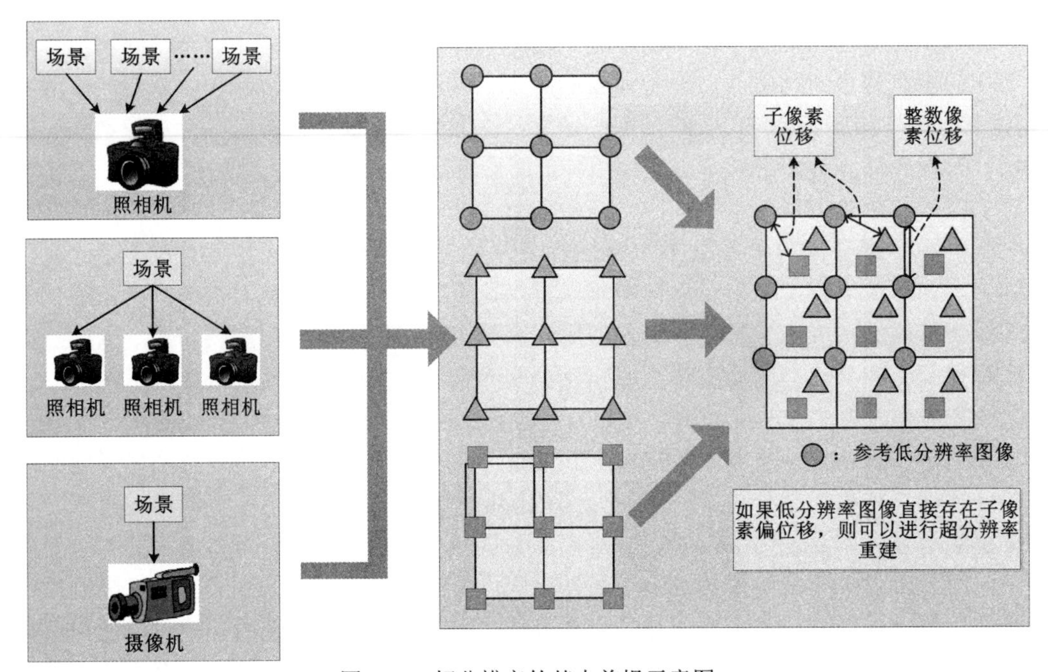

图 14.1　超分辨率的基本前提示意图

在记录数字图像的过程中，由光学畸变（离焦、衍射极限等）会引起空间分辨率损失，由快门速度受限会导致运动模糊，传感器内或传输过程中会出现噪声及传感器密度不足等问题，如图 14.2 所示。因此，所记录的图像通常受到模糊、噪声和混淆效应的影响。虽然超分辨率算法的主要关注点是从欠采样的低分辨率图像重建高分辨率图像，但它涵盖了从噪声和模糊的图像产生高质量图像的图像恢复技术。因此，SR 技术的目标是使用几个退化和混淆的低分辨率图像来恢复高分辨率图像。

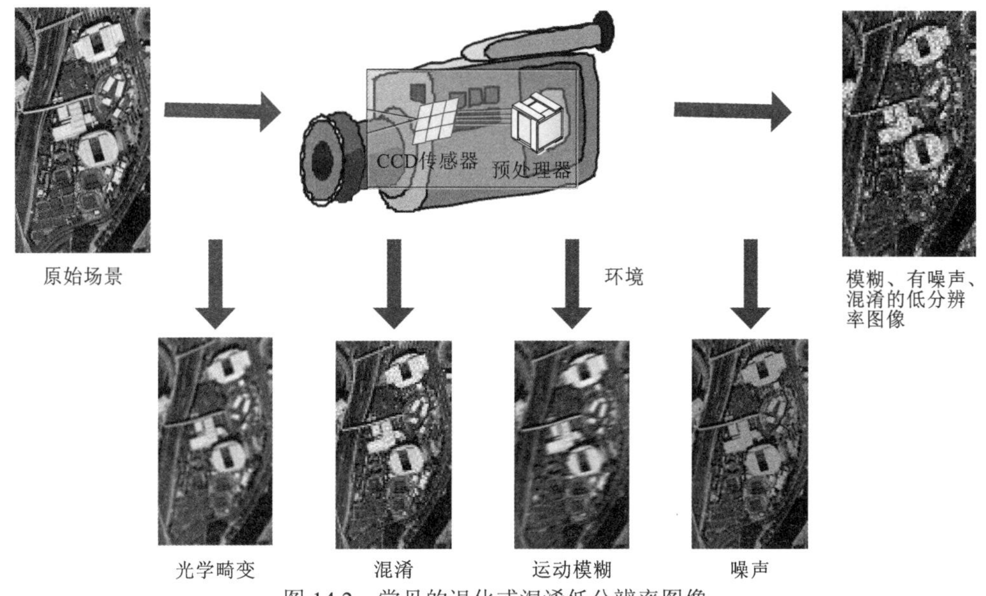

图 14.2　常见的退化或混淆低分辨率图像

超分辨率技术的一个相关问题是图像恢复，这在图像处理应用中是一个成熟的领域（Katsaggelos et al.，1991；Andrews et al.，1977）。图像恢复的目标是从退化的（例如模糊的、有噪声的）图像中恢复得到原始清晰的图像，但是它并不改变图像的大小。事实上，恢复和重建的理论密切相关，超分辨率重建可以看作第二代图像恢复问题。

与超分辨率重建相关的另一个问题是图像插值，它被用来放大单个图像。虽然这个领域已经被广泛研究（Unser et al.，1995；Crochiere et al.，1981；Schoenberg，1968），但是从混淆的低分辨率图像获得的放大的图像的质量本质上受到了限制，即使是采用理想的正弦基函数。也就是说，单次图像插值不能恢复低分辨率采样过程中丢失或退化的高频分量。因此图像插值方法不被视为超分辨率技术。为了在这个领域取得改进，需要使用多个数据集，其中可以使用来自同一场景的多个观测数据的附加数据约束。来自同一场景的各种观测信息的融合，使人们能够对场景进行超分辨率重建。

本章将介绍超分辨率算法的概念，并介绍常用超分辨率方法的技术。在介绍现有的超分辨率算法之前，首先对低分辨率图像采集过程进行建模。

14.1　观 测 模 型

综合分析超分辨率图像重建问题的第一步是建立一个将原始高分辨率图像与观测到的低分辨率图像相关联的观测模型。现有的观测模型大致可以分为静止图像模型和视频序列模型。为了提出超分辨率重建技术的基本概念，本章采用静止图像的观测模型，因为将静止图像模型扩展到视频序列模型是相当简单的。

考虑大小为 $L_1N_1 \times L_2N_2$ 的高分辨率图像用词典表示法记为向量 $x=[x_1,x_2,\cdots,x_N]^{\mathrm{T}}$，

其中 $N = L_1N_1 \times L_2N_2$，也就是说，x 是理想的未退化图像，以假定为带限的连续场景以奈奎斯特速率或更高速率采样。参数 L_1 和 L_2 分别表示在水平和垂直方向的观测模型中的下采样因子。因此，每个观测到的低分辨率图像的大小为 $N_1 \times N_2$。令第 k 个低分辨率图像用词典表示法记为 $y_k = [y_{k,1}, y_{k,2}, \cdots, y_{k,M}]^{\mathrm{T}}$，其中 $k = 1,2,\cdots,p$ 及 $M = N_1 \times N_2$。假设在获取多个低分辨率图像时 x 保持恒定不变，模型允许的任何运动和退化除外。因此，观测到的低分辨率图像是由在高分辨率图像 x 上的扭曲、模糊和下采样算子产生的。假设每个低分辨率图像被加性噪声破坏，将观测模型表示为（Nguyen et al.，2001；Elad et al.，1997）

$$y_k = DB_kM_kx + n_k,\quad 1 \leqslant k \leqslant p \tag{14.1}$$

式中：M_k 为大小 $L_1N_1L_2N_2 \times L_1N_1L_2N_2$ 的扭曲矩阵；B_k 为大小 $L_1N_1L_2N_2 \times L_1N_1L_2N_2$ 的模糊矩阵；D 为大小 $(N_1N_2)^2 \times L_1N_1L_2N_2$ 的下采样矩阵；n_k 为字典顺序噪声矢量，该观测模型如图 14.3 所示。

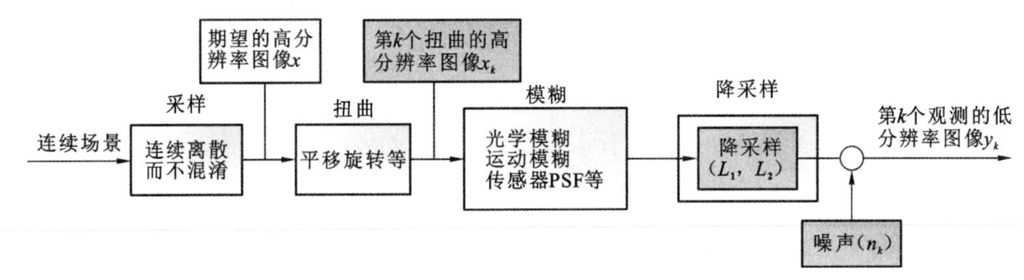

图 14.3　低分辨率图像与高分辨率图像的观测模型

考虑式（14.1）中涉及的系统矩阵。在图像采集过程中发生的运动由扭曲矩阵 M_k 表示，它可以包含全局或局部平移、旋转等。由于这个信息一般是未知的，需要参考一个特定的帧来估计每个帧的场景运动。对高分辨率图像 x 进行的扭曲过程实际上是根据低分辨率像素间距定义的。因此，当运动的局部单位不等于高分辨率传感器网格时，该步骤需要插值。这里，用一个圆圈（○）代表原始（参考）高分辨率图像 x，三角形（△）和菱形（◇）是 x 的全局位移版本。如果下采样因子是 2，则菱形（◇）在水平和垂直方向上具有（0.5，0.5）子像素位移，而三角形（△）具有小于（0.5，0.5）的位移。如图 14.4 所示，菱形（◇）不需要插值，但是三角形（△）不在高分辨率网格上，因此应该从 x 进行插值。尽管理论上可以使用理想的插值，但是在实践中，许多文献采用了零阶保持或双线性插值等简单的方法。

模糊可以由光学系统（如离焦、衍射极限、像差等）、成像系统与原始场景之间的相对运动及低分辨率传感器的点扩散函数（PSF）引起。它可以被建模为线性空间不变（linear space invariant，LSI）或线性空间变异（linear space variant，LSV），其对高分辨率图像的影响由 B_k 表示。在单一的图像恢复应用中，通常被认为是光学模糊或运动模糊。然而，在超分辨率图像重建中，低分辨率传感器的物理尺寸的有限性是模糊的重要因素。低分辨率传感器 PSF 通常被建模为一个空间平均算子，如图 14.4 所示。在使用超分辨率重建方法时，假定模糊的特征是已知的。但是，如果难以获取这些信息，则应将模糊识别纳入重建过程。

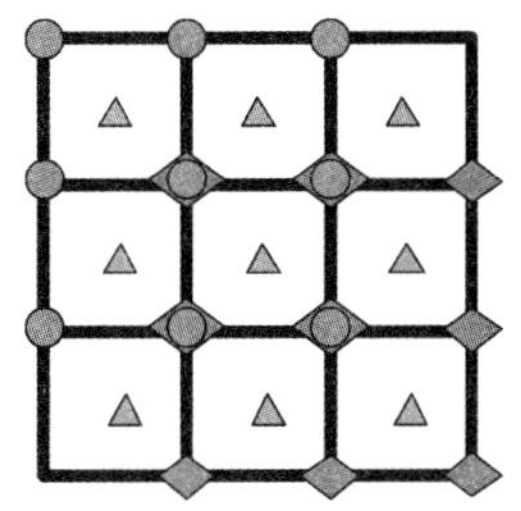

图 14.4　高分辨率传感器网格插值的必要性

下采样矩阵 D 是从扭曲和模糊的高分辨率图像生成混淆的低分辨率图像。尽管在这里低分辨率图像的大小是相同的，但是在更一般的情况下，可以通过使用不同的子采样矩阵（如 D_k ）来解决低分辨率图像大小不同的问题。虽然模糊或多或少起到抗混淆滤波器的作用，但在超分辨率图像重建中，假设低分辨率图像中总是存在混淆现象。

一个稍微不同的低分辨率图像采集模型可以通过离散一个连续的扭曲、模糊的场景来推导出来（Patti et al.，2001；Eren et al.，1997；Tekalp et al.，1992；Stark et al.，1989）。在这种情况下，观测模型必须在模糊支撑的边界处包含分数像素。虽然这个模型和式（14.1）中的模型有一些不同，但是这些模型可以统一在一个简单的矩阵向量形式中，因为低分辨率像素被定义为具有加性噪声的相关高分辨率像素的加权和（Hardie et al.，1998）。因此，可以在不失一般性的情况下表达这些模型：

$$y_k = W_k x + n_k, \quad k = 1,2,\cdots,p \tag{14.2}$$

式中：矩阵 W_k 的大小为 $(N_1N_2)^2 \times L_1N_1L_2N_2$ ，表示 x 中的高分辨率像素对 y_k 中的低分辨率像素的贡献。基于式（14.2）的观测模型，超分辨率图像重建的目的是从低分辨率图像 $y_k(k=1,2,\cdots,p)$ 估计高分辨率图像 x。

大部分文献中提出的超分辨率图像重建方法包括如图 14.5 所示的三个阶段：配准、插值和复原（即逆过程）。这些步骤可以根据采用的重建方法单独或同时实施。运动信息的估计被称为配准，并且在图像处理的各个领域中被广泛研究（Brown et al.，1992；Berenstein et al.，1987；Tian et al.，1986；Dvornychenko，1983）。在配准阶段，与参考低分辨率图像相比，低分辨率图像之间的相对偏移用小数像素精度估计。显然，精确的子像素运动估计是超分辨率图像重建算法成功的一个非常重要的因素。由于低分辨率图像之间的偏移是任意的，配准的高分辨率图像不会总是匹配均匀间隔的高分辨率网格。因此，对从非均匀间隔的低分辨率图像合成获得均匀间隔的高分辨率图像是必要的。最后，将图像复原应用于上采样图像以去模糊和噪声。

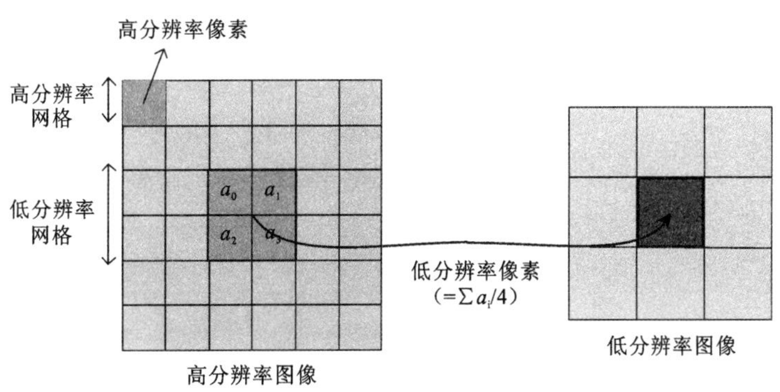

图 14.5　低分辨率传感器 PSF

不同超分重建方法之间的差异取决于采用何种类型的重建方法，假定哪种观测模型、哪个特定的域（空间或频率），使用什么样的方法来获得低分辨率图像等。Borman等（1999）的技术报告对直到1998年左右的超分辨率图像重建算法进行了全面和完整的综述，Borman等（1999）和Chaudhuri（2001）对超分辨率技术进行了简要综述。

基于式（14.2）中的观测模型，现有的超分辨率算法将在下面的章节中进行综述。首先提出一种非均匀插值方法，可以直观地理解超分辨率图像重建。然后，介绍一个频域方法，有助于了解如何利用低分辨率图像之间的混淆关系。接下来，提出确定性和随机规整化方法、凸集投影（projection onto convex sets，POCS）的方法及其他方法。最后，讨论改进超分辨率算法性能的高级问题。

14.2 超分辨率图像重建算法

14.2.1 非均匀插值方法

非均匀插值方法是超分辨率图像重建最直观的方法。图 14.6 中给出的三个阶段在该方法中被连续执行：①对运动的估计，即配准（如果运动信息未知）；②非均匀插值以改善图像分辨率；③去模糊和去噪处理（取决于观测模型）。图 14.7 显示了图像示例。利用相对运动信息估计，获得非均匀间隔采样点上的高分辨率图像。然后，直接或迭代重建过程随即产生均匀间隔的采样点（Kim et al.，1990a；Clark et al.，1985；Brown，1981）。最后解决复原问题以消除模糊和噪声。复原可以通过应用考虑噪声存在的任何反卷积方法来执行。

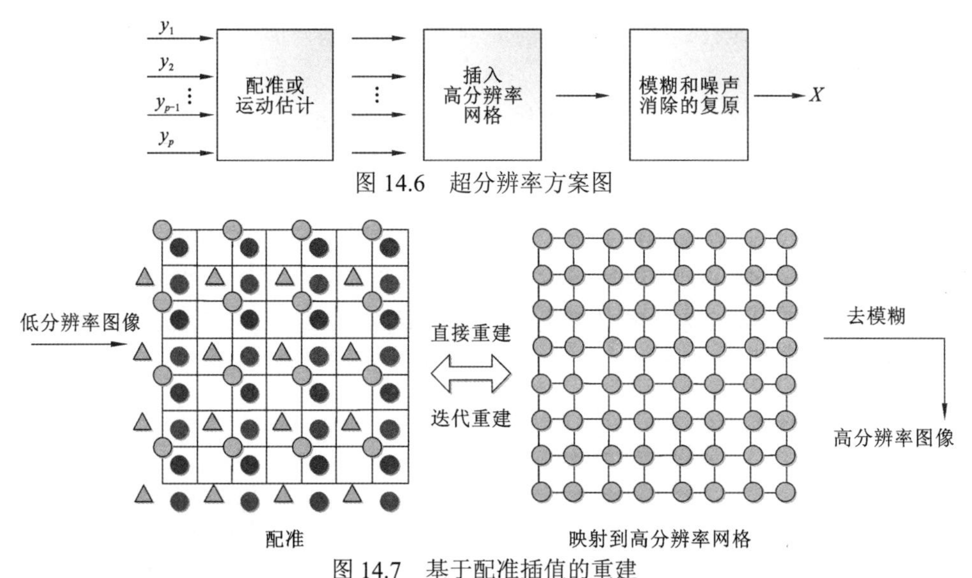

图 14.6 超分辨率方案图

图 14.7 基于配准插值的重建

该方法的重建结果如图 14.8 所示。在该模拟实验中，从 256×256 的高分辨率图像在水平方向和垂直方向上抽取因子产生 4 个低分辨率图像。这里只考虑传感器模糊，并将 20 dB 高斯噪声添加到低分辨率图像中。在图 14.8（a）中，显示了从一个低分辨率观测的最邻近插值法产生的图像；图 14.8（b）为通过双线性插值法产生的图像；图 14.8（c）为 4 个低分辨率图像的非均匀插值产生的图像；图 14.8（d）为使用图 14.8（c）进行维纳复原滤波的去模糊图像。如图 14.8（Park et al.，2003）所示，与图 14.8（a）和图 14.8（b）相比，在图 14.8（c）和图 14.8（d）中观察到的图像有显著的改进。

图 14.8　非均匀插值超分辨率重建结果

（a）最邻近插值法；（b）双线性插值法；（c）使用 4 个低分辨率图像的非均匀插值；（d）对（c）的去模糊

Ur 等（1992）利用 Papoulis（1997）和 Brown（1981）的广义多信道采样定理，对空间位移低分辨率图像进行非均匀插值。插值之后是去模糊处理，并且假定这里相对位移是精确已知的。Komatsu 等（1993）提出通过多个摄像机同时拍摄的多幅图像使用 Landweber（1951）算法获取高分辨率图像。他们采用块匹配技术来测量相对位移。但是，如果摄像机具有相同的孔径，则在其布置和场景的构造方面都会受到严重限制。使用多个不同孔径的相机克服了这个困难（Komatsu et al.，1993）。Hardie 等（1998）开发了一种用于实时红外图像配准和超分辨率重建的技术。他们利用基于梯度的配准算法来估计所获取的帧之间的偏移量，并提出加权最邻近插值法。最后，应用维纳滤波来减少由系统引起的模糊和噪声的影响。Shah 等（1999）提出了一种使用 Landweber 算法的超分辨率彩色视频增强算法。他们还考虑了配准算法的不准确性，通过找到一组候选的运动估计代替每个像素的单个运动矢量。他们使用亮度和色度信息来估计运动场。Nguyen 等（2002）提出了一种高效的基于小波的超分辨率重建算法。他们利用超分辨率中采样网格的交错结构，推导出一种对交错二维数据进行有效计算的小波插值。

非均匀插值方法的优点在于计算量相对较低，使得实时应用成为可能。然而，在这种方法中，退化模型是有限的（它们仅适用于所有低分辨率图像的模糊和噪声特性相同的情况）。此外，由于复原步骤忽略了插值阶段出现的错误，整个重构算法的最优性不能保证。

14.2.2 频域方法

频域方法明确使用每个低分辨率图像中存在的混淆来重建高分辨率图像。Tsai 等（1984）首先通过低分辨率图像之间的相对运动推导出描述低分辨率图像与期望高分辨率图像之间关系的系统方程。域方法基于三个原则：傅里叶变换的位移性质、原始高分辨率图像的连续傅里叶变换（continuous Fourier transform，CFT）与观测的低分辨率图像的离散傅里叶变换（discrete Fourier transform，DFT）之间的混淆关系、假设原始高分辨率图像是带限的。这些性质使得有可能制订将观测的低分辨率图像的混淆 DFT 系数与未知图像的 CFT 的样本相关联的系统方程。例如，假设在奈奎斯特采样率以下有两个一维低分辨率信号采样。根据以上三个原则，可以将混淆的低分辨率信号分解为未混淆的高分辨率信号，如图 14.9 所示。

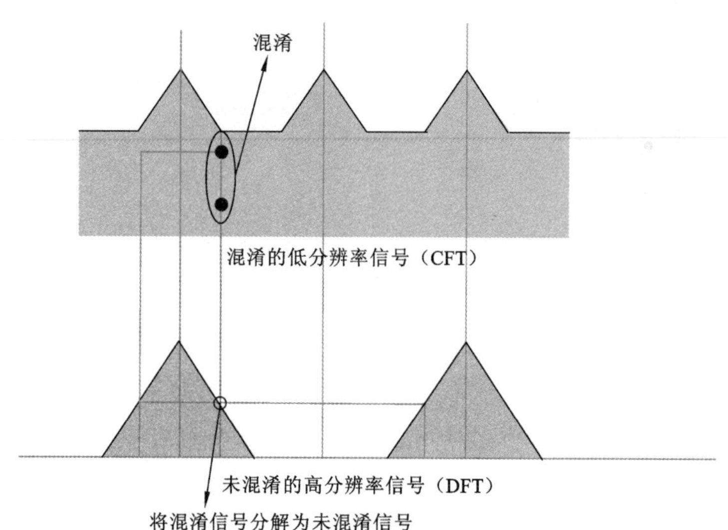

图 14.9　低分辨率图像和高分辨率图像之间的混淆关系

令 $x(t_1,t_2)$ 为连续的高分辨率图像，$X(w_1,w_2)$ 为其 CFT。在频域方法中考虑的唯一运动即全局平移产生的第 k 个位移图像 $x_k(t_1,t_2)=x(t_1+\delta_{k1},t_2+\delta_{k2})$，其中 δ_{k1} 和 δ_{k2} 是任意的但是为已知值，$k=1,2,\cdots,p$。通过 CFT 的位移性质，位移图像的 CFT $X_k(w_1,w_2)$ 可以表示为

$$X_k(w_1,w_2)=\exp[j2\pi(\delta_{k1}w_1+\delta_{k2}w_2)]X(w_1,w_2) \tag{14.3}$$

位移图像 $x_k(t_1,t_2)$ 利用采样周期 T_1 和 T_2 进行采样，以产生观测到的低分辨率图像 $y_k[n_1,n_2]$。从混淆关系和带限假设 $X(w_1,w_2)\left(|X(w_1,w_2)|=0,|w_1|\geqslant\frac{L_1\pi}{T_1},|w_2|\geqslant\frac{L_2\pi}{T_2}\right)$ 出发，高分辨率图像的 CFT 与第 k 个观测到的低分辨率图像的 DFT 之间的关系可以写为（Tekalp，1998）

$$Y_k[\Omega_1,\Omega_2]=\frac{1}{T_1T_2}\sum_{n_1=0}^{L_1-1}\sum_{n_2=0}^{L_2-1}X_k\times\left(\frac{2\pi}{T_1}\left(\frac{\Omega_1}{N_1}+n_1\right),\frac{2\pi}{T_2}\left(\frac{\Omega_2}{N_2}+n_2\right)\right) \tag{14.4}$$

通过使用右侧的索引 n_1、n_2 和左侧的索引 k 进行字典排序，获得的矩阵向量为

$$Y=\Phi X \tag{14.5}$$

式中：Y 为 $p\times 1$ 列向量，具有 DFT 系数 $y_k[n_1,n_2]$ 的第 k 个元素；X 为 $L_1L_2\times 1$ 列向量，具有未知的 CFT $x(t_1,t_2)$ 的采样；Φ 为 $p\times L_1L_2$ 矩阵，将观测到的低分辨率图像与连续的高分辨率图像的采样相关联。因此，重建所需的高分辨率图像需要确定 Φ 并解决这个逆问题。

Kim 等（1990b）提出一种方法对模糊和噪声图像进行扩展，得到加权最小二乘公式。在他们的方法中，假定所有低分辨率图像具有相同的模糊和相同的噪声特性。Kim 等（1993）对这种方法进行了进一步的细化，以考虑每个低分辨率图像的不同模糊。这里采用了吉洪诺夫规整化方法来克服由模糊算子引起的不适定问题。Bose 等（1993）提出了超分辨率重构的递归全局最小二乘法来减少配准误差的影响（Φ 误差）。Rhee 等（1999）提出了基于离散余弦变换（DCT）的方法，他们通过使用 DCT 而不是 DFT 来减少存储器需求和计算成本，他们还运用多信道自适应规整化参数来克服诸如欠定情况或运动信息不足的情况下的不适定性。

理论简单性是频域方法的一个主要优点。也就是说，低分辨率图像和高分辨率图像之间的关系在频域中被清楚地标记。频率方法也便于并行实现，能够降低硬件复杂度。然而，观测模型仅限于全局平移运动和 LSI 模糊。由于频域缺乏数据相关性，将空域先验知识应用于规整化也很困难。

14.2.3 规整化的超分辨率重建方法

一般来说，由于低分辨率图像数量和病态模糊算子的不足，超分辨率图像重建方法是一个不适定问题。为稳定不适定问题而采取的程序被称为正则化或规整化。本小节将介绍超分辨率图像重建的确定性和随机的规整化方法，同时提出约束最小二乘法（constrained least squares，CLS）和最大后验概率（MAP）的超分辨率图像重建方法。

1. 确定性方法

通过估计配准参数，可以完全确定式（14.2）中的观测模型。确定性正则超分辨率方法利用求解问题的先验信息解决了式（14.2）中的逆问题，例如，CLS 可以通过选择 x 来最小化拉格朗日公式（Katsaggelos，1991）。

$$\left[\sum_{k=1}^{p}\| y_k-W_kx\|^2+\alpha\| Cx\|^2\right] \tag{14.6}$$

式中：运算符 C 通常为一个高通滤波器；$\|\cdot\|$ 为 L_2 范数。在式（14.6）中，有关期望解的先验知识用平滑约束来表示，表明大多数图像都是自然平滑且高频活动受限的，因此适当地最小化复原图像中的高频通量。在式（14.6）中，α 为拉格朗日乘数，通常称为

规整化参数，用来控制数据保真度（由 $\sum_{k=1}^{p}\|y_k-W_kx\|^2$ 表示）和解的平滑度（由 $\|Cx\|^2$ 表示）之间的平衡。α 越大，会导致解更加平滑。当只有少量的低分辨率图像可用时（这个问题是欠定的），或者由于配准误差和噪声导致观测数据的保真度低，这时是有用的。另一方面，如果有大量的低分辨率图像可用，而且噪声量很小，那么小的 α 会得到好的解。式（14.6）中的代价函数是凸二次规整化项，并且是可微的。因此，可以找到一个独特的估计图像 $\hat{x}$ 使代价函数在式（14.6）中最小化。一个最基本的确定性迭代技术考虑求解：

$$\left[\sum_{k=1}^{p}W_k^{\mathrm{T}}W_k+\alpha C^{\mathrm{T}}C\right]\hat{x}=\sum_{k=1}^{p}W_k^{\mathrm{T}}y_k \tag{14.7}$$

这导致 $\hat{x}$ 的以下迭代：

$$\hat{x}^{n=1}=\hat{x}^n+\beta\left[\sum_{k=1}^{p}W_k^{\mathrm{T}}(y_k-W_k\hat{x}^n)-\alpha C^{\mathrm{T}}C\hat{x}^n\right] \tag{14.8}$$

式中：β 为收敛参数；W_k^{T} 包含上采样算子和一种模糊和扭曲操作。

Hong 等（1997a）提出了一种多信道规整化超分辨率方法，其中规整化函数用于在每个迭代步骤中没有任何先验知识的情况下计算规整化参数。Kang（1998）提出包括多信道规整化超分辨率方法的广义多信道去卷积方法。Hardie 等（1998）提出了通过最小化规整化代价函数获得的超分辨率重建方法，他们定义了一个包含光学系统和探测器阵列（传感器 PSF）知识的观测模型，他们使用迭代梯度为基础的配准算法，并考虑梯度下降和共轭梯度优化程序，以最大限度地降低计算成本。Bose 等（2001）指出规整化参数的重要作用，并提出了使用 L 曲线方法生成规整化参数最优值的 CLS 超分辨率重建方法。

2. 随机方法

随机超分辨率图像重建（通常是贝叶斯方法）提供了一种灵活方便的方法来建模图像先验知识。

在建立原始图像的后验概率密度函数（posteriot density function，PDF）时使用贝叶斯估计方法。x 的 MAP 估计针对 x 最大化后验 PDF $P(x|y_k)$：

$$x=\arg\max P(x|y_1,y_2,\cdots,y_p) \tag{14.9}$$

采用对数函数并将贝叶斯定理应用到条件概率中，可以将 MAP 优化问题表示为

$$x=\arg\max\{\ln P(y_1,y_2,\cdots,y_p|x)+\ln P(x)\} \tag{14.10}$$

这里，先验图像模型 $P(x)$ 和条件密度 $P(y_1,y_2,\cdots,y_p|x)$ 将由关于高分辨率图像 x 和噪声的统计系统的先验知识来定义。由于式（14.10）中的 MAP 优化本质上包含先验约束（以 $P(x)$ 表示的先验知识），它有效地提供了规整化（稳定）的超分辨率估计。贝叶斯估计通过利用先验图像模型来区分可能的解决方案，并且马尔可夫随机场（MRF）先验提供了用于图像先验建模的强大方法。使用 MRF 先验时，$P(x)$ 用吉布斯（Gibbs）先验描述，其概率密度定义为

$$P(X=x)=\frac{1}{z}\exp\{-U(x)\}=\frac{1}{z}\exp\left\{-\sum\nolimits_{c\in S}\varphi_c(x)\right\} \tag{14.11}$$

式中：z 为归一化常数；$U(x)$ 为能量函数；$\varphi_c(x)$ 为势函数，仅取决于位于团 c 内的像素值；S 为团的集合。通过将 $\varphi_c(x)$ 定义为图像导数的函数，$U(x)$ 计算由解的不规则性引起的代价。通常情况下，图像被认为是光滑的，通过高斯先验将其结合到估计问题中。

贝叶斯框架的一个主要优点是使用了一个边缘保留的图像先验模型。在高斯先验的情况下，势函数取二次形式 $\varphi_c(x)=(D^{(n)}x)^2$，其中 $D^{(n)}$ 是第 n 阶分差。二次势函数虽然使算法呈线性，但却严重影响了高频分量。导致解变得过度平滑。然而，如果对一个潜在函数进行建模，这个函数可以较小地惩罚 x 的较大差异，那么可以得到一个保持边缘的高分辨率图像。

如果假设帧之间的误差是独立的，并且假设噪声是独立同分布的零均值高斯分布，则可以将优化问题更紧凑地表示为

$$\hat{x}=\arg\min\left[\sum_{k=1}^{p}\left\|y-W_k\hat{x}\right\|^2+\alpha\sum\nolimits_{G\in S}\varphi_c(x)\right] \tag{14.12}$$

式中：α 为规整化参数。最后可以证明若使用式（14.12）中的高斯先验，则式（14.6）中定义的估计等于 MAP 估计。

最大似然（maximum likelihood，ML）估计也被应用于超分辨率重建。ML 估计是没有先验项的 MAP 估计的一个特例。由于超分辨率逆问题的不适定性，MAP 估计通常优先于 ML。

规整化超分辨率方法的模拟结果如图 14.10（Park et al.，2003）所示。在这些模拟实验中，原始的 256×256 的图像以子像素 $\{(0,0),(0,0.5),(0.5,0),(0.5,0.5)\}$ 中的一个进行位移，并且在水平和垂直方向上被抽取两倍。在这里，只考虑传感器模糊，并且向这些低分辨率图像添加 20 dB 的高斯噪声。图 14.10（a）是来自一幅低分辨率图像的最邻近插值图像。图 14.10（b）和（c）分别显示了使用小规整化参数和大规整化参数的 CLS 超分辨率结果。事实上，这些估计可以被认为是用高斯先验的 MAP 重建的估计。图 14.10（d）显示了具有边缘保留的 Huber-Markov 先验的超分辨率结果（Schultz et al.，1996）。目前为止，最差的重建是最邻近插值图像。这种差的表现很容易归因于对低分辨率观测的独立处理，并且在图 14.10（a）中显而易见。与这种方法相比，CLS 超分辨率通过保留详细的信息在图 14.10（b）和（c）中显示出显著的改进。通过使用图 14.10（d）中所示的边缘保留优化可以进一步获得这些改进效果。

（a）最邻近插值法

（b）小规整化参数的CLS

（c）大规整化参数的CLS

（d）先验边缘保留的MAP

图 14.10　规整化超分辨率重建结果

Tom 等（2002）提出了 ML 超分辨率图像估计问题来同时估计子像素位移、每幅图像的噪声方差和高分辨率图像。所提出的 ML 估计问题由期望最大化（EM）算法解决。Schultz 等（1996）提出了使用 MAP 技术从低分辨率视频序列中重建高分辨率图像。他们使用 Huber-Markov Gibbs 先验模型提出了保留 MAP 重构方法的不连续性，导致了具有唯一最小值的约束优化问题。在这里，他们使用改进的分层块匹配算法来估计子像素位移向量。他们还考虑独立的对象运动和由高斯噪声建模的不精确运动估计。Hardie 等（1997）提出了一个用于联合估计图像配准参数和高分辨率图像的 MAP 框架。这种情况下的配准参数、水平和垂直偏移，在循环优化过程中与高分辨率图像一起迭代更新。Cheeseman 等（1996）将高斯先验模型的贝叶斯估计用于整合 Viking 轨道器观测到的多个卫星图像。

噪声特性建模的鲁棒性和灵活性及加入图像先验知识是随机超分辨率方法的主要优点。假设噪声过程是高斯白噪声，那么在初始阶段具有凸能量函数的 MAP 估计确保了解的唯一性。因此，可以使用有效的梯度下降方法来估计高分辨率图像，也可以同时估计运动信息和高分辨率图像。

14.2.4　凸集投影法

凸集投影（project onto convex set，POCS）方法是将图像先验知识纳入重建过程中的另一种迭代方法。该算法通过估计配准参数，同时解决了复原和插值问题以估计超分辨率图像。

Stark 等（1989）首次提出超分辨率重建的 POCS 公式。他们的方法被 Tekalp 等（1992）扩展到考虑观测噪声的情况。根据 POCS 方法，将先验知识结合到解中可以被解释为将解限制为闭凸集 C_i 的成员，C_i 被定义为满足特定属性的一组向量。如果约束集有一个非空的交集，那么属于交集 $C_s=\bigcap_{i=1}^{m}C_i$ 的解也是一个凸集，可以通过交替投影到这些凸集上找到。事实上，交集中的任何解都与先验约束一致，因此是一个可行解。POCS 方法可以用来找到递归所属交叉点的向量

$$x^{n+1}=P_mP_{m-1}\cdots P_2P_1x^n \tag{14.13}$$

式中：x^0 为一个任意的起点；P_i 为将任意信号 x 投影到封闭的凸集 $C_i\ (i=1,2,\cdots,m)$ 上的投影算子。

假设运动信息是精确的，则基于式（14.1）中的观测模型设置的数据一致性约束，对于低分辨率图像 $y_k[m_1,m_2]$ 内的每个像素表示为（Patti et al.，1997；Tekalp et al.，1992）

$$C_D^k[m_1,m_2]=\{x[n_1,n_2]:|r^{(x)}[m_1,m_2]|\leqslant\delta_k[m_1,m_2]\} \tag{14.14}$$

其中

$$r^{(x)}[m_1,m_2]=y_k[m_1,m_2]-\sum_{n_1,n_2}x[n_1,n_2]W_k[m_1,m_2;n_1,n_2] \tag{14.15}$$

式中：$\delta_k[m_1,m_2]$ 为反映统计置信度的边界，实际的图像是集合 $C_D^k[m_1,m_2]$ 的成员（Patti et al.，1997）。由于边界 $\delta_k[m_1,m_2]$ 是从噪声过程的统计中确定的，理想解是在一定的统计置信度内的一个成员。此外，POCS 的解将能够模拟空间和时间变化的白噪声过程。任意 $x[n_1,n_2]$ 到 $C_D^k[m_1,m_2]$ 上的投影可以被定义为（Tekalp et al.，1992；Trussell et al.，1984）

$$x^{(n+1)}[n_1,n_2]=x^{(n)}[n_1,n_2]+\begin{cases}\dfrac{(r^{(x)}[m_1,m_2]-\delta_k[m_1,m_2])\cdot W_k[m_1,m_2;n_1,n_2]}{\sum\limits_{p,q}W_k^2[m_1,m_2,p,q]}, & r^{(x)}[m_1,m_2]>\delta_k[m_1,m_2]\\ 0, & r^{(x)}[m_1,m_2]\leqslant\delta_k[m_1,m_2]\\ \dfrac{(r^{(x)}[m_1,m_2]+\delta_k[m_1,m_2])\cdot W_k[m_1,m_2;n_1,n_2]}{\sum\limits_{p,q}W_k^2[m_1,m_2,p,q]}, & r^{(x)}[m_1,m_2]<-\delta_k[m_1,m_2]\end{cases} \tag{14.16}$$

式（14.16）之后的附加约束（如幅度约束）可以用来改善结果（Stark et al.，1989）。

POCS 使用数据约束和幅度约束的重建结果如图 14.11 所示。在该模拟实验中，从 256×256 的高分辨率图像在水平和垂直方向上以两个抽取因子生成 4 个低分辨率图像，并且将 20 dB 高斯噪声添加到这些低分辨率图像中。在该模拟实验中，只考虑传感器模糊。图 14.11（a）显示了一个低分辨率观测的双线性内插图像，图 14.11（b）～（d）是 10 次、30 次和 50 次迭代后的重建结果。通过比较图 14.11（a）中的双线性插值的结果，观察到 POCS 超分辨率重建的结果的改善是明显的。

Patti 等（1997）开发了 POCS 超分辨率技术来考虑空间变化模糊、非零孔径时间、每个单独的传感器元件的非零物理尺寸、传感器噪声和任意采样网格。然后 Tekalp 等（1992）通过引入有效性图和分割图的概念，将该技术扩展到场景中的多个移动对象的情况。有效性图允许在存在配准错误的情况下进行鲁棒重建，并且分割图使基于对象的超分辨率重建成为可能。Patti 等（2001）提出一种基于 POCS 的超分辨率重建方法，其中连续图像形成模型被改进以允许更高阶的插值方法。在这项工作中，他们假设高分辨率传感器区域内的连续场景不是恒定的，他们还修改约束集以减少边缘附近的振铃现象。Tom 等（1996）研究了一套与 POCS 方法相似的理论规整化方法，使用椭球约束集，他们发现了超分辨率估计是边界椭球（集交集）的质心。

（a）双线性插值　　（b）投影到凸集10次迭代

（c）投影到凸集30次迭代　　（d）投影到凸集50次迭代

图 14.11　POCS 使用数据约束和幅度约束的重建结果

POCS 的优势在于它简单，并且利用了强大的空间域观测模型，它还可以方便地加入图像先验信息。而这些方法具有求解非唯一性、收敛速度慢、计算量大的缺点。

14.2.5　极大似然-凸集投影重建方法

极大似然-凸集投影（maximum likelihood POCS，ML-POCS）重建方法通过最小化 ML（或 MAP）代价函数来发现超分辨率估计，同时将解限制在某些集合内。Schultz 等（1996）早期对这种公式进行了研究，MAP 的优化被执行，同时也使用了基于投影的约束。这里，约束集确保高分辨率图像的下采样版本与低分辨率序列的参考帧相匹配。Elad 等（1997）提出了一种结合随机方法和 POCS 方法优点的通用混合超分辨率图像重建算法。通过定义一个新的凸优化问题同时利用 ML（或 MAP）的简单性和 POCS 中使用的非椭球约束如下：

$$\min \varepsilon^2 = \{[y_k - W_k x]^2 R_n^{-1}[y_k - W_k x] + \alpha[Sx]^{\mathrm{T}} V[Sx]\} \tag{14.17}$$

其中

$$x \in C_k,\ 1 \leqslant k \leqslant M \tag{14.18}$$

式中：R_n 为噪声的自相关矩阵；S 为拉普拉斯算子；V 为控制每个像素的平滑强度的加权矩阵；C_k 为额外限制。

混合方法的优点是所有的先验知识都被有效地结合起来，并且与 POCS 方法相比，混合方法能保证获得最佳解。

14.2.6 其他超分辨率重建方法

1. 迭代反投影方法

Irani 等（1991）提出了迭代反投影（iterative back projection，IBP）超分辨率重建方法，它与层析成像中使用的反投影相似。通过反投影模拟低分辨率图像之间的误差（差异），通过成像模糊和观察到的低分辨率图像来估计高分辨率图像。这个过程迭代地重复以达到误差能量最小化。估计高分辨率图像的 IBP 方案可表示为

$$\hat{x}^{n+1}[n_1,n_2]=\hat{x}^{n}[n_1,n_2]+\sum_{m_1,m_2\in y_k^{m_1,n_1}}(y_k[m_1,m_2]-\hat{y}_k^{n}[m_1,m_2])\times h^{\mathrm{BP}}[m_1,m_2;n_1,n_2] \tag{14.19}$$

式中：$\hat{y}_k^n(=W_k\hat{x}^n)$ 为 n 次迭代以后从 x 的近似值模拟的低分辨率图像；$y_k^{m_1,n_1}$ 为集合 $\{m_1,m_2\in y_k\,|\,m_1,m_2$ 被 n_1,n_2 影响，其中 $n_1,n_2\in x\}$；$h^{\mathrm{BP}}[m_1,m_2;n_1,n_2]$ 为反投影内核，它决定 $(y_k[m_1,m_2]-\hat{y}_k^n[m_1,m_2])$ 对 $\hat{x}^n[n_1,n_2]$ 的贡献。IBP 的方案如图 14.12 所示。与成像模糊不同，h^{BP} 可以任意选择。Irani 等（1991）指出，当有可行解时，h^{BP} 会影响解的特性。因此，可以将 h^{BP} 用作表示解的期望特性的附加约束。Mann 等（2002）通过在图像采集过程中应用透视运动模型扩展了这种方法。后来，Irani 等（1993）修改了 IBP 来考虑一个更具一般性的运动模型。

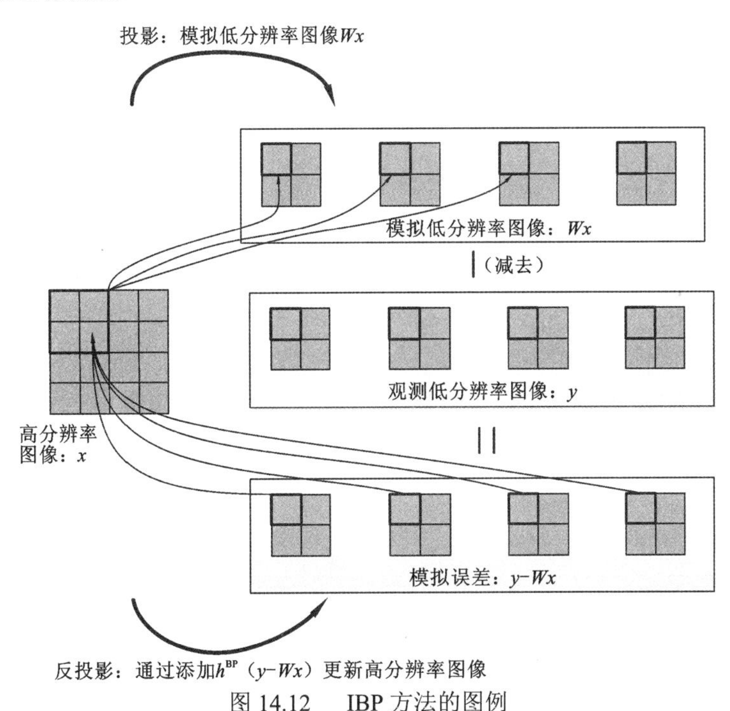

图 14.12 IBP 方法的图例

IBP 的优点是直观易懂。然而，由于反问题的不适定性，这种方法没有唯一解，在选择 h^{BP} 时有一定难度。与 POCS 和正则化方法相比，IBP 方法难以加入图像先验知识。

2. 自适应滤波方法

Elad 等(1999)提出了一种基于时间轴上自适应滤波理论的超分辨率图像重建算法。他们修改了观测模型中的符号以适应其对时间的依赖，并建议基于伪 RLS 或 R-LMS 算法的最小二乘（LS）估计器。采用最速下降法（steepest descent，SD）和归一化 SD 来迭代地估计高分辨率图像，由 SD 算法导出 LMS 算法。这种方法被证明能够处理任何输出分辨率、线性时间和空间变化模糊，以及运动流程（Elad et al.，1999），可以对高分辨率图像序列进行逐步估计。在这项研究之后，他们将 R-SD 和 R-LMS 算法重新推广为卡尔曼滤波器的近似(Elad et al.，1999)。本节还将讨论这些算法的收敛性和计算复杂度。

3. 静止的超分辨率重建方法

目前提出的超分辨率重建算法需要观察图像之间的相对子像素运动。然而，若没有相对运动,超分辨率重建也可以由不同模糊程度的图像获得(Rajan et al.，2002；Elad et al.，1997）。Elad 等（1997）证明，如果满足以下必要条件，则可以实现没有规整化项的静止超分辨率图像重构：

$$L_2 \leqslant \min\{(2m+1)^2-2, p\} \tag{14.20}$$

式中：$(2m+1)\times(2m+1)$ 为模糊内核的大小，并且 $L_1=L_2=L$。因此，虽然更多的场景模糊观测不能提供任何附加信息，但只要满足式（14.20），就可以用这些模糊样本来实现超分辨率。注意，如果将规整化结合到重建过程中，则可以用更少的低分辨率图像来恢复高分辨率图像。Rajan 等（2002）和 Chaudhuri（2001）提出了一种使用 MRF 模型的类似静止超分辨率技术的强度和深度图。Rajan 等（2001）提出了使用光度提示的超分辨率方法，Joshi 等（2004）提出了使用缩放作为提示的超分辨率技术。

14.3 超分辨率中的其他难题

本节将阐述在超分辨率领域内重要的开放式问题。

14.3.1 考虑配准错误的超分辨率

如前所述，配准是超分辨率图像重建成功的非常重要的一步。因此，需要准确的配准方法，基于鲁棒运动模型，包括多物体运动、遮挡、透明度等（Borman et al.，1999）。然而，当不能确保配准算法在某些环境中的性能时，在重建过程中应该考虑配准不准确导致的错误。尽管大多数超分辨率算法隐含地将配准误差建模为加性高斯噪声，但是需要更复杂的模型来解决这个误差。

Bose 等（2002，1994）考虑了系统矩阵 W_k 中不准确配准产生的误差，并提出了最小二乘法来最小化误差。当不仅在记录过程中而且在测量矩阵中存在误差时，该方法被证明有助于提高解的精度。Ng 等（2002）分析了用于求解基于变换的预处理系统的迭代收敛速度上的位移误差。从已知的子像素位移彼此偏移的多个摄像机获取低分辨率图像。在这种环境下，由于制造的不完善，总是产生感测元件的理想子像素位置周围的小扰动，沿着模糊支撑的边界产生配准误差。从这个不稳定的模糊矩阵中，他们证明了共轭梯度法的线性收敛性。

另一种将配准错误的影响最小化的方法是基于信道自适应规整化（Lee et al.，2003；Lim et al.，2000）。信道自适应规整化的基本概念是，低分辨率图像具有大量的配准误差，对于可靠的低分辨率图像估计高分辨率图像的贡献应该较小。Kang 等（2002）假设每个信道（低分辨率图像）的配准误差程度不同，并应用规整化函数来自适应地控制每个信道的配准误差的影响。Kang 等（2000）表明高分辨率图像中高频分量的趋势与配准误差密切相关，并使用方向平滑约束。这里，配准误差被建模为根据配准轴具有不同方差的高斯噪声，并且利用定向平滑约束来执行信道自适应规整化。Kang 等（2003）以集合论的方法扩展了这些工作，提出了在数据一致性上执行的规整化函数，最小化功能被定义为$\sum_{k=1}^{p}\lambda_k(x)\|y_k-W_kx\|^2+\|Cx\|^2$。他们提出规整化函数的$\lambda_k(x)$的理想属性，以减少重塑过程中的错误的影响，如下所示。

（1）$\lambda_k(x)$与$\|y_k-W_kx\|^2$呈反比。

（2）$\lambda_k(x)$与$\|Cx\|^2$呈正比。

（3）$\lambda_k(x)$大于零。

（4）$\lambda_k(x)$考虑跨信道的影响。

在这个信道自适应规整化的情况下，超分辨率重建的改进如图 14.13（Park et al.，2003）所示。在该模拟实验中，每个 128×128 的观测结果由子像素位移$\{(0,0),(0,0.5),(0.5,0)(0.5,0.5)\}$构成。并且假设子像素运动的估计是不正确的，如$\{(0,0),(0,0.3),(0.4,0.1)(0.8,0.6)\}$。图 14.13（a）是不考虑配准误差（即使用恒定规整化参数）的常规超分辨率算法结果的局部放大图像。图 14.13（b）显示了使用信道自适应规整化结果的局部放大图像，其中$\lambda_k(x)$考虑了配准误差。图 14.13 直观地表明考虑配准误差的方法拥有比传统算法更好的性能。

（a）传统算法

（b）信道自适应规整化

图 14.13　配准误差在高分辨率评估中的作用

由于配准和重建过程是密切相关的，同时配准和重建方法（Segall et al.，2002；Hardie et al.，1997；Tom et al.，1995）也有望减少配准错误在超分辨率估计中的影响。

14.3.2 盲超分辨率图像重建

在大多数超分辨率重建算法中，假定模糊过程是已知的。然而，在许多实际情况中，模糊过程一般是未知的，或者仅在一组参数内是已知的。因此，有必要将模糊识别纳入重建过程。Wirawan 等（1999）提出了一个多通道有限脉冲响应（finite impulse response，FIR）滤波器的盲多信道超分辨率算法。由于每个观测图像是高分辨率图像的多相分量的线性组合，超分辨率问题可以表示为由带限信号的多相分量驱动的盲二维多输入多输出（multiple-input multiple-output，MIMO）系统。其算法由两个阶段组成：使用FIR滤波器的盲二维MIMO反卷积和混合多相分量的分离。提出了一种相互引用的均衡器算法来解决盲多信道反卷积问题。由于基于二阶统计量的盲 MIMO 反卷积包含一些固有的不确定性，多相分量需要在去卷积之后分离。他们提出了一种源分离算法，该算法将多相分量的瞬时混合导致的带外频谱能量最小化。

Nguyen 等（2001）提出了一种基于广义交叉验证（generalized cross validation，GCV）和高斯正交理论的参数模糊识别和规整化技术。它们解决了这些未知参数的多元非线性最小化问题。为了有效且准确地估计 GCV 目标函数的分子和分母，高斯型积分的技术边界使用二次形式。

14.3.3 计算效率高的超分辨率算法

超分辨率重建中的逆过程显然需要非常大的计算量。为了将超分辨率算法应用于实际情况，开发一种降低计算成本的高效算法是非常重要的。如前所述，基于插值的方法和自适应滤波方法可适用于实时实现。关于这个问题的另一个研究可在 Nguyen 等（2001）、Elad 等（2001）及 Ng 等（2000）中找到。

Nguyen 等（2001）提出了循环块预处理器加速共轭梯度法来求解吉洪诺夫规整化的超分辨率问题。这种预处理技术将原始系统转换成另一个系统，在该系统中可以快速收敛而不会改变解。一般来说，由于 CG 的收敛速度取决于系统矩阵 W_k 的特征值的分布，为了快速收敛，导出了一个带有特征值聚类的预处理系统。这些预处理器可以容易地实现，并且可以通过使用二维快速傅里叶变换来有效地完成这些预处理器的操作。

Elad 等（2001）提出了一种分离融合和去模糊的超分辨率算法。为了减少计算量，他们假设模糊是空间不变的，对于所有观测图像都是相同的，测量图像之间的几何变形仅被建模为单纯的平移，并且是加性白噪声。虽然这些假设是有限的，但是所提出的融合方法是通过非常简单的迭代算法实现的，同时在 ML 意义上保持其最优性。

14.4 基于样例的超分辨率重建

Freedman 等（2011）提出一种新的高质量和高效率的超分辨率技术，扩展了现有的基于样例的超分辨率框架。这种方法不依赖外部样例数据库，也不直接用整个输入图像作为样例块的源数据。它遵循自然图像的局部自相似性假设，并从输入图像中局部化的区域提取样例块。这使算法能够在不影响图像重建质量的情况下，大大缩短在图像邻域搜索样例块的时间。相应地，基于样例的方法还提出非二进制的滤波器组来实现小比例缩放，根据升尺度过程建模的原则推导出滤波器。

本节首先讨论自然图像中的尺度相似性。自然图像中的各种特征在小比例因子下与它们本身相似，这个属性称为局部自相似性。本节将利用图像之间的相似性及其多个尺度的相似性改进目前的相似性假设。然后引入新的专用非二进制的滤波器组，这些新的滤波器不像以前的方法那样求解反投影方程，而是通过显式计算与输入图像保持一致。图 14.14 所示为新的升尺度方法示意图。

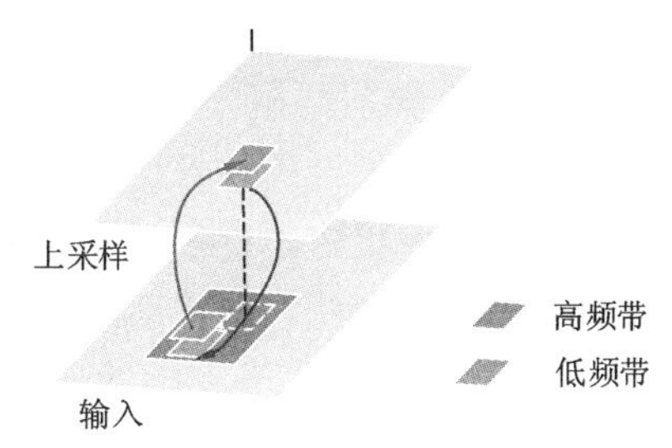

图 14.14　新的升尺度方法

来自上采样图像的低频带片段在低通输入图像（下方）中在小窗口内与其最近的贴片匹配（朝下方向）。

使用输入中匹配色块的较高频带（朝上方向）填充输出上采样图像中缺少的较高频带

14.4.1　局部自相似性

Freeman 等（2002）在超分辨率重建中使用了从任意自然图像中取得的通用样例数据库。Barnsley 等（1988）的方法主要依靠图像内的自相似性，也就是利用了自然图像中小样例块经常在图像内和其尺度上重复自身的特性。这允许使用输入图像本身代替外部数据库，以较小数据范围作为样例块的源数据。 与任意大小的外部数据库相比，虽然这只是提供了有限数量的样例数据源，但是输入图像中找到的样例会更适合图像尺度的提升。因此，在许多情况下，这样可以使用较少的样例获得相同甚至更好的结果，同时降低最近邻搜索中的时间成本。这种方式改进了自然图像中的自相似性观测模型，并且显示自然图像中常见的需要分辨率增强的各种奇异性特征（例如边缘），对于缩放变换具有不变性，因此样例块是在不同观测实例基础上与它们自身相似，称这个属性为局部自相似性。这意味着相关样例块可以在非常有限的数据源中找到。对于图像中的每个小块，在周围局部区域的缩小（或平滑）版本中可以找到相似较高的图像块。高强度不连续性特征（即图像中的边缘）或一阶导数不连续的点，可以出现在不同的几何形状上，例如线条、拐角、T 形连接、弧形线等。这种局部相似性可以极大减少邻近样例块搜索过程的工作量。

14.4.2 非二进制滤波器

前面所述的主要结论是只要比例因子很小，小的局部区域搜索就是有效的。因此，可以多次执行小因子的升尺度操作以达到所需的放大效果。该升尺度方法使用解析线性插值算子U和平滑算子 D 来计算初始上采样和用于生成样例块的平滑输入图像。这些算子的选择是应用的结果，本小节将指出滤波器应遵循的几个条件以模拟图像升尺度过程。

二进制图像的升尺度，其中图像尺度加倍，通常包括通过在每两个像素之间添加零来插入图像，接着进行滤波。二进制降尺度包括首先对图像进行滤波，然后对每隔一个像素进行二次采样。降尺度操作与正向小波变换中较粗糙近似系数的计算相同，并且升尺度对应于逆向小波变换，而不添加任何细节（小波）分量。

这里将推导出小波变换的二进制尺度扩展到$N+1:N$的形式。图 14.15 说明了$N=2$和$N=4$的情况。如图 14.15 所示，粗G_l和精G_{l+1}网格点的相对位置具有 N 的周期性。除了二元情况，$N=1$，无法保证滤波器是严格平移不变的，它们在每个时期有所不同。例如，如果要求滤波器将一个网格上采样的线性斜坡函数映射到在较粗糙（或更精细）网格上采样的相同函数，则滤波器权重将不得不适应网格之间的不同相对偏移，因此在N个滤波器的每个周期内是不同的。因此，在没有进一步的空间依赖性的情况下，$N+1:N$变换由对$N=1$个网格点的周期是平移不变的滤波组成，因此需要N个不同的滤波器来处理不规则网格关系。实际上，这意味着可以使用在G_{l+1}中执行的N个标准平移不变滤波操作来计算降尺度。随后对每 $N+1$ 个像素对每个滤波图像进行二次采样以产生G_l中的N个值的总和，如下：

$$D(I)(n)=(I*\overline{d}_p)[(N+1)q+p] \qquad (14.21)$$

式中：$p=n \bmod N$；$q=(n-p/N)$；滤波器$d_1,d_2,\cdots,d_N$是N个不同的平滑滤波器，滤波器镜像$\overline{d}[n]=d[-n]$；$*$表示离散卷积。二元情况的模拟扩展适用于上采样步骤；N周期内的每个采样用不同的上采样滤波器$u_1,u_2,\cdots,u_N$，这些过滤的图像总结为

$$U(I)(n)=\sum_{k=1}^{N}(\uparrow I*\overline{u}_k)(n) \qquad (14.22)$$

其中零上采样运算符由$(\uparrow I)[(N+1)n]=I(n)$定义，否则为零。

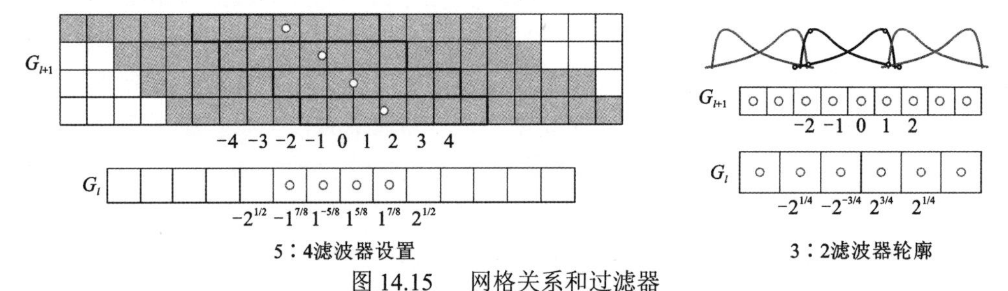

图 14.15 网格关系和过滤器

左边小图显示以 5：4 的比例放置在较细网格（顶部）的粗网格（底部），在细网格上的非零系数的位置以灰色显示，右边小图以 3：2 的比例因子来说明两个滤波器的轮廓

构成映射及其逆的滤波器称为双正交滤波器（Mallat，1998）。如果先上采样然后下采样，那么这个关系就可能是必需的，也就是

$$D(U(I)) = I \tag{14.23}$$

由于 G_l 和 G_{l+1} 具有不同的时间维度，不能期望以相反的顺序应用运算符来导致恒等映射。形式上，式（14.23）运算符之间可以用过滤器来表示：

$$\langle u_i[n], d_j[n-(N+1)k] \rangle = \delta_k \cdot \delta_{i-j} \tag{14.24}$$

对每个整数 k 和 $1 \leqslant i, j \leqslant N$，其中 $\langle \cdot, \cdot \rangle$ 是通常的点积，以及 $\delta_0 = 1$ 否则为零。14.4.3 小节讨论了产生上采样图像的重要性，该图像与下采样时的输入一致。

在高频预测步骤中，在生成低频和高频样例块时，缺乏平移不变性或 $N+1$ 个网格点期间的平移不变性，引入了较小的复杂度。N 个不同的滤波器对相同的输入信号做出不同的响应。因此，在比较和粘贴块时，它们的输出不能在高通预测步骤中混合使用。为了避免这种情况，搜索 $N+1$ 像素的偏移量的例子，使相同的滤波器响应始终对齐在一起。然后，通过创建多个样例图像 $L_0 = U(D(I_0))$ 来补偿样例块数量的减少。通过沿每个轴偏移以 $1, 2, \cdots, N$ 像素输入图像 I_0，因此，总共样例块的数量保持不变，就像搜索单个像素的偏移并且滤波值不混合一样。

14.4.3 滤波器设计

本小节设计上采样和下采样滤波器，以便对图像升尺度过程进行建模。引入以下几个条件，以便正确建模及有效地计算。

（1）统一尺度。当对图像进行放大和缩小时，希望得到的图像因相似性变换而不同：空间均匀的缩放变换。这种变换通过固定因子（图像网格之间的缩放因子）改变每两个点之间的距离。这个属性可以通过线性函数强加给上采样和下采样算子。

（2）低频带。相机有一个有限的点扩散函数，以及包含一个模糊的抗混叠滤波器。这用于根据传感器采样率来限制信号（场景）的带宽以近似满足采样定理。这对 D 和 U 都有影响。因此，降尺度操作 D 应当对在 G_{l+1} 处采样信号之前所需的模糊量的差异进行建模，并且对于较低采样率的 G_l 需要较强的模糊。这就是将 D 设计为传输低频带的低通滤波器的常见做法（Pratt，2002）。这个频带的长度大致与缩放比 $N/(N+1)$ 呈比例。

（3）奇点保存。在 14.4.1 小节中讨论的缺失高频带的预测和奇点的正确重构依赖于将初始上采样图像中的块与输入的平滑版本中的块正确匹配。为了获得精确匹配，平滑图像 $L_0 = U(I_0)$ 和初始上采样图像 $L_1 = U(I_0)$ 中的奇点必须具有相似的形状。这实际上是对下采样算子 D 而不是上采样算子 U 的一个条件，因为 L_0 和 L_1 都是由 U 构成，这意味着两者之间的任何差别都不能归因于 U。在实践中，如果下采样算子 D 保留 I_0 中出现的边缘奇点的形状，则产生 I_{-1}。

（4）一致性和最佳复制。一些现有的方法（Glasner et al.，2009；Shan et al.，2008；Fattal，2008；Tappen et al.，2004）要求最终的上采样图像应该与输入一致，即如果减少到输入分辨率，它必须与输入图像相同。在早期阶段也应该如此，初始上采样图像 L_1 必须已经与输入一致，即 $D(L_1) = I_0$，因为它包含保持在更密集网格中的相同信息。然而，由于 $L_1 = U(I_0)$，这个条件归结为服从双正交条件式（14.24）。

实现这一性质意味着预测步骤不需要消除否则会发生数据丢失（或减弱）。前面提到的现有方法通过求解 $D(I_1)=I_0$，或者使用线性求解器或者通过非线性迭代方案隐式地在输出图像 I_1 上强制执行这种关系。通过设计的滤波器组使得它们几乎是双正交的，通过一个明确且有效的计算，来近似于 L_1 上的这个条件。高频预测步骤的影响会在 I_1 和 I_0 之间的一致性中插入大约 1%的误差。另外，这里提到的不精确的双正交性增加了约 1%的附加误差。实验表明，$D(I_1)$ 与 I_0 的总偏差在像素强度值上约为 2%，这在视觉上是不明显的。

14.5 基于卷积神经网络的超分辨率重建

基于卷积神经网络的方法是属于基于学习的方法模型。这种方法需要采用大量的高分辨率图像构造学习库产生学习模型，在对低分辨率图像进行恢复的过程中引入由学习模型获得的先验知识，以得到图像的高频细节，获得较好的图像恢复效果，其关键在于建立学习模型，获得先验知识。基于学习的方法充分利用了图像本身的先验知识，在不增加输入图像样本数量的情况下仍能产生高频细节，获得比基于重建方法更好的复原结果，并能较好地应用于人脸、文字、视频、遥感等图像的超分辨率重建。香港中文大学的 Dong 等（2014）提出一个由三层卷积层端对端连接组成的图像超分辨率卷积神经网络（super-resolution convolutional neural networks，SRCNN），首次将 CNN 应用到自然图像 SR 重建领域，取得良好的效果。随后，国内外学者相继提出各种有效的卷积神经网络结构用于超分辨率重建。

通常情况下，更深的网络模型往往具有更强的特征学习能力，而 SRCNN 超分辨模型只是一个浅层模型，如何构建适用于超分辨率领域的深度模型值得探讨。对此，Kim 等（1999）提出一个非常深度的超分辨网络模型（very deep super-resolution，VDSR），采用了 20 个卷积层。Kim 等（2016）通过实验验证了采用更深网络模型能够带来更好的重建效果，但也会对收敛速度产生很大影响。因此为了加速收敛，VDSR 直接对高低分辨率图像的残差进行学习。同时在训练过程中采用较高的学习速率（SRCNN 的 104 倍），并采用梯度截断的学习策略使训练过程更加稳定。随着残差网络的出现，使得深度网络能够得到更好的训练。Lim 等（2017）利用残差模块构建更深的超分辨率（enhanced deep super-resolution，EDSR）重建模型，其中的残差模块得到了有效的改进，最主要的改变是去掉了批归一化层，从而在训练过程中能够节省近 40%的显存占用，为更深的网络模型训练创造了可能。EDSR 采用了 32 个残差模块，共包含 69 个卷积层，重建效果得到了明显提升。Zhang 等（2018）则进一步将残差模块和残差学习相结合，提出了 Residual in Residual 网络结构，从而构建了更深的残差通道注意力网络（residual channel attention networks，RCAN），含有 500 多个卷积层。然而提高网络模型深度往往会引入更多的参数，为了避免过拟合的发生，需要采用更多的训练图像，同时较大的网络模型也不易于存储。为了解决这些问题，一些研究人员提出采用递归结构，通过对某些卷积层进行复用，以达到控制模型参数的情况下，提升图像的重建效果。Kim 等（2016）利用递归模块构建得到深度递归卷积网络（deep-recursive convolutional networks，DRCN），在增大网络感受的同时，能够重复利用网络参数，并通过递归监督学习和跳线连接来降低模型训练的难度，从而以较少的模型参数实现较好的重建效果。在 DRCN 基础上，Rhee（1999）提出深度递归残差网络（deep recursive residual network，DRRN），进一步将残差结构与递归模块相结合，通过在全局和局部方式采用残差学习，有效地降低了深度网络的训练难度。在 Hong 等（1997）的 MemNet（persistent memory network）网络中，利用递归单元去学习当前状态的多层表达以作为短时记忆，并通过构建若干个记忆模块，将其输出作为长时记忆输入门单元中，以解决网络模型层数加深所带来的长时依赖问题。受图像分类模型网络 DenseNet（MinCheol et al.，1997）的启发，近年来出现了一些基于密集连接的超分辨网络。不同于传统的连接方式，密集连接能够充分地利用网络模型各个层次的特征，使得超分辨率模型能获得更加丰富的特征表达，从而提升高分辨率图像的重建效果。Zhang 等（1998）将残差模块和密集模块组合，设计得到残差密集模块，并以此为基本单元构建得到残差密集网络（residual dense networks，RDN）超分辨率模型。通过密集连接，RDN 能够得到足够的局部特征，同时进一步利用局部特征融合，从中自适应地学习得到更加有效的特征。此外，该方法利用全局特征融合，将网络模型从低到高不同层次的特征进行充分融合和利用。密集深度反向投影网络（dense deep back-projection networks，D-DBPN）（Hardie et al.，1998）则利用误差反馈机制设计一系列上采样和下采样卷积层，彼此之间通过密集连接进行特征信息的流通，在较大的放大尺度上（如×8）取得了很好的重建效果。很多超分辨模型采用逐像素损失函数（如 L2 和 L1 损失函数）作为优化函数，其重建结果的峰值信噪比（PSNR）虽然较高，但是往往会出现过模糊的现象，视觉感知质量不佳（Nguyen et al.，2002；Bose et al.，2001）。为了提升重建结果的感知质量，研究人员将生成对抗网络（generative adversarial nets，GAN）引入图像超分辨重建领域。GAN 最早是由 Goodfellow 等（2014）提出的，旨在通过生成器和判别器的对抗训练，使得网络模型能够逐步实现对训练数据分布的学习，从而达到生成数据的目的。Ledig 等（2017）提出了超分辨对抗网络（super-resolution generative adversarial network，SRGAN）模型，其中生成器的输入是低分辨图像，输出是高分辨图像，而判别器则需要判断输入图像是真实图像，或是生成器得到生成图像。需要注意的是，SRGAN 模型将对抗损失和感知损失相结合作为最终的损失函数。相比于前人方法，虽然 SRGAN 重建结果的 PSNR 值相对较低，但其视觉效果更好，在图像细节上更加逼真。EhanceNet 在感知损失的基础上添加了纹理匹配损失，该项反映的是图像特征 Gram 矩阵之间的欧氏距离，使得网络生成的结果具有更加逼真的纹理结构（Schultz et al.，1996）。加强 SRGAN 网络（enhanced SRGAN，ESRGAN）（Hardie et al.，1997）则是在 SRGAN 进行了三点改进：一是使用改进的生成器基础模块；二是借鉴 Relativistic GAN（Cheeseman et al.，1996）的思想，使判别器预测相对真实度而不是绝对值；三是对感知损失进行了改进，有助于保持亮度的一致性和恢复更加真实的纹理。

整体上这些方法大致分为两个大的方向：一是追求细节的恢复，以 PSNR、SSIM 等评价标准的算法，其中以 SRCNN 模型为代表；二是以降低感知损失为目标，不注重细节，看重大局观，如以 SRGAN 为代表的一系列算法。

14.5.1　基于 SRCNN 的超分辨率重建

1. 模型结构设计

图 14.16 为 SRCNN 算法的框架，SRCNN 将深度学习与传统稀疏编码之间的关系作为依据，它是一种端到端的超分算法，在实际应用中不需要任何人工干预或者多阶段的计算。模型将 3 层网络划分为图像块析出与表示（patch extraction and representation）层、非线性映射（non-linear mapping）层及最终的重建（reconstruction）层。

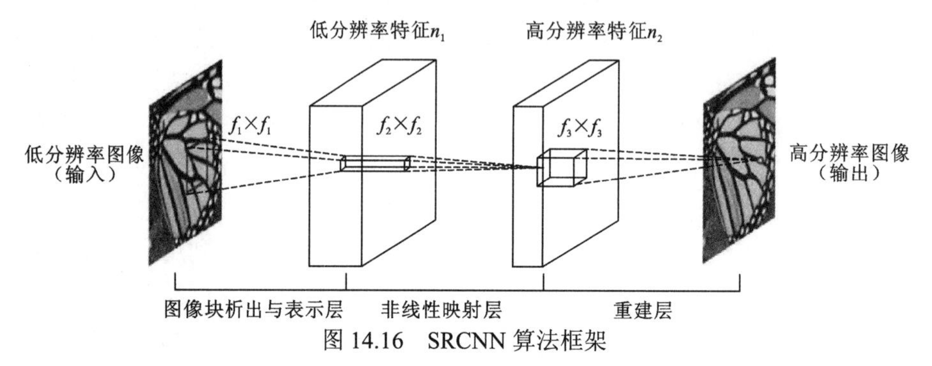

图 14.16　SRCNN 算法框架

在实际实现过程中 SRCNN 先将低分辨率图像使用双三次差值放大至目标尺寸（如放大至 2 倍、3 倍、4 倍），此时仍然称放大至目标尺寸后的图像为低分辨率图像，即图 14.16 中的输入。然后进行三层卷积操作。其中插值后的图像依旧称为“低分辨率图像”，并用 Y 表示；将真实的高分辨率图像用 X 表示；将网络记为映射函数 $F(\cdot)$。

（1）图像块析出与表示层：类似于稀疏编码中的将图像 patch 映射到低分辨率字典中，从输入低分辨率图像 Y 中提取多个图像块，每个图像块作为一个高维向量，这些向量组成一个特征映射，其大小等于这些向量的维度。目的是通过输入图像 Y 获得一系列特征图。

$$F_1(Y) = \max(0, W_1 * Y + B_1) \tag{14.25}$$

式中：W_1 和 B_1 分别为滤波器（卷积核）的权重和偏置；max 操作对应 ReLU 激活函数。W_1 的大小为 $c * f_1 * f_1 * n_1$，c 是输入图像的通道数，f_1 是滤波器的空间大小，n_1 是滤波器的数量。从直观上看，W_1 使用 n_1 个卷积，每个卷积核大小为 $c * f_1 * f_1$。输出是 n_1 个特征映射。B_1 是一个 n_1 维的向量，每个元素都与一个滤波器有关，在滤波器响应中使用 rectified linear unit（ReLU，$\max(0, x)$）。

（2）非线性映射层：将低分辨率的特征映射为高分辨率特征，类似于字典学习中找到图像块对应的高分辨字典。将一个高维向量映射到另一个高维向量，每一个映射向量表示一个高分辨率块，这些向量组成另一个特征映射。

$$F_2(Y) = \max(0, W_2 * Y + B_2) \tag{14.26}$$

式中：W_2 和 B_2 依旧分别为滤波器的权重和偏置；max 操作对应 ReLU 激活函数。W_2 的大小为 $n_1 * 1 * 1 * n_2$，B_2 是 n_2 维的向量，每个输出的 n_2 维向量都表示一个高分辨率块用于后续的重建。当然，也可以添加更多的卷积层（1*1）来添加非线性特征，但会增加模型的复杂度，也需要更多的训练数据和时间，采用单一的卷积层，已经能取得较好的效果。

（3）重构层：根据高分辨率特征进行图像重建。类似于字典学习中的根据高分辨率字典进行图像重建。通过定义一个卷积层汇聚所有的高分辨率块，构成最后的高分辨率图像。

$$F(Y)=\max(0,W_3*F_2(Y)+B_3) \tag{14.27}$$

式中：W_3 和 B_3 分别为滤波器的权重和偏置，如果这个高分辨率块都在图像域，就把这个滤波器当成均值滤波器；如果这些高分辨率块在其他域，则 W_3 首先将系数投影到图像域然后再做均值，无论哪种情况，W_3 都是一个线性滤波器。

将这三个操作整合在一起就构成了 SRCNN，在这个模型中，所有的滤波器权重和偏差均被优化。

2. 损失函数

不同于当前多数的深度卷积神经网络包含大量的参数，如 VGG 系列、ResNet 系列和 DenseNet 系列等，SRCNN 只有 6 个需要学习的参数 $\{W_1,B_1,W_2,B_2,W_3,B_3\}$。损失的计算也仅仅需要网络的输出 $F(Y)$ 与真实高分图像 X，损失函数选择 MSE 损失，计算方式如下：

$$L(\Theta)=\frac{1}{n}\sum_{i=1}^{n}\|F(Y_i;\Theta)-X_i\|^2 \tag{14.28}$$

式中：n 是训练样本数，表示 MSE 损失为一个 batch 的损失均值。选用 MSE 损失是为了获得高的峰值信噪比（PSNR）。

3. 实验与分析

大量的对比实验主要包含：模型在不同数据集的表现，分析模型表现和深度、卷积核尺寸及卷积核数量的关系，与其他超分辨率算法的比较。

1）模型在不同数据集的结果

在 ImageNet（数据量非常大）和 91 幅图像这两个数据集上分别进行实验，在迭代次数相同的情况下，在 ImageNet 上获得的 PSNR 值明显高于在 91 幅图像数据集上的结果，说明数据量的增加可能会提高网络的性能。PSNR 曲线如图 14.17 所示。

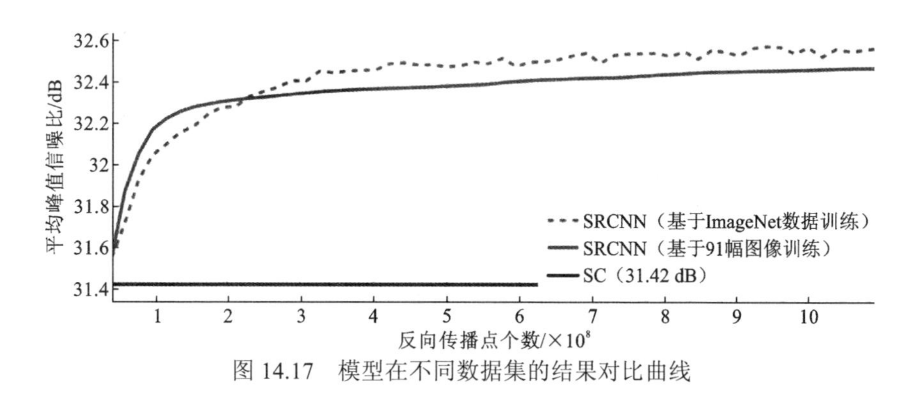

图 14.17　模型在不同数据集的结果对比曲线

2）不同层析出的特征图

通过可视化第一层和第二层的特征图（图 14.18），可以看出第一层主要关注不同的结构，第二层主要是强度上的不同。

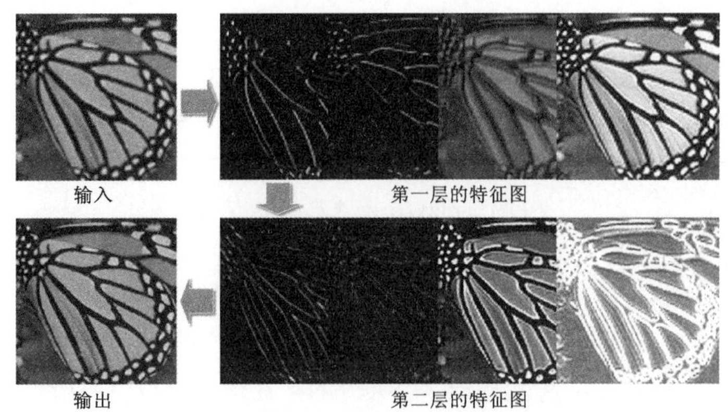

图 14.18 模型不同卷积层析出特征图对比

3）不同的卷积核个数

SRCNN 中第一层包含 n_1=64 个卷积核，第二层包含 n_2=32 个卷积核。按照经验来看，增加网络的卷积核数量必然会提升模型的性能。尝试增加卷积核数量为{n_1=128，n_2=64}，以及减少卷积核数量为{n_1=64，n_2=32}两种情况，表 14.1 展示了迭代次数相同的情况下三种卷积核数量的结果。

表 14.1 模型不同卷积核个数效果对比

卷积核/个	PSNR	时间/s
n_1 = 128，n_2 = 64	32.60	0.60
n_1 = 64，n_2 = 32	32.52	0.18
n_1 = 32，n_2 = 16	32.26	0.05

从表 14.1 中可以看出，增加卷积核数量确实会获得更高的 PSNR 值，但是同时会增加计算时间，所以需要权衡时间和质量的重要性。

4）与其他超分辨率算法的比较

从图 14.19 结果对比可以看出，SRCNN 得到的高分辨率图像的边缘更加清晰，包含的细节也更真实。

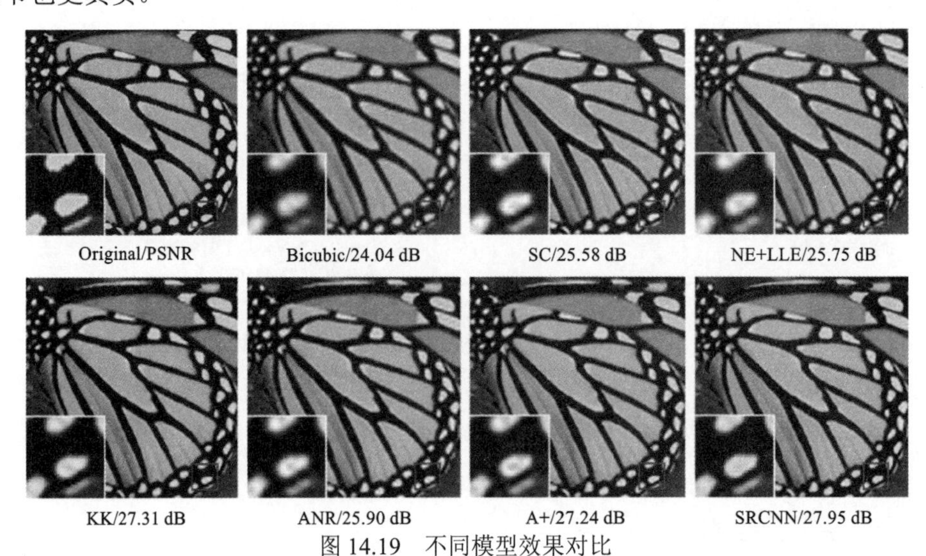

图 14.19 不同模型效果对比

14.5.2 基于 SRGAN 的超分辨率重建

SRGAN（图 14.20）将生成式对抗网络（generative adversarial nets，GAN）用于 SR 问题（图 14.20）。Nguyen 等（2002）指出，训练网络时用均方差作为损失函数，虽然能够获得很高的峰值信噪比，但是恢复出来的图像通常会丢失高频细节，使人不能有好的视觉感受。SRGAN 利用感知损失（perceptual loss）即内容损失（content loss）和对抗损失（adversarial loss）来提升恢复出图像的真实感。感知损失是利用卷积神经网络提取出的特征，通过比较生成图像经过卷积神经网络后的特征和目标图像经过卷积神经网络后的特征的差别，使生成图像和目标图像在语义和风格上更相似。SRGAN 的工作就是：生成器 *G* 通过低分辨率的图像生成高分辨率图像，由判别器 *D* 判断读取到的图像是由 *G* 网生成的，还是数据库中的原图像。当生成器 *G* 能成功骗过判别器 *D* 的时候，就可以通过这个 GAN 完成超分辨率了。

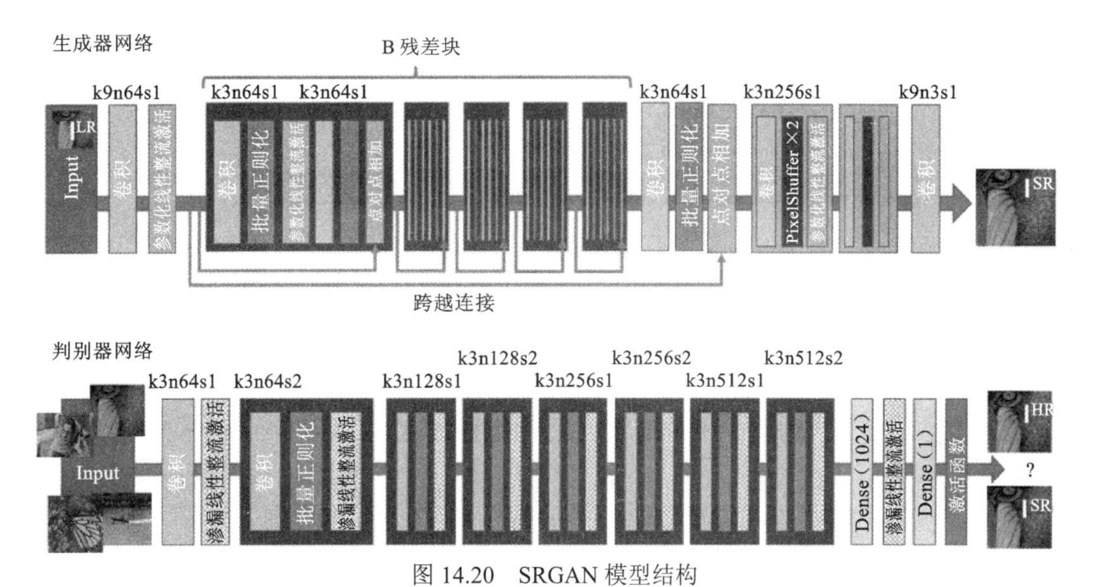

图 14.20　SRGAN 模型结构

1. 模型结构设计

本小节用均方误差优化 SRResNet（SRGAN 的生成网络部分），能够得到具有很高的峰值信噪比的结果。在训练好的 VGG 模型的高层特征上计算感知损失来优化 SRGAN，并结合 SRGAN 的判别网络，能够得到峰值信噪比虽然不是最高但是具有逼真视觉效果的结果。

在生成网络部分（SRResNet）包含多个残差块，每个残差块中包含两个 3×3 的卷积层，卷积层后接批规范化层（batch normalization，BN）和 PReLU 作为激活函数，两个 2×亚像素卷积层（sub-pixel convolution layers）被用来增大特征尺寸。在判别网络部分包含 8 个卷积层，随着网络层数加深，特征个数不断增加，特征尺寸不断减小，选取激活函数为 LeakyReLU，最终通过两个全连接层和最终的 sigmoid 激活函数得到预测为自然图像的概率。

2. 损失函数

传统的方法使用的代价函数一般是最小均方差（MSE），即

$$l_{\mathrm{MSE}}^{\mathrm{SR}}=\frac{1}{r^2WH}\sum_{x=1}^{rW}\sum_{y=1}^{rH}(I_{x,y}^{\mathrm{HR}}-G_{\theta_G}(I^{\mathrm{LR}})_{x,y})^2 \tag{14.29}$$

该代价函数使重建结果有较高的信噪比，但是缺少了高频信息，出现过度平滑的纹理。SRGAN 认为，应当使重建的高分辨率图像与真实的高分辨率图像无论是低层次的像素值上，还是高层次的抽象特征上，或整体概念和风格上，都应当接近。整体概念和风格如何来评估呢？可以使用一个判别器，判断一幅高分辨率图像是由算法生成的还是真实的。如果一个判别器无法区分出来，那么由算法生成的图像就达到了以假乱真的效果。因此，代价函数改进为

$$l^{\mathrm{SR}}=l_X^{\mathrm{HR}}+10^{-3}l_{\mathrm{Gen}}^{\mathrm{HR}} \tag{14.30}$$

第一部分是基于内容的代价函数 l_X^{HR}，第二部分是基于对抗学习的代价函数 $10^{-3}l_{\mathrm{Gen}}^{\mathrm{HR}}$。基于内容的代价函数除了上述像素空间的最小均方差，又包含了一个基于特征空间的最小均方差，该特征是利用 VGG 网络提取的图像高层次特征：

$$L_{\mathrm{VGG}/i,j}^{\mathrm{SR}}=\frac{1}{W_{i,j}H_{i,j}}\sum_{x=1}^{W_{i,j}}\sum_{y=1}^{H_{i,j}}(\phi_{i,j}(I^{\mathrm{HR}})_{x,y}-\phi_{i,j}(G_{\theta_G}(I^{\mathrm{LR}}))_{x,y})^2 \tag{14.31}$$

对抗学习的代价函数是基于判别器输出的概率：

$$l_{\mathrm{Gen}}^{\mathrm{HR}}=\sum_{n=1}^{N}-\lg D_{\theta_D}(G_{\theta_G}(I^{\mathrm{LR}})) \tag{14.32}$$

式中：D_{θ_D} 为一个图像属于真实的高分辨率图像的概率；$G_{\theta_G}(I^{\mathrm{LR}})$ 为重建的高分辨率图像。

3. 实验与分析

通过对三个公共基准数据集的图像进行广泛的平均意见得分（MOS）测试，证实了 SRGAN 是一种新的技术状态，在很大程度上可以用于估计具有高放大因子的照片真实感 SR 图像（4x）。

（1）内容损失函数对比，如表 14.2 所示。

表 14.2 内容损失函数结果对比

数据集	模型	SRResNet-		SRGAN-		
		MSE	VGG22	MSE	VGG22	VGG54
Set5	PSNR	32.05	30.51	30.64	29.84	29.40
	SSIM	0.901 9	0.880 3	0.870 1	0.846 8	0.847 2
	MOS	3.37	3.46	3.77	3.78	3.58
Set14	PSNR	28.49	27.19	26.92	26.44	26.02
	SSIM	0.818 4	0.780 7	0.761 1	0.751 8	0.739 7
	MOS	2.98	3.15*	3.43	3.57	3.72*

（2）不同模型效果对比。通过分别对比图 14.21 与表 14.3 结果，可以看出 SRGAN 模型将对抗损失和感知损失相结合作为最终的损失函数取得不错的效果。相比于前人方法，虽然 SRGAN 重建结果的 PSNR 值相对较低，但其视觉效果更好，在图像细节上更加逼真。

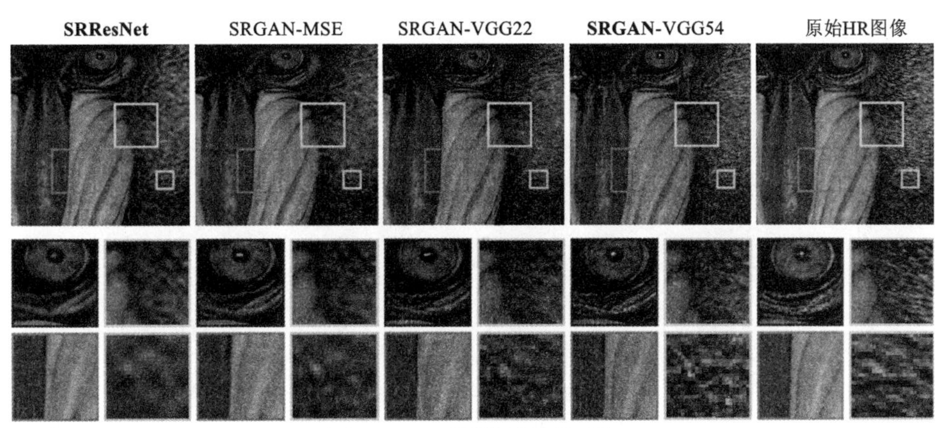

图 14.21　不同模型效果对比

表 14.3　不同超分辨率重建方法在不同数据集中效果对比

数据集	模型	nearest	Bicubic	SRCNN	SelfExSR	DRCN	ESPCN	**SRResNet**	**SRGAN**	HR
Set5	PSNR	26.26	28.43	30.07	30.33	31.52	30.76	**32.05**	29.40	∞
	SSIM	0.755 2	0.821 1	0.862 7	0.872	0.893 8	0.878 4	**0.901 9**	0.847 2	1
	MOS	1.28	1.97	2.57	2.65	3.26	2.89	3.37	**3.58**	4.32
Set14	PSNR	24.64	25.99	27.18	27.45	28.02	27.66	**28.49**	26.02	∞
	SSIM	0.710 0	0.748 6	0.7861	0.797 2	0.807 4	0.800 4	**0.818 4**	0.739 7	1
	MOS	1.20	1.80	2.26	2.34	2.84	2.52	2.98	**3.72**	4.32
BSD100	PSNR	25.02	25.84	26.68	26.83	27.21	27.02	**27.58**	25.16	∞
	SSIM	0.660 6	0.693 5	0.729 1	0.738 7	0.749 3	0.744 2	**0.762 0**	0.668 8	1
	MOS	1.11	1.47	1.87	1.89	2.12	2.01	2.29	**3.56**	4.46

14.5.3　遥感图像 SR 模型

1. DSen2.网络

Sentinel-2 卫星任务可提供以三种不同的空间分辨率采集的具有 13 个光谱带的多光谱图像。多分辨率的输入数据集和高分辨率输出数据集之间，在可能较大的空间范围内（或在各自的纹理邻域内），许多（也许所有）光谱带之间存在着复杂混合的相关性。Lanaras 等（2018）假设不同 Sentinel-2 图像之间的基础统计信息是相同的，使用 CNN 直接从数据中学习从原始的多分辨率输入色块到需要上采样的频段的高分辨率色块关系，网络充当了一个巨大的回归引擎。如图 14.22 所示，这项研究的目的是将较低分辨率（20 m 和 60 m 地面采样距离– GSD）频带超分辨为 10 m GSD，以便在最大传感器分辨率下获得完整的多维数据集。使用卷积神经网络（CNN）进行端到端的上采样，并使用较低分辨率的数据（40 m、20 m 或 60 m GSD 的数据）进行训练。通过这种方式，通过对真实的 Sentinel-2 图像进行下采样，可以访问几乎无限量的训练数据。该方法在广泛的地理位置范围内进行全球数据的采样，以获得可以跨不同气候区域和土地覆盖类型进行概括的网络，并且可以超分辨任意 Sentinel-2 图像而无须进行重新训练。

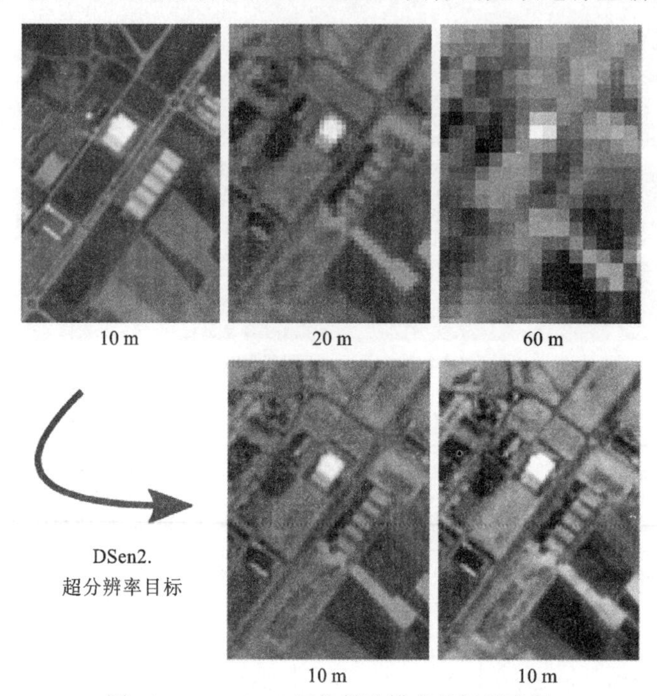

图 14.22　DSen2.网络超分辨率目标示意图

1）DSen2.网络模型设计

DSen2.网络设计受到 EDSR 的启发。EDSR 遵循著名的 ResNet 架构，通过“跳过连接”，可以得到更深的网络。这些远程连接绕开了网络的某些部分，并在后续再次添加，因此跳过的层仅需要估计残留的输入状态网络参数。这样，减少了通过网络的平均有效路径长度，减轻了梯度消失问题并大大加快了学习速度。不同于 ESRD 网络，DSen2.网络通过访问高分辨率频段以引导超分辨率，它必须学会将高频内容传输到低分辨率输入频段，并以这样的方式进行操作，生成具有合理的光谱像素的超分辨率图像。DSen2.网络结构如图 14.23 所示。图 14.23（a）展示了 $T_{2\times}$和 $S_{6\times}$两种网络模块结构，它们都带有多个 ResBlock 模块。这两个网络仅在输入方面有所不同。图 14.23（b）展示了残差网络模块结构。

2）算法流程

图 14.24 展示了 DSen2.网络算法流程，首先使用简单的双线性插值法将低分辨率波段 y_B 和 y_C 用波段上采样到目标分辨率（10 m），以获得 $y_B \in \mathbf{R}^{W\times H\times 6}$ 和 $y_C \in \mathbf{R}^{W\times H\times 6}$。输入和输出取决于网络选择为 g_{2x} 或 g_{6x}。为避免混淆，将低分辨率频段的集合 k 定义为 $k=\{B\}$或 $k=\{B,C\}$。例如，输入是 y_k，对应的输出即为 $\tilde{y}_B$。

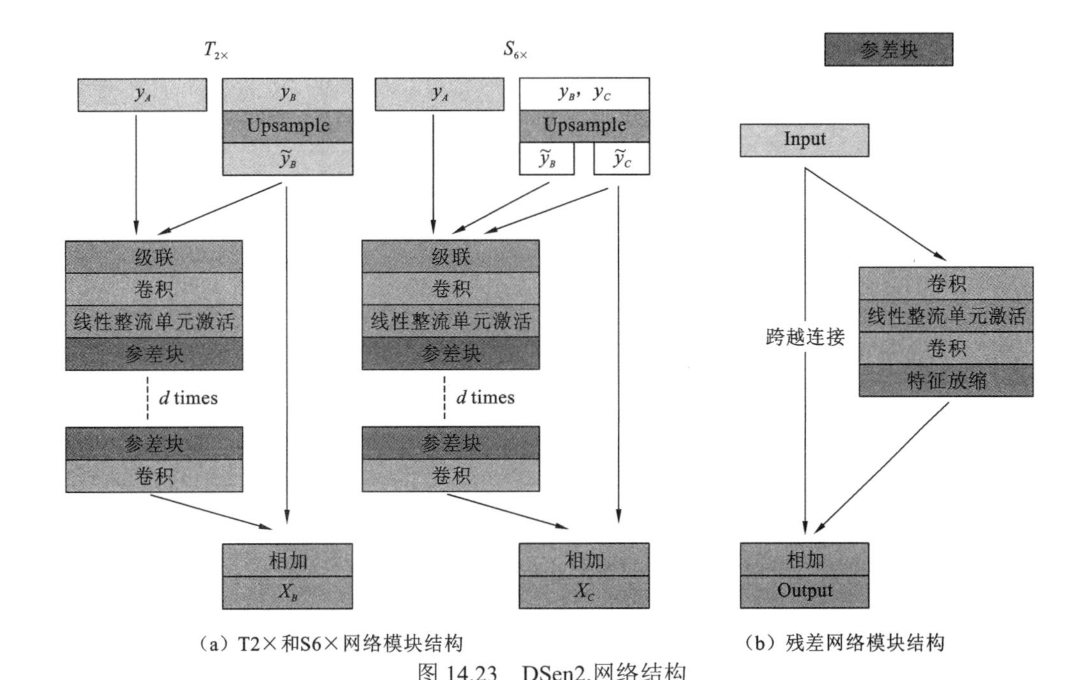

(a) T2×和S6×网络模块结构　　　　(b) 残差网络模块结构

图 14.23　DSen2.网络结构

Algorithm 1. DSen2. Network architecture.

Require: high-resolution bands (A): y_A, low-resolution bands (B, C):
y_k, feature dimensions f, number of ResBlocks: d
Cubic interpolation of low resolution:
Upsample y_k to $\widetilde{y}_k$
Concatenation:
$x_0 := [y_A, \widetilde{y}_k]$
First Convolution and ReLU:
$x_1 := \max(\mathrm{conv}(x_0, f), 0)$
Repeat the ResBlock module d times:
for$i$=1 to$d$do
$x_i = \mathrm{ResBlock}(x_{i-1}, f)$
end for
# Last Convolution to match the output dimensions:
# where b_{last} is either 6 ($\mathcal{T}_{2\times}$) or 2 ($\mathcal{S}_{6\times}$)
$x_{d+1} := \mathrm{conv}(x_d, b_{last})$
Skip connection:
$x := x_{d+1} + \widetilde{y}_B$ ($\mathcal{T}_{2\times}$) or $x := x_{d+1} + \widetilde{y}_C$ ($\mathcal{S}_{6\times}$)
return x

图 14.24　DSen2.网络算法流程

3）实验结果

表 14.4 从 4 项指标对比了 2 倍上采样结果后超分辨率重建效果。图 14.25 展示了 DSen2.在真实 Sentinel-2 数据上的结果，进行 2 倍上采样。从左到右：在 10 m GSD（B2，B3，B4）中的真实场景 RGB，初始 20 m 波段，使用 DSen2.的超分辨（B12，B8a 和B5作为RGB）到10 m GSD。图14.25中最上排图为瑞典马尔默附近的一个农业地区，中间一排为澳大利亚鲨鱼湾的沿海地区，最下排为美国纽约曼哈顿中央公园。这些结果证实了超分辨率网络出色的性能，与最佳竞争方法相比，将预测的RMSE降低了50%。分别使信息重构误差比增加近 6 dB。来自不同土地覆盖类型、生物群落和气候带的定性结果证实了在全分辨率 S2 图像上的良好性能。

表 14.4　两倍上采样超分辨率结果对比

方法	RMSE	信息重构误差比	光谱角制图	通用图像质量指数
Bicubic	123.5	25.3	1.24	0.821
ATPRK	116.2	25.7	1.68	0.885
SupReME	69.7	29.7	1.26	0.887
Superres	66.2	30.4	1.02	0.915
DSen2	34.5	36.0	0.78	0.941
VDSen2	33.7	36.3	0.76	0.941
DSen2	51.7	32.6	0.89	0.924
VDSen2	51.6	32.7	0.88	0.925

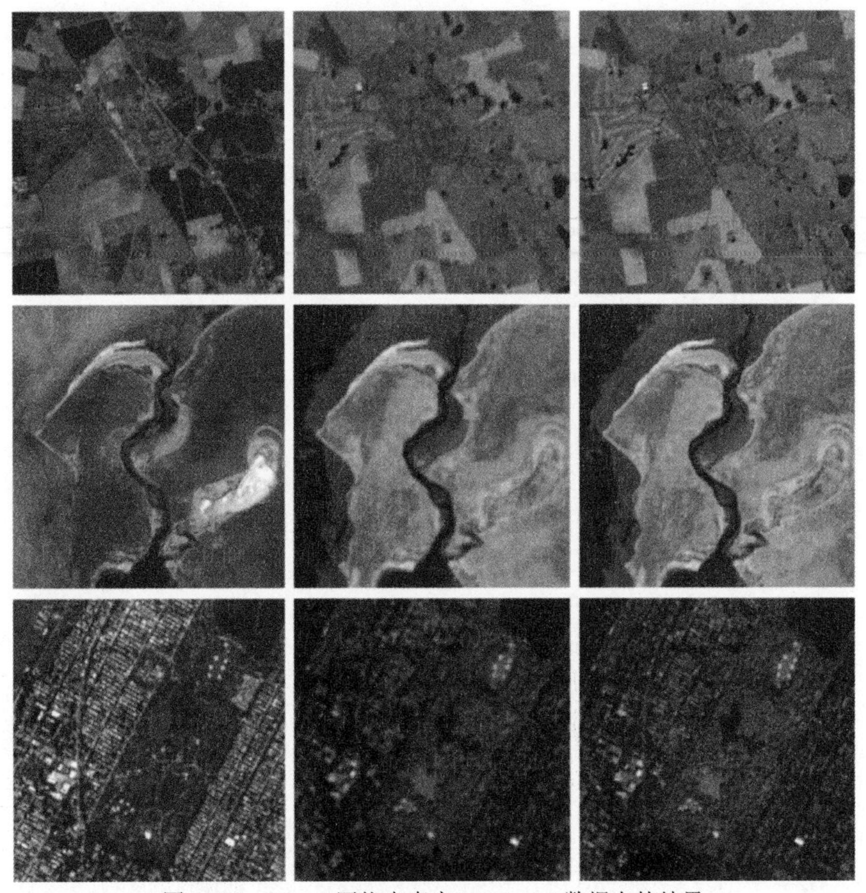

图 14.25　DSen2.网络在真实 Sentinel-2 数据上的结果

进行 2 倍上采样

2. Ultra-dense GAN

由于均方误差（MSE）的优化目标，基于卷积神经网络（CNN）的最常用方法易于过度平滑或模糊。取而代之的是，基于生成对抗网络（GAN）的方法可以实现更加可感知的结果。但是，具有简单的直接或跳过连接残差块的 GAN 生成器的初步设计会损害其 SR 潜力。密集连接的新兴密集卷积网络（DenseNet）在分类和超分辨率方面显示出有希望的前景。将 DenseNet 引入 GAN 有望提高 SR 性能。但是，由于现有残差块中的卷积核被设计为一维平面结构，因此密集连接的形成高度依赖于跳过连接（将当前层连接到所有具有快捷路径的后续层）。为了增加连接密度，必须相应地扩大层的深度，这又导致训练困难，例如消失的梯度和信息传播损失。为此，Wang 等（2020）提出了一种用于图像 SR 的超密集 GAN（udGAN），其中将残差块的内部布局重构为二维矩阵拓扑。这种拓扑可以提供其他对角线连接，因此仍然可以用更少的层来完成足够的路径。特别是，与相同层数下以前的密集连接相比，这些路径几乎增加了一倍。可以实现的丰富连接可以灵活地适应图像内容的多样性，从而提高 SR 性能。

1）模型结构

模型通过与超密集残差块共享任意两层之间的特征图，在 G 中设计一种超密集连接方式，然后加入对抗性学习策略来训练生成函数以估计给定的 LR 输入对应的 HR 对应对象。每一层都与后续层完全连接，这对于特征提取而言是一个巨大的优势，因此增加了残差网络中的连接数量，其中，每一层都组成了特征提取阶段，充当了特征层的过滤器或内核。从具有 3×3 内核的卷积层中提取的成分被聚合，然后分别由 1×1 卷积内核与相应的输入信息合并。在最后一个残差块的末尾，执行子像素卷积以重建 HR 图像。

如图 14.26 所示，提出的框架 udGAN 由三个主要组件组成：生成器（G）、鉴别器（D）和用于特征提取的 VGG16 网络。I_{LR}、I_{SR} 和 I_{HR} 分别作为 udGAN 的输入、SR 输出和真实图像。虚线框中的组件是指生成网络中的 UDRB。n 表示通道号，f 表示过滤器尺寸。图 14.27 详细展示了 UDRB 结构细节，UDRB 堆叠在二维矩阵结构中。虚线标记的交错对角线连接是相对于传统密集连接而言 UDRB 的新增组件。C 表示具有 1×1 卷积层的级联和转换操作。

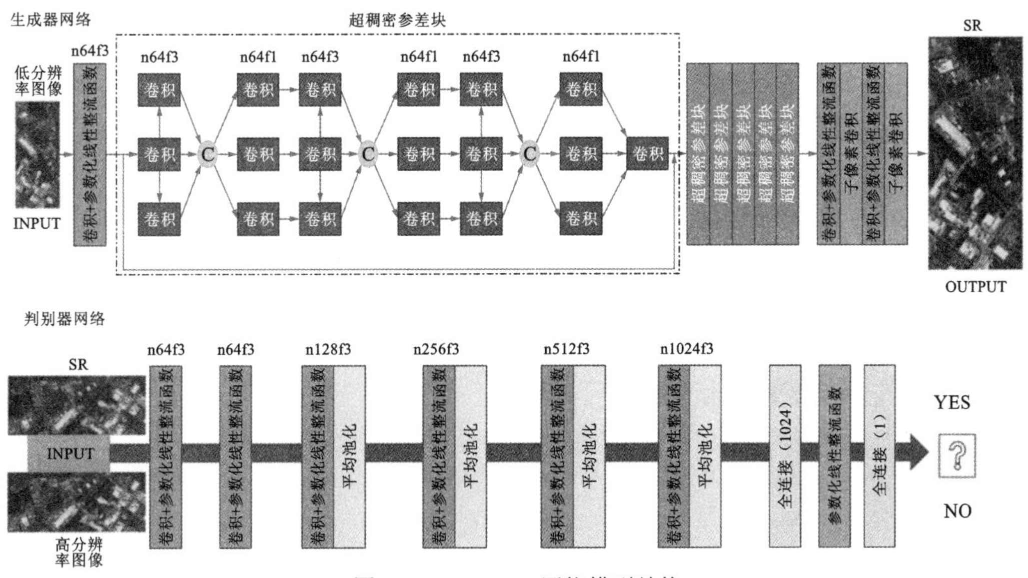

图 14.26　udGAN 网络模型结构

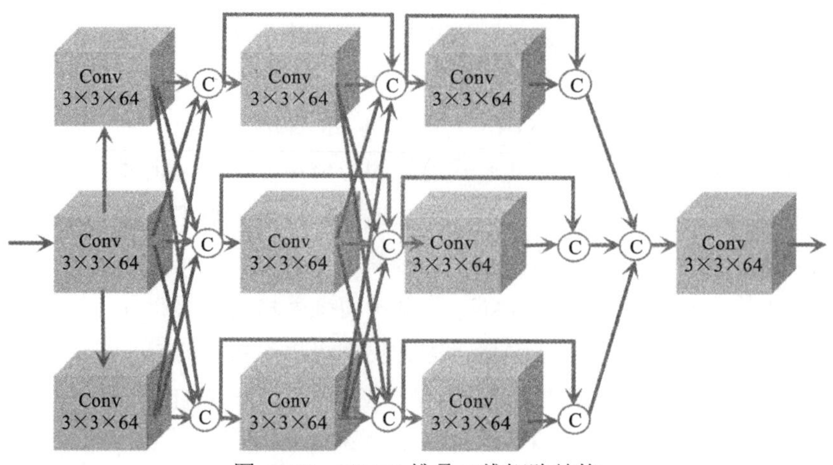

图 14.27　UDRB 堆叠二维矩阵结构

2）损失函数

首先，模型构造了一个健壮的内容损失函数，以强制生成器 G 使用给定的形成模型来生成类似于 IHR 的 HR 图像 ISR，内容损失函数为

$$\mathrm{Loss}_{\mathrm{content}}(\theta_G)=\arg\min_{\theta_G}\sum_{i=1}^{n}\rho(I_{\mathrm{HR},i}-I_{\mathrm{SR},i}) \tag{14.33}$$

式中：θ_G 为生成器 G 中的一组模型参数；$\rho(x)=\sqrt{x^2+\varepsilon^2}$ 为 Charbonnier 惩罚函数，根据以往经验，ε 一般设置成10^{-3}；$I_{\mathrm{HR},i}$ 与 $I_{\mathrm{SR},i}$ 分别为 VGG-net 从地面真实图像提取的特征。

然后将 I_{SR} 和 I_{HR} 输入 D，以确定它们的真伪。通过最小化对抗损失来训练鉴别器，这可以鼓励 G 生成驻留在基本事实 IHR 的流形上的重建图像 ISR 来欺骗鉴别器。此过程的格式为

$$\mathrm{Loss}_{\mathrm{adversarial}}(\theta_D)=-\lg D(I_{\mathrm{HR}})-\lg[1-D(G(I_{\mathrm{LR}})] \tag{14.34}$$

式中：θ_D 为判别器 D 中的模型参数；I_{LR} 为 LR 输入；$G(\cdot)$ 为生成网络的功能；$D(\cdot)$ 为判别函数。给定 HR 图像 I，$D(I)$表示 I 是真实 HR 图像还是伪超分辨率图像的概率。因此，整个目标可通过以下方式得出：

$$L(\theta_G,\theta_D)=\mathrm{Loss}_{\mathrm{content}}(\theta_G)+\lambda\mathrm{Loss}_{\mathrm{adversarial}}(\theta_D) \tag{14.35}$$

式中：将 λ 设置为 1×10^{-5} 以平衡损耗分量。

3）实验结果

采用 Kaggle 开源数据集进行实验，表 14.5 展示了不同重建倍数下各类方法 PSNR 和 SSIM 的定量指标结果。图 14.28 展示了在重建倍数为 4 时的重建结果。选择了几种不同但有代表性的方案，即十字路口、机场、高速公路、建筑物和城市，然后将它们裁剪为 120 个小图像批次进行演示。

表 14.5　Kaggle 开源数据集上的不同方法 PSNR 和 SSIM 的定量指标结果

Scale	Bicubic	SRCNN	VDSR	SRGAN	SRDenseNet	RDN	udGAN	UDN
×2	34.01/0.938	36.79/0.960	37.85/0.962	37.69/0.963	38.33/0.965	38.66/0.968	38.05/0.965	**38.84/0.970**
×3	30.52/0.870	32.44/0.906	33.69/0.924	33.70/0.919	34.31/0.932	33.76/0.925	33.99/0.920	**34.91/0.936**
×4	28.55/0.808	30.06/0.848	31.06/0.874	31.17/0.882	31.56/0.886	31.77/0.896	31.75/0.886	**32.38/0.899**

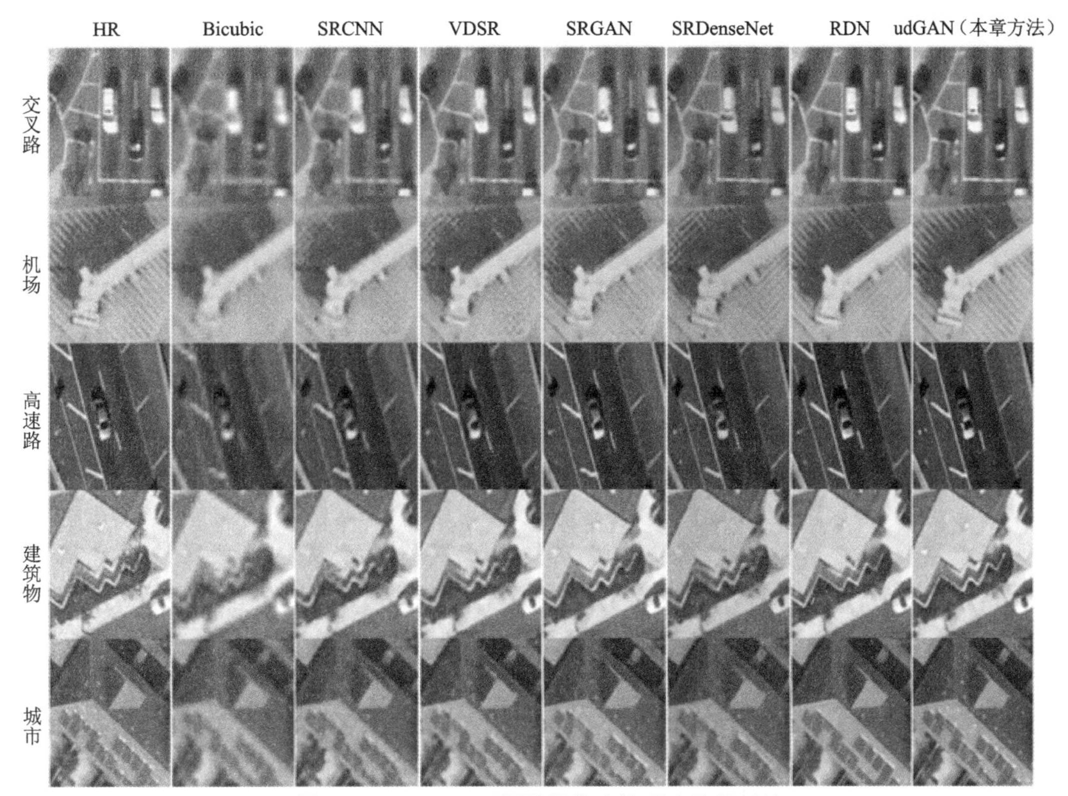

图 14.28　Kaggle 开源数据集上的重建结果对比

对比分析以上结果可以看到，基于原始 CNN 的方法（SRCNN 和 VDSR）或基于 GAN 的方法（SRGAN）的得分均低于 udGAN。平均而言，本章提出的 udGAN 分别超过 SRCNN、VDSR 和 SRGAN 约 1.69 dB、0.69 dB 和 0.58 dB。但是，与基于 GAN 的模型 udGAN 相比，基于密集连接的 CNN 框架（SRDenseNet 和 RDN）在 PSNR 和 SSIM 的定量指标上得分更高。这种差异可能是由于基于 GAN 的方法的数字指标通常不高，尽管它们的主观效果通常很好。与基于 CNN 的方法（SRCNN、VDSR、SRDenseNet 和 RDN）或基于 GAN 的方法（SRGAN 和 udGAN）相比，提出的 UDN 在包括 PSNR 和 SSIM 在内的大多数指标中得分最高。

第 四 篇

遥感图像质量提升应用

第 15 章　定量遥感数据产品质量提升

随着遥感科学研究的不断深入，利用遥感观测数据定量提取陆地表面特征参量时空变化信息，研制定量遥感数据产品，已成为全球变化和许多应用领域的迫切需求，也是国内外的研究热点。经过不断努力，当前国内外研究机构已经生产了一系列的定量遥感数据产品。然而，由于受到遥感观测条件的影响，通过定量反演生成的遥感参量数据产品不可避免会出现较多降质问题，比如噪声、云覆盖导致的信息缺失、分辨率粗糙等。因此，对定量遥感数据产品进行质量提升处理，构建高质量、高分辨率的定量遥感数据产品，是遥感应用中的一个重要研究课题。对此，本章将对多种常用的定量遥感数据产品，包括地表温度产品、植被指数产品、土壤水分产品、大气臭氧产品、积雪产品等，针对性地介绍定量遥感数据产品的质量提升方法。

15.1　地表温度产品质量提升

15.1.1　地表温度产品概述

地表温度（LST）是描述地表与大气之间能量交换的重要参量（Sobrino et al.，2003），是能量平衡与水平衡的重要组成部分，被广泛应用于众多学科领域（Estes et al.，2009；Schmugge et al.，2002）。获取地表温度的方法主要依靠地面气象站点测量和卫星热红外遥感。地面气象站点测量获取的温度数据数量有限，而且影响地表温度的因素如太阳辐射、反照率、土壤潜热特性和植被覆盖等都具有空间异质性，这使得离散的观测站点数据难以刻画区域内的温度分布特征。利用热红外遥感能快速获取大范围地表热信息，通过反演地表温度可以较准确地得到空间区域地表温度分布情况和变化特征。

目前，已有较多的遥感数据源被用于地表温度反演，如 AVHRR、FY-2、FY-3、HJ-1B、MODIS、ASTER、Landsat TM/ETM+、Landsat-8 TIRS 等传感器数据，大部分传感器其热波段主要在 8～14 μm。根据传感器热波段数量的不同，研究学者发展了多种经典温度反演算法，例如，单通道算法（Sobrino et al.，2003）、分裂窗算法（Becker，1987）、多角度算法（Prata，1993）等。这些方法已被广泛应用于各种卫星数据的地表温度反演和产品研制（Oku et al.，2004；Sobrino et al.，2003）。

由于热红外遥感数据受大气影响，以及传感器成像性能等因素的限制，现有的遥感地表温度产品在后续地学应用研究中存在以下质量问题。

（1）云层覆盖对地表温度数据影响严重，致使 LST 遥感产品存在空间缺失，如图 15.1 所示。热红外波段受大气水汽影响大，无法穿透云层，导致遥感地表温度产品通常存在云覆盖引起的信息缺失问题。另外，由于云检测方法的不确定性，一些高亮的正常像元往往也被判为云像元，使这些像元的地表温度也出现空缺。由于云层覆盖造成的不完整性和不确定性，严重影响了地表温度数据的空间连续性，例如当前广泛使用的 MODIS、Landsat 等地表温度产品，部分图像缺值率高达 60%以上，使产品的应用效率大幅降低。为了提高遥感地表温度数据的质量，研究者们利用图像信息重建技术，填补地表温度数据的缺失区域，生成空间信息连续的地表温度数据产品。

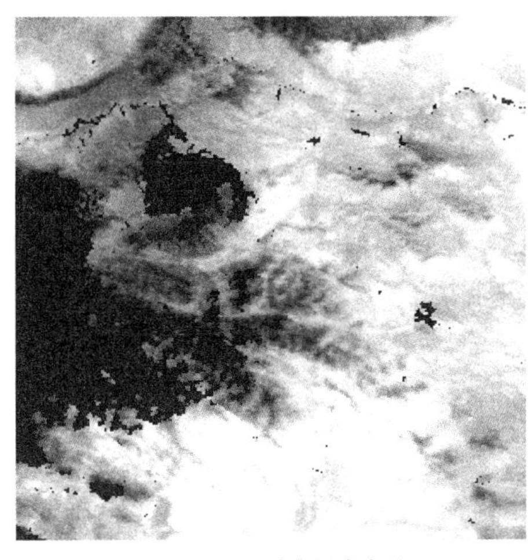

（a）MODIS地表温度产品

（b）Landsat 地表温度产品

图 15.1 遥感地表温度产品的空间缺失现象

值得注意的是，云层覆盖影响太阳和地气系统的辐射，对整个地气系统的能量平衡具有强烈的调节作用，云的生成和变化会引起日照、气温和相对湿度等环境变化，改变地表能量的收支情况，这使得云层下的地面温度与晴空条件下的地面温度有所差异，通常云层下的地面温度要低于晴空条件下的地面温度（Groisman et al.，2000；Paltridge，1974）。因此，云层和地表温度之间的相互作用应得到更多的重视，估计云层下的地表温度在遥感研究中具有重要的意义。

（2）传感器时空分辨率相互制约，导致时间连续精尺度的地表温度产品难以获得。随着遥感地表温度数据在全球及区域范围的定量应用不断拓展，其空间分辨率与时间分辨率之间的矛盾越来越突出。大尺度的 MODIS、AVHRR、FY-2 等传感器可以形成时间较为连续的地表温度数据，但由于空间分辨率过低并不能实现区域甚至街区尺度的热环境分析（Sobrino et al.，2012）；ETM+、ASTER 等中高分辨率传感器可进行更为精细的地表感知，却具有较长的重访周期，再加上云层覆盖等因素的影响，很多情况下并不能探测到特定时空区间的地表温度信息，导致时间连续精尺度的地表热环境分析非常困难。例如在城市热环境与疾病传染、能量消耗影响作用等方面研究中，需要逐日、甚至逐小时的高空间分辨率地表温度数据。针对地表温度数据的时空矛盾问题，研究者们通过信息融合手段，对多源数据产品之间的互补优势进行耦合，提高地表温度数据的时间分辨率和空间分辨率，以支持精细时空尺度的地学分析和应用。

15.1.2 地表温度产品重建

针对遥感地表温度产品由于云层覆盖出现的空间信息缺失问题，研究者们发展了系列地表温度产品重建方法，旨在为后续的地学应用研究提供完整的数据基础。相关的研究方法分为以下几类。

1. 空间插值法

空间插值法是利用数据的空间相关性进行插值重建。相关学者利用传统的空间插值法如反距离加权法、样条函数插值法、地学统计插值法等进行地表温度重建（张军 等，2011；涂丽丽 等，2011），传统插值法无须利用其他辅助数据，处理简单，但是实际处理精度通常得不到保证。由于温度数据的时空变异性强，一些研究者考虑影响温度的地表因素，尝试利用多变量回归模型对温度数据进行重建。如 Florinsky 等（1994）、Geiger 等（2003）分别研究了高程、纬度、坡度和坡向等地形因子与地表温度之间的关系；Ke 等（2011）基于高程与温度的关系对青藏高原 8 天合成的 MODIS 地表温度产品进行重建；刘梅等（2011）利用 NDVI 数据，估算云层下植被表面温度；Duan 等（2014）则综合利用 NDVI、DEM、太阳天顶角等数据来提高 MODIS 地表温度产品的重建精度。以上大多数研究采用线性回归模型，可用如下表达式概括：

$$\mathrm{LST} = a_1\mathrm{NDVI} + a_2\mathrm{DEM} + a_3\cos\theta_s + \cdots + a_0 \tag{15.1}$$

式中：θ_s 为太阳天顶角；a_0、a_1、a_2、a_3 均为回归系数，其他辅助数据用省略号表示。该类方法由于考虑了更多的地表温度影响因素，利用较多的辅助数据进行地表温度重建，比传统插值方法精度更高。然而该类方法没有顾及云空和晴空差异带来的地表温度异质性，其插值结果为假想晴空条件下的地表温度（周义 等，2013），并没有反映真实云空情况下的地表温度。

2. 时序重建法

基于时间序列的地表温度重建法是当前研究较多的一类方法，其理论基础是地表温度数据存在时间相关性。由于地表温度数据通常具有动态变化特性，而且这种动态变化特性通常会呈现一定的时间规律，研究者们根据数据的变化规律，建立地表温度时间序列模型，来重建缺失的地表温度数据。Neteler（2010）利用 S-G 滤波方法对意大利北部阿尔卑斯山地区的地表温度数据进行重建；Xu 等（2013）使用谐波分析算法对长江三角洲地区 8 天合成的 MODIS 地表温度产品进行重建。然而，由于低通滤波的影响，S-G 滤波或谐波分析等算法容易导致一些极端的地表温度数值无法得到有效重建。Zeng 等（2015）利用两景或多景不同时相数据通过分类回归来重建 MODIS 地表温度产品中缺失信息，该方法与滤波方法相比能利用更少的辅助时相数据实现地表温度产品的重建。然而值得注意的是，目前该类方法的研究仍然没有考虑云层对地表温度的影响，重建的还是晴空条件下的地表温度数据。

3. 基于地表能量平衡的物理约束重建法

为了更精确地重建云空环境下的真实温度，需要考虑遥感成像的物理过程。Jin 等（2000）基于地表能量平衡理论，提出邻域像元法对极轨卫星地表温度数据的有云区域进行估计，该方法考虑地表风向、大气温度等成像物理环境信息，通过对云层周边的晴空数据进行插值和纠正，重建云层下的地表温度数据。在此基础上，Lu 等（2011）提出使用气象卫星的可见光和红外成像仪（MSG/SEVIRI）数据对云底层地表温度进行估计，扩展了邻域像元方法的应用，并得出了利用短波辐射数据可以对云底地表温度进行估计的结论。基于 Lu 等的结论，Yu 等（2014）进一步结合地面观测数据对 MODIS 地表温度产品云覆盖区域进行了重建。该类方法考虑了地表能量平衡，利用遥感短波辐射数据，重建出云空环境下真实的地表温度信息。其方法的基本表达式可以简述为

$$\mathrm{LST}_{\mathrm{cloud}}(i)=\mathrm{LST}_{\mathrm{clear}}(j)+\frac{1}{K}\Delta S(i,j) \tag{15.2}$$

式中：$\mathrm{LST}_{\mathrm{cloud}}(i)$ 为云层覆盖像元 i 的地表温度值；$\mathrm{LST}_{\mathrm{clear}}(j)$ 为与像元 i 土壤性质相似的无云像元 j 的地表温度值；ΔS 为两个像元的太阳净辐射差值。该公式的基本原理是地表温度差异主要受地表净短波辐射及地表土壤性质的影响，摆脱了云层覆盖的关系，因此可以适用于任何云空及晴空区域。

15.1.3 地表温度产品时空分辨率提升

为了解决地表温度数据的时空矛盾问题，获取同时具有高空间分辨率、高时间分辨率的遥感地表温度数据，现有的研究方法主要分为空间降尺度方法和时空融合方法。

1. 空间降尺度方法

在遥感领域，空间降尺度的含义是减小遥感图像的像元大小，使降尺度的遥感图像具有更多的纹理和细节信息。针对地表温度数据的降尺度研究通常是对时间分辨率相对较高的数据，如地球同步卫星数据，通过加入高空间分辨率的辅助信息、先验知识或空间增强技术等来提高其空间分辨率。

降尺度方法在不利用辅助数据时可以采用超分辨率重建、亚像元分解等技术来提高热红外影像或是地表温度数据的空间分辨率，但是这类方法的空间分辨率提高程度往往有限，一般提高 4 倍左右时信息保持最佳。在利用辅助数据时，通常是将温度数据与地表其他辅助参量数据在低分辨率下建立的统计回归关系应用于高空间分辨率数据，从而得到高空间分辨率的地表温度数据。比如 Kustas 等（2003）利用植被指数 NDVI 数据，将地表温度与植被指数在低空间分辨率上建立回归关系应用于高空间分辨率 NDVI 数据，生成高空间分辨率的地表温度数据。Inamdar 等（2008）利用静止卫星 GOES 卫星提供的每 15 min 温度数据，通过与 1 km 空间分辨率的 MODIS 发射率、NDVI 等辅助数据建立拟合关系从而得到 1 km 每 15 min 的温度数据。地表温度降尺度所用的辅助数据一般都具有较高的空间分辨率，这类辅助数据主要有高空间分辨率的可见光数据、NDVI 产品、土壤含水量、发射率数据、地表分类数据等（Zhan et al.，2013；Zakšek et al.，2012；Nichol，2009）。除辅助数据的选择之外，很多学者从回归模型的选取入手，例如一元、二元至多元的回归方程，地统计学方法（Pardo-Iguzquiza et al.，2011），人工智能算法（Bindhu et al.，2013；Yang et al.，2011）等。总体来说，空间降尺度方法能够在一定程度上提高地表温度数据的空间分辨率和应用潜力，但是这种方法对辅助数据的质量要求

较高，普适性有待提高。

2. 时空融合方法

遥感定量数据时空融合方法是近些年发展起来的提高定量数据时空分辨率的新技术。与传统降尺度方法不同的是，遥感时空融合是通过集成同一遥感参量不同传感器观测的时空优势，对具有不同空间分辨率和时间分辨率的同一遥感参量进行融合处理，生成兼具高空间分辨率与高时间分辨率的参量数据序列。

时空融合方法最初是被用于融合短波反射率数据，近年来，其针对其他遥感定量数据的应用研究也越来越广泛。对于地表温度数据产品，Weng 等（2014）借鉴并改进 ESTARFM 融合模型，提出温度时空自适应性融合算法（SADFAT）将其应用于地表温度融合，生成逐日的与 ETM+地表温度空间分辨率相同的地表温度数据。Wu 等（2015）提出多传感器集成（spatio-temporal integrated temperature fusion，STITF）模型，将传统针对两个传感器的时空融合模型扩展到任意多个传感器融合模型，并通过融合多个尺度的静止卫星数据（如 SEVIRI、GOES 等）和极轨卫星数据（如 MODIS、Landsat TM/ ETM+等），生成分钟级的高空间分辨率地表温度数据。多传感器温度数据融合方法是一种具有较大应用潜力的融合方法，其模型的计算式为

$$F(i,t_p)=\sum_{j=1}^{N}W_j*\begin{pmatrix}F(j,t_1)-M(j,t_1)+M(j,t_2)-C(j,t_2)\\+C(j,t_3)-\cdots-X(j,t_{p-1})+X(j,t_p)\end{pmatrix} \tag{15.3}$$

式中：F、M、C、X 分别为不同传感器地表温度数据，其他传感器用省略号表示，这些传感器中 F 具有最高空间分辨率，X 具有最高的时间分辨率；i、j 分别为第 i 或第 j 个像元；t_p 为预测时间；$t_1,t_2,\cdots,t_{p-1}$ 为不同传感器的观测时间，且每一个观测时间都有两个不同分辨率的参量数据，不同传感器间都可以关联；N 为用于计算的邻域相似像元的个数，通过借助邻域相似像元信息提高时空关联的稳定性；W 为相似像元的权重函数。该模型中，相似像元的选择通过邻域像元与中心像元差的绝对值小于设定的阈值来选择；权重函数通过像元之间的相似性差异、尺度差异、距离差异等方面进行计算。

15.2 植被指数产品质量提升

15.2.1 NDVI 数据产品概述

植被指数是定量化描述地表植被变化的度量之一，利用卫星传感器的红光和近红外两个波段不同组合方式得到的多个植被指数，可以简单有效地度量地表植被状况，定性和定量地表达植被活力。NDVI 是研究和应用最为广泛的一种植被指数，它被定义为近红外波段与可见光红光波段数值之差与这两个波段数值之和的比值：

$$\mathrm{NDVI}=(\rho_{\mathrm{NIR}}-\rho_{\mathrm{R}})/(\rho_{\mathrm{NIR}}+\rho_{\mathrm{R}}) \tag{15.4}$$

式中：ρ_{NIR} 和 ρ_{R} 分别为近红外和红光波段的反射率。NDVI 经比值处理，能够部分消除与太阳高度角、卫星观测角、地形、大气等观测条件变化的影响，是植被生长状态及植被覆盖度的最佳指示因子，已被普遍应用到全球和区域尺度的植被状况研究中（赵英时，2003）。

NDVI 遥感数据比较常用的有 PAL（Pathfinder AVHRR Land）、GIMMS（Global Inventory Modeling and Mapping Studies）、SPOT/VEGETATION、MODIS、Landsat 等。这些卫星传感器提供的 NDVI 产品大都是多天合成数据，例如 PAL-NDVI、GIMMS-NDVI、SPOT VGT-NDVI 是每 10 天最大值合成的时序数据集，MODIS-NDVI 数据集 MOD13A1、MOD13A2、MOD13Q1 等提供每 16 天合成的不同空间分辨率 NDVI 时序数据集。这些 NDVI 数据产品虽然经过了严格的预处理，并利用多天数据合成，去除了部分云层覆盖、云阴影、地表双向散射等因素的影响，但由于传感器性能衰退、云层干扰、土壤特性等影响，NDVI 数据集存在不同程度的噪声和信息缺失问题。研究显示影响 NDVI 数据产品质量的因素主要以下几种。

（1）大气的影响。大气影响包括大气干扰和云层对 NDVI 的影响。一方面，大气的吸收、散射及薄云雾等干扰因素会增强植被红光波段辐射，降低近红外波段辐射，造成 NDVI 数据值的降低。相关研究表明，大气吸收可减少近红外信息量的 20%以上；Gao 等（2000）研究显示，薄卷云对植被红光波段反射率有更明显的增强作用，薄云被消除后获得的 NDVI 值会增大约 15%。另一方面，NDVI 产品均出自可见光-红外传感器，无法穿透厚云，厚云覆盖区域会出现数据信息缺失问题。

（2）土壤特性的影响。实际 NDVI 是不同地物多通道反射率的非线性组合，任何地物比例的改变或物理性质的改变，都会影响 NDVI 的观测结果。其中，土壤背景最容易发生改变（陈朝晖 等，2004）。对于同一观测冠层，暗土壤背景使冠层整体的反射率下降，反之亦然（Huete et al.，1985）。陈述彭等（1990）研究发现土壤背景的变化对 NDVI 值影响较大，当植被覆盖度大于 15%时，植被 NDVI 值高于裸土；植被覆盖度为 25%～80%时，NDVI 随植被量增加呈线性增加；当植被的覆盖度大于 80%时，NDVI 对植被监测的灵敏度降低。

（3）卫星传感器的影响。卫星传感器，例如 NOAA/AVHRR 在长达 30 年的数据生产过程中，由于受到多颗卫星轨道参数衰减和交替的影响，其数据集的遥感辐射定标和图像配准都是实际应用中需首要解决的问题（Kaufmann et al.，2000）。

（4）太阳/观测角度的影响。覃文汉等（1996）指出太阳天顶角越小，NDVI 值受角度变化越明显；当太阳天顶角较大时（大于 40°）才有可能利用传统的垂直遥感资料较可靠地估算植被指数。

（5）植被空间结构。覃文汉等（1996）研究植被空间结构对 NDVI 的影响，研究结果表明，即使在相同叶面积指数的情况下，植被冠层结构及植被组分光学性质的差异对像元 NDVI 值的影响显著。

（6）其他因素。例如地形起伏产生的阴影会造成 NDVI 失真、植被的病虫害会影响其光学性质变化、数据合成方法也会带来误差。

上述影响因素也不是完全独立的，其交互影响的机制也较为复杂。各类传感器的植被指数产品都进行过初步修正，减少了外部因素的影响。但是不是所有的影响因素都能消除，NDVI 数据集局部仍然存在噪声和信息损失问题。随着 NDVI 数据应用的不断扩展，NDVI 时间序列数据集的质量和稳定性受到了越来越多的关注，如何重建高质量的 NDVI 时间序列数据集成为一项重要研究课题。

15.2.2 NDVI 时间序列数据产品重建方法

国内外研究者在 NDVI 数据产品的应用过程中，对 NDVI 产品进行质量评估，扩展噪声识别方法，并相继提出了一系列针对 NDVI 数据产品的重建方法。总体来说，NDVI 数据重建方法主要针对其时间序列数据集进行重建，且大都基于两个假设：①NDVI 的时间序列变化对应着植被的生长和衰老物候过程；②云和不利的大气条件往往会降低 NDVI 值，NDVI 时间序列数据中的突变点不符合植被生长的渐进过程，视为噪声点，应以修正。

现有的 NDVI 时间序列重建方法主要包括最大值合成法、时相滤波方法、曲线拟合方法等。

1. 最大值合成法

最大值合成法（maximum value composite，MVC）是目前广泛地应用于不同传感器 NDVI 数据的预处理方法。该方法是在指定的时间间隔内选取最大值作为新的 NDVI 值，基本表达式为

$$\mathrm{NDVI}_{\mathrm{new}} = \mathrm{MAX}(\mathrm{NDVI}_1, \mathrm{NDVI}_2, \cdots, \mathrm{NDVI}_n) \tag{15.5}$$

其原理是云、气溶胶等大气因素会降低 NDVI 的数值，那么在指定的合成时间间隔内，同一位置在所有时间数据中的最大值即代表最清洁的大气条件，因此选取该最大值作为合成数据的输出值。MVC 在一定程度上能够消除云、气溶胶及其他因素的影响，但由于处理简单，没有充分考虑地表的双向反射影响，容易造成信息损失。然而对于未做大气校正的数据而言，MVC 还是很好的 NDVI 预处理方法。研究发现，合成周期选择 2～4 周时效果最好，时间间隔过短会受到连续云覆盖天气影响，无法有效合成；时间间隔过长会掩盖植被的变化信息，不能反映植被曲线的真实特征。

Taddei（1997）对 MVC 方法进行了改进，称为最大值插值法（maximum value interpolated，MVI）。其方法不仅记录每一组数组 NDVI 的最大值，同时记录最大值所在日期，然后通过线性插值来得到每个时间点的 NDVI 值。

2. 时相滤波方法

时相滤波方法主要包括卷积滤波和频率域滤波。卷积滤波是利用一定的卷积核对一定时间窗口的 NDVI 序列数据进行滤波处理，典型方法有最佳指数斜率提取（best index slope extraction，BISE）方法和自适应 Savitzky-Golay（S-G）滤波方法。频率域滤波将数据由时间域变换到频率域进行处理，典型方法有傅里叶谐波分析法。

最佳指数斜率提取方法是通过一个滑动周期判断 NDVI 增幅来去除大气等因素导致的 NDVI 突降值。其算法在设定的滑动周期内，向前搜索，如果下一点的值高于第一点，则下一点是可以接受的；如果下一点值低于第一点，其可接受的 NDVI 变化率的阈值凭经验确定。BISE 算法适用于每天的 NDVI 数据，而对于 10 天或者 16 天合成的数据，每两个点的时间跨度较长，一个简单的阈值检测并不恰当。另外，这种方法需要依据不同气候区域、不同植被特征，不断调整可接受的 NDVI 变化率的阈值和滑动窗口时间长度。

Savitzky-Golay 滤波是一种基于最小二乘的卷积算法，自适应 S-G 滤波法通过一个迭代过程使 S-G 滤波函数平滑效果进一步提高，而如果云和大气条件对 NDVI 的影响过于频繁或者正好在植物生长的高峰期，即当噪声为连续型噪声时，自适应 S-G 滤波重建

效果会较差，因为 S-G 滤波设计的目的是尽量接近 NDVI 的外包络线而不是模拟植被。此外，由收割等人类行为造成的 NDVI 正常低值可能会被自适应 S-G 滤波过高拟合。

傅里叶变换的频率分析方法是一种基本的信号去噪技术，已被应用在 NDVI 时间序列数据集的重建中。傅里叶变换将原来难以处理的时域信号转换成易于分析的频率信号，低频部分代表背景，而高频部分代表随机成分，即噪声。去除频率域中的高频部分就表示去除原 NDVI 序列中的噪声部分。该方法平滑过后的 NDVI 曲线即为平滑，并且具有明显的植被生长变化特征。但较多研究表明，该方法对 NDVI 时间序列数据集的伪高值、伪低值较为敏感，其滤波后的 NDVI 时相数据与遥感实际观测值之间有较大的偏移。Roerink 等（2000）提出时间序列谐波分析（harmonic analysis of time series，HAVTS）算法是基于傅里叶变换的一种改进方法，它可以灵活处理时间序列不等间隔的问题。

3. 曲线拟合方法

曲线拟合方法主要包括非对称高斯（assymmetric Gaussian，AG）模型和双重逻辑（dual logic，DL）函数拟合方法，它们通常用于基于最小二乘拟合 NDVI 时间序列数据的外包络线。AG 方法通过对时间序列曲线峰值和谷值分别进行高斯函数拟合，重构 NDVI 整个生长季的整体模型。DL 方法包含冬季 NDVI、最大值 NDVI、曲线上两个拐点及这两个拐点处的 NDVI 值升高和降低的速率 6 个参数拟合时间序列。Song 等（2012）将这两种基于函数的曲线拟合方法 AG、DL 与 S-G 滤波方法采用 Timesat 软件进行了比较，研究发现 AG 方法对原始高质量数据保真性最好；其次是 DL 方法，而 DL 在曲线拟合 NDVI 峰值点处会出现较大的偏差；S-G 滤波方法的保真性较差。

上述各种类型的时间序列重建方法不仅为重建 NDVI 时序数据集提供了有效的方法和工具，也为其他遥感参量数据的重建提供了借鉴，其中大部分方法也可应用于其他遥感参量时序数据重建。然而，当前 NDVI 时间序列重建方法大都是依据时间关联信息进行重建，如果能同时结合空间关联信息进行决策，将有助于提高重建精度。Cao 等（2018）提出了一种结合空间和时间信息的加权 S-G 滤波方法，该方法引入空间邻域相似像元信息及多年 NDVI 历史数据提升 NDVI 重建精度，为空间信息辅助时序数据重建提供了参考。此外，多种技术的有效结合也是当前研究和发展的热点。

15.3 土壤水分产品质量提升

15.3.1 土壤水分产品概述

土壤水分是指土壤表层至地下潜水面之间的土壤层中的水资源。土壤水分作为一个基本气候变量，是水循环、能量循环和地球生物化学循环中的重要组成部分。土壤水分的各种应用对社会和自然环境具有重要意义，比如土壤水分干旱和洪涝的预警、水资源管理、农业生产、天气预报和气候变化等。因此，获取高精度和高时空分辨率的全球土壤水分数据对于众多研究和应用需求至关重要。

遥感观测因其覆盖范围广，成本相对较低，能实时、动态监测地表信息，成为获取全球尺度土壤水分信息的重要手段。与可见光、热红外遥感相比，微波遥感具有全天时、全天候、穿透能力强的优点，不受光照、云雾等天气条件的影响。微波观测对土壤水分的变化响应敏感，干土和湿土的介电常数存在显著差异，形成明显不同的微波信号。另外，微波对地表植被具有一定的穿透能力，能探测到植被覆盖下的土壤表层信息。因此，微波遥感成为土壤水分监测的主要技术手段。微波遥感观测获取的直接数据一般为亮温或者后向散射系数，其反演土壤水分通常是先利用经验、半经验、物理模型建立亮温或者后向散射系数与土壤水分之间的关系，然后通过加入土壤参数、植被参数等信息来降低地表其他因素的影响，达到准确反演土壤水分的目的。

目前，全球范围内的土壤水分数据产品主要有欧洲遥感卫星高级微波散射计（advanced scatterometer，ASCAT）土壤水分数据集，高级微波扫描辐射计（advanced microwave scanning radiometer，AMSR）AMSR-E、AMSR2 土壤水分数据集，土壤湿度与海洋盐分卫星（soil moisture and ocean salinity，SMOS）土壤水分数据集，主、被动传感器联合对地观测（soil moisture active passive，SMAP）卫星土壤水分数据集，以及欧洲空间局通过融合多源卫星数据生产的气候变化计划（climate change initiative，CCI）土壤水分数据集。表 15.1 总结了目前主流的微波土壤水分数据集。从表 15.1 中可以看出，大部分微波土壤水分数据集的空间分辨率都较低，达到数十千米；SMAP 土壤水分数据集可提供最高空间分辨率数据，但是其时间序列非常短。SMAP 是全球首颗同时搭载雷达传感器（主动）和微波辐射计（被动）监测土壤水分的卫星，主动雷达具有高空间分辨率特点，而被动微波具有高精度的优势，NASA 将两种数据进行融合，发布了全球首个 9 km 土壤水分产品（AP_9）。相比 SMAP 3 km 土壤水分数据，其 9 km 数据具有更高的精度，AP_9 产品的相对高空间分辨率和高精度使其在全球及区域尺度的研究和水文监测中具有重要潜力。然而，SMAP 雷达传感器于 2015 年 7 月 7 日损坏，致使全球 9 km 土壤水分的有效数据不足三个月（2015-04-13 至 2015-07-07），NASA 仅继续发布 SMAP 36 km 土壤水分产品（P_{36}）。

表 15.1　微波土壤水分产品

名称	机构	波段	范围	空间分辨率	有效时长	工作方式
SMAP	美国国家航空航天局（National Aeronautics and Space Administration，NASA）	L	全球	36 km	2015-03-31 至今	被动
				9 km	2015-04-13 至 2015-07-07	主、被动
				3 km	2015-04-13 至 2015-07-07	主动
CCI	欧洲空间局（European Space Agency，ESA）	L/C/X	全球	0.25°	1987～2015 年	被动
					1991～2015 年	主动
					1978～2015 年	主、被动
SMOS	欧洲空间局	L	全球	25 km	2009 年至今	被动
Aquarius	美国国家航空航天局	L	全球	1°	2011～2015 年	主动
ASCAT	欧洲空间局	C	区域	12.5 km	2012 年至今	主动
AMSR2	日本宇宙航空研究开发机构（Japan Aerospace Exploration Agency，JAXA）	X/Ka	全球	0.25°	2012 年至今	被动
AMSR-E	日本宇宙航空研究开发机构	X/Ka	全球	0.25°	2002～2011 年	被动
	美国国家航空航天局	X/C		25 km		

由此可知，除了 SMAP 不足三个月的 9 km 土壤水分数据，再无其他时段的全球 9 km 土壤水分数据。如何提升现有土壤水分产品的粗糙空间分辨率，使土壤水分研究和应用从全球尺度提升至区域尺度，能够从更高时空分辨率上理解陆地水、能量和碳循环的耦合过程，具有重要研究意义。

15.3.2 土壤水分产品降尺度方法

微波土壤水分的降尺度是指将粗糙尺度微波土壤水分提升至高空间分辨率的过程。如何通过降尺度的方法获得高精度和高空间分辨率的土壤水分数据，吸引了越来越多学者的关注和研究，目前典型的土壤水分降尺度方法有以下几类。

1. 多元统计回归方法

多元统计回归方法通常将其他来源的高空间分辨率地表参数当作输入因子，通过构建线性或非线性统计模型，获取高空间分辨率的微波土壤水分数据。该类方法是目前微波土壤水分降尺度的主流方法。光学、热红外数据获取方便，成为微波土壤水分降尺度的主要辅助数据。该类方法源于地表温度与植被指数的“三角特征空间”理论（Carlson，2007），如图 15.2 所示，土壤水分是影响该特征空间“干边”和“湿边”的决定性因素。其基本思路是在低空间分辨率情况下构建土壤水分与植被和地表温度的统计关系，再将该统计关系应用于高空间分辨率数据，获取高空间分辨率的土壤水分数据。其最初的表达式为

$$\mathrm{SM}=\sum_{i=1}^{n}\sum_{j=1}^{n}a_{ij}\cdot \mathrm{NDVI}^{i}\cdot \mathrm{LST}^{j} \tag{15.6}$$

式中：SM 为土壤水分；a_{ij} 为回归系数。该类方法的扩展性好，可在回归方程中加入新的变量因子来构建降尺度关系，如地表反照率、地形、地理位置等因素信息。在该类方法的框架下，一些机器学习方法如随机森林、神经网络等方法也被应用于土壤水分降尺度研究，并取得了较好的效果（Im et al.，2016）。

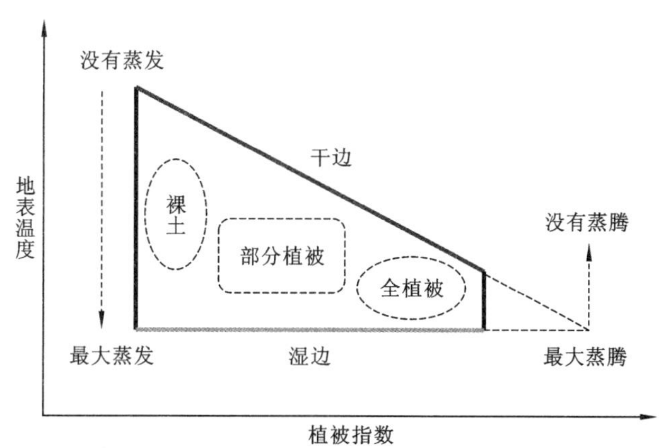

图 15.2 地表温度和植被指数构建的“三角特征空间”

2. 经验-物理模型方法

Merlin 等(2009)提出基于土壤蒸散效率的经验-物理模型方法进行土壤水分降尺度。

该方法利用泰勒级数的思想，以土壤蒸散效率（ϕ）为中间变量，对土壤水分进行泰勒级数展开，截取其前两项，建立了具有一定物理含义的微波土壤水分降尺度方法，其表达式为

$$\mathrm{SM}_F = \mathrm{SM}_C + \left(\frac{\partial \mathrm{SM}}{\partial \phi}\right)_C \cdot (\phi_F - \phi_C) \tag{15.7}$$

式中：F 和 C 分别为高空间分辨率与低空间分辨率数据。该模型考虑了土壤水分尺度变化的物理机制（土壤水分与土壤蒸散效率的关系），其精度较高，现已较广泛地应用于高空间分辨率土壤水分估算。

3. 数据同化方法

数据同化方法是指将不同来源的观测数据与动力学模型进行融合，根据数学理论，找到模型模拟解和实际观测解之间的最优解，以此来调整模型向前演进的轨迹，获取时空连续且满足一定精度要求的模型状态值。将微波观测的粗糙数据加入模型中进行数据同化，然后不断更新得到高空间分辨率土壤水分的过程称为动态降尺度。该方法的显著特点是消除了模型模拟与遥感观测估算土壤水分之间的系统偏差。比如，Reichle 等（2008）将微波亮温数据加入模型中，利用一种四维变分同化方法更新高空间分辨率土壤水分。目前更广泛使用的同化方法是集合卡尔曼滤波。Margulis 等（2002）利用地面飞行器搭载的传感器获取的 L 波段微波亮温，结合集合卡尔曼滤波和陆面过程模型构建了土壤水分同化方案。与地表实测相比，土壤水分和潜热通量的同化结果明显优于模型结果，并且证明了集合卡尔曼滤波具有处理非线性模型算子的能力。

15.4 大气臭氧产品质量提升

15.4.1 大气臭氧产品概述

臭氧是地球大气层中的一种痕量气体，其组分在整个大气中所占比例极其微小，但在全球大气环境变化中起着非常重要的作用。高空平流层臭氧能够大量吸收太阳辐射的高能紫外线，为地球上生命提供天然的保护屏障，然而随着人类活动的影响，大气中的臭氧大量消耗，造成大面积臭氧稀薄区，也称为“臭氧空洞”。与高空保护伞作用不同的是，近地面的臭氧是光化学烟雾的主要成分，较高浓度的近地表臭氧会刺激和破坏人体呼吸系统及植物生理结构，是一种大气污染物（Lippmann，1989）。无论是高空臭氧的异常稀薄还是近地面的臭氧污染事件，都是科学界亟待解决的重大环境难题，因此，研究臭氧的时空分布和变化特征具有重要意义。

卫星遥感数据能提供全球范围、长时序、高精度的臭氧时空信息。臭氧总量测绘光谱仪（total ozone mapping spectrometer，TOMS）是美国于 20 世纪 70 年代发射的首套专门用于大气臭氧总量监测的星载传感器，可获取全球每日的大气臭氧总量数据。随后，陆续有 10 多套大气臭氧监测仪器分别搭载在不同卫星平台上发射升空，如全球臭氧监测实验仪（global ozone monitoring experiment，GOME）3 天一次扫描全球；

扫描成像吸收光谱大气制图仪（scanning imaging absorption spectrometer for atmospheric cartography，SCIAMACHY）6 天一次扫描全球；美国国家海洋和大气管理局 （Nation Oceanic and Atmospheric Administration，NOAA）依托一系列气象卫星平台生成了全球 30 年臭氧数据产品，空间分辨率为 5°×10°；总臭氧单位（total ozone unit，TOU）仪器可获取日尺度空间分辨率为 0.5° 的臭氧数据；臭氧监测仪（ozone monitoring instrument，OMI）具有前所未有的高空间分辨率 0.25°；臭氧绘图和分析仪套件（ozone mapping and profiler suite，OMPS）获取的臭氧数据精度最高，是最先进的臭氧监测仪器。

上述卫星传感器为臭氧的时空动态监测提供了丰富的数据产品，然而由于轨道扫描宽度限制及传感器异常等因素影响，现有的卫星臭氧总量产品普遍存在大量的死像元或者信息丢失现象，例如 GOME、SCIAMACHY 和 TOU 传感器由于轨道幅宽限制，其臭氧总量数据在赤道附近的每轨道数据间存在缺失裂隙现象；OMI 由于传感器的物理材料脱落挡住了光路，传感器扫描异常，其反演的臭氧总量产品中出现信息缺失，且丢失区域的宽度在逐渐增加。图 15.3 展示了部分传感器所提供的臭氧总量分布图，可以看出这些传感器数据普遍存在信息缺失现象，由此可见对臭氧数据进行缺失信息重建是一个亟待解决的问题。

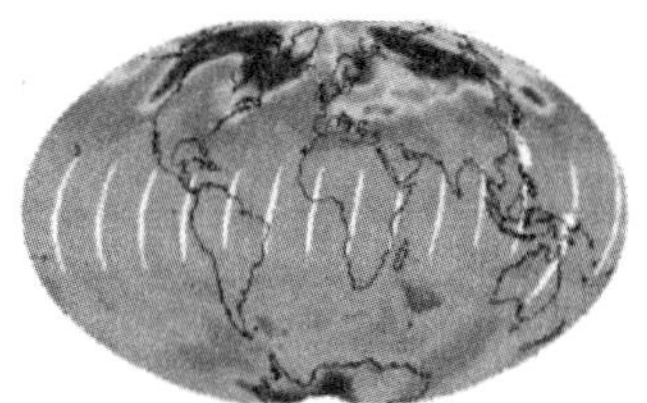

（a）TOU total ozone 21-03-2009

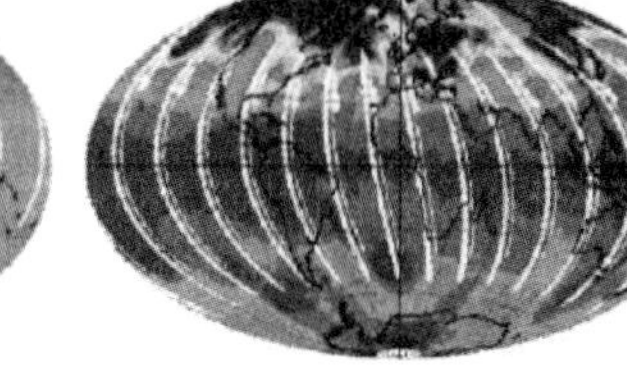

（b）OMI total ozone 03-16-2010

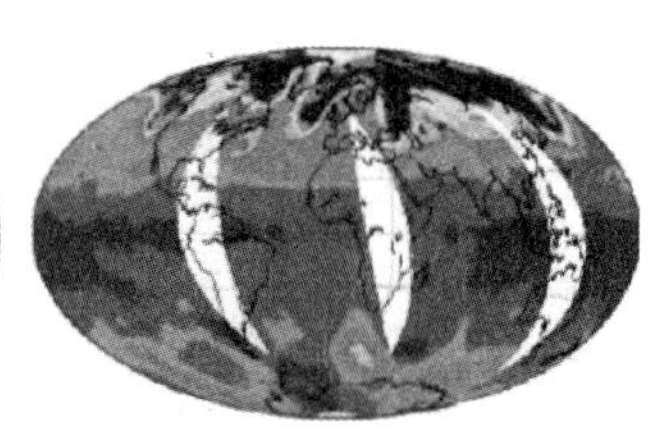

（c）OMPS total ozone 03-16-2012

图 15.3　不同卫星传感器的臭氧总量分布图

15.4.2　大气臭氧产品缺失信息重建方法

由于臭氧产品的空间缺失区域普遍较大，而且臭氧数据在时间序列上变化也较大，仅依靠空间相关性或时序相关性的重建方法难以取得理想的重建效果，研究者通常采用时空联合的重建方法，即充分挖掘并联合臭氧数据在时间和空间上的互补信息，实现精度更优的信息重建。值得注意的是，由于大气环流等因素影响，臭氧总量沿纬度带的变化较为剧烈，即臭氧总量沿纬度变化强于沿经度方向的变化，特别是在南北半球的高纬度地区（Stein，2007）。这意味着全球臭氧总量的空间分布具有强烈的纬度相关性。因此，在利用时空关联信息进行臭氧数据重建时，应充分考虑臭氧的空间异质性分布特征，保证重建结果的精确性。

Peng 等（2016）针对 OMI 传感器提供的臭氧总量产品 OMTO3e 的缺失情况，提出了一种基于空间残差校正的时空联合（temporal fitting followed by spatial residual correction，TFFSRC）重建法，并利用该算法对 2004～2014 年 OMTO3e 产品的缺失信息进行重建，生成了该时间范围内时空连续的全球臭氧总量产品。TFFSRC 方法是目前针对臭氧数据缺失信息重建的一种精度较高的重建方法，其方法原理简要介绍如下。

TFFSRC 方法分为两个步骤，第一步是利用前后邻近时相的两幅参考影像数据，通过加权回归方法联合时空互补信息进行重建，得到初始重建结果 $\hat{I}'$；第二步是考虑臭氧的空间异质性分布特征，利用各向异性克里金对初始结果进行误差估计与校正，获得最终的重建结果。下面重点描述第二步针对臭氧空间异质性分布的残差校正过程。假定误差分布存在空间邻近效应，对缺失区域的目标像元 x，利用空间邻近的一组已知参考像元 $x_i^R (i=1,2,\cdots,n)$，对所有参考像元的预测误差进行插值，获取目标像元的预测误差：

$$\varepsilon(x)=\sum_{i=1}^{N}\lambda_i\times\varepsilon_i(x_i^R) \tag{15.8}$$

式中：$\varepsilon_i(x_i^R)$ 为第 i 个已知参考像元的预测误差（初始预测值与真实值之差）；λ_i 为权重系数，考虑臭氧的空间异质性分布特性，利用空间异性克里金方法计算，针对克里金方法的无偏、最小方差条件可得到方程组求解待定权系数 λ_i：

$$\begin{cases}\sum_{i=1}^{n}\lambda_i\times\gamma(x_i^R,x_j^R)+\mu=\gamma(x_i^R,x), \quad j=1,2,\cdots,n\\ \sum_{i=1}^{n}\lambda_i=1\end{cases} \tag{15.9}$$

式中：μ 为引入的拉格朗日乘子；$\gamma(x_i^R,x_j^R)$ 为位置 x_i^R 和 x_j^R 处的误差 $\varepsilon_t(x_i^R)$ 和 $\varepsilon_t(x_j^R)$ 的变差函数，此处针对全球臭氧总量的空间分布具有强烈的纬度相关性，对克里金插值法的变差函数进行各向异性的修正。大致认为 SN 方向和 EW 方向分别是具有最大和最小空间相关性的两个方向，将具有较小基台值的实验变差函数转换为几何各向异性变差函数，并建立一个嵌套的各向异性变异函数模型（Zimmerman，1993）：

$$\begin{aligned}\gamma(h)=c_{\mathrm{EW}}\times&\left\{\frac{3}{2}\times\frac{\sqrt{{h_{\mathrm{EW}}}^2+(K\times h_{\mathrm{SN}})^2}}{\mathrm{range}_{\mathrm{EW}}}-\frac{1}{2}\times\left[\frac{\sqrt{{h_{\mathrm{EW}}}^2+(K\times h_{\mathrm{SN}})^2}}{\mathrm{range}_{\mathrm{EW}}}\right]^3\right\}\\&+(c_{\mathrm{SN}}-c_{\mathrm{EW}})\times\left[\frac{3}{2}\times\frac{h_{\mathrm{SN}}}{\mathrm{range}_{\mathrm{SN}}}-\frac{1}{2}\times\left(\frac{h_{\mathrm{SN}}}{\mathrm{range}_{\mathrm{SN}}}\right)^3\right]\end{aligned} \tag{15.10}$$

式中：c_{EW}、$\mathrm{range}_{\mathrm{EW}}$ 和 h_{EW} 分别为 EW 方向的基台值、变程和滞后距；c_{SN}、$\mathrm{range}_{\mathrm{SN}}$ 和 h_{SN} 分别为 SN 方向的基台值、变程和滞后距；K 为各向异性比，即最大、最小变程比。

最终，目标像元的预测值通过目标像元的初步预测值和预测误差的估计值得

$$\hat{I}(x)=\hat{I}'(x)+\varepsilon(x) \tag{15.11}$$

15.5 积雪产品质量提升

15.5.1 积雪产品概述

积雪是地球表面最为活跃的自然要素之一，随着全球气温上升，积雪参数成为环境变化的关键因子，监测其变化有着非常重要的意义。卫星遥感在积雪监测中有着覆盖范围广、时效性较强的优势，特别是在高山和偏远地区，气候环境复杂的情况下，遥

感技术可替代传统的地面积雪测量手段，提供大规模的积雪覆盖信息。随着遥感技术发展，越来越多的遥感器被用于积雪制图与监测中，如 AVHRR、MODIS、ETM+、VEGETATION、SSM/I、SMMR、AMSR-E 等。根据数据来源的不同，遥感积雪产品可分为光学产品、微波产品和融合产品（Frei et al.，2012）等。

光学产品是利用光学传感器获取的积雪反射特性来提取积雪信息，其代表产品有 NOAA/AVHRR 北半球每周积雪产品和 MODIS 每日积雪产品，其中 MODIS 每日积雪产品包括积雪二值产品和积雪覆盖度产品。光学产品空间分辨率相对较高（如 MODIS 每日积雪产品为 500 m），既能用于积雪时空动态监测，也能作为气候或者水文模型的输入参数。但是，云层干扰是影响光学产品质量的主要因素，特别是在积雪期难以获取云覆盖量小于 10%的产品，严重影响其后续的使用。

微波产品主要利用被动微波传感器获取积雪辐射微波信息，其代表性产品有 SSM/I 积雪深度产品、AMSR-E 雪水当量产品等。微波数据不受云层干扰，能全天时、全天候地观测，并且重访周期短，能快速实现全球覆盖。另外，微波还可以穿透大部分积雪层，探测到积雪深度和雪水当量的信息。但是，微波遥感产品的空间分辨率低（如 AMSR-E 每日雪水当量产品为 25 km），难以观测积雪的空间细节信息，不适合区域精细尺度的研究。

多源融合积雪产品是利用光学与微波传感器数据融合而成，例如 MEaSUREs 产品、Autosnow 产品及 NOAA IMS 产品等，其中交互式多传感器雪冰制图系统（the interactive multi-sensor snow and ice mapping system，IMS）是目前多源遥感卫星融合的代表产品，由 NOAA/AVHRR 传感器、地球静止轨道环境卫星（GOES）、日本地球静止气象卫星（GMS）、欧洲同步气象卫星（METEOSAT）、美国国防部极地卫星（US DOD polar orbiters）等多种光学与微波传感器数据融合而成。该产品可提供空间分辨率为 1 km、4 km 和 24 km 的北半球每日积雪面积产品，不受云层影响。

15.5.2 积雪产品去云方法

积雪光学产品，如 MODIS 积雪产品，具有较高的时空分辨率，在国内外被广泛应用，针对其受云层影响的问题，国内外学者研究了一系列积雪产品的去云方法，主要可以分为以下几类。

1. 光学-微波数据融合方法

光学-微波数据融合方法综合了光学数据的高空间分辨率及微波数据不受云层影响的优势，生成无云的积雪数据和产品。例如融合 MODIS 与 AMSR-E 产品，先将 AMSR-E 产品重采样至 500 m，再以其中的无云像元替换 MODIS 产品中对应的云像元，生成空间分辨率为 500 m 的无云积雪产品。Gao 等（2010）在美国西北太平洋区域进行了验证，发现在各种天气条件下，融合产品的总体精度为 79%，比 AMSR-E 产品精度略高出 5%，比起 Terra 卫星产品 MOD10A1、Aqua 卫星产品 MYD10A1 及两卫星合成产品 MODISDC 的总体精度分别高出 39%、45%、34%。其研究还表明，在适当牺牲空间分辨率的情况下，融合产品的总体精度可以提升至 86%；此外，融合产品会导致积雪的低估率增大，即将积雪重建为非雪地表的误差增大，这种不确定性的增加是由微波产品的空间分辨率过低所致，而且这种低估误差会随着被替换的云区面积增加而增加。因此，如何提高积雪产品重建的准确性，还需要进一步深入研究。

2. 雪线去云方法

雪线（snowline）去云方法是根据积雪在高程上的分布特点来推导云像元的积雪信息。雪线去云方法基于这一事实：气温随海拔升高而降低，所以海拔高的地方积雪融化慢。Parajka 等（2010）较为详细地研究了局部雪线去云方法，并应用于奥地利地区积雪去云。当云量小于规定的阈值时，取所有积雪像元的高程平均值作为雪线高程，取所有陆地像元的高程平均值作为陆地线高程，高程高于雪线的云像元被重新分类为积雪像元，高程低于陆地线的云像元被分类为陆地像元，其间区域的云像元被分类为片雪像元，片雪像元具有较大的不确定性。雪线去云方法适合处理位于低海拔和高海拔区域的云像元，而且重建精度随着研究区云量增大而降低。随后，研究者们充分考虑地形（高程和坡向等）、土地覆盖类型等因素对积雪分布的影响，并结合邻域像元的空间分布情况估计云像元的积雪概率，提高了雪线去云方法的去云精度。Paudel 等（2011）在喜马拉雅地区试验，其改进后的雪线去云方法可以去除约 38%的云量且错分率小于 2%。

3. 时相合成方法

时相合成方法通过合成每天或是多天的积雪产品来获取最小云覆盖率和最大积雪覆盖率的数据产品，但随着时间窗口增大，其时间分辨率和重建精度都会降低。

Terra 和 Aqua 卫星每日数据合成是应用较广泛的多时相合成方法之一。Terra 和 Aqua 卫星过境时间相差约 3 个小时，云的移动性使得两者每日的观测数据具有一定程度的互补性，该方法可减少 10%～20%的云量。Gao 等（2010）表明该方法在无云区的总体精度为 89.7%，比 Terra MOD10A1 产品的精度低 0.7%，比 Aqua MYD10A1 产品的精度高 1.4%。

多天合成方法又分为固定天数合成方法和可变天数合成方法。MODIS 8 天合成积雪产品（MOD10A2/MYD10A2）是典型的固定天数合成产品，其将 Terra/Aqua MODIS 每日积雪产品（MOD10A1/MYD10A1）在指定 8 天时间进行数据组合。Gao 等（2010）验证了固定天数合成方法在时间窗口为 2 天、4 天、6 天和 8 天时，其合成产品的云覆盖度逐步降低，分别为原覆盖率的 27%、12.5%、6.5%、3.8%；其在无云区域的重建精度也逐步下降，分别为原精度的 89.5%、89.0%、88.2%和 87.8%。这类方法可以去除绝大部分云覆盖，然而，固定时间窗口方法在一定程度上降低了数据产品对降雪事件的监测能力。可变天数合成方法通常是基于给定的云覆盖阈值，例如控制云覆盖度在 10%以内，然后灵活选取时间窗口的开始日期和结束日期。这类方法时间分辨率较高（平均 2～3 天），但是当遇到一些特殊的天气情况，如持续阴天，该类方法的时间间隔会超过 8 天，甚至长达数周。

邻近时间推导/替换法是另一种较为常见的重建方法，它利用云像元最邻近时间的观测信息推导或是替换当前云像元（Hall et al.，2010）。该方法假设积雪在邻近一日或两日内不会发生变化，因此重建精度在积雪持续期间明显高于积雪过渡期。该类方法能保持时间分辨率不变，但不能控制每景影像上云的覆盖度。

积雪周期方法（Gafurov et al.，2009）使用了更长时序的积雪信息。该方法在一个水文年中设定两个阈值时间，分别为积雪开始积累日和结束融化日。该方法能去除所有的云覆盖，但是忽略了积雪在一个水文年中的多周期性。在此基础上，Paudel 等（2011）在多个积雪周期中分别设定三个阈值时间，具体为积雪开始累积日、积雪覆盖率最小日和最大日，改进后的方法也能有效提高重建精度。

总体而言，时相互补合成方法充分利用遥感积雪产品的时相互补信息，能有效地减少甚至完全去除积雪产品中的云覆盖，该类方法简单易行，重建精度通常较高。此外，相对于单纯依靠时间关联信息进行去云，将时间相关性与空间相关性结合来共同判定云区积雪信息将会提高重建精度，值得进一步研究。

第 16 章　战场环境信息应用

利用丰富的高分辨率、高光谱遥感数据能够帮助获取军事地物要素和战场环境动态信息，为多层次、多角度、全天候和实时地掌握战场形势提供有力的信息支撑。在科索沃战争、阿富汗战争及伊拉克战争等几场代表性的局部战争中，美军利用遥感卫星和飞机从空中侦察、派遣特种部队抵近勘察等手段，获得了作战区域典型地物要素分布的精细资料，为精确、快速的战场感知提供了信息支撑，也证明了遥感技术作为情报获取手段在战争中的应用潜力。

战场环境信息情报的优势争夺是制约战争胜负的关键要素。在军事应用中，根据各类军用遥感卫星的观测数据，可以提供全面的、高精度的战地军事侦察、测绘、导航、定位、预警、监测及气象预报等信息。但是，遥感图像质量不可避免地会受到噪声、模糊、信息缺失等多种辐射降质因素的严重影响，使得现有数据很难直接满足特定的应用需要。本章将主要针对军事应用需求，介绍相应的遥感数据质量提升方法，主要包括全球 DEM 产品生成、大视场多镜头成像拼接、远距离斜视图像复合降质复原、弱小目标检测、军事图片篡改检测。

16.1　全球 DEM 产品生成

16.1.1　DEM 产品概述

地貌形态是军事作战时首要考虑的战场环境因素之一。数字高程模型（digital elevation model，DEM）作为地貌形态的重要表达方式，是地理空间数据的重要组成部分。在建立 DEM 的基础上，其他的地形特征值如空间位置特征、坡度、坡向等地形属性特征，都可由高程模型派生得到。因此，获取和生成高质量的 DEM 数据不仅对军事应用具有重要意义，也对水文、地质、生态、农业等各个领域的研究和应用具有重要价值。

随着数字摄影测量与遥感技术的不断发展，获取 DEM 数据的能力日益增强。直接通过遥感图像立体像对，根据视差模型选取同名点，可建立数字高程模型。美国国家航空航天局利用对地观测卫星 Terra 的观测结果得到了 30 m 分辨率的全球数据先进星载热发射和反射辐射仪全球数字高程模型（advanced spaceborne thermal emission and reflection radiometer global digital elevation model，ASTER GDEM），是光学高程数据产品的代表，在目前公开的全球 DEM 数据产品中，ASTER GDEM v2（第 2 版本数据）具有最高的分辨率及最广的覆盖范围。然而由于光学成像易受到天气条件的影响，ASTER GDEM 数据存在大量异常值和噪声干扰。合成孔径雷达干涉测量（InSAR）技术能够求取同一地区的两幅雷达干涉图像，经过相位解缠获取地形高程。最具代表性的即美国奋进号航天飞机雷达地形测绘任务（shuttle radar topography mission，SRTM）获取的 DEM 数据产品，覆盖全球 80%以上陆地表面，发布的数据产品包括 90 m 分辨率的 SRTM3 数据和 30 m 分辨率的 SRTM1 数据。然而，雷达侧视成像模式使其观测易受到地形倾角的影响，在坡度较大的起伏地形区域容易形成数据空洞。图 16.1 展示了三个主要的全球数据集样例数据三维晕渲图，从图 16.1 中可以观察到，不同 DEM 数据对地形细节的表达能力有较大区别，SRTM3 数据分辨率较低，ASTER GDEM 的噪声严重，而 SRTM1 具有较高的分辨率，对地形细节的表达最清晰，但是数据中有明显的空缺。

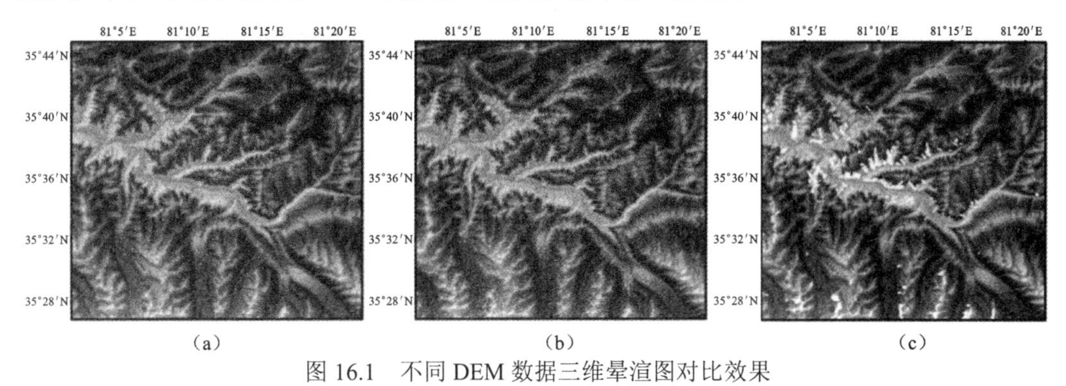

图 16.1 不同 DEM 数据三维晕渲图对比效果

（a）～（c）分别为截取自 SRTM3、ASTER GDEM 和 SRTM1 数据样例

总地来说，尽管对地观测技术为人们提供了不同空间分辨率、不同精度的 DEM 数据产品，然而受到成像技术、生产方式等因素的影响，现有的 DEM 数据产品往往在空间分辨率、数据精度（DEM 的垂直精度）和覆盖范围等方面存在较多不确定性，影响了数据的后续应用。

16.1.2 全球无缝 DEM 产品融合技术

单一来源的 DEM 数据往往在质量上不能完全满足应用的需求。针对 DEM 数据异常值、噪声、空洞等常见的质量问题，通过联合多源观测信息来提升数据质量，是提高 DEM 数据信息表达能力的有效手段。

针对 DEM 数据集的异常值、噪声和空间缺失的问题，传统的思路一般是利用插值方法对 DEM 进行校正和缺失填补。与一般影像插值方法不同，DEM 插值具有地理空间意义，是对地理目标的空间相关关系的一种重组。常用的 DEM 插值方法有双线性插值法、样条函数插值法、反距离加权法、克里金插值方法及 ANUDEM 插值方法等（Hutchinson et al.，2011）。这些插值方法大多基于数据本身，考虑几何或者地理统计的因素，虽然能够借助离散的采样点生成 DEM 曲面，但是所利用的数据信息量非常有限，因此精度也受到较大限制。ANUDEM 插值方法借助地形特征线（如汇流线等）对插值过程施加约束，能够利用输入的辅助数据在插值过程中进行约束，取得了较好的效果。该方法目前已经被集成加入 ArcGIS 的 Topo to Raster 工具，得到了广泛的应用。这种插值方法引入辅助数据，类似于数据融合的思想，能克服单一数据的限制，提高数据的利用效率。

DEM 融合技术通过挖掘数据之间的互补信息，来克服数据质量的缺陷，提高数据精度（Papasaika et al.，2009）。与传统遥感图像的区别是，DEM 记录的不是传感器直接观测得到的地表反射率信息，而是经过处理和解译得到的地表高程信息，因此与遥感图像具有不同的特点。首先，相比地物的光谱变化，地表高程起伏更加稳定，在中高分辨率的数据中很难区分短时间内的地形沉降、地物变化与数据的系统和随机误差。并且，DEM 数据灰度变化反映的是地形的高低起伏，也与遥感图像中地物纹理的变化性质有所区别。此外，不同 DEM 数据其观测手段和生成方法是非常多样化的，因此受到观测值本身和生成过程系统误差和随机误差的共同影响。在数据融合时，需要结合数据本身的特性，考虑传感器观测参数、成像模式等方面的差异，针对数据配准、数据模型特点、应用需求等问题制订相应的融合策略（岳林蔚，2017）。

在实际应用中，数据融合的情况较为复杂。目前，学者们已经在多源 DEM 融合的方法上做出了大量探索。然而，具有互补信息的高程数据产品通常由不同观测技术和处理方法获得，在精度和尺度方面存在较大差异，为融合过程带来挑战。因此，目前 DEM 融合仍然缺乏统一的方法体系。下文将主要根据融合的目的，对现有的 DEM 融合方法进行介绍。

针对 DEM 数据中常见的噪声和异常值问题，Karkee 等（2008）尝试在频率域将低分辨率 DEM 的高频成分和高分辨率数据的低频成分融合，来抑制高分辨率数据噪声。该方法针对 90 m 分辨率的 SRTM 数据和 30 m 分辨率的 ASTER GDEM 数据进行了实验，通过这种融合能够提升 ASTER GDEM 的整体精度，一定程度上缓解光学数据产品中的噪声影响。但是，该频率域方法在变换和融合过程中会不可避免地损失原有高分辨率数据的地形细节。Arefi 等（2011）尝试用 ICESat 激光雷达测高数据为控制点，利用移动平均插值算法得到插值面，来提高 ASTER GDEM 的垂直精度。插值方法是传统点面融合常用的手段，然而插值方法仅利用了单一的数据源信息，在离采样点较远的位置会造成较大的误差。Papasaika 等（2011）将稀疏表达框架引入 DEM 融合过程中，建立数据集的表达模型，可以提高 DEM 数据的空间分辨率，然而该模型的通用性还有待提升。

针对 DEM 数据空洞问题，学者们进行了较多的研究工作。当空洞较小时，可以利用邻域插值进行修复；当空洞范围较大时，通常思路是利用辅助数据信息来进行填充。最简单的做法就是用其他辅助的 DEM 数据直接填充空洞，再考虑垂直面的差异消除拼接缝隙。Luedeling 等（2007）基于差分曲面算法进行了改进，提出了基于不规则三角网差分曲面的填充算法。基本思想是假设两个数据在相同范围地形起伏程度相似，分别计算两个数据的不规则三角网基准面和实际地形的差分曲面，再进行填充，从而更加充分地利用两个数据之间偏差对应的先验信息。此外，学者们也尝试将图像处理、地统计等领域的思路引入 DEM 融合的问题。其中，Jhee 等（2013）结合基于样例学习的单幅超分辨率思想和多尺度卡尔曼滤波来填充高分辨率数据中的数据空洞。Jiang 等（2014）利用最大似然框架，融合 TerraSAR-X 和 COSMO-SkyMed 两个卫星分别获取的升降轨 InSAR DEM 数据，来减少空洞像素比例。Yue 等（2015）提出基于正则化变分的多尺度融合方法，能够同时克服噪声和空洞的影响，提升数据分辨率，但融合结果的分辨率和精度水平受限于输入的 DEM 数据。

在发展方法的基础上，一些学者也尝试对全球 DEM 数据产品进行融合处理。针对

SRTM 数据中的大量空洞，Reuter 等（2007）提出了一种结合多源数据的空洞填充策略，针对不同地形和不同大小的空洞缺失，选择不同的插值方法。该方法的优点是处理简单，利用该方法得到的无缝 DEM 产品 SRTM3 v4.1 是目前应用最为广泛的 DEM 数据产品（Yang et al.，2011）。Robinson 等（2014）融合多源数据集（主要是 30 m 分辨率的 ASTER GDEM、90 m 的 SRTM 和 90 m 的 GLSDEM），经过数据拼接、滤波平滑等处理步骤，生成了 EarthEnv-DEM90 产品，可以应用于全球的流域分析，为对地观测应用提供了基本的地形参数。

16.2 大视场多镜头成像拼接

20 世纪 90 年代，海湾战争等历次高技术战争检验了很多高精尖武器的实战性能，其中包括侦察卫星。然而美国的侦察卫星却暴露出了一些战术应用弱点，不足之处突出表现在成像幅宽太窄、缺少宽覆盖图像、不能及时获得整个战场的图像情报信息。当时的 KH-11 和 KH-12 卫星虽然空间分辨率非常高，但因观测幅宽太窄，侦察时犹如用麦管观测地球，使得美国成像侦察卫星系统在海湾战争中使用不理想。由此，军事信息化作战对大视场成像的需求越来越强烈。

由基本的成像模型可以得出：刈幅÷地面分辨率=成像探测最小单元数量，对于 CCD 探测器，则等于 CCD 的有效像元数。目前光学遥感成像卫星要么刈幅很宽但地面分辨率很低，要么地面分辨率很高，而刈幅很窄。为提高观测效率，扩大地面覆盖面积，要求相机的视场角要尽量大。同时，地面分辨率的提高又必须要求 CCD 像元数增多，因此大视场高分辨率探测器正向着多片 CCD 拼接的方向发展。在进行多片 CCD 拼接时，每片 CCD 采集图像的灰度特性差异难以避免，从而导致直接合成的大视场彩色图像存在严重的色带和片间色差。另外，图像配准对齐后，在重叠区域会出现明显的拼接缝问题。为了获得连续的无缝宽覆盖图像，需要对拼接图像进行颜色一致性处理，以及对重叠区域的拼接缝进行平滑过渡处理。

16.2.1 图像色彩一致性处理方法

不同 CCD 采集的图像由于光照差异、系统处理差异等因素，会导致相邻图像的亮度不均匀、色彩不一致，给后续的图像拼接和解译等处理带来一定困难。若不进行图像色彩一致性处理，其结果会存在明显的拼接缝，形成块效应，因此，图像色彩一致性处理具有重要的理论意义和实际应用价值。多幅图像色彩一致性处理也称为图像间匀色。目前，图像间匀色处理已涌现大量算法，比较成熟并得到广泛应用的方法主要包括矩匹配方法、Wallis 滤波方法等。

1. 矩匹配方法

矩匹配方法类似于局部直方图调整，该方法按照参考图像的局部直方图信息对目标图像的局部直方图信息进行调整，使之获得与参考图像一样的灰度值，从而使两者目视效果具有良好的一致性。假定参考图像的灰度值符合正态分布，现通过运算将待纠正图像变成一幅正态分布图像，则有如下等式成立，等式两边皆服从标准正态分布 $N(0,1)$。

$$\frac{I_{\text{new}(k)} - \mu_{\text{new}(k)}}{\sigma_{\text{new}(k)}} = \frac{I_{\text{ref}(k)} - \mu_{\text{ref}(k)}}{\sigma_{\text{ref}(k)}} \tag{16.1}$$

式中：I 为像元灰度值；$\mu_{\text{new}(k)}$ 和 $\sigma_{\text{new}(k)}$ 分别为目标图像在局部窗口 k 内的方差和均值；$\mu_{\text{ref}(k)}$ 和 $\sigma_{\text{ref}(k)}$ 分别为参考图像在局部窗口 k 内的方差和均值。将式（16.1）变化一下即可得

$$I_{\text{new}(k)} = \frac{\sigma_{\text{new}(k)}}{\sigma_{\text{ref}(k)}}(I_{\text{ref}(k)} - \mu_{\text{ref}(k)}) + \mu_{\text{new}(k)} \tag{16.2}$$

还可以简化为

$$I_{\text{new}(k)} = r_1 I_{\text{ref}(k)} + r_2,\quad r_1 = \frac{\sigma_{\text{new}(k)}}{\sigma_{\text{ref}(k)}},\quad r_2 = \mu_{\text{new}(k)} - r_1\mu_{\text{ref}(k)} \tag{16.3}$$

根据式（16.3），建立灰度映射关系，即可完成图像匀色。

矩匹配方法简单，处理速度快，能起到良好匀光匀色效果。相比对图像进行整体直方图匹配，矩匹配方法对图像局部色彩调整效果更佳。

2. Wallis 滤波方法

Wallis 滤波具有增强局部纹理、减轻邻域亮度差异的显著效果，被广泛应用于图像匹配、色彩均衡处理等领域。Wallis 滤波是一种基于平滑算子的局部影像变换算法，该算法通过调节图像整体的反差值，对模型参数进行均衡处理，达到色彩增强的效果。

Wallis 滤波的一般形式为

$$I_{\text{new}}(x,y) = \frac{cs_{\text{new}}}{(cs_{\text{org}} + (1-c)s_{\text{new}})}[I_{\text{org}}(x,y) - m_{\text{org}}] + bm_{\text{new}} + (1-b)m_{\text{org}} \tag{16.4}$$

式中：m_{org} 和 s_{org} 分别为以像元 $P(x,y)$为中心的窗口内的图像像元的亮度均值和标准差；m_{new} 和 s_{new} 为图像的期望均值和标准差；$c,b \in [0,1]$ 为混合系数，当 $b \to 1$ 时，原始图像灰度均值被强制调整到 m_{new}，当 $b \to 0$ 时，原始图像灰度均值 m_{org} 保持不变。当滤波窗口移动时，m_{org} 和 s_{org} 随像元位置的变化而变化，可以看作像元点位置相关的函数。

典型的 Wallis 滤波器中将 c、b 取值为 1，此时 Wallis 滤波器可改写为

$$I_{\text{new}}(x,y) = \frac{s_{\text{new}}}{s_{\text{org}}(x,y)}[I_{\text{org}}(x,y) - m_{\text{org}}(x,y)] + m_{\text{new}} \tag{16.5}$$

按照上述特例公式的 Wallis 滤波，这种插值方式只需要全图完成一次分块统计，主要的运算量在双线性内插上，相比传统 Wallis 滤波大大减少了运算量。

16.2.2 接缝线查找与消除方法

1. 接缝线查找方法

接缝线也称为镶嵌线。两幅遥感图像镶嵌时，需要在重叠区域内查找到一条最佳的接缝线，如图 16.2 所示。只有当最佳接缝线满足在接缝线上不同的图像具有最大的相似

性，相邻图像的色彩、结构、纹理差异最小时，镶嵌图像在接缝线两侧的差异才能够尽量最小化。另外如果接缝线穿过复杂地物内部时，通常会造成军事目标人为割裂，甚至出现重影、错位等现象。因此，图像拼接是要顾及遥感图像的局部色彩特征，并且绕开复杂地物，形成目视自然的大场景遥感图像。

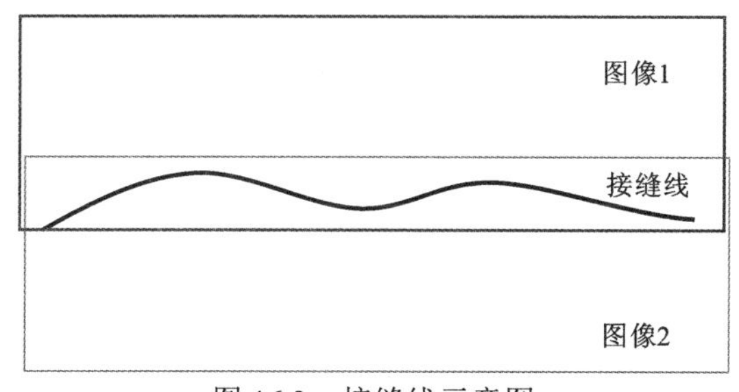

图 16.2　接缝线示意图

已有的研究成果中，接缝线自动查找思路大体都是构建一幅表示障碍区域（建筑、道路和车辆等）和非障碍区域（一般为均匀地面）的图像，称之为代价图像，代价图像上标识了在图像上不同位置移动所需的花费，障碍区域的移动花费较高，非障碍区域的移动花费则较低。代价图像构建完成后，再将接缝线优化查找问题转化成在代价图像上的最优路径规划问题，即提取一条总花费值最小的路径作为最终的接缝线。

接缝线自动提取问题可分为构建代价图像与路径规划这两个主要步骤。代价图像生成可以基于差值图像、边缘图像，或是基于 DSM、LiDAR 点云等辅助数据；最优路径提取可以使用 Dijkstra 算法、A*算法、动态规划等算法。实际上，这几类算法进行相关组合便可以发展出新的接缝线自动提取算法，当然某些代价图像或路径规划算法有其适用性。

2. 接缝线消除方法

接缝线消除方法通常是在一定缓冲区域内进行图像融合处理，从而消除接缝痕迹。所用方法有加权平均法、强制改正法、泊松校正法、多分辨率融合法等，下面主要具体介绍加权平均法和泊松校正法。

1）加权平均法

加权平均法的处理思路是将点到接缝线的距离作为参考权值，对两幅图像重叠的像素值分别乘以各自的权后再叠加取平均值，作为融合图像区域中的对应的像素值。其表达式为

$$f_p = \frac{(w+d)f^1 + (w-d)f^2}{2w} \tag{16.6}$$

式中：f_p 为融合后像素点 p 的值；w 为缓冲宽度；d 为像素点 P 至接缝线的距离，如图 16.3 所示。f^1 和 f^2 分别为点 p 在图像 1 和图像 2 上对应位置的像素值。由式（16.6）可以看出，随着距离 d 的变化，对应像素的权值也在变化，加权平均法中像素点越靠近接缝线，其像素值越接近于所处图像对应位置像素值，从而可以实现两幅图像间的平滑过渡（图 16.3）。

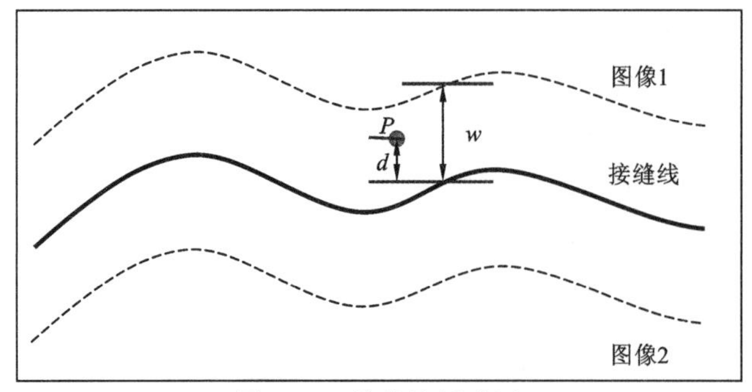

图 16.3　接缝线缓冲区

2）泊松校正法

泊松校正法也可作为一种接缝线消除方法，且能取得较显著的处理效果。这种方法最初由 Pérez 等（2003）提出并用于图像无缝克隆。该方法通过泊松方程对校正过程进行建模，并以一种全局优化方式进行求解，能获得较理想的校正结果。泊松方程可表示为

$$\Delta\hat{f} = \Delta f \text{在}\ \Omega \text{上,并且}\ \hat{f}\,|_{\partial\Omega} = g\,|_{\partial\Omega} \tag{16.7}$$

式中：Ω 为待校正区域（缓冲区）；f 为待校正区域灰度值；$\hat{f}$ 为校正后的灰度值；g 为参考区域（缓冲区周围区域）；Δ 为拉普拉斯算子。进行数值求解时，上述模型需要先通过像元格网进行离散化，其离散形式为

$$|N_x|\,\hat{f}_x - \sum_{y\in N_x\cap\Omega}\hat{f}_y = \sum_{y\in N_x\cap\partial\Omega} g_y + \sum_{y\in N_x}(f_x - f_y) \tag{16.8}$$

式中：N_x 为像元 x 的 4 邻域；$\hat{f}_x$ 为 $\hat{f}$ 在像元 x 点的值。该简单线性方程可用高斯-赛德尔迭代算法进行稳定快速求解。

16.3　远距离斜视图像复合降质复原

由于军事航空侦察的特殊性，航空飞机的飞行姿态、飞行高度及航空相机相对载机平台方位的变化，所拍摄的图像往往是斜视影像。在对斜视图像进行几何纠正后，还要考虑斜视图像的辐射退化问题。斜视遥感信号在产生、传输、接收和记录的过程中，由于受大气环境、成像角度、平台抖动和高速移动的作用，经常会导致获取的遥感图像受到复合辐射降质因素的影响，图像可能受到噪声、模糊、雾霾、阴影、像元缺失和分辨率下降等多种降质因素的混合影响，从而影响了后续军事目标的解译精度和识别能力。在实际中图像退化降质过程并非顺序执行的，各个降质因素之间通常存在一定的耦合，不能直接使用单因素的图像复原算法进行简单叠加处理，因此需要对多种降质因素进行统筹考虑。

16.3.1　基于正则化变分的复合降质图像复原方法

考虑遥感图像获取时的多种辐射降质因素，低质图像的退化过程可描述为

$$I = DH[TJ + A(1-T)]S + N \tag{16.9}$$

式中：I 为观测图像；J 为高质量目标图像；D 为降采样矩阵，反映图像分辨率下降，需要进行超分辨率重建处理；H 为模糊算子，反映图像受到传感器或大气效应影响，细节模糊，需要进行 MTF 估计和补偿处理；T 为图像透射率，反映图像受到薄云或雾霾的干扰，需要进行去雾操作，其中 A 为全局范围内的大气光值，代表整幅图像中雾浓度最大像素的强度值；S 为阴影分量，图像受成像角度和地形因素的干扰产生阴影区域，这些区域经常是军事目标的隐藏点，如果不进行有效地去除，将对军事目标的侦察产生严重的影响；N 为图像附加噪声。

上述多因素图像复原问题是典型的病态逆问题，可利用正则化技术，引入合适的先验约束条件，构建稳定的变分求解框架，获得复原估计解 $\hat{J}$：

$$\hat{J} = \arg\min\{f(I,J,D,H,T,A,S) + \lambda R(J) + \beta R(H) + \gamma R(T)\} \tag{16.10}$$

式中：等号右边第一项是数据一致项，表示目标图像与原始观测数据的一致程度；后三项为先验项，描述图像的结构或者统计特征，如总变分最小、稀疏先验、低秩先验等，具有较好的细节保持和噪声抑制能力；λ、β、γ 为正则化参数，调节数据一致项与先验项之间的平衡，可用于控制不同区域的复原程度。

16.3.2 基于深度学习的复合降质图像复原方法

近年来，深度学习的方法在图像复原领域得到了广泛关注。对于复合降质图像，基于深度学习的相关复原方法通常是在某个单因素复原网络模型的基础上，使用一些多因素降质图像的数据集进行训练，试图通过大量的训练样本使神经网络自动学习从复合降质图像到清晰图像的映射。其中 Lim 等（2017）直接使用 DIV2K 数据集（Timofte et al.，2017）中具有一定模糊的低分辨率图像训练了一个端到端的复原网络，较好地去除模糊并提升图像分辨率。但是这种盲复原方式训练得到的模型十分依赖于训练数据的特性，只能处理和训练数据中具有相近退化程度的图像，对降质因素更加复杂的实际场景图像处理效果不理想。为了增强算法的泛化能力，有学者提出结合图像先验信息的深度学习模型，在复原系统中引入模糊核估算、噪声等级估算、云雾信息估算等方法获取图像先验信息作为约束，将盲复原网络模型转化为非盲复原网络模型来提高对复合降质图像的复原能力。

总之，由于自然图像上地物复杂，遥感斜视成像环境复杂，针对遥感图像复合降质因素的复原研究仍然是目前图像复原领域的难点问题。

16.4 弱小目标检测

16.4.1 弱小目标检测概述

在现代化战争中，对来自空中的敌对飞行目标、地面车辆或行人目标、海上舰船等众多小目标的精确锁定和跟踪，有助于系统地做出准确判断和指挥。因此，对于遥感图像中的目标尤其是弱小目标的检测在军事应用中是迫切需要的。由于遥感成像距离较远，在大气扰动、光学散射等外界因素的影响下，遥感图像中的军事目标呈现“弱”和“小”的特征。其中“弱”这个特征主要是指目标的信噪比及目标与背景的对比度较低；“小”这个特征主要指目标在整幅遥感图像上所占有的像素少。因此，由于弱小目标在图像视野中尺寸较小、分辨率低、特征不明显，对于这类目标的检测难度较大。

遥感图像中的弱小目标检测结合了目标定位和识别，目的是在复杂的遥感图像背景中找到若干目标，对每一个目标给出一个精确的目标边框（bounding box），并判断该边框中目标所属的类别。对于图像中弱小目标的检测，通常定义弱小目标为长宽小于原图尺寸的10%或者尺寸小于32×32像素的小目标（Bell et al.，2015）。对于实际弱小目标，传统人工设计特征表达算法存在较大的局限性，其检测器依赖于数据自身特征结构，泛用性较弱。深度学习技术的出现，推动了目标检测的快速发展。基于深度学习的弱小目标检测方法得到了广泛的研究和关注。

利用深度学习检测弱小目标时，在常规目标检测数据集上的检测效果并不好，需要专门针对弱小目标特征的数据库，完成训练和检测任务。常用的弱小目标检测数据集有如下几个。

（1）航空影像目标检测大型数据集（a large-scale dataset for object detection in aerial images，DOTA）（Xia et al.，2018）。DOTA是航拍图像中物体检测的大型数据集，它可用于训练和评估航拍图像中的小物体检测模型。包含来自不同传感器和平台的2 806幅航拍图像，每幅图像的尺寸在800×800像素到4 000×4 000像素范围内，并且包含各种尺度、方向和形状的目标，完全标记的图像包含约188 282个物体。由于是航拍图像，DOTA中标记的物体包含较多分辨率较低的小目标物体。

（2）航空影像车辆检测（vehicle detection in aerial imagery，VEDAI）数据集。VEDAI数据集提供了一个新的航空图像数据库，作为在无约束环境中对自动目标识别算法进行基准测试的工具。该数据库中的车辆目标除尺寸较小外，还表现出不同的变化，例如多重方向、光照变化、镜面反射或遮挡等，此外，每个图像都提供多种光谱带和分辨率，同时还给出了精确的实验方案。VEDAI 数据集具有较好的迁移和泛化能力，可根据任务需求对标注文件进行变换。

（3）COCO（common objects in context）。COCO是一个包含物体检测、类别分割及字幕数据集等多方面数据内容的数据集。该数据集涵盖了80个不同大体类别信息，2014年发布的数据集中，总共包含82 783张训练图像、40 504张验证图像，这两部分图像包含的标注框共有886 266个。COCO数据集中场景复杂且包含小目标数量较多，经统计小目标数量占原始图像数据的41%。

（4）其他一些数据集。RSOD-Dataset是用于遥感图像中物体检测的开放数据集，该数据集包括4个文件，对应于飞机、油箱、游乐场和立交桥4类目标，采用 PASCAL VOC的数据集格式。UCAS-AOD 数据集由中国科学院自动化研究所模式识别国家重点实验室标注，包含汽车、飞机及背景负样本。

16.4.2 弱小目标检测方法

弱小目标检测在计算机视觉中是一项具有挑战性的任务。随着深度学习的发展，基于深度学习的方法由于其自身使用的灵活性及较高的检测精度，已经逐渐取代了原始手工特征的方法。基于深度学习的弱小目标检测方法，根据检测任务的特点，常将检测问题归为针对候选区域进行分类与回归的问题。从检测策略上，小目标检测方法通常可以分为两种：基于候选框生成方法、基于关键点回归方法。

1. 基于候选框生成方法

深度学习发展初期，目标检测方法主要分为两种检测器：单阶段检测器和两阶段检测器。无论是上述的哪一种检测器方法，都会产生候选框，然后对这一系列候选框进行分类和回归，获得候选框与真实框之间的映射关系，从而在训练阶段能够通过预测候选框与真实框之间的偏移损失，不断地提高网络对候选框的学习精度。生成候选区域的方法诸多，本小节只介绍最为常见的三种方法：滑窗方法、选择性搜索方法和锚方法。

滑窗方法实际上是使用不同尺寸的框或窗口在图像上滑动，以此穷举出所有可能的窗口；然后利用分类器对这些窗口进行分类，判断是否需要保留相应的窗口。由于目标对象的尺寸不一，滑窗的过程中不仅需要在图像中搜索出所有目标可能出现的区域，还需要通过不同的窗口比例进行搜索。滑窗方法比较适用于固定长宽比的目标对象，譬如人脸或者行人。当需要搜索多种长宽比例的目标时，就需要对成千上万的图像块进行分类，从而造成大量的计算和冗余（真正包含目标的窗口实际只占据很小一部分比例）。

选择性搜索方法是一种基于图的分割方法，根据图像自身的信息产生推荐区域。其主要实现过程首先使用过分割手段将图像分割成若干小区域；然后将上述小区域中相似性最高的两个子区域进行合并，其中相似性的度量可以利用颜色相似度、纹理相似度、面积大小相似度等规则，直到整张图像融合出唯一区域位置；最后输出所有结果区域，称为候选区域。该方法能保证不会遗漏当前搜索尺度下的目标，但是计算量过大，效率不高。

锚方法和滑窗方法类似，但不同之处在于，锚方法是采用不同长宽比例和不同尺寸比例的锚在特征图上进行的滑窗。锚是指一组具有一定高度和宽度的预定义边界框。锚方法主要思想在于利用这些框捕获特定长宽比例的待检测目标对象。锚的长宽比通常根据训练数据集中的对象预先设定。例如在 Faster-RCNN（Ren et al.，2015）框架中，在每个像素点位置，预先设定了 9 种尺寸的锚框，分别对应 3 种不同的长宽比（1∶1、1∶2、2∶1）及 3 种不同的面积尺寸（128^2、256^2、512^2）。具体来说，原始图像经过一系列卷积层、池化层及激活函数操作之后，在卷积层中任意一个特征图的像素点位置放置预先设定的不同尺度的锚框，此时锚框的中心点与特征图每个像素点位置重合。假设有 k 种锚框，特征图尺寸为 $W\times H$，那么，整张特征图上将共有 $W\times H\times k$ 个锚。每个锚框映射到原始图像上对应一候选框，在每个滑窗位置同时能够预测 k 个候选框。在两阶段检测器（如 Faster-RCNN 系列）中，锚框实际上就是初始的检测框，用于判断是否包含检测目标。总体来说，锚方法能够大幅度提高深度学习卷积神经网络框架中检测部分的检测速度及检测效率。但是其缺点在于需要提前设计锚的尺寸，增加了先验设计的环节。

2. 基于关键点回归方法

基于关键点回归方法是将基于候选框生成方法中生成候选框部分转化为基于角点（边界框的左上角和右下角）或者基于中心点的方法，如图 16.4 所示。

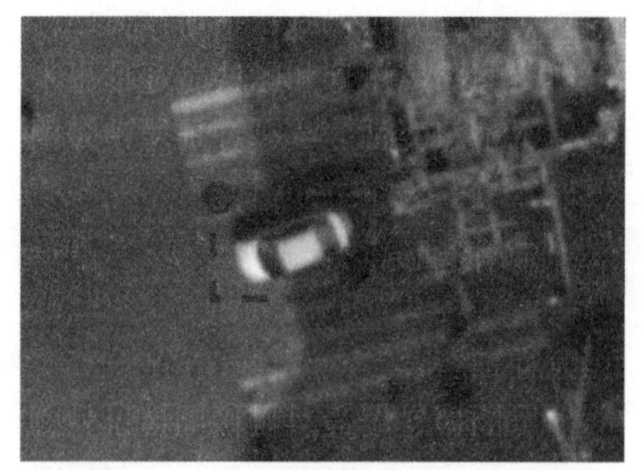

图 16.4　基于关键点回归方法示意图

基于角点的检测方法通过分类合并特征图中生成的角点对，从而通过后处理获得预测边界框。通过该方法不需要提前设计锚框，使检测过程更加具有普适性。而基于中心点的回归方法，其基本思想是计算特征图上每个像素点位置为目标中心点的概率，这种方法可以在没有任何先验锚点的情况下直接得出边界框的长宽信息。基于关键点回归的方法由于不需要依赖于数据集特点，其发展潜力较大。

16.5　军事图像篡改检测

16.5.1　军事图像篡改概述

随着图像处理软件的发展，人们可以轻松地完成对图像的处理和编辑。近年来在军事领域中，篡改图像也随着技术的快速发展变得真假难辨，其影响有利有弊：有利方面是图像篡改手段可以作为信息隐藏方式，保护本国的重要军事目标不被泄露；其弊端也很明显，如若敌人对图像情报进行篡改和伪造并故意泄露给我方，将导致我方决策错误甚至战略失败。图 16.5 和图 16.6 分别展示了两组军事目标篡改的例子。图 16.5 中线框区域内的军事基地被修改隐藏。图 16.6 中（b）是某国发布该国已经成功试射多枚远程导弹的伪造图片，图 16.6（a）是其事后公布的真实图片。

（a）真实图片

（b）修改后图片

图 16.5　军事目标隐藏

（a）真实图片

（b）修改后图片

图 16.6　军事目标伪造

由此可见，图像篡改在军事领域时有发生，要时刻警惕军事图像情报的真实性。这些伪造照片不仅会影响公众意识，而且会影响军事外交等诸多领域。因此，图像篡改检测具有十分重要的意义。

16.5.2　图像篡改检测方法

当前的图像篡改检测方法主要分为主动检测方法和被动检测方法两种。主动检测方法的基本方式是通过添加附加信息对数字图像进行真伪鉴别，例如预先嵌入数字水印，其检测原理是提取当前图像的水印信息与预先嵌入的水印信息进行对比，如果不一致就说明数字图像被篡改过。该技术可以鉴定图像的原创性、完整性，主要应用于版权保护。但在实际中，由于设备成本、图像质量等因素的限制，大多数的数字图像都没有嵌入水印信息。被动检测技术直接对图像本身进行操作和鉴定，事先不需要对图像做任何处理，实用性更强，因此被动检测方法得到了更多的关注。被动检测方法的实现过程一般是通过分析和检测图像所产生的信号，鉴别图像的来源，判断图像是否经过了处理，以及在何处经过了怎样的图像处理。

在实际应用中，人们往往更多地关注图像内容的真伪，以及篡改位置的定位。图像篡改过程通常涉及一系列的篡改操作，包括区域复制、拼接合成、重压缩、重采样及各种基本的图像处理操作（亮度/对比度/色度调整、模糊羽化、滤波操作等），而这些人为的处理操作不可避免地会留下相应的篡改痕迹，破坏自然图像数据之间内在的一致性特征。因此，基于被动检测技术的图像篡改检测方法大多以数字图像内在统计特性的一致性为基础，具体方法可分为以下几大类。

1. 区域复制篡改检测

在区域复制篡改中，复制区域来源于同一幅图像，篡改区域的特征与图像源区域是相似的，因此，区域复制篡改检测算法的主要原理就是寻找图像中是否存在具有一定面积的高度相似区域。针对这种篡改方式的检测技术主要有基于块的检测方法、基于特征点的检测方法和基于图像分割的检测方法。

基于块的检测方法是采用块匹配搜索的方式，将数字图像划分成不同的区域块，其中大部分的分块方法是将图像分成非重叠的方形块，即用 $a \times a$ 的方形窗口从图像左上角到右下角每次滑动一个像素进行扫描得到；然后对每个图像块提取块特征，块特征提取是整个算法的关键步骤，需要对图像块的几何变换和质量失真具有鲁棒性，其中离散余弦变换的变换系数、主成分分析、小波系数、奇异值分解等多种方式都被应用到块特征提取中；最后对图像块进行相似性排序，以此来判定篡改的图像区域。

基于特征点的检测方法是在输入图像中寻找信息高熵区，然后从高熵区提取特征向量，再进行特征相似度排序来确定篡改区域。其中从高熵区提取特征向量的方法包括 SIFT 算法（Lowe，1999）、SURF 算法（Bay et al.，2006）、Harris 角点等。相对来说，基于特征点的检测方法得到的特征向量数量较小，后续特征匹配和后处理所需时间不会太长，所以基于特征点的篡改检测的时间复杂度会明显低于基于块的篡改检测方法。

为了提高检测效果，同时降低检测过程的时间复杂度，一些研究者提出了基于图像分割的区域复制篡改检测方法。在基于分割的检测方法中，输入图像会被先划分为超像素，然后从每个超像素区域提取 SIFT 特征点进行特征匹配。通过特征点的匹配情况得到那些疑似在篡改区域的超像素。相较于基于块的检测方法，超像素不仅能够更好地拼接出篡改区域，同时会缩短检测时间，此外，用于匹配的特征点具有更好的抗几何变换性，能提高检测方法的鲁棒性。

2. 拼接合成篡改检测

拼接合成也是一种很常见的图像篡改手段。与上述区域复制篡改方式不同，拼接合成涉及不同图像之间特定区域的复制粘贴操作。由于两幅或多幅图像之间的拼接边缘一般会比较明显，篡改者常常会进行边缘羽化、模糊等润饰操作。同时，为了适应不同图像的分辨率，还通常会采用缩放、旋转等处理后再进行拼接合成操作。在这种情况下，往往会留下一定的人工篡改痕迹，破坏了图像的内在统计特性。因此，通过对图像本身的特征分析或是对羽化值的分析，可以检测出篡改的图像区域。主要的检测方法有基于光照不一致的检测方法、基于图像压缩的检测方法、基于模糊操作的检测方法等。

基于光照不一致的检测方法是基于不同图像成像时光照条件不同的特征。根据这一特征学者们提出了鉴定的依据，如果判定同一幅图像中不同区域的物体具有不同的光照方向，就可以认定图像是被篡改的。Mahajan 等（2008）根据这个原理，提出了基于球面频率不变量的方法检测图像光照方向，但该方法对多光源或阴天拍摄的图像会失效。Johnson 等（2007）提出利用图像中人眼的镜面反射来估计光照方向，该方法适合检测由多个人物拼接合成的篡改图像。

基于图像压缩的检测方法利用 JPEG 是一种有损压缩格式，当图像被篡改后再次存储为 JPEG 图像时，会受到二次压缩量化。图像经过两次压缩后离散余弦变换系数会发生周期变化，可根据系数的周期性特点来检测图像的真实性。另外，经过多次压缩的 JPEG 图像质量会下降，根据 JPEG 图像的特点，当检测出某一图像区域的质量低于其他区域时，可认定图像是篡改的。

模糊操作是掩饰篡改痕迹的常用操作之一，篡改者会在图像合成后采用模糊、渐变、淡化等润饰操作来使合成图像变得更加自然。基于模糊操作的检测方法是利用人工模糊会破坏图像在成像时所形成的失焦连续性，利用这一特点，通过统计边缘像素点的局部模糊度来判定图像是否被篡改过。其中，像素点的模糊度可以通过小波变换系数、边缘滤波或其他多种方式来进行估算。

参 考 文 献

布林斯基, 施利亚耶夫, 2008. 随机过程论. 李占柄, 译. 北京: 高等教育出版社.

晁锐, 张科, 李言俊, 2004. 一种基于小波变换的图像融合算法. 电子学报, 32(5): 750-753.

陈朝晖, 朱江, 徐兴奎, 2004. 利用归一化植被指数研究植被分类、面积估算和不确定性分析的进展. 气候与环境研究, 9(4): 687-696.

陈春宁, 王延杰, 2007. 在频域中利用同态滤波增强图像对比度. 微计算机信息, 23(6): 264-266.

陈劲松, 邵芸, 朱博勤, 2003. 一种改进的矩匹配方法在 CMODIS 数据条带去除中的应用. 遥感技术与应用, 18(5): 313-316.

陈述彭, 赵英时, 1990. 遥感地学分析. 北京: 测绘出版社.

陈维恒, 2002. 微分流形初步. 北京: 高等教育出版社.

郭金库, 刘光斌, 余志勇, 等, 2013. 稀疏信号表示理论及其应用. 北京: 科学出版社.

郭丽, 闫利, 刘宁, 2007. 小波同态滤波用于南极遥感图像阴影信息增强. 测绘信息与工程, 32(4): 6-7.

郭仲衡, 1998. 张量(理论与应用). 北京: 科学出版社.

郝宁波, 廖海斌, 2010. 基于同态滤波的高分辨率遥感图像阴影消除方法. 软件导刊, 9(12): 210-212.

胡广书, 2004. 现代信号处理教程. 北京: 清华大学出版社.

焦李成, 赵进, 杨淑媛, 等. 2017. 深度学习、优化与识别. 北京: 清华大学出版社.

焦竹青, 徐保国, 2010. 基于同态滤波的彩色图像光照补偿方法. 光电子·激光, 21(4): 602-605.

孔哲, 胡根生, 周文利, 2017. 遥感图像薄云覆盖下地物信息恢复算法. 淮北师范大学学报(自然科学版), 38(3): 53-59.

李超炜, 邓新蒲, 赵昊宸, 2017. 基于小波分析的遥感图像薄云去除算法研究. 数字技术与应用, 6: 137-139, 143.

李刚, 杨名宇, 2015. 基于联合变换相关的机载航空相机像移测量. 中国光学, 8(3): 401-406.

李刚, 杨武年, 翁韬, 2007. 一种基于同态滤波的遥感图像薄云去除算法. 测绘科学, 32(3): 47-48.

李树涛, 王耀南, 2001. 基于树状小波分解的多传感器图像融合. 红外与毫米波学报, 20(3): 219-222.

李裕奇, 刘赪, 2014. 随机过程(第 3 版)习题解答. 北京: 国防工业出版社.

刘家朋, 赵宇明, 胡福乔, 2007. 基于单尺度 Retinex 算法的非线性图像增强算法. 上海交通大学学报, 41(5): 685-688.

刘梅, 覃志豪, 涂丽丽, 等, 2011. 利用 NDVI 估算云覆盖地区的植被表面温度研究. 遥感技术与应用, 26(5): 689-697.

刘鹏, 刘定生, 2009a. 基于噪声方差来计算变分图像反卷积的规整化参数. 光学学报, 29(9): 2395-2401.

刘鹏, 刘定生, 李国庆, 等, 2009b. 基于噪声方差确定非线性扩散除噪声的最优停止时间. 电子与信息学报, 31(9): 2084-2087.

刘鹏, 刘定生, 李国庆, 等, 2011. 基于同步噪声选择非局部平均除噪声的最优参数. 光电子·激光, 22(7): 1107-1111.

刘新艳, 马杰, 张小美, 等, 2014. 联合矩阵 F 范数的低秩图像去噪. 中国图象图形学报, 19(4): 502-511.
刘泽树, 陈甫, 刘建波, 等, 2015. 改进 HOT 的高分影像自动去薄云算法. 地理与地理信息科学, 31(1): 41-44, 127.
卢小平, 王双亭, 齐建国, 等, 2012. 遥感原理与方法. 北京: 测绘出版社.
彭望琭, 白振平, 刘湘南, 2002. 遥感概论. 北京: 高等教育出版社.
钱令希, 钟万勰, 1964. 论固体力学中的极限分析并建议一个一般变分原理. 大连理工大学学报, 6(1): 1-20.
覃文汉, 项月琴, 1996. 植被结构及太阳/观测角度对 NDVI 的影响. 环境遥感, 11(4): 285-290.
邵晓鹏, 王琳, 宫睿, 2015. 光电成像与图像处理. 西安: 西安电子科技大学出版社.
沈焕锋, 程青, 李星华, 等, 2018a. 遥感数据质量改善之信息重建. 北京: 科学出版社.
沈焕锋, 袁强强, 李杰, 等, 2018b. 遥感数据质量改善之信息复原. 北京: 科学出版社.
沈焕锋, 李慧芳, 李星华, 等, 2018c. 遥感数据质量改善之信息校正. 北京: 科学出版社.
盛骤, 谢式千, 潘承毅, 2001. 概率论与数理统计. 3 版. 北京: 高等教育出版社.
苏春, 2014. 制造系统建模与仿真. 2 版. 北京: 机械工业出版社.
孙家抦, 2013. 遥感原理与应用. 3 版. 武汉: 武汉大学出版社.
唐亮, 谢维信, 黄建军, 等, 2005. 城市航空影像中基于模糊 Retinex 的阴影消除. 电子学报, 33(3): 500-503.
涂丽丽, 覃志豪, 张军, 等, 2011. 基于空间内插的云下地表温度估计及精度分析. 遥感信息, 4: 59-63, 106.
王蜜蜂, 缪剑, 李星全, 等, 2014. 基于 RGB 和 HSI 色彩空间的遥感图像阴影补偿算法. 地理空间信息, 12(6): 107-109.
王敏, 2011. 摄影测量与遥感. 武汉: 武汉大学出版社.
王树根, 郭泽金, 李德仁, 2003. 彩色航空影像上阴影区域信息补偿的方法. 武汉大学学报(信息科学版), 28(5): 514-516.
王潇潇, 孙永荣, 张翼, 等, 2013. 基于 Retinex 的图像阴影恢复技术的研究与实现. 计算机应用研究, 30(12): 3833-3835.
王小明, 黄昶, 李全彬, 等, 2010. 改进的多尺度 Retinex 图像增强算法. 计算机应用, 30(8): 2091-2093.
闻莎, 游志胜, 2000. 性能优化的同态滤波空域算法. 计算机应用研究, 17(3): 62-65.
薛倩, 杨程屹, 王化祥, 2013. 去除椒盐噪声的交替方向法. 自动化学报, 39(12): 2071-2076.
闫敬文, 刘蕾, 屈小波, 2015. 压缩感知及应用. 北京: 国防工业出版社.
闫丽娟, 颉耀文, 弥沛峰, 等, 2013. 基于小波的遥感图像薄云去除方法. 矿山测量, 6: 62-65.
杨俊, 赵忠明, 杨健, 2008. 一种高分辨率遥感图像阴影去除方法. 武汉大学学报(信息科学版), 33(1): 17-20.
杨玲, 阮心玲, 李畅, 2013. 一种自适应 Retinex 的航空影像阴影消除方法. 测绘工程, 22(3): 1-4, 15.
叶勤, 徐秋红, 谢惠洪, 2010. 城市航空影像中基于颜色恒常性的阴影消除. 光电子·激光, 21(11): 1706-1712.
岳林蔚, 2017. 多源多尺度 DEM 数据融合方法与应用研究. 武汉: 武汉大学.

张安定, 2016. 遥感原理与应用题解. 北京: 科学出版社.

张波, 季民河, 沈琪, 2011. 基于小波变换的高分辨率快鸟遥感图像薄云去除. 遥感信息, 3: 38-43.

张军, 覃志豪, 刘梅, 等, 2011. 利用空间插值法估算云覆盖像元地表温度的可行性研究. 地理与地理信息科学, 27(6): 45-49.

张肃, 饶顺斌, 王海葳, 等, 2016. 基于模糊 Retinex 的高空间分辨率遥感图像阴影消除方法//第四届海峡两岸 GIS 发展研讨会暨中国 GIS 协会第十届年会论文集: 288-298.

张贤达, 2002. 现代信号处理. 北京: 清华大学出版社.

赵英时, 2003. 遥感应用分析原理与方法. 北京: 科学出版社.

周军其, 叶勤, 邵永社, 等, 2014. 遥感原理与应用. 武汉: 武汉大学出版社.

周义, 覃志豪, 包刚, 2013. 热红外遥感图像中云覆盖像元地表温度估算初论. 地理科学, 33(3): 329-334.

邹谋炎, 2001. 反卷积和信号复原. 北京: 国防工业出版社.

ADAMS R, BISCHOF L, 1994. Seeded region growing. IEEE Transactions on Pattern Analysis & Machine Intelligence, 16(6): 641-647.

AGUILAR M, FAY D A, ROSS W D, et al., 1998. Real-time fusion of low-light CCD and uncooled IR imagery for color night vision. Proceedings of SPIE-The International Society for Optical Engineering, 3364: 124-135.

AHARON M, ELAD M, 2008. Sparse and redundant modeling of image content using an image-signature-dictionary. SIAM Journal on Imaging Sciences, 1(3): 228-247.

AHARON M, ELAD M, BRUCKSTEIN A, 2006. K-SVD: An algorithm for designing overcomplete dictionaries for sparse representation. IEEE Transactions on Signal Processing, 54(11): 4311-4322.

AIAZZI B, ALPARONE L, BARDUCCI A, et al., 1999. Multispectral fusion of multisensor image data by the generalized Laplacian pyramid//IEEE 1999 International Geoscience and Remote Sensing Symposium. New York: IEEE, 2: 1183-1185.

AIAZZI B, ALPARONE L, BARONTI S, et al., 2002. Context-driven fusion of high spatial and spectral resolution images based on oversampled multiresolution analysis. IEEE Transactions on Geoscience & Remote Sensing, 40(10): 2300-2312.

AIAZZI B, ALPARONE L, BARONTI S, et al., 2006. MTF-tailored multiscale fusion of high-resolution MS and PAN imagery. Photogrammetric Engineering & Remote Sensing, 72(5): 591-596.

AIAZZI B, BARONTI S, SELVA M, 2007. Improving component substitution pansharpening through multivariate regression of MS+PAN data. IEEE Transactions on Geoscience & Remote Sensing, 45(10): 3230-3239.

ALAM M S, BOGNAR J G, HARDIE R C, et al., 2002. Infrared image registration and high-resolution reconstruction using multiple translationally shifted aliased video frames. IEEE Transactions on Instrumentation & Measurement, 49(5): 915-923.

ALTUNBASAK Y, PATTI A J, 2002. A maximum a posteriori estimator for high resolution video reconstruction from MPEG video//Proceedings 2000 International Conference on Image Processing. IEEE,

2: 649-652.
ANCUTI C O, ANCUTI C, HERMANS C, et al., 2010. A fast semi-inverse approach to detect and remove the haze from a single image//Asian Conference on Computer Vision. Berlin: Springer: 501-514.
ANDREWS H C, HUNT B R, 1977. Digital image restoration. Englewood Cliffs: Prentice-Hall.
ARCHER G, TITTERINGTON D M, 1995. On some Bayesian/regularization methods for image restoration. IEEE Transactions on Image Processing, 4(7): 989-995.
AREFI H, REINARTZ P, 2011. Accuracy enhancement of ASTER global digital elevation models using ICESat data. Remote Sensing, 3(7): 1323-1343.
AYERS G R, DAINTY J C, 1988. Interative blind deconvolution method and its applications. Optics Letters, 13(7): 547-549.
AZZABOU N, PARAGIOS N, GUICHARD F, 2007. Image denoising based on adapted dictionary computation//2007 IEEE International Conference on Image Processing. IEEE, 3: III-109-III-112.
BABACAN S D, MOLINA R, KATSAGGELOS A K, 2009. Variational Bayesian blind deconvolution using a total variation prior. IEEE Transactions on Image Processing, 18(1): 12-26.
BABACAN S D, WANG J N, MOLINA R, et al., 2009. Bayesian blind deconvolution from differently exposed image pairs//2009 16th IEEE International Conference on Image Processing. IEEE : 133-136.
BADRINARAYANAN V, GALASSO F, CIPOLLA R, 2010. Label propagation in video sequences//2010 IEEE Computer Society Conference on Computer Vision and Pattern Recognition. IEEE: 3265-3272.
BALLESTER C, BERTALMIO M, CASELLES V, et al., 2001. Filling-in by joint interpolation of vector fields and gray levels. IEEE Transactions on Image Processing, 10(8): 1200-1211.
BARCELOS C A Z, BATISTA M A, 2003. Image inpainting and denoising by nonlinear partial differential equations//16th Brazilian Symposium on Computer Graphics and Image Processing. IEEE: 287-293.
BARNSLEY M F, 1988. Fractal modeling of real world images//The Science of Fractal Images. New York: Springer : 219-242.
BAY H, TUYTELAARS T, GOOL L V, 2006. SURF: speeded up robust features//Proceedings of the 9th European conference on Computer Vision-Volume Part I. Berlin: Springer: 404-417.
BAYRAM I, SELESNICK I W, 2009. Frequency-domain design of overcomplete rational-dilation wavelet transforms. IEEE Transactions on Signal Processing, 57(8): 2957-2972.
BECKER F, 1987. The impact of spectral emissivity on the measurement of land surface temperature from a satellite. International Journal of Remote Sensing, 8(10): 1509-1522.
BECK P S A, ATZBERGER C, ARILD HØGDA K, et al., 2006. Improved monitoring of vegetation dynamics at very high latitudes: A new method using MODIS NDVI. Remote Sensing of Environment, 100(3): 321-334.
BELL S, ZITNICK C L, BALA K, et al., 2015. Inside-outside net: Detecting objects in context with skip pooling and recurrent neural networks//2016 IEEE Conference on Computer Vision and Pattern Recognition, 1: 2874-2883.
BENABDELKADER S, MELGANI F, 2008. Contextual spatiospectral postreconstruction of cloud-

contaminated images. IEEE Geoscience & Remote Sensing Letters, 5(2): 204-208.

BERENSTEIN C A, KANAL L N, LAVINE D, et al., 1987. A geometric approach to subpixel registration accuracy. Computer Vision, Graphics, & Image Processing, 40(3): 334-360.

BERGER J O, 1985. Statistical decision theory and Bayesian analysis. New York: Springer, 83(401): 266.

BERGER J O, 2013. Statistical decision theory and Bayesian analysis. Berlin: Springer Science & Business Media.

BERGER C R, WANG Z, HUANG J, ZHOU S, 2010. Application of compressive sensing to sparse channel estimation. IEEE Communications Magazine, 48(11): 164-174.

BERTALMIO M, SAPIRO G, CASELLES V, et al., 2000. Image inpainting//Proceedings of the 27th Annual Conference on Computer Graphics and Interactive Techniques. New Orleans, USA: 417-424.

BINDHU V M, NARASIMHAN B, SUDHEER K P, 2013. Development and verification of a non-linear disaggregation method(NL-DisTrad)to downscale MODIS land surface temperature to the spatial scale of landsat thermal data to estimate evapotranspiration. Remote Sensing of Environment, 135(8): 118-129.

BLOMGREN P, CHAN T F, 1998. Color TV: Total variation methods for restoration of vector-valued images. IEEE Transactions on Image Processing, 7(3): 304-309.

BLUM A, MITCHELL T, 1998. Combining labeled and unlabeled data with co-training//Proceedings of the Eleventh Annual Conference on Computational Learning Theory. New York: ACM: 92-100.

BLUMENSATH T, DAVIES M E, 2008. Iterative hard thresholding for compressed sensing. Applied & Computational Harmonic Analysis, 27(3): 265-274.

BONNET N, CUTRONA J, HERBIN M, 2002. A ‘no-threshold’ histogram-based image segmentation method. Pattern Recognition, 35(10): 2319-2322.

BORMAN S, STEVENSON R, 1998. Spatial resolution enhancement of low-resolution image sequences-a comprehensive review with directions for future research. South Bend: University of Notre Dame.

BORMAN S, STEVENSON R L, 1999. Super-resolution from image sequences-a review// 1998 Midwest Symposium on Circuits and Systems. IEEE: 374-378.

BOSE N K, KIM H C, VALENZUELA H M, 1993. Recursive implementation of total least squares algorithm for image reconstruction from noisy, undersampled multiframes//1993 IEEE International Conference on Acoustics, Speech, and Signal Processing. IEEE, 5: 269-272.

BOSE N K, KIM H C, ZHOU B, 1994. Performance analysis of the TLS algorithm for image reconstruction from a sequence of undersampled noisy and blurred frames//Proceedings of 1st International Conference on Image Processing. IEEE, 3: 571-574.

BOSE N K, LERTRATTANAPANICH S, KOO J, 2001. Advances in superresolution using L-curve//ISCAS 2001. The 2001 IEEE International Symposium on Circuits & Systems. IEEE, 2: 433-436.

BROWN J L, 1981. Multi-channel sampling of low-pass signals. IEEE Transactions on Circuits & Systems, 28(2): 101-106.

BROWN L G, 1992. A survey of image registration techniques. ACM Computing Surveys, 24(4): 325-376.

BROX T, KLEINSCHMIDT O, CREMERS D, 2008. Efficient nonlocal means for denoising of textural patterns. IEEE Transactions on Image Processing, 17(7): 1083-1092.

BUADES A, COLL B, MOREL J M, 2005. A non-local algorithm for image denoising//2005 IEEE Computer Society Conference on Computer Vision & Pattern Recognition. IEEE, 2(7): 60-65.

BUGEAU A, BERTALMÍO M, CASELLES V, et al., 2010. A comprehensive framework for image inpainting. IEEE Transactions on Image Processing, 19(10): 2634-2645.

BURT P J, KOLCZYNSKI R J, 1993. Enhanced image capture through fusion//1993 (4th) International Conference on Computer Vision. IEEE: 173-182.

CAI B L, XU X M, JIA K, et al., 2016. DehazeNet: An end-to-end system for single image haze removal. IEEE Transactions on Image Processing, 25(11): 5187-5198.

CAI J F, JI H, LIU C Q, et al., 2012. Framelet-based blind motion deblurring from a single image. IEEE Transactions on Image Processing, 21(2): 562-572.

CANDÈS E J, 2008. The restricted isometry property and its implications for compressed sensing. Comptes Rendus Mathematique, 346(9-10): 589-592.

CANDÈS E, ROMBERG J, 2006a. Near-optimal signal recovery from random projections: Universal encoding strategies? IEEE Transactions on Information Theory, 52(12): 5406-5425.

CANDÈS E, ROMBERG J, 2006b. Quantitative robust uncentainty principles and optimally sparse decompositions. Foundations of Computational Mathematics, 6(2): 227-254.

CANDÈS E, ROMBERG J, TAO T, 2006c. Robust uncertainty principles: Exact signal reconstruction from highly incomplete frequency information. IEEE Transactions on Information Theory, 52(4): 489-509.

CAO R Y, CHEN Y, SHEN M G, et al., 2018. A simple method to improve the quality of NDVI time-series data by integrating spatiotemporal information with the Savitzky-Golay filter. Remote Sensing of Environment, 217: 244-257.

CARLSON T, 2007. An overview of the 'triangle method' for estimating surface evapotranspiration and soil moisture from satellite imagery. Sensors, 7(8): 1612-1629.

CASELLES V, CATTÉ F, COLL T, et al., 1993. A geometric model for active contours in image processing. Numerische Mathematik, 66(1): 1-31.

CHAI D, BOUZERDOUM A, 2000. A Bayesian approach to skin color classification in YCbCr color space//2000 TENCON Proceedings of Intelligent Systems and Technologies for the New Millennium. IEEE, 2: 421-424.

CHAMBOLLE A, 2004. An algorithm for total variation minimization and applications. Dordrecht: Kluwer Academic Publishers.

CHAMBOLLE A, VORE R, LEE N Y, et al., 1998. Nonlinear wavelet image processing: variational problems, compression, and noise removal through wavelet shrinkage. IEEE Transactions on Image Processing, 7(3): 319-335.

CHAN T F, WONG C K, 1998. Total variation blind deconvolution. IEEE Transactions on Image Processing, 7(3): 370.

CHAN T F, SHEN J H, 2001a. Nontexture inpainting by curvature-driven diffusions. Journal of Visual

Communication & Image Representation, 12(4): 436-449.
CHAN T F, VESE L A, 2001b. Active contours without edges. IEEE Transactions on Image Processing, 10(2): 266-277.
CHAN T F, MARQUINA A, MULET P, 2001c. High-order total variation-based image restoration. SIAM Journal on Scientific Computing, 22(2): 503-516.
CHAN T F, CHEN K, 2006. An optimization-based multilevel algorithm for total variation image denoising. SIAM Journal on Multiscale Modeling and Simulation, 5(2): 615-645.
CHAN T F, GOLUB G H, MULET P, 1999. A nonlinear primal-dual method for total variation-based image restoration. SIAM Journal on Scientific Computing, 20(6): 1964-1977.
CHARALAMBOUS C, GHADDAR F K, KOURIS K, 1992. Two iterative image restoration algorithms with applications to nuclear medicine. IEEE Transactions on Medical Imaging, 11(1): 2-8.
CHARBONNIER P, BLANC-FÉRAUD L, AUBERT G, et al., 1997. Deterministic edge-preserving regularization in computed imaging. IEEE Transactions on Image Processing, 6(2): 298-311.
CHAUDHURI S, 2001. Super-resolution imaging. Wilmersdorf: Springer Science & Business Media.
CHAVEZ JR P S, 1988. An improved dark-object subtraction technique for atmospheric scattering correction of multispectral data. Remote Sensing of Environment, 24(3): 459-479.
CHEESEMAN P, KANEFSKY B, HANSON R, et al., 1996. Super-resolved surface reconstruction from multiple images//HEIDBREDER G R, eds. Maximum Entropy and Bayesian Methods. Fundamental Theories of Physics. Dordrecht: Springer.
CHEN B, HUANG B, CHEN L, et al., 2016. Spatially and temporally weighted regression: A novel method to produce continuous cloud-free Landsat imagery. IEEE Transactions on Geoscience and Remote Sensing, 55(1): 27-37.
CHEN D, SCHULTZ R R, 2002. Extraction of high-resolution video stills from MPEG image sequences// Proceedings of 1998 International Conference on Image Processing. IEEE, 2: 465-469.
CHEN J, JÖNSSON P, TAMURA M, et al., 2004. A simple method for reconstructing a high-quality NDVI time-series data set based on the Savitzky-Golay filter. Remote Sensing of Environment, 91(3-4): 332-344.
CHEN J, BENESTY J, HUANG Y, et al., 2006. New insights into the noise reduction Wiener filter. IEEE Transactions on Audio, Speech, and Language Processing, 14(4): 1218-1234.
CHEN J, ZHU X L, VOGELMANN J E, et al., 2011. A simple and effective method for filling gaps in Landsat ETM+ SLC-off images. Remote Sensing of Environment, 115(4): 1053-1064.
CHENG Q, SHEN H F, ZHANG L P, et al., 2013. Inpainting for remotely sensed images with a multichannel nonlocal total variation model. IEEE Transactions on Geoscience & Remote Sensing, 52(1): 175-187.
CHENG Q, SHEN H F, ZHANG L P, et al., 2014. Cloud removal for remotely sensed images by similar pixel replacement guided with a spatio-temporal MRF model. ISPRS Journal of Photogrammetry & Remote Sensing, 92(6): 54-68.
CHIANG M C, BOULT T E, 2000. Efficient super-resolution via image warping. Image and Vision Computing, 18(10): 761-771.

CHIPMAN L J, ORR T M, GRAHAM L N, 1995. Wavelets and image fusion//International Conference on Image Processing. IEEE, 3: 3248.

CHOI M, 2006. A new intensity-hue-saturation fusion approach to image fusion with a tradeoff parameter. IEEE Transactions on Geoscience & Remote Sensing, 44(6): 1672-1682.

CHOI M J, KIM H C, CHO N I, et al., 2002. An improved intensity-hue-saturation method for IKONOS image fusion. International Journal of Remote Sensing, 13(5): 1-10.

CHOU P A, QUEIROZ R L, 2016. Gaussian process transforms. 2016 IEEE International Conference on Image Processing (ICIP), Phoenix, Arizona, USA: 1524-1528.

CHRISTIAN R B, WANG Z, HUANG J, et al., 2010. Application of compressive sensing to sparse channel estimation. IEEE Communications Magazine, 48(11): 164-174.

CHUNG K L, LIN Y R, HUANG Y H, 2009. Efficient shadow detection of color aerial images based on successive thresholding scheme. IEEE Transactions on Geoscience & Remote Sensing, 47(2): 671-682.

CLARK J J, PALMER M R, LAWRENCE P D, 1985. A transformation method for the reconstruction of functions from nonuniformly spaced samples. IEEE Transactions on Acoustics, Speech, & Signal Processing, 33(5): 1151-1165.

COHEN W B, GOWARD S N, 2004. Landsat's role in ecological applications of remote sensing. Bioscience, 54(6): 535-545.

CRAVEN P, WAHBA G, 1978. Smoothing noisy data with spline functions: estimating the correct degree of smoothing by the method of generalized cross-validation. Numerische Mathematik, 31(4): 377-403.

CRIMINISI A, PÉREZ P, TOYAMA K, 2004. Region filling and object removal by exemplar-based image inpainting. IEEE Transactions on Image Processing, 13(9): 1200-1212.

CROCHIERE R E, RABINER L, 1981. Interpolation and decimation of digital signals-a tutorial review. Proceedings of the IEEE, 69(3): 300-331.

DABOV K, FOI A, KATKOVNIK V, et al., 2007. Image denoising by sparse 3-D transform-domain collaborative filtering. IEEE Transactions on Image Processing, 16(8): 2080-2095.

DANIEL L, SIONG O C, CHAY L S, et al., 2006. A multiparameter moment-matching model-reduction approach for generating geometrically parameterized interconnect performance models. IEEE Transactions on Computer-Aided Design of Integrated Circuits and Systems, 23(5): 678-693.

DAUBECHIES I, DEFRISE M, DE MOL C, 2004. An iterative thresholding algorithm for linear inverse problems with a sparsity constraint. Communications on Pure and Applied Mathematics, 57(11): 1413-1457.

DAUWE A, GOOSSENS B, LUONG H Q, 2008. A fast non-local image denoising algorithm. Proceedings of SPIE, 6812: 681210.

DEMPSTER A P, LAIRD N M, RUBIN D B, 1977. Maximum likelihood from incomplete data via the EM algorithm. Journal of the Royal Statistical Society, 39(1): 1-38.

DENG G, 2004. Iterative learning algorithms for linear Gaussian observation models. IEEE Transactions on Signal Processing, 52(8): 2286-2297.

DONG C, LOY C C, HE K, et al., 2014. Learning a deep convolutional network for image super-resolution//

Proceedings of the 13th European Conference on Computer Vision: 184-199.

DONG W S, XIN L, LEI Z, et al., 2011. Sparsity-based image denoising via dictionary learning and structural clustering. 2011 IEEE Conference on Computer Vision and Pattern Recognition (CVPR): 457-464.

DONOHO D L, 2006a. Compressed sensing. IEEE Transactions on Information Theory, 52(4): 1289-1306.

DONOHO D L, 2006b. For most large underdetermined systems of linear equations the minimal l_1-norm solution is also the sparsest solution. Communications on Pure and Applied Mathematics, 59(6): 797-829.

DUAN S B, LI Z L, TANG B H, et al., 2014. Generation of a time-consistent land surface temperature product from MODIS data. Remote Sensing of Environment, 140(1): 339-349.

DVORNYCHENKO V N, 1983. Bounds on(deterministic)correlation functions with application to registration. IEEE Transactions on Pattern Analysis & Machine Intelligence, PAMI-5(2): 206-213.

EBRAHIMI M, VRSCAY E R, 2007. Solving the inverse problem of image zooming using 'self-examples'. International Conference Image Analysis and Recognition. Berlin: Springer: 117-130.

EFROS A A, LEUNG T K, 2002. Texture synthesis by non-parametric sampling//Proceedings of the Seventh IEEE International Conference on Computer Vision. IEEE: 1033.

ELAD M, FEUER A, 1997. Restoration of a single superresolution image from several blurred, noisy, and undersampled measured images. IEEE Transactions on Image Processing, 6(12): 1646-1658.

ELAD M, FEUER A, 1999a. Super-resolution reconstruction of image sequences. IEEE Transactions on Pattern Analysis and Machine Intelligence, 21(9): 817-834.

ELAD M, FEUER A, 1999b. Superresolution restoration of an image sequence: adaptive filtering approach. IEEE Transactions on Image Processing, 8(3): 387-395.

ELAD M, HEL-OR Y, 2001. A fast super-resolution reconstruction algorithm for pure translational motion and common space-invariant blur. IEEE Transactions on Image Processing, 10(8): 1187-1193.

ELAD M, AHARON M, 2006. Image denoising via sparse and redundant representations over learned dictionaries. IEEE Transactions on Image Processing, 15(12): 3736-3745.

ENGAN K, AASE S O, HUSOY J H, 1999. Method of optimal directions for frame design//1999 IEEE International Conference on Acoustics, Speech, and Signal Processing. IEEE, 5: 2443-2446.

EPHRAIM Y, ROBERTS W J, 2009. An EM algorithm for markov modulated markov processes. IEEE Transactions on Signal Processing, 57(2): 463-470.

EREN P E, SEZAN M I, TEKALP A M, 1997. Robust, object-based high-resolution image reconstruction from low-resolution video//International Conference on Image Processing, 1996. Proceedings of IEEE, 1: 709-712.

ESTES JR. M G, AL-HAMDAN M Z, CROSSON W, et al., 2009. Use of remotely sensed data to evaluate the relationship between living environment and blood pressure. Environmental Health Perspectives, 117(12): 1832-1838.

EVANS A N, LIU X U, 2006. A morphological gradient approach to color edge detection. IEEE Transactions on Image Processing, 15(6): 1454-1463.

FAN J P, YAU D K Y, ELMAGARMID A K, et al., 2001. Automatic image segmentation by integrating color-edge extraction and seeded region growing. IEEE Transactions on Image Processing, 10(10): 1454-1466.

FANG H L, LIANG S L, TOWNSHEND J R, et al., 2008. Spatially and temporally continuous LAI data sets based on an integrated filtering method: Examples from North America. Remote Sensing of Environment, 112(1): 75-93.

FANG H Z, YAN L X, LIU H, et al., 2013. Blind Poissonian images deconvolution with framelet regularization. Optics Letters, 38(4): 389-391.

FANG J Q, CHEN F, HE H J, et al., 2014. Shadow detection of remote sensing images based on local-classification level set and color feature. Acta Automatica Sinica, 40(6): 1156-1165.

FATTAL R, 2007. Image upsampling via imposed edge statistics. ACM Transactions on Graphics, 26(3): 95.

FAY D A, WAXMAN A M, VERLY J G, et al., 2001. Fusion of visible, infrared and 3D LADAR imagery//International Conference on Information Fusion: 1-8.

FIGUEIREDO M A T, NOWAK R D, 2003. An EM algorithm for wavelet-based image restoration. IEEE Transactions on Image Processing, 12(8): 906-916.

FINLAYSON G D, HORDLEY S D, DREW M S, 2002a. Removing shadows from images//Proceedings of the 7th European Conference on Computer Vision. Berlin: Springer: 823-836.

FINLAYSON G D, HORDLEY S D, DREW M S, 2002b. Removing shadows from images using retinex//Color and Imaging Conference: 129-132.

FINLAYSON G D, TREZZI E, 2004. Shades of gray and colour constancy//Color and Imaging Conference: 37-41.

FLORINSKY I V, KULAGINA T B, MESHALKINA J L, 1994. Influence of topography on landscape radiation temperature. International Journal of Remote Sensing, 15(16): 3147-3153.

FOARE M, PUSTELNIK N, CONDAT L, 2020. Semi-linearized proximal alternating minimization for a discrete Mumford–Shah model. IEEE Transactions on Image Processing, 29: 2176-2189.

FORSYTH D A, 1990. A novel algorithm for color constancy. International Journal of Computer Vision, 5(1): 5-35.

FRASCONI P, GORI M, SPERDUTI A, 1998. A general framework for adaptive processing of data structures. IEEE Transactions on Neural Networks, 9(5): 768-786.

FREEDMAN G, FATTAL R, 2011. Image and video upscaling from local self-examples. ACM Transactions on Graphics, 28(4): 1-11.

FREEMAN W T, JONES T R, PASZTOR E C, 2002. Example-based super-resolution. IEEE Computer Graphics and Applications, 22(2): 56-65.

FREEMAN W T, PASZTOR E C, CARMICHAEL O T, 2000. Learning low-level vision. International Journal of Computer Vision, 40(1): 25-47.

FREI A, TEDESCO M, LEE S, et al., 2012. A review of global satellite-derived snow products. Advances in Space Research, 50(8): 1007-1029.

FRIEDEN B R, 1972. Restoring with maximum likelihood and maximum entropy. Journal of the Optical

Society of America, 62(4): 511-518.

FROST V S, STILES J A, SHANMUGAN K S, et al., 1982. A model for radar images and its application to adaptive digital filtering of multiplicative noise. IEEE Transactions on Pattern Analysis and Machine Intelligence, 4(2): 157-166.

FUKUSHIMA K, 1980. Neocognitron: A self-organizing neural network model for a mechanism of pattern recognition unaffected by shift in position. Biological Cybernetics, 36(4): 93-202.

GADALLAH F L, CSILLAG F, SMITH E J M, 2000. Destriping multisensor imagery with moment matching. International Journal of Remote Sensing, 21(12): 2505-2511.

GAFUROV A, BÁRDOSSY A, 2009. Cloud removal methodology from MODIS snow cover product. Hydrology and Earth System Sciences, 13(7): 1361-1373.

GALATSANOS N P, MESAROVIC V Z, MOLINA R, et al., 2002. Hyperparameter estimation in image restoration problems with partially known blurs. Optical Engineering, 41(8): 1845-1854.

GALATSANOS N, MESAROVIC V N, MOLINA R M, et al., 2002. Hyper-parameter estimation using gamma hyper-priors in image restoration from partially-known blurs. Optical Engineering, 41(8): 1845-1854.

GAO B C, LI R R, 2000. Quantitative improvement in the estimates of NDVI values from remotely sensed data by correcting thin cirrus scattering effects. Remote Sensing of Environment, 74(3): 494-502.

GAO F, HILKER T, ZHU X L, et al., 2015. Fusing Landsat and MODIS data for vegetation monitoring. IEEE Geoscience & Remote Sensing Magazine, 3(3): 47-60.

GAO G, GU Y, 2017. Multitemporal Landsat missing data recovery based on tempo-spectral angle model. IEEE Transactions on Geoscience and Remote Sensing, 55(7): 3656-3668.

GAO Y, XIE H J, YAO T D, et al., 2010. Integrated assessment on multi-temporal and multi-sensor combinations for reducing cloud obscuration of MODIS snow cover products of the Pacific Northwest USA. Remote Sensing of Environment, 114(8): 1662-1675.

GARZELLI A, NENCINI F, 2006. PAN-sharpening of very high resolution multispectral images using genetic algorithms. International Journal of Remote Sensing, 27(15): 3273-3292.

GEIGER R, ARON R H, TODHUNTER P, 2003. The climate near the ground. Lanham MD: Rowman & Littlefield Publishers: 70-137.

GELMAN A, CARLIN J B, STERN H S, et al., 1995. Bayesian data analysis. New York: Chapman & Hall.

GEVERS T, SMEULDERS A W M, 1997. Color based object recognition. Pattern Recognition, 32(3): 319-326.

GIJSENIJ A, GEVERS T, VAN DE WEIJER J, 2010. Generalized gamut mapping using image derivative structures for color constancy. International Journal of Computer Vision, 86(2-3): 127-139.

GILBOA G, SOCHEN N, ZEEVI Y Y, 2006. Estimation of optimal PDE-based denoising in the SNR sense. IEEE Transactions on Image Processing, 15(8): 2269-2280.

GLADKOVA I, GROSSBERG M D, SHAHRIAR F, et al., 2012. Quantitative restoration for MODIS band 6 on Aqua. IEEE Transactions on Geoscience & Remote Sensing, 50(6): 2409-2416.

GLASNER D, BAGON S, IRANI M, 2009. Super-resolution from a single image//2009 IEEE 12th International Conference on Computer Vision. IEEE, 1: 349-356.

GOLDFARB D, YIN W, 2005. Second-order cone programming methods for total variation-based image restoration. SIAM Journal on Scientific Computing, 27(2): 622-645.

GOLDSTEIN T, OSHER S, 2009. The split Bregman method for L1-regularized problems. Society for Industrial and Applied Mathematics, 467(2): 323-343.

GOLUB G H, HEATH M, WAHBA G, 1979. Generalized cross-validation as a method for choosing a good ridge parameter. Technometrics, 21(2): 215-223.

GONG X J, LAI B S, XIANG Z Y, 2014. A L_0 sparse analysis prior for blind poissonian image deconvolution. Optics Express, 22(4): 3860-3865.

GONZALEZ-AUDICANA M, SALETA J L, CATALAN R G, et al., 2004. Fusion of multispectral and panchromatic images using improved IHS and PCA mergers based on wavelet decomposition. IEEE Transactions on Geoscience & Remote Sensing, 42(6): 1291-1299.

GONZALEZ-AUDICANA M, OTAZU X, FORS O, et al., 2006. A low computational-cost method to fuse IKONOS images using the spectral response function of its sensors. IEEE Transactions on Geoscience & Remote Sensing, 44(6): 1683-1691.

GOODFELLOW I J, POUGET-ABADIE J, MIRZA M, et al., 2014. Generative adversarial nets. Massachusetts: MIT Press.

GROHNFELDT C, SCHMITT M, ZHU X, 2018. A conditional generative adversarial network to fuse SAR and multispectral optical data for cloud removal from Sentinel-2 images. IEEE International Geoscience and Remote Sensing Symposium (IGARSS): 1726-1729.

GROISMAN P Y, BRADLEY R S, SUN B, 2000. The relationship of cloud cover to near-surface temperature and humidity: Comparison of GCM simulations with empirical data. Journal of Climate, 13(11): 1858-1878.

GUNTURK B K, ALTUNBASAK Y, MERSEREAU R M, 2002. Multiframe resolution-enhancement methods for compressed video. IEEE Signal Processing Letters, 9(6): 170-174.

GUO Q, ZHANG C, ZHANG Y, LIU H, 2016. An efficient SVD-based method for image denoising. IEEE Transactions on Circuits and Systems for Video Technology, 26(5): 868-880.

HALL D K, RIGGS G A, FOSTER J L, et al., 2010. Development and evaluation of a cloud-gap-filled MODIS daily snow-cover product. Remote Sensing of Environment, 114(3): 496-503.

HAN J, ZHANG X, WANG F, 2016. Gaussian process regression stochastic volatility model for financial time series. IEEE Journal of Selected Topics in Signal Processing, 10(6): 1015-1028.

HANNA M T, MANSOORI S A, 2001. The discrete time wavelet transform: its discrete time Fourier transform and filter bank implementation. IEEE Transactions on Circuits and Systems II: Analog and Digital Signal Processing, 48(2): 180-183.

HANSEN P C, 1992. Analysis of discrete ill-posed problems by means of the L-curve. SIAM Review, 34(4): 561-580.

HANSEN P C, O'LEARY D P, 1993. The use of the L-curve in the regularization of discrete ill-posed problems. SIAM Journal on Scientific Computing, 14(6): 1487-1503.

HARDIE R C, BARNARD K J, ARMSTRONG E E, 1997. Joint MAP registration and high-resolution image estimation using a sequence of undersampled images. IEEE Transactions on Image Processing, 6(12): 1621-1633.

HARDIE R C, EISMANN M T, WILSON G L, 2004. MAP estimation for hyperspectral image resolution enhancement using an auxiliary sensor. IEEE Transactions on Image Processing, 13(9): 1174-1184.

HARDIE R C, BARNARD K J, BOGNAR J G, et al., 1998. High-resolution image reconstruction from a sequence of rotated and translated frames and its application to an infrared imaging system. Optical Engineering, 37(1): 247-260.

HE K M, SUN J, 2012. Statistics of patch offsets for image completion//Proceedings of the 12th European Conference on Computer Vision. Berlin: Springer: 16-29.

HE K M, SUN J, TANG X, 2010. Fast matting using large kernel matting Laplacian matrices. IEEE Computer Society Conference on Computer Vision and Pattern Recognition: 13-18.

HE K M, SUN J, TANG X O, 2011. Single image haze removal using dark channel prior. IEEE Transactions on Pattern Analysis & Machine Intelligence, 33(12): 2341-2353.

HE K M, SUN J, TANG X, 2013. Guided Image filtering. IEEE Transactions on Pattern Analysis and Machine Intelligence, 35(6): 1397-1409.

HE T, LIANG S L, WANG D D, et al., 2014. Fusion of satellite land surface albedo products across scales using a multiresolution tree method in the north central United States. IEEE Transactions on Geoscience and Remote Sensing, 52(6): 3428-3439.

HE X Y, HU J B, CHEN W, et al., 2010. Haze removal based on advanced haze-optimized transformation (AHOT) for multispectral imagery. International Journal of Remote Sensing, 31(20): 5331-5348.

HÉGARAT-MASCLE S L, ANDRÉ C, 2009. Use of Markov Random Fields for automatic cloud/shadow detection on high resolution optical images. ISPRS Journal of Photogrammetry & Remote Sensing, 64(4): 351-366.

HELMER E H, RUEFENACHT B, 2005. Cloud-free satellite image mosaics with regression trees and histogram matching. Photogrammetric Engineering & Remote Sensing, 71(9): 1079-1089.

HINTON G E, OSINDERO S, HET Y W, 2006. A fast learning algorithm for deep belif nets. Neural Computation, 18(7): 1527-1554.

HOCHREITER S, SCHMIDHUBER J, 1997. Long short-term memory. Neural Computation, 9(8): 1735-1780.

HOLBEN B N, 1986. Characteristics of maximum-value composite images from temporal AVHRR data. International Journal of Remote Sensing, 7(11): 1417-1434.

HONG M C, KANG M G, KATSAGGELOS A K, 1997a. Regularized multichannel restoration approach for globally optimal high-resolution video sequence. Proceedings of SPIE, 3024: 1306-1316.

HONG M C, KANG M G, KATSAGGELOS A K, 1997b. An iterative weighted regularized algorithm for improving the resolution of video sequences//Proceedings of International Conference on Image Processing.

IEEE, 2: 474-477.

HUA X, PIERCE L E, ULABY F T, 2002. SAR speckle reduction using wavelet denoising and markov random field modeling. IEEE Transactions on Geoscience & Remote Sensing, 40(10): 2196-2212.

HUANG B, WANG J, SONG H H, et al., 2013, Generating high spatiotemporal resolution land surface temperature for urban heat island monitoring. IEEE Geoscience & Remote Sensing Letters, 10(5): 1011-1015.

HUANG X, ZHANG L P, 2012. Morphological building/shadow index for building extraction from high-resolution imagery over urban areas. IEEE Journal of Selected Topics in Applied Earth Observations & Remote Sensing, 5(1): 161-172.

HUBEL D H, WIESEL T N, 1962. Receptive fields, binocular interaction and functional architecture in the cat's visual cortex. Journal of Physiology, 160(1): 106-154.

HUETE A R, JACKSON R D, POST D F, 1985. Spectral response of a plant canopy with different soil backgrounds. Remote Sensing of Environment, 17(1): 37-53.

HUNT B R, 1973. The application of constrained least squares estimation to image restoration by digital computer. IEEE Transactions on Computers, C-22(9): 805-812.

HUTCHINSON M F, XU T B, STEIN J A, 2011. Recent progress in the ANUDEM elevation gridding procedure. Geomorphometry: 19-22.

ILIN A, VALPOLA H, 2005. On the effect of the form of the posterior approximation in variational learning of ICA models. Neural Processing Letters, 22(2): 183-204.

IM J, PARK S, RHEE J, et al., 2016. Downscaling of AMSR-E soil moisture with MODIS products using machine learning approaches. Environmental Earth Sciences, 75(15): 1120.

INAMDAR A K, FRENCH A, HOOK S, et al., 2008. Land surface temperature retrieval at high spatial and temporal resolutions over the southwestern United States. Journal of Geophysical Research Atmospheres, 113(D7).

INGLADA J, GARRIGUES S, 2010. Land-cover maps from partially cloudy multi-temporal image series: optimal temporal sampling and cloud removal//2010 IEEE International Geoscience & Remote Sensing Symposium. IEEE: 3070-3073.

IRANI M, PELEG S, 1991. Improving resolution by image registration. CVGIP: Graphical Models and Image Processing, 53(3): 231-239.

IRANI M, PELEG S, 1993. Motion analysis for image enhancement: resolution, occlusion, and transparency. Journal of Visual Communication & Image Representation, 4(4): 324-335.

IRISH R R, BARKER J L, GOWARD S N, et al., 2006. Characterization of the Landsat-7 ETM+ automated cloud-cover assessment (ACCA) algorithm. Photogrammetric Engineering & Remote Sensing, 72(10): 1179-1188.

ISHIKAWA H, 2003. Exact optimization for Markov random fields with convex priors. IEEE Transactions on Pattern Analysis & Machine Intelligence, 25(10): 1333-1336.

JEEVANJEE N, 2015. An introduction to tensors and group theory for physicists. Boston: Springer

International Publishing Switzerland, Birkhäuser Basel.

JHEE H, CHO H C, KAHNG H K, et al., 2013. Multiscale quadtree model fusion with super-resolution for blocky artefact removal. Remote Sensing Letters, 4(4): 325-334.

JI H, LIU C Q, SHEN Z W, et al., 2010. Robust video denoising using low rank matrix completion//2010 IEEE Computer Society Conference on Computer Vision and Pattern Recognition. IEEE, 1: 1791-1798.

JI T Y, YOKOYA N, ZHU X X, et al., 2018. Nonlocal tensor completion for multitemporal remotely sensed images' inpainting. IEEE Transactions on Geoscience and Remote Sensing, 56(6): 3047-3061.

JIANG H J, ZHANG L, WANG Y, et al., 2014. Fusion of high-resolution DEMs derived from COSMO-SkyMed and TerraSAR-X InSAR datasets. Journal of Geodesy, 88(6): 587-599.

JIN M L, DICKINSON R E, 2000. A generalized algorithm for retrieving cloudy sky skin temperature from satellite thermal infrared radiances. Journal of Geophysical Research Atmospheres, 105(D22): 27037-27047.

JOBSON D J, RAHMAN Z, WOODELL G A, 1997a. Properties and performance of a center/surround retinex. IEEE Transactions on Image Processing, 6(3): 451-462.

JOBSON D J, RAHMAN Z, WOODELL G A, 1997b. A multiscale retinex for bridging the gap between color images and the human observation of scenes. IEEE Transactions on Image Processing, 6(7): 965-976.

JOHNSON M K, FARID H, 2007. Exposing digital forgeries through specular highlights on the eye//Proceedings of the 9th International Workshop on Information Hiding. Berlin: Springer: 311-325.

JÖNSSON P, EKLUNDH L, 2002. Seasonality extraction by function fitting to time-series of satellite sensor data. IEEE Transactions on Geoscience & Remote Sensing, 40(8): 1824-1832.

JÖNSSON P, EKLUNDH L, 2004. TIMESAT-a program for analyzing time-series of satellite sensor data. Computers & Geosciences, 30(8): 833-845.

JOSHI M V, CHAUDHURI S, PANUGANTI R, 2004. Super-resolution imaging: use of zoom as a cue. Image & Vision Computing, 22(14): 1185-1196.

JULIEN Y, SOBRINO J A, 2009. Global land surface phenology trends from GIMMS database. International Journal of Remote Sensing, 30(13): 3495-3513.

JULIEN Y, SOBRINO J A, 2010. Comparison of cloud-reconstruction methods for time series of composite NDVI data. Remote Sensing of Environment, 114(3): 618-625.

KANG M G, 1998. Generalized multichannel image deconvolution approach and its applications. Optical Engineering, 37(11): 2953-2964.

KANG M G, KATSAGGELOS A K, 1995. General choice of the regularization functional in regularized image restoration. IEEE Transactions on Image Processing, 4(5): 594-602.

KARKEE M, STEWARD B L, AZIZ S A, 2008. Improving quality of public domain digital elevation models through data fusion. Biosystems Engineering, 101(3): 293-305.

KASHIN B, 1977. The widths of certain finite dimensional sets and classes of smooth functions. Izv Akad Nauk SSSR, 41(2): 334-351.

KASS M, WITKIN A, TERZOPOULOS D, 1988. Snakes: active contour models. International Journal of

Computer Vision, 1(4): 321-331.

KATSAGGELOS A K, 1991. Digital image restoration. Heidelberg: Springer.

KATSAGGELOS A K, LAY K T, 1991a. Maximum likelihood blur identification and image restoration using the EM algorithm. IEEE Transactions on Signal Processing, 39(3): 729-733.

KATSAGGELOS A K, LAY K T, 1991b. Maximum likelihood identification and restoration of images using the expectation maximization algorithm//Digital Image Restoration. Berlin: Springer.

KAUFMANN R K, ZHOU L, KNYAZIKHIN Y, et al., 2000. Effect of orbital drift and sensor changes on the time series of AVHRR vegetation index data. IEEE Transactions on Geoscience & Remote Sensing, 38(6): 2584-2597.

KE L H, DING X L, SONG C Q, 2013. Reconstruction of time-series MODIS LST in central Qinghai-Tibet Plateau using geostatistical approach. IEEE Geoscience & Remote Sensing Letters, 10(6): 1602-1606.

KE L H, WANG Z X, SONG C Q, et al., 2011. Reconstruction of MODIS land surface temperature in northeast Qinghai-Xizang Plateau and its comparison with air temperature. Plateau Meteorology, 30(2): 277-287.

KERVRANN C, BOULANGER J, 2006. Optimal spatial adaptation for patch-based image denoising. IEEE Transactions Image Processing, 15(10): 2866-2878.

KHEKADE A, BHOYAR K, 2015. Shadow detection based on RGB and YIQ color models in color aerial images//2015 International Conference on Futuristic Trends on Computational Analysis and Knowledge Management. IEEE: 144-147.

KIM J, KWON LEE J, MU LEE K, 2016. Accurate image super-resolution using very deep convolutional networks// Proceedings of the IEEE Conference on Computer Vision and Pattern Recognition: 1646-1654.

KIM S P, BOSE N K, 1990a. Reconstruction of 2-D bandlimited discrete signals from nonuniform samples. Radar & Signal Processing IEE Proceedings, 137(3): 197-204.

KIM S P, SU W Y, 1993. Recursive high-resolution reconstruction of blurred multiframe images. IEEE Transactions on Image Processing, 2(4): 534-539.

KIM S P, BOSE N K, VALENZUELA H M, 1990b. Recursive reconstruction of high resolution image from noisy undersampled multiframes. IEEE Transactions on Acoustics, Speech & Signal Processing, 38(6): 1013-1027.

KIM W, SUH S, HWANG W, et al., 2014. SVD face: Illumination-invariant face representation. IEEE Signal Processing Letters, 21(11): 1336-1340.

KOMATSU T, AIZAWA K, IGARASHI T, et al., 1993. Signal-processing based method for acquiring very high resolution images with multiple cameras and its theoretical analysis. Communications, Speech & Vision IEEE Proceedings I, 140(1): 19-24.

KOMATSU T, IGARASHI T, AIZAWA K, et al., 1993. Very high resolution imaging scheme with multiple different-aperture cameras. Signal Processing: Image Communication, 5(5-6): 511-526.

KOMODAKIS N, 2006. Image completion using global optimization//2006 IEEE Computer Society Conference on Computer Vision and Pattern Recognition. IEEE: 442-452.

KONG J, WANG J N, GU W X, et al., 2008. Automatic SRG based region for color image segmentation. Journal of Northeast Normal University (Natural Science Edition), 40(4): 47-51.

KONIUSZ P, YAN F, MIKOLAJCZYK K, 2013. Comparison of mid-level feature coding approaches and pooling strategies in visual concept detection. Computer Vision & Image Understanding, 117(5): 479-492.

KONIUSZ P, YAN F, GOSSELIN P H, et al., 2016. Higher-order occurrence pooling for bags-of-words: Visual concept detection. IEEE Transactions on Pattern Analysis & Machine Intelligence, 39(2): 313-326.

KOREN I, LAINE A, TAYLOR F, 1995. Image fusion using steerable dyadic wavelet transform// Proceedings of the 1995 International Conference on Image Processing. IEEE, 3: 232-235.

KRISHNAN D, TAY T, FERGUS R, 2011. Blind deconvolution using a normalized sparsity measure// Proceedings of the 2011 IEEE Conference on Computer Vision and Pattern Recognition. IEEE: 233-240.

KUAN D T, SAWCHUK A A, STRAND T C, et al., 1985. Adaptive noise smoothing filter for images with signal-dependent noise. IEEE Transactions on Pattern Analysis & Machine Intelligence, PAMI-7(2): 165-177.

KULLBACK S, LEIBLER R A, 1951. On information and sufficiency. The Annals of Mathematical Statistics, 22(1): 79-86.

KUNDUR D, HATZINAKOS D, 1996. Blind image deconvolution. IEEE Signal Processing Magazine, 13(3): 43-64.

KUSTAS W P, NORMAN J M, ANDERSON M C, et al., 2003. Estimating subpixel surface temperatures and energy fluxes from the vegetation index-radiometric temperature relationship. Remote Sensing of Environment, 85(4): 429-440.

LAGENDIJK R L, BIEMOND J, BOEKEE D E, 1990. Identification and restoration of noisy blurred images using the expectation-maximization algorithm. IEEE Transactions on Acoustics, Speech, & Signal Processing, 38(7): 1180-1191.

LANARAS C, BIOUCAS-DIAS J, GALLIANI S, et al., 2018. Super-resolution of Sentinel-2 images: Learning a globally applicable deep neural network. ISPRS Journal of Photogrammetry and Remote Sensing, 146: 305-319.

LAND E H, MCCANN J J, 1971. Lightness and retinex theory. Journal of the Optical Society of America, 61(1): 1-11.

LANDWEBER L, 1951. An iteration formula for Fredholm integral equations of the first kind. American Journal of Mathematics, 73(3): 615-624.

LANE R G, BATES R H T, 1987. Automatic multidimensional deconvolution. Journal of the Optical Society of America A, 4(1): 180-188.

LATIF B A, LECERF R, MERCIER G, et al., 2008. Preprocessing of low-resolution time series contaminated by clouds and shadows. IEEE Transactions on Geoscience & Remote Sensing, 46(7): 2083-2096.

LECUN Y, BOSER B, DENKER J, et al., 1989. Backpropagation applied to handwritten zip code recognition. Neural Computation, 1: 541-551.

LEDIG C, THEIS L, HUSZÁR F, et al., 2017. Photo-realistic single image super-resolution using a generative adversarial network//2017 IEEE Conference on Computer Vision and Pattern Recognition. IEEE, 1: 105-114.

LEE E S, KANG M G, 2003. Regularized adaptive high-resolution image reconstruction considering inaccurate subpixel registration. IEEE Transactions on Image Processing, 12(7): 826-837.

LEE H, BATTLE A, RAINA R, et al., 2006. Efficient sparse coding algorithms//Proceedings of the Twentieth Annual Conference on Neural Information Processing Systems. Massachusetts: MIT Press: 801-808.

LEE J S, 1981. Speckle analysis and smoothing of synthetic aperture radar images. Computer Graphics & Image Processing, 17(1): 24-32.

LEI L, LEI B, 2018. Can SAR images and optical images transfer with each other? 2018 IEEE International Geoscience and Remote Sensing Symposium: 7019-7022.

LEVIN A, WEISS Y, DURAND F, et al., 2011. Understanding blind deconvolution algorithms. IEEE Transactions on Pattern Analysis & Machine Intelligence, 33(12): 2354-2367.

LI H, MANJUNATH B S, MITRA S K, 2002. Multi-sensor image fusion using the wavelet transform//Proceedings of 1st International Conference on Image Processing. IEEE: 235-245.

LI H F, ZHANG L P, SHEN H F, 2013a. A principal component based haze masking method for visible images. IEEE Geoscience & Remote Sensing Letters, 11(5): 975-979.

LI H F, ZHANG L P, SHEN H F, 2013b. An adaptive nonlocal regularized shadow removal method for aerial remote sensing images. IEEE Transactions on Geoscience & Remote Sensing, 52(1): 106-120.

LI J, 2000. Spatial quality evaluation of fusion of different resolution images. International Archives of Photogrammetry & Remote Sensing: 339-346.

LI M, LIEW S C, KWOH L K, 2004. Producing cloud free and cloud-shadow free mosaic from cloudy IKONOS images//2003 IEEE International Geoscience and Remote Sensing Symposium. IEEE, 6: 3946-3948.

LI S T, WANG Y N, 2000. Multisensor image fusion using discrete multi-wavelet transform//Proceedings of the 3rd International Conference on Visual Computing: 1-10.

LI X, SONG A, 2010. A new edge detection method using Gaussian-Zernike moment operator//2010 2nd International Asia Conference on Informatics in Control, Automation and Robotics. IEEE, 1: 276-279.

LI X H, SHEN H F, LI H F, et al., 2014. Analysis model based recovery of remote sensing data//2014 IEEE Geoscience and Remote Sensing Symposium. IEEE: 2491-2494.

LI X H, SHEN H F, ZENG C, et al., 2014. Restoring Aqua MODIS band 6 by other spectral bands using compressed sensing theory//2012 4th Workshop on Hyperspectral Image and Signal Processing: Evolution in Remote Sensing. IEEE: 1-4.

LI X H, SHEN H F, ZHANG L P, et al., 2013. Dead pixel completion of Aqua MODIS band 6 using a robust M-estimator multiregression. IEEE Geoscience & Remote Sensing Letters, 11(4): 768-772.

LI X H, SHEN H F, ZHANG L P, et al., 2015. Sparse-based reconstruction of missing information in remote sensing images from spectral/temporal complementary information. ISPRS Journal of Photogrammetry & Remote Sensing, 106: 1-15.

LIAO H Y, NG M K, 2011. Blind deconvolution using generalized cross-validation approach to regularization parameter estimation. IEEE Transactions on Image Processing, 20(3): 670-680.

LIAO W, 2012. Feature extraction and classification for hyperspectral remote sensing images. Ghent: Ghent University.

LIKAS A C, GALATSANOS N P, 2004. A variational approach for Bayesian blind image deconvolution. IEEE Transactions on Signal Processing, 52(8): 2222-2233.

LIM B, SON S, KIM H, et al., 2017. Enhanced deep residual networks for single image super-resolution//2017 IEEE Conference on Computer Vision and Pattern Recognition Workshops. IEEE, 1: 1132-1140.

LIM W B, PARK M K, KANG M G, 2000. Spatially adaptive regularized iterative high-resolution image reconstruction algorithm//Visual Communications and Image Processing. DBLP: 10-20.

LIN B H, TAO X M, XU M, et al., 2017. Bayesian hyperspectral and multispectral image fusions via double matrix factorization. IEEE Transactions on Geoscience & Remote Sensing, 55(10): 5666-5678.

LIN C H, LAI K H, CHEN Z B, et al., 2013a. Patch-based information reconstruction of cloud-contaminated multitemporal images. IEEE Transactions on Geoscience & Remote Sensing, 52(1): 163-174.

LIN C H, TSAI P H, LAI K H, et al., 2013b. Cloud removal from multitemporal satellite images using information cloning. IEEE Transactions on Geoscience & Remote Sensing, 51(1): 232-241.

LIN T, HORNE B G, TINO P, et al., 1996. Learning long-term dependencies in NARX recurrent neural networks. IEEE Transactions on Neural Networks, 7(6): 1329-1338.

LIPPMANN M, 1989. Health effects of ozone a critical review. JAPCA, 39(5): 672-695.

LIU P, ZHANG H, EOM K B, 2017. Active deep learning for classification of hyperspectral images. IEEE Journal of Selected Topics in Applied Earth Observations & Remote Sensing, 10(2): 712-724.

LI X, SHEN H, LI H, et al., 2016. Patch matching-based multitemporal group sparse representation for the missing information reconstruction of remote-sensing images. IEEE Journal of Selected Topics in Applied Earth Observations and Remote Sensing, 9(8): 3629-3641.

LOPES A, TOUZI R, NEZRY E, 1990. Adaptive speckle filters and scene heterogeneity. IEEE Transactions on Geoscience & Remote Sensing, 28(6): 992-1000.

LORENZI L, MELGANI F, MERCIER G, 2013. Missing-area reconstruction in multispectral images under a compressive sensing perspective. IEEE Transactions on Geoscience & Remote Sensing, 51(7): 3998-4008.

LOWE D G, 1999. Object recognition from local scale-invariant features//Proceedings of the Seventh IEEE International Conference on Computer Vision. IEEE, 2: 1-8.

LU L, VENUS V, SKIDMORE A, et al., 2011. Estimating land-surface temperature under clouds using MSG/SEVIRI observations. International Journal of Applied Earth Observation and Geoinformation, 13(2): 265-276.

LU X L, LIU R G, LIU J Y, et al., 2007. Removal of noise by wavelet method to generate high quality temporal data of terrestrial MODIS products. Photogrammetric Engineering & Remote Sensing, 73(10): 1129-1139.

LUEDELING E, SIEBERT S, BUERKERT A, 2007. Filling the voids in the SRTM elevation model: A

TIN-based delta surface approach. ISPRS Journal of Photogrammetry & Remote Sensing, 62(4): 283-294.
MAHMOUDI M, SAPIRO G, 2005. Fast image and video denoising via nonlocal means of similar neighborhoods. IEEE Signal Processing Letters, 12(12): 839-842.
MA M G, VEROUSTRAETE F, 2006. Reconstructing pathfinder AVHRR land NDVI time-series data for the Northwest of China. Advances in Space Research, 37(4): 835-840.
MAALOUF A, CARRE P, AUGEREAU B, et al., 2009. A Bandelet-based inpainting technique for clouds removal from remotely sensed images. IEEE Transactions on Geoscience & Remote Sensing, 47(7): 2363-2371.
MAHAJAN D, RAMAMOORTHI R, CURLESS B, 2008. A theory of frequency domain invariants: Spherical harmonic identities for BRDF/lighting transfer and image consistency. IEEE Transactions on Pattern Analysis and Machine Intelligence, 30(2): 197-213.
MAKARAU A, RICHTER R, MULLER R, et al., 2011. Adaptive shadow detection using a blackbody radiator model. IEEE Transactions on Geoscience & Remote Sensing, 49(6): 2049-2059.
MALLAT S, 1998. A wavelet tour of signal processing. New York: Academic Press.
MANN S, PICARD R W, 1994. Virtual bellows: Constructing high quality stills from video//Proceedings of 1st International Conference on Image Processing. IEEE, 1: 363-367.
MARAGOS P, 2005. 3. 3-Morphological filtering for image enhancement and feature detection//Handbook of Image & Video Processing. 2nd ed. New York: Academic Press: 135-156.
MARGULIS S A, MCLAUGHLIN D, ENTEKHABI D, et al., 2002. Land data assimilation and estimation of soil moisture using measurements from the Southern Great Plains 1997 field experiment. Water Resources Research, 38(12): 35/1-35/18.
MARTÍN-FERNÁNDEZ M, SAN-JOSÉ-ESTÉPAR R, WESTIN C F, et al., 2003. A novel Gauss-Markov random field approach for regularization of diffusion tensor maps//International Workshop on Computer Aided Systems Theory - Eurocast. Marbella: DBLP: 506-517.
MARSHALL S, MATSOPOULOS G K, BRUNT J N H, 1994. Multiresolution morphological fusion of MR and CT images of the human brain//IEEE Colloquium on Multiresolution Modelling and Analysis in Image Processing and Computer Vision, 141(3): 137-142.
MARTINS B, FORCHHAMMER S, 2002. A unified approach to restoration, deinterlacing and resolution enhancement in decoding MPEG-2 video. IEEE Transactions on Circuits & Systems for Video Technology, 12(9): 803-811.
MATEOS J, KATSAGGELOS A K, MOLINA R, 2000. A Bayesian approach for the estimation and transmission of regularization parameters for reducing blocking artifacts. IEEE Transactions on Image Processing, 9(7): 1200-1215.
MATSOPOULOS G K, MARSHALL S, 1995. Application of morphological pyramids: fusion of MR and CT phantoms. Journal of Visual Communication & Image Representation, 6(2): 196-207.
MCLACHLAN G J, KRISHNAN T, 1997. The EM algorithm and extensions. New York: Wiley.
MEHNERT A, JACKWAY P, et al., 1997. An improved seeded region growing algorithm. Pattern Recognition

Letters, 18(10): 1065-1071.

MELGANI F, 2006. Contextual reconstruction of cloud-contaminated multitemporal multispectral images. IEEE Transactions on Geoscience & Remote Sensing, 44(2): 442-455.

MENDEZ-RIAL R, CALVINO-CANCELA M, MARTIN-HERRERO J, 2012. Anisotropic inpainting of the hypercube. IEEE Geoscience & Remote Sensing Letters, 9(2): 214-218.

MENG X C, SHEN H F, LI H F, et al., 2015. Improving the spatial resolution of hyperspectral image using panchromatic and multispectral images: An integrated method//7th Workshop on Hyperspectral Image and Signal Processing: Evolution in Remote Sensing: 1-4.

MERLIN O, BITAR A A, WALKER J P, et al., 2009. A sequential model for disaggregating near-surface soil moisture observations using multi-resolution thermal sensors. Remote Sensing of Environment, 113(10): 2275-2284.

MESSING D S, SEZAN M I, 2000. Improved multi-image resolution enhancement for colour images captured by single-CCD cameras//Proceedings of 2000 International Conference on Image Processing. IEEE, 3: 484-487.

MISKIN, JAMES W, 2000. Ensemble learning for independent component analysis//Independent Component Analysis: 1-9.

MOLINA R, KATSAGGELOS A K, MATEOS J, 1999. Bayesian and regularization methods for hyperparameter estimation in image restoration. IEEE Transactions on Image Processing, 8(2): 231-246.

MOLINA R, MATEOS J, KATSAGGELOS A K, 2006. Blind deconvolution using a variational approach to parameter, image, and blur estimation. IEEE Transactions on Image Processing, 15(12): 3715-3727.

MOLNAR-SASKA G, MORVAI G, 2010. Intermittent estimation for Gaussian processes. IEEE Transactions on Information Theory, 56(6): 2778-2782.

MORENA L C, JAMES K V, BECK J, 2004. An introduction to the RADARSAT-2 mission. Canadian Journal of Remote Sensing, 30(3): 221-234.

MOROZOV V A, 1966. On the solution of functional equations by the method of regularization. Dokl. Akad. Nauk SSSR, 167(3): 510-512.

MRÁZEK P, NAVARA M, 2003. Selection of optimal stopping time for nonlinear diffusion filtering. International Journal of Computer Vision, 52(2-3): 189-203.

MUMFORD D, SHAH J, 1985. Boundary detection by minimizing functions. Proceeding of Conference on Computer Vision and Pattern Recognition: 41-44.

MUMFORD D, SHAH J. 1989. Optimal approximation by piecewise smooth functions and associated variational problems. Communication on Pure and Applied Mathematics, 42: 577-685.

MURALI S, GOVINDAN V K, 2013. Shadow detection and removal from a single image using LAB color space. Cybernetics & Information Technologies, 13(1): 95-103.

NARASIMHAN S G, NAYAR S K, 2001. Removing weather effects from monochrome images//Proceedings of the 2001 IEEE Computer Society Conference on Computer Vision and Pattern Recognition. IEEE, 2: 186-193.

NARASIMHAN S G, NAYAR S K, 2003. Contrast restoration of weather degraded images. IEEE Transactions on Pattern Analysis & Machine Intelligence, 25(6): 713-724.

NASCIMENTO J M P, DIAS J M B, 2005. Vertex component analysis: A fast algorithm to unmix hyperspectral data. IEEE Transactions on Geoscience & Remote Sensing, 43(4): 898-910.

NAYAR S K, NARASIMHAN S G, 1999. Vision in bad weather//Proceedings of the Seventh IEEE International Conference on Computer Vision. IEEE: 820-827.

NEEDELL D, TROPP J A, 2009. CoSaMP: Iterative signal recovery from incomplete and inaccurate samples. Applied and Computational Harmonic Analysis, 26(3): 301-321.

NETELER M, 2010. Estimating daily land surface temperatures in mountainous environments by reconstructed MODIS LST data. Remote Sensing, 2(1): 333-351.

NG M K, 2000. An efficient parallel algorithm for high resolution color image reconstruction//Proceedings of Seventh International Conference on Parallel and Distributed Systems: Workshops. IEEE, 1: 547-552.

NG M K, KWAN W C, 2001. High-resolution color image reconstruction with Neumann boundary conditions. Annals of Operations Research, 103(1-4): 99-113.

NG M K, BOSE N K, 2002. Analysis of displacement errors in high-resolution image reconstruction with multisensors. IEEE Transactions on Circuits & Systems I: Fundamental Theory & Applications, 49(6): 806-813.

NG M K, PLEMMONS R J, QIAO S Z, 2000. Regularization of RIF blind image deconvolution. IEEE Transactions on Image Processing, 9(6): 1130-1134.

NG M K, KOO J, BOSE N K, 2002. Constrained total least-squares computations for high-resolution image reconstruction with multisensors. International Journal of Imaging Systems & Technology, 12(1): 35-42.

NG M K, CHAN R H, CHAN T F, et al., 2000. Cosine transform preconditioners for high resolution image reconstruction. Linear Algebra & Its Applications, 316(1-3): 89-104.

NGUYEN N, MILANFAR P, GOLUB G, 2001a. A computationally efficient superresolution image reconstruction algorithm. IEEE Transactions on Image Processing, 10(4): 573-583.

NGUYEN N, MILANFAR P, GOLUB G, 2001b. Efficient generalized cross-validation with applications to parametric image restoration and resolution enhancement. IEEE Transactions on Image Processing, 10(9): 1299-1308.

NGUYEN N, MILANFAR P, 2002. An efficient wavelet-based algorithm for image superresolution// Proceedings of 2000 International Conference on Image Processing. IEEE, 2: 351-354.

NICHOL J, 2009. An emissivity modulation method for spatial enhancement of thermal satellite images in urban heat island analysis. Photogrammetric Engineering & Remote Sensing, 75(5): 547-556.

NIGAM K, GHANI R, 2000. Analyzing the effectiveness and applicability of co-training//Proceedings of the 9th ACM International Conference on Information and Knowledge Management. ACM: 86-93.

NIKOLOV S G, BULL D R, CANAGARAJAH C N, et al., 2000. 2-D image fusion by multiscale edge graph combination//Proceedings of the Third International Conference on Information Fusion. IEEE: 1.

NUNEZ J, OTAZU, X, FORS O, et al., 1999. Multiresolution-based image fusion with additive wavelet decomposition. IEEE Transactions on Geoscience and Remote Sensing, 37(3): 1204-1211.

OHTSU N, 2007. A threshold selection method from gray-level histograms. IEEE Transactions on Systems, Man, and Cybernetics, 9(1): 62-66.

OKU Y, ISHIKAWA H, Su Z, 2004 Estimation of land surface temperature over the tibetan plateau using GMS data. Journal of Applied Meteorology, 43(4): 548-561.

OLIVEIRA J P, FIGUEIREDO M A T, BIOUCAS-DIAS J M, 2014. Parametric blur estimation for blind restoration of natural images: linear motion and out-of-focus. IEEE Transactions on Image Processing, 23(1): 466-477.

OLIVEIRA M M, BOWEN B, MCKENNA R, et al., 2001. Fast digital image inpainting//International Conference on Visualization, Imaging and Image Processing. Marbella: DBLP: 261-266.

ONG C A, CHAMBERS J A, 1999. An enhanced NAS-RIF algorithm for blind image deconvolution. IEEE Transactions on Image Processing, 8(7): 988-992.

ORCHARD J, EBRAHIMI M, WONG A, 2008. Efficient nonlocal-means denoising using the SVD//15th IEEE International Conference on Image Processing. IEEE: 1732-1735.

OSHER S, SETHIAN J A, 1987. Fronts propagating with curvature-dependent speed: algorithms based on Hamilton-Jacobi formulations. Journal of Computational Physics, 79(1): 12-49.

OTAZU X, GONZALEZ-AUDICANA M, FORS O, et al., 2005. Introduction of sensor spectral response into image fusion methods. Application to wavelet-based methods. IEEE Transactions on Geoscience & Remote Sensing, 43(10): 2376-2385.

PALTRIDGE G, 1974. Global cloud cover and earth surface temperature. Journal of Atmospheric Sciences, 31(6): 1571-1576.

PAPASAIKA H, KOKIOPOULOU E, BALTSAVIAS E, et al., 2011. Fusion of digital elevation models using sparse representations//Photogrammetric Image Analysis-ISPRS Conference. Berlin: Springer: 171-184.

PAPASAIKA H, POLI D, BALTSAVIAS E, 2009. Fusion of digital elevation models from various data sources//2009 International Conference on Advanced Geographic Information Systems & Web Services. IEEE: 117-122.

PAPOULIS A, 1977. Generalized sampling theorem. IEEE Transactions on Circuits and Systems, 24: 652-654.

PARAJKA J, PEPE M, RAMPINI A, et al., 2010. A regional snow-line method for estimating snow cover from MODIS during cloud cover. Journal of Hydrology, 381(3): 203-212.

PARDO-IGUZQUIZA E, RODRIGUEZ-GALIANO V F, CHICA-OLMO M, et al., 2011. Image fusion by spatially adaptive filtering using downscaling cokriging. ISPRS Journal of Photogrammetry & Remote Sensing, 66(3): 337-346.

PARK M K, LEE E S, PARK J Y, et al., 2002. Discrete cosine transform based high-resolution image reconstruction considering the inaccurate subpixel motion information. Optical Engineering, 2(41): 370-380.

PARK S C, MIN K P, KANG M G, 2003. Super-resolution image reconstruction: A technical overview. IEEE

Signal Processing Magazine, 20(3): 21-36.

PARK S C, KANG M G, SEGALL C A, et al., 2002. Spatially adaptive high-resolution image reconstruction of DCT-based compressed images//International Conference on Image Processing. IEEE: 861-864.

PATTI A J, ALTUNBASAK Y, 2001. Artifact reduction for set theoretic super resolution image reconstruction with edge adaptive constraints and higher-order interpolants//IEEE Transactions on Image Processing. IEEE, 10(1): 179-186.

PATTI A J, SEZAN M I, MURAT T A, 1997. Superresolution video reconstruction with arbitrary sampling lattices and nonzero aperture time//IEEE Transactions on Image Processing. IEEE, 6(8): 1064-1076.

PAUDEL K, ANDERSEN P, 2011. Monitoring snow cover variability in an agropastoral area in the Trans Himalayan region of Nepal using MODIS data with improved cloud removal methodology. Remote Sensing of Environment, 115(5): 1234-1246.

PENG X L, SHEN H F, ZHANG L P, et al., 2016. Spatially continuous mapping of daily global ozone distribution (2004-2014) with the Aura OMI sensor. Journal of Geophysical Research: Atmospheres, 121(21): 12702-12722.

PÉREZ P, GANGNET M, BLAKE A, 2003. Poisson image editing. ACM Transactions on Graphics, 22(3): 313-318.

PERONA P, MALIK J, 1990. Scale-space and edge detection using anisotropic diffusion. IEEE Transactions on Pattern Analysis and Machine Intelligence, 12: 629-639.

PEYRÉ G, 2008. Image processing with nonlocal spectral bases. SIAM Journal on Multiscale Modeling & Simulation, 7(2): 703-730.

PEYRÉ G, 2009. Sparse modeling of textures. Journal of Mathematical Imaging & Vision, 34(1): 17-31.

PHILIP P, 1997. Part task investigation of multispectral image fusion using gray scale and synthetic color night-vision sensor imagery for helicopter pilotage. Proceedings of SPIE - The International Society for Optical Engineering, 3062: 88-100.

POLLACK J B, 1990. Recursive distributed representations. Artificial Intelligence, 46(1-2): 77-105.

PRATA A J, 1993. Land surface temperatures derived from the advanced very high resolution radiometer and the along-track scanning radiometer: 1. Theory. Journal of Geophysical Research: Atmospheres, 98(D9): 16689-16702.

PRATT W K, 2002. Digital image processing: PIKS inside, 3rd edition//Digital Image Processing: PIKS Inside. New York: Wiley.

PREETHA M M S J, SURESH L P, BOSCO M J, 2012. Image segmentation using seeded region growing//2012 International Conference on Computing, Electronics and Electrical Technologies. IEEE: 576-583.

QI J, KERR Y, 1997. On current compositing algorithms. Remote Sensing Reviews, 15(1-4): 235-256.

RAIFFA H, SCHLAIFER R, 1961. Applied Statistical Decision Theory. Boston: Harvard Business School Publications.

RAJAGOPALAN A N, CHAUDHURI S, 1998. A recursive algorithm for maximum likelihood-based identification of blur from multiple observations. IEEE Transactions on Image Processing, 7(7): 1075-1079.

RAJAN D, CHAUDHURI S, 2001a. Generalized interpolation and its application in super-resolution imaging. Image & Vision Computing, 19(13): 957-969.

RAJAN D, CHAUDHURI S, 2001b. Simultaneous estimation of super-resolved intensity and depth maps from low resolution defocused observations of a scene//Eighth IEEE International Conference on Computer Vision. IEEE, 1: 113-118.

RAJAN D, CHAUDHURI S, 2002. Generation of super-resolution images from blurred observations using an MRF model. Journal of Mathematical Imaging and Vision, 16: 5-15.

RAKWATIN P, TAKEUCHI W, YASUOKA Y, 2009. Restoration of Aqua MODIS band 6 using histogram matching and local least squares fitting. IEEE Transactions on Geoscience & Remote Sensing, 47(2): 613-627.

RAMIREZ I, SPRECHMANN P, SAPIRO G, 2010. Classification and clustering via dictionary learning with structured incoherence and shared features//2010 IEEE Conference on Computer Vision and Pattern Recognition. IEEE: 3501-3508.

RAMOINO F, TUTUNARU F, PERA F, et al., 2017. Ten-meter sentinel-2A cloud-free composite Southern Africa 2016. Remote Sensing , 9 (7): 652.

RANCHIN T, WALD L, 2000. Fusion of high spatial and spectral resolution images: the ARSIS concept and its implementation. Photogrammetric Engineering &Remote Sensing, 66(2): 49-61.

RANCHIN T, AIAZZI B, ALPARONE L, et al., 2003. Image fusion-the ARSIS concept and some successful implementation schemes. ISPRS Journal of Photogrammetry & Remote Sensing, 58(1-2): 4-18.

REEVES S J, MERSEREAU R M, 1992. Blur identification by the method of generalized cross-validation. IEEE Transactions on Image Processing, 1(3): 301-311.

REICHLE R H, CROW W T, KOSTER R D, et al., 2008. Contribution of soil moisture retrievals to land data assimilation products. Geophysical Research Letters, 35(1): 568-569.

REN S Q, HE K M, GIRSHICK R, et al., 2015. Faster r-cnn: towards real-time object detection with region proposal networks. Advances in Neural Information Processing Systems, 39(6): 1137-1149.

REUTER H I, NELSON A, JARVIS A, 2007. An evaluation of void-filling interpolation methods for SRTM data. International Journal of Geographical Information Science, 21(9): 983-1008.

RHEE S, KANG M G, 1999. Discrete cosine transform based regularized high-resolution image reconstruction algorithm. Optical Engineering, 38(8): 1348-1356.

RIPLEY B D, 1981. Spatial statistics. New York: Wiley: 88-90.

ROBINSON N, REGETZ J, GURALNICK R P, 2014. EarthEnv-DEM90: A nearly-global, void-free, multi-scale smoothed, 90m digital elevation model from fused ASTER and SRTM data. ISPRS Journal of Photogrammetry & Remote Sensing, 87: 57-67.

ROERINK G J, MENENTI M, VERHOEF W, 2000. Reconstructing cloudfree NDVI composites using Fourier analysis of time series. International Journal of Remote Sensing, 21(9): 1911-1917.

ROSS S M, 2013. 随机过程. 龚光鲁, 译. 北京: 机械工业出版社.

ROWEIS S T, SAUL L K, 2000. Nonlinear dimensionality reduction by locally linear embedding. Science, 290(5500): 2323-2326.

RUBINSTEIN R, ZIBULEVSKY M, ELAD M, 2010. Double sparsity: Learning sparse dictionaries for sparse signal approximation. IEEE Transactions on Signal Processing, 58(3): 1553-1564.

RUDIN L I, OSHER S, FATEMI E, 1992. Nonlinear total variation based noise removal algorithms. Physica D Nonlinear Phenomena, 60(1-4): 259-268.

SALVADOR E, CAVALLARO A, EBRAHIMI T, 2001. Shadow identification and classification using invariant color models//2001 IEEE International Conference on Acoustics, Speech, and Signal Processing. IEEE: 1545-1548.

SANDIĆ-STANKOVIĆ D D, 1996. Mathematical morphology in image analysis//XI Conference on Applied Mathematics, Budva, Montenegro.

SANG U L, CHUNG S Y, PARK R H, 1990. A comparative performance study of several global thresholding techniques for segmentation. Computer Vision Graphics & Image Processing, 52(2): 171-190.

SAVITZKY A, GOLAY M J E, 1964. Smoothing and differentiation of data by simplified least squares procedures. Analytical Chemistry, 36(8): 1627-1639.

SCHEUNDERS P, BACKER S, 2007. Wavelet denoising of multicomponent images using Gaussian scale mixture models and a noise-free image as priors. IEEE Transactions on Image Processing, 16: 1865-1872.

SCHMUGGE T, FRENCH A, RITCHIE J, et al., 2002. Temperature and emissivity separation from multispectral thermal infrared observations. Remote Sensing of Environment, 79(2): 189-198.

SCHOENBERG I J, 1968. Cardinal interpolation and spline functions. Journal of Approximation Theory, 2(2): 167-206.

SCHULTZ R R, STEVENSON R L, 1996. Extraction of high-resolution frames from video sequences. IEEE Transactions on Image Processing, 5(6): 996-1011.

SCHUSTER M, PALIWAL KK, 1997. Bidirectional recurrent neural networks. IEEE Transactions on Signal Processing, 45(11): 2673-2681.

SEGALL C A, MOLINA R, KATSAGGELOS A K, et al., 2002. Reconstruction of high-resolution image frames from a sequence of low-resolution and compressed observations//2002 IEEE International Conference on Acoustics, Speech, and Signal Processing. IEEE, 2: 1701-1704.

SELESNICK I W, BARANIUK R G, KINGSBURY N C, 2005. The dual-tree complex wavelet transform. IEEE Signal Processing Magazine, 22(6): 123-151.

SELLERS P J, TUCKER C J, COLLATZ G J, et al., 1994. A global 1 by 1 NDVI data set for climate studies. Part 2: The generation of global fields of terrestrial biophysical parameters from the NDVI. International Journal of Remote Sensing, 15(17): 3519-3545.

SHAFER S A, 1985. Using color to separate reflection components. Color Research & Application, 10(4): 210-218.

SHAH N R, ZAKHOR A, 1999. Resolution enhancement of color video sequences. IEEE Transactions on Image Processing, 8(6): 879-885.

SHAN Q, LI Z R, JIA J Y, et al., 2008. Fast image/video upsampling. ACM Transactions on Graphics, 27(5): 1-7, 153.

SHEN H F, 2012. Integrated fusion method for multiple temporal-spatial-spectral images. International Archives of the Photogrammetry, Remote Sensing and Spatial Information Sciencce, XXXIX-B7: 407-410.

SHEN H F, ZHANG L P, 2009. A map-based algorithm for destriping and inpainting of remotely sensed images. IEEE Transactions on Geoscience & Remote Sensing, 47(5): 1492-1502.

SHEN H F, ZENG C, ZHANG L P, 2011. Recovering reflectance of Aqua MODIS Band 6 based on within-class local fitting. IEEE Journal of Selected Topics in Applied Earth Observations & Remote Sensing, 4(1): 185-192.

SHEN H F, MENG X C, ZHANG L P, 2016. An integrated framework for the spatio–temporal–spectral fusion of remote sensing images. IEEE Transactions on Geoscience & Remote Sensing, 54(12): 7135-7148.

SHEN H F, LIU Y L, AI T H, et al., 2010. Universal reconstruction method for radiometric quality improvement of remote sensing images. International Journal of Applied Earth Observation & Geoinformation, 12(4): 278-286.

SHEN H F, DU L J, ZHANG L P, et al., 2012. A blind restoration method for remote sensing images. IEEE Geoscience & Remote Sensing Letters, 9(6): 1137-1141.

SHEN H F, LI X H, ZHANG L P, et al., 2013. Compressed sensing-based inpainting of Aqua moderate resolution imaging spectroradiometer band 6 using adaptive spectrum-weighted sparse Bayesian dictionary learning. IEEE Transactions on Geoscience & Remote Sensing, 52(2): 894-906.

SHEN H F, LI X H, CHENG Q, et al., 2015. Missing information reconstruction of remote sensing data: a technical review. IEEE Geoscience & Remote Sensing Magazine, 3(3): 61-85.

SHI W X, LI J, 2012. Shadow detection in color aerial images based on HSI space and color attenuation relationship. Eurasip Journal on Advances in Signal Processing(1): 141.

SHIH F Y, CHENG S, 2005. Automatic seeded region growing for color image segmentation. Image & Vision Computing, 23(10): 877-886.

SOBRINO J A, KHARRAZ J E, LI Z L, 2003. Surface temperature and water vapour retrieval from MODIS data. International Journal of Remote Sensing, 24(24): 5161-5182.

SOBRINO J A, OLTRA-CARRIÓ R, SÒRIA G, et al., 2012. Impact of spatial resolution and satellite overpass time on evaluation of the surface urban heat island effects. Remote Sensing of Environment, 117: 50-56.

SOCHER R, LIN C Y, NG A Y, et al., 2011. Parsing natural scenes and natural language with recursive neural networks. International Conference on Machine Learning: 129-136.

SONG C Q, HUANG B, YOU S C, 2012. Comparison of three time-series NDVI reconstruction methods based on TIMESAT//2012 IEEE International Geoscience and Remote Sensing Symposium. IEEE: 2225-2228.

SONG H H, HUANG B. 2013. Spatiotemporal satellite image fusion through one-pair image learning. IEEE Transactions on Geoscience & Remote Sensing, 51(4): 1883-1896.

SONG H H, HUANG B, ZHANG K H, 2014. Shadow detection and reconstruction in high-resolution satellite images via morphological filtering and example-based learning. IEEE Transactions on Geoscience & Remote Sensing, 52(5): 2545-2554.

STARK H, OSKOUI P, 1989. High-resolution image recovery from image-plane arrays, using convex projections. Journal of the Optical Society of America A-Optics & Image Science, 6(11): 1715-1726.

STEIN M, 2007. Spatial variation of total column ozone on a global scale. The Annals of Applied Statistics, 1(1): 191-210.

STEWART R D, FERMIN I, OPPER M, 2002. Region growing with pulse-coupled neural networks: An alternative to seeded region growing. IEEE Transactions on Neural Networks, 13(6): 1557-1562.

STOREY J, SCARAMUZZA P, SCHMIDT G, et al., 2005. Landsat 7 scan line corrector-off gap filled product development//PECORA 16 Conference Global Priorities in Land Remote Sensing. Sioux Falls, USA: 23-27.

SUETAKE N, SAKANO M, UCHINO E, 2008. Image super-resolution based on local self-similarity. Optical Review, 15(1): 26-30.

SULLIVAN B J, KATSAGGELOS A K, 1990. New termination rule for linear iterative image restoration algorithms. Optical Engineering, 29(5): 471-477.

SURAL S, QIAN G, PRAMANIK S, 2002. Segmentation and histogram generation using the HSV color space for image retrieval//International Conference on Image Processing. IEEE: 589-592.

SUZUKI A, SHIO A, ARAI H, et al., 2000. Dynamic shadow compensation of aerial images based on color and spatial Analysis//Proceedings of 15th International Conference on Pattern Recognition: 317-320.

TADDEI R, 1997. Maximum value interpolated (MVI): A maximum value composite method improvement in vegetation index profiles analysis. International Journal of Remote Sensing, 18(11): 2365-2370.

TAHSIN S, MEDEIROS S C, HOOSHYAR M, et al., 2017. Optical cloud pixel recovery via machine learning. Remote Sensing, 9(6): 527.

TAN R, OTTEWILL J R, THORNHILL N F, 2020. Nonstationary discrete convolution kernel for multimodal process monitoring. IEEE Transactions on Neural Networks and Learning Systems, 31(9): 3670-3681.

TANG Q, BO Y, ZHU Y, 2016. Spatiotemporal fusion of multiple- satellite aerosol optical depth (AOD) products using Bayesian maximum entropy method. Journal of geophysical research-atmospheres, 121: 4034-4048.

TAPPEN M F, RUSSELL B C, FREEMAN W T, 2004. Efficient graphical models for processing images//Proceedings of the 2004 IEEE Computer Society Conference on Computer Vision and Pattern Recognition. IEEE, 2: 673-680.

TEBOUL S, BLANC-FÉRAUD L, AUBERT G, et al., 1998. Variational approach for edge-preserving regularization using coupled PDE's. IEEE Transactions on Image Processing, 7(3): 387-397.

TEKALP A M, 1998. Digital video processing. Englewood: Prentice Hall PTR.

TEKALP A M, OZKAN M K, SEZAN M I, 1992. High-resolution image reconstruction from lower-resolution image sequences and space-varying image restoration//1992 IEEE International

Conference on Acoustics, Speech, and Signal Processing. IEEE, 3: 169-172.

THOMAS C, WALD L, 2004. Assessment of the quality of fused products//24th European Association of Remote Sensing Laboratories Symposium 'New Strategies for European Remote Sensing'. Dubrovnik: Croatia: 317-325.

TIAN J D, SUN J, TANG Y D, 2009. Tricolor attenuation model for shadow detection. IEEE Transactions on Image Processing, 18(10): 2355-2363.

TIAN J D, ZHU L L, TANG Y D, 2012. Outdoor shadow detection by combining tricolor attenuation and intensity. Eurasip Journal on Advances in Signal Processing(1): 116.

TIAN Q, HUHNS M N, 1986. Algorithms for subpixel registration. Computer Vision Graphics & Image Processing, 35(2): 220-233.

TIKHONOV A N, ARSENIN V Y, 1977. Solutions of ill-posed problems. Mathematics of Computation, 32(144): 491.

TILLMANN A M, 2014. On the Computational intractability of exact and approximate dictionary learning. IEEE Signal Processing Letters, 22(1): 45-49.

TIMOFTE R, AGUSTSSON E, VAN GOOL L, et al, 2017. NTIRE 2017 challenge on single image super-resolution: methods and results//2017 IEEE Conference onComputer Vision and Pattern Recognition Workshops. IEEE: 1122-1131.

TOBIAS O J, SEARA R, 2002. Image segmentation by histogram thresholding using fuzzy sets. IEEE Transactions on Image Processing, 11(12): 1457-1465.

TOET A, VAN RUYVEN L J, VALETON J M, 1989. Merging thermal and visual images by a contrast pyramid. Optical Engineering, 28(7): 789-792.

TOET A, LJSPEEN J K, WALRAVEN J, et al., 1997. Fusion of vision and thermal imagery improves situation. Proceedings of SPIE, 3088: 177-188.

TOM B C, KATSAGGELOS A K, 1995. Reconstruction of a high-resolution image by simultaneous registration, restoration, and interpolation of low-resolution images//IEEE International Conference on Image Processing. IEEE, 2: 539-542.

TOM B C, KATSAGGELOS A K, 1996. Iterative algorithm for improving the resolution of video sequences//Proceedings of SPIE-Visual Communications and Image Processing'96. International Society for Optics and Photonics, 2727: 1430-1439.

TOM B C, KATSAGGELOS A K, 2001. Resolution enhancement of monochrome and color video using motion compensation. IEEE Transactions on Image Processing, 10(2): 278-287.

TOMASI C, MANDUCHI R, 1998. Bilateral filtering for gray and color images//Sixth International Conference on Computer Vision. IEEE: 839-846.

TOWNSHEND J, JUSTICE C, LI W, et al., 1991. Global land cover classification by remote sensing: present capabilities and future possibilities. Remote Sensing of Environment, 35(2-3): 243-255.

TROPP J A, GILBERT A C, 2007. Signal recovery from random measurements via orthogonal matching pursuit. IEEE Transactions on Information Theory, 53(12): 4655-4666.

TRUSSELL H, CIVANLAR M, 1984. The feasible solution in signal restoration. IEEE Transactions on Acoustics Speech & Signal Processing, 32(2): 201-212.

TSAI R Y, HUANG T S, 1984. Multiple frame image restoration and registration//Advances in Computer Vision & Image Processing. Greenwich: JAI Press Inc. : 317-339.

TSAI T, OSHER S, 2015. Total variation and level set methods in image science. Acta Numerica, 14(4): 1-61.

TSCHUMPERLÉ D, 2005. Vector-valued image regularization with PDEs: A common framework for different applications. IEEE Transactions on Pattern Analysis & Machine Intelligence, 12(7): 629-639.

TSENG D C, LI Y F, TUNG C T, 1995. Circular histogram thresholding for color image segmentation//Proceedings of 3rd International Conference on Document Analysis and Recognition. IEEE, 2: 673-676.

TSENG D C, TSENG H C, CHIEN C L, 2008. Automatic cloud removal from multi-temporal SPOT images. Applied Mathematics & Computation, 205(2): 584-600.

TU T M, HUANG P S, HUNG C L, et al., 2004. A fast intensity-hue-saturation fusion technique with spectral adjustment for IKONOS imagery. IEEE Geoscience & Remote Sensing Letters, 1(4): 309-312.

TU T M, SU S C, SHYU H C, et al., 2001. A new look at IHS-like image fusion methods. Information Fusion, 2(3): 177-186.

UNSER M, ALDROUBI A, EDEN M, 1995. Enlargement or reduction of digital images with minimum loss of information. IEEE Transactions on Image Processing, 4(3): 247-258.

UR H, GROSS D, 1992. Improved resolution from subpixel shifted pictures. New York: Academic Press.

VAN DER MEER F, 2012. Remote-sensing image analysis and geostatistics. International Journal of Remote Sensing, 33(18): 5644-5676.

VERGER A, BARET F, WEISS M, et al., 2013. The CACAO method for smoothing, gap filling, and characterizing seasonal anomalies in satellite time series. IEEE Transactions on Geoscience & Remote Sensing, 51(4): 1963-1972.

VERHOEF W, MENENTI M, AAAZLI S, 1996. Cover A colour composite of NOAA-AVHRR-NDVI based on time series analysis (1981-1992). International Journal of Remote Sensing, 17(2): 231-235.

VIOVY N, ARINO O, BELWARD A S, 1992. The best index slope extraction (BISE): A method for reducing noise in NDVI time-series. International Journal of Remote Sensing, 13(8): 1585-1590.

VOGEL C R, 2002. Computational methods for inverse problems. Philadelphia: Society for Industrial and Applied Mathematics.

VOGEL C R, OMAN M E, 1998. Fast, robust total variation-based reconstruction of noisy, blurred images. IEEE Transactions on Image Processing, 7(6): 813-824.

VOGELMAN J E, HOWARD S M, YANG L M, et al., 2001. Completion of the 1990s national land cover data set for the conterminous United States. Photogrammetric Engineering & Remote Sensing, 67(6): 650-662.

VORONTSOV S V, STRAKHOV V N, JEFFERIES S M, et al., 2011. Deconvolution of astronomical images using sor with adaptive relaxation. Optics Express, 19(14): 13509.

VRSCAY E R, 2002. From fractal image compression to fractal-based methods in mathematics. Fractals in Multimedia, 132: 65-106.

VUOLO F, NG W T, ATZBERGER C, 2017. Smoothing and gap-filling of high resolution multi-spectral time series: Example of Landsat data. International Journal of Applied Earth Observation and Geoinformation, 57: 202-213.

WAIBEL A, HANAZAWA T, HINTON G, et al., 1989. Phoneme recognition using time-delay neural networks. IEEE Transactions on Acoustics, Speech, and Signal Processing, 37(3): 328-339.

WALD L, RANCHIN T, MANGOLINI M, 2009. Fusion of satellite images of different spatial resolutions: assessing the quality of resulting images. Photogrammetric Engineering & Remote Sensing, 63(6): 691-699.

WANG B, ONO A, MURAMATSU K, FUJIWARA N, 1999. Automated detection and removal of clouds and their shadows from Landsat TM images. IEICE Transactions on Information and Systems, 82 (2): 453-460.

WANG J, GUO Y W, YING Y T, et al., 2007. Fast non-local algorithm for image denoising//2006 IEEE International Conference on Image Processing. IEEE: 1429-1432.

WANG L L, QU J J, XIONG X X, et al., 2006. A new method for retrieving band 6 of Aqua MODIS. IEEE Geoscience & Remote Sensing Letters, 3(2): 267-270.

WANG M J, WU Y, ZHOU X H, 2008. Optical fiber panel shadow detection based on edge operator and mathematical morphology. Optical Instruments, 30(1): 24-28.

WANG Z, JIANG K, YI P, 2020. Ultra-Dense GAN for Satellite imagery super-resolution. Neurocomputing, 398: 328-337.

WANG Z, BOVIK A C, SHEIKH H R, et al., 2004. Image quality assessment: From error visibility to structural similarity. IEEE Transactions on Tmage Processing, 13(4): 1-14.

WARNER T A, FOODY G M, NELLIS M D, 2009. The SAGE handbook of remote sensing. Los Angeles: Sage Publications.

WAXMAN A M, FAY D A, GOVE A N, et al., 1995. Color night vision: Fusion of intensified visible and thermal IR imagery//Proceedings of SPIE - The International Society for Optical Engineering, 2463: 58-68.

WEBSTER R, OLIVER M A, 2001. Geostatistics for environmental scientists (statistics in practice). Chichester: Wiley.

WEI Q, BIOUCAS-DIAS J, DOBIGEON N, et al., 2015. Hyperspectral and multispectral image fusion based on a sparse representation. IEEE Transactions on Geoscience & Remote Sensing, 53(7): 3658-3668.

WEICKERT J, 1999. Coherence-enhancing diffusion of color images. Image and Vision Computing, 17(3): 201-212.

WEIJER J V D, GEVERS T, GIJSENIJ A, 2007. Edge-based color constancy. IEEE Transactions on Image Processing, 16(9): 2207-2214.

WENG Q H, FU P, GAO F, 2014. Generating daily land surface temperature at Landsat resolution by fusing Landsat and MODIS data. Remote Sensing of Environment, 145: 55-67.

WINCK R C, BOOK W J, 2015. The SVD system for first-order linear systems. IEEE Transactions on Control Systems Technology, 23(3): 1213-1220.

WIRAWAN P D, MAITRE H, 1999. Multi-channel high resolution blind image restoration//1999 IEEE International Conference on Acoustics, Speech, and Signal Processing. IEEE Computer Society: 3229-3232.

WOODCOCK C E, OZDOGAN M, 2004. Trends in land cover mapping and monitoring. Land Change Science: Observing, Monitoring and Understanding Trajectories of Change on the Earth's Surface. Dordrecht: Springer Netherlands: 367-377.

WOODHOUSE I H, 2014. 微波遥感导论. 董晓龙, 徐星欧, 徐曦煜, 译. 北京: 科学出版社.

WRIGHT J, GANESH A, RAO S, et al., 2009. Robust principal component analysis: exact recovery of corrupted low-rank matrices. Journal of the ACM, 87(4): 20: 3-20: 56.

WU P H, CAI N, CHEN Q, et al., 2016. Water area annual variations of nine plateau lakes in Yunnan province, China: A brief spatiotemporal analysis with landsat time series//2016 IEEE International Geoscience and Remote Sensing Symposium. IEEE: 6233-6236.

WU P H, SHEN H F, ZHANG L P, et al., 2015. Integrated fusion of multi-scale polar-orbiting and geostationary satellite observations for the mapping of high spatial and temporal resolution land surface temperature. Remote Sensing of Environment, 156: 169-181.

WU Y, FIELD A S, ALEXANDER A L, 2008. Computation of diffusion function measures in q -space using magnetic resonance hybrid diffusion imaging. IEEE Transactions on Medical Imaging, 27(6): 858-865.

WULDER M A, MASEK J G, COHEN W B, 2012. Opening the archive: how free data has enabled the science and monitoring promise of Landsat. Remote Sensing of Environment, 122: 2-10.

XIA G S, BAI X, DING J, et al., 2018. DOTA: A large-scale dataset for object detection in aerial images//2018 IEEE/CVF Conference on Computer Vision and Pattern Recognition. IEEE: 3974-3983.

XIE L X, 2009. Color image segmentation based on improved region growing algorithm. Microcomputer Information, 25(18): 311-312.

XING C, LI Y J, ZHANG K, et al., 2011. Shadow detecting using particle swarm optimization and the Kolmogorov test. Computers & Mathematics with Applications, 62(7): 2704-2711.

XU M, PICKERING M, PLAZA A J, et al., 2016. Thin cloud removal based on signal transmission principles and spectral mixture analysis. IEEE Transactions on Geoscience & Remote Sensing, 54(3): 1659-1669.

XU Y M, SHEN Y, 2013. Reconstruction of the land surface temperature time series using harmonic analysis. Computers & Geosciences, 61(4): 126-132.

YANG G, SHEN H, ZHANG L, et al., 2015. A moving weighted harmonic analysis method for reconstructing high-quality SPOT VEGETATION NDVI time-series data. IEEE Transactions on Geoscience and Remote Sensing, 53 (11): 6008-6021.

YANG G J, PU R L, ZHAO C J, et al., 2011. Estimation of subpixel land surface temperature using an endmember index based technique: A case examination on ASTER and MODIS temperature products over a heterogeneous area. Remote Sensing of Environment, 115(5): 1202-1219.

YANG J H, LIU J, ZHONG J C, et al., 2010. A color image segmentation algorithm by integrating watershed with automatic seeded region growing. Journal of Image and Graphics, 15(1): 63-68.

YANG J, ZHAO Z M, 2007. Shadow processing method based on normalized RGB color model. Opto-Electronic Engineering, 34(12): 92-96.

YANG L P, MENG X M, ZHANG X Q, 2011. SRTM DEM and its application advances. International Journal of Remote Sensing, 32(14): 3875-3896.

YOKOYA N, YAIRI T, IWASAKI A, 2012. Coupled nonnegative matrix factorization unmixing for hyperspectral and multispectral data fusion. IEEE Transactions on Geoscience & Remote Sensing, 50(2): 528-537.

YU C, CHEN L F, SU L, et al., 2011. Kriging interpolation method and its application in retrieval of MODIS aerosol optical depth//2011 19th International Conference on Geoinformatics. IEEE: 1-6.

YU W P, MA M G, WANG X F, et al., 2014. Estimating the land-surface temperature of pixels covered by clouds in MODIS products. Journal of Applied Remote Sensing, 8(1): 083525(1-14).

YUAN Q Q, ZHANG L P, SHEN H F, 2012. Hyperspectral image denoising employing a spectral-spatial adaptive total variation model. IEEE Transactions on Geoscience & Remote Sensing, 50(10): 3660-3677.

YUAN Z, 2009. Influence of non-ideal blackbody radiator emissivity and a method for its correction. International Journal of Thermophysics, 30(1): 220-226.

YUE L W, SHEN H F, YUAN Q Q, et al., 2015. Fusion of multi-scale DEMs using a regularized super-resolution method. International Journal of Geographical Information Science, 29(12): 2095-2120.

ZAKŠEK K, OŠTIR K, 2012. Downscaling land surface temperature for urban heat island diurnal cycle analysis. Remote Sensing of Environment, 117: 114-124.

ZENG C, SHEN H F, ZHANG L P, 2013. Recovering missing pixels for Landsat ETM+ SLC-off imagery using multi-temporal regression analysis and a regularization method. Remote Sensing of Environment, 131: 182-194.

ZENG C, SHEN H F, ZHONG M L, et al., 2015. Reconstructing MODIS LST based on multitemporal classification and robust regression. IEEE Geoscience & Remote Sensing Letters, 12(3): 512-516.

ZENG J W, WANG X W, HOU W G, et al., 2016. A novel successive threshold shadow detection scheme. Science of Surveying and Mapping, 41(11): 93-97.

ZHAN W F, CHEN Y H, ZHOU J, et al., 2013. Disaggregation of remotely sensed land surface temperature: Literature survey, taxonomy, issues, and caveats. Remote Sensing of Environment, 131: 119-139.

ZHANG B, FADILI J M, STARCK J, 2008. Wavelets, ridgelets, and curvelets for poisson noise removal. IEEE Transactions on Image Processing, 17(7): 1093-1108.

ZHANG C, LI W, TRAVIS D, 2007. Gaps-fill of SLC-off Landsat ETM+ satellite image using a geostatistical approach. International Journal of Remote Sensing, 28(22): 5103-5122.

ZHANG J, CLAYTON M K, TOWNSEND P A, 2011. Functional concurrent linear regression model for spatial images. Journal of Agricultural, Biological & Environmental Statistics, 16(1): 105-130.

ZHANG J, CLAYTON M K, TOWNSEND P A, 2014. Missing data and regression models for spatial images. IEEE Transactions on Geoscience & Remote Sensing, 53(3): 1574-1582.

ZHANG K, WANG M, YANG S Y, 2017. Multispectral and hyperspectral image fusion based on group spectral embedding and low-rank factorization. IEEE Transactions on Geoscience & Remote Sensing, 55(3): 1363-1371.

ZHANG Q, YUAN Q, ZENG C, et al., 2018a. Missing data reconstruction in remote sensing image with a unified spatial–temporal–spectral deep convolutional neural network. IEEE Transactions on Geoscience and Remote Sensing, 56(8): 4274-4288.

ZHANG X W, QIN F, QIN Y C, 2010. Study on the thick cloud removal method based on multi-temporal remote sensing images//2010 International Conference on Multimedia Technology. IEEE: 1-3.

ZHANG Y, 2002. A new automatic approach for effectively fusing Landsat 7 as well as IKONOS images//IEEE International Geoscience and Remote Sensing Symposium. IEEE, 4: 2429-2431.

ZHANG Y, GUINDON B, CIHLAR J, 2002. An image transform to characterize and compensate for spatial variations in thin cloud contamination of Landsat images. Remote Sensing of Environment, 82(2-3): 173-187.

ZHANG Y, LI K, LI K, et al. 2018b. Image super-resolution using very deep residual channel attention network// Proceedings of the 15th European Conference on Computer Vision: 286-301.

ZHANG Y F, DE BACKER S, SCHEUNDERS P, 2009. Noise-resistant wavelet-based Bayesian fusion of multispectral and hyperspectral images. IEEE Transactions on Geoscience & Remote Sensing, 47(11): 3834-3843.

ZHANG Z, BLUM R S, 1999. A categorization of multiscale-decomposition-based image fusion schemes with a performance study for a digital camera application. Proceedings of the IEEE, 87(8): 1315-1326.

ZHAO H K, CHAN T, MERRIMAN B, et al., 1996. A variational level set approach to multiphase motion. Journal of Computational Physics, 127(1): 179-195.

ZHAO Y Q, GUI W H, CHEN Z C, 2006. Edge detection based on multi-structure elements morphology// 6th World Congress on Intelligent Control and Automation. IEEE: 9795-9798.

ZHAO Y Q, YANG J X, 2015. Hyperspectral image denoising via sparse representation and low-rank constraint. IEEE Transactions on Geoscience & Remote Sensing, 53(1): 296-308.

ZHOU M Y, CHEN H J, PAISLEY J, et al., 2012. Nonparametric Bayesian dictionary learning for analysis of noisy and incomplete images. IEEE Transactions on Image Processing, 21(1): 130-144.

ZHOU Z H, LI M, 2005. Tri-training: Exploiting unlabeled data using three classifiers. IEEE Transactions on Knowledge & Data Engineering, 17(11): 1529-1541.

ZHU Q S, MAI J M, SHAO L, 2015. A fast single image haze removal algorithm using color attenuation prior. IEEE Transactions on Image Processing, 2015, 24(11): 3522-3533.

ZHU W Q, PAN Y Z, HE H, et al., 2012. A changing-weight filter method for reconstructing a high-quality NDVI time series to preserve the integrity of vegetation phenology. IEEE Transactions on Geoscience & Remote Sensing, 50(4): 1085-1094.

ZHU X, MILANFAR P, 2013. Removing atmospheric turbulence via space-invariant deconvolution. IEEE Transactions on Pattern Analysis & Machine Intelligence, 35(1): 157-170.

ZHUKOV B, OERTEL D, LANZL F, et al., 1999. Unmixing-based multisensor multiresolution image fusion.

IEEE Transactions on Geoscience and Remote Sensing, 37(3): 1212-1226.

ZIMMER S, DIDAS S, WEICKERT J, 2008. A rotationally invariant block matching strategy improving image denoising with non-local means//Proceedings of the 2008 International Workshop on Local and Non-Local Approximation in Image Processing. LNLA: 135-142.

ZIMMERMAN D L, 1993. Another look at anisotropy in geostatistics. Mathematical Geology, 25(4): 453-470.

ZORAN D, WEISS Y, 2011. From learning models of natural image patches to whole image restoration//2011 IEEE International Conference on Computer Vision. IEEE: 479-486.